遥感图像处理与应用

苏 娟 编著

西北工業大學出版社

西 安

【内容简介】 本书是作者在总结遥感教学经验、相关研究成果以及遥感领域最新技术的基础上编著而成的，以三种主要的遥感成像技术(热红外成像、微波成像与高光谱成像)为主线，按照“获取—处理—应用”的顺序进行内容的组织，系统介绍了遥感成像的基本原理、遥感图像处理的理论与技术以及在相关领域的典型应用。本书既包括了遥感图像的基础知识，也融合了近年来遥感技术、图像处理和模式识别领域的相关研究成果，并且对目前的研究热门——深度学习理论与方法进行了介绍，突出了实用性与前沿性。

本书内容新颖丰富，知识覆盖面广，可作为高等学校电子信息、遥感测绘、地理信息系统等专业的本科生和研究生教材，也可供遥感图像处理、模式识别等相关领域的专业技术人员和研究人员参考使用。

图书在版编目(CIP)数据

遥感图像处理与应用 / 苏娟编著．— 西安：西北工业大学出版社，2023.2(2025.1 重印)

ISBN 978-7-5612-8637-1

Ⅰ．①遥…　Ⅱ．①苏…　Ⅲ．①遥感图像-图像处理-研究　Ⅳ．①TP751

中国国家版本馆 CIP 数据核字(2023)第 027507 号

YAOGAN TUXIANG CHULI YU YINGYONG

遥 感 图 像 处 理 与 应 用

苏　娟　编著

责任编辑：孙　倩　　**策划编辑**：杨　军

责任校对：朱辰浩　　**装帧设计**：李　飞

出版发行：西北工业大学出版社

通信地址：西安市友谊西路 127 号　　邮编：710072

电　　话：(029)88491757，88493844

网　　址：www.nwpup.com

印 刷 者：陕西向阳印务有限公司

开　　本：787 mm×1 092 mm　　1/16

印　　张：17.5

字　　数：459 千字

版　　次：2023 年 2 月第 1 版　　2025 年 1 月第 2 次印刷

书　　号：ISBN 978-7-5612-8637-1

定　　价：66.00 元

如有印装问题请与出版社联系调换

前　言

遥感是空间信息技术领域中发展最为迅猛的标志性技术之一，是一门涉及信息科学、空间科学与地球科学的交叉性学科，在民用领域和军事领域都有着重要的应用。遥感始于摄影技术的发明，随后又发展了光电探测技术以及微波探测技术，并经历了“地面遥感—航空遥感—航天遥感”这一发展历程。20 世纪 60 年代初期，携带胶片相机和电视摄像系统的卫星和飞船被送入太空收集民用和军事信息，标志着航天遥感时代的开始。

热红外成像、微波成像和高光谱成像是三种在民用和军事领域发挥重要作用的成像方式，与可见光成像相比，无论是在成像机理、传感器、图像特性、应用背景等方面都有着较大的区别和独特的优势。本书以这三种典型遥感成像技术为主线，系统介绍了遥感成像的基本原理、遥感图像处理的理论与技术，以及在相关领域的典型应用。全书共 9 章，按照“获取—处理—应用”的顺序进行内容的组织。主要内容如下：

第 1 章在阐述遥感基本概念的基础上，详细介绍热红外成像、微波成像和高光谱成像的成像原理、传感器特性、典型传感器系统；

第 2 章对热红外影像、合成孔径雷达(Synthetic Aperture Radar，SAR)影像和高光谱影像这三类典型遥感影像进行特性分析，为后续处理和应用打下基础；

第 3 章详细阐述遥感图像的几何校正和辐射校正方法，并介绍遥感数据产品的等级划分，这是遥感图像定量化处理的基础；

第 4 章针对热红外影像、SAR 影像和高光谱影像的特点，分别介绍相应的图像增强方法，这是开展后续处理所必要的预处理；

第 5 章在介绍特征提取的基础上，详细讨论传统目标检测方法，包括基于模板匹配的目标检测方法、基于知识模型的目标检测方法、基于图像分类的目标检测方法；

第 6 章介绍基于深度学习的目标检测理论，详细阐述深度学习的发展历史、卷积神经网络、基于卷积神经网络的目标检测方法，并以 SAR 图像中三种典型目标的检测作为应用实例；

第 7 章在介绍图像配准的基础上，对像素级、特征级、目标级遥感图像变化检测方法进行讨论，重点讨论典型目标的毁伤评估，分析检测目标与检测特征的基本关系；

第 8 章讨论遥感图像在精确制导作战中的应用，在介绍红外成像制导和 SAR 成像制导的基础上，详细阐述景象匹配算法和景象匹配区选取算法；

第 9 章结合实际应用，介绍基于形状、大小、色调、阴影、纹理等特征的目视判读方法，分析可见光、红外、微波等观测模式与典型目标表现形态间的关系。

在本书的编写过程中，直接或间接参考了许多国内外经典教材和论文，这些文献均以参考文献形式列出，正文不再详细列举，在此向各位作者表示感谢。

由于水平有限，不足之处在所难免，敬请广大读者和各位同仁不吝赐教，批评指正，以便后续修改。

苏　娟

2022 年 8 月于西安

目　　录

第1章　遥感成像基础

20世纪60年代初期，携带胶片相机和电视摄像系统的卫星和飞船被送入太空收集民用和军事信息，标志着航天遥感时代的开始。作为一种对地观测综合技术，遥感在半个多世纪以来得到了迅猛发展，遥感数据获取技术趋向三多（多传感器、多平台、多角度）和三高（高空间分辨率、高光谱分辨率、高时相分辨率），每天可以发回以TB为单位的影像数据，广泛应用于各个领域。热红外成像、微波成像和高光谱成像是三种在民用和军事领域发挥重要作用的成像方式，本章将从遥感的基本概念出发，重点介绍上述三种成像方式的成像原理、传感器和典型遥感卫星。

1.1　遥感的基本概念

1.1.1　遥感的定义与分类

遥感一词最早由美国Evelyn Pruitt女士（美国海军研究所一名地理学家）于20世纪60年代在一篇非正式的文章中提出，意思是遥远的感知。从广义上理解，遥感泛指一切无接触的远距离探测。其严格的定义为，从不同高度的平台上，使用各种传感器对地观测，接收来自地球表层的各种电磁波信息，并对这些信息进行加工处理，从而对不同的地物及其特性进行远距离探测和识别的综合技术。

如图1-1所示，地物目标信息的获取主要是利用从目标反射或辐射来的电磁波，接收从目标反射或辐射来的电磁波信息的设备称为传感器，如航空摄影中的航摄相机等。搭载这些传感器的载体称为遥感平台，如航摄飞机、人造地球卫星等。由于地面目标的种类及其所处环境条件的差异，地面目标具有反射或辐射不同波长电磁波信息的特性，遥感正是利用地面目标反射或辐射电磁波的固有特性，通过观察目标的电磁波信息以达到获取目标的几何信息和物理属性的目的。

图1-2表示不同地面目标所固有的电磁波特性受到太阳及大气等环境条件的影响后，再通过传感器收集、转换、生成遥感数据并回传的数据流程。

依据分类标准的不同，遥感有如下几种分类方法。

1. 按照传感器安置的遥感平台分类

按照传感器安置的遥感平台，遥感可分为以下三种：

地面平台：三脚架、遥感塔和遥感车等，高度在100 m以下。

航空平台：飞机和气球等，高度在20 km以内。

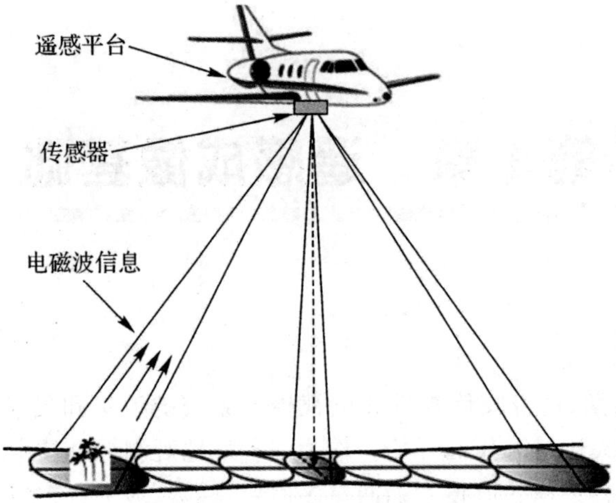

图 1-1　遥感数据的采集

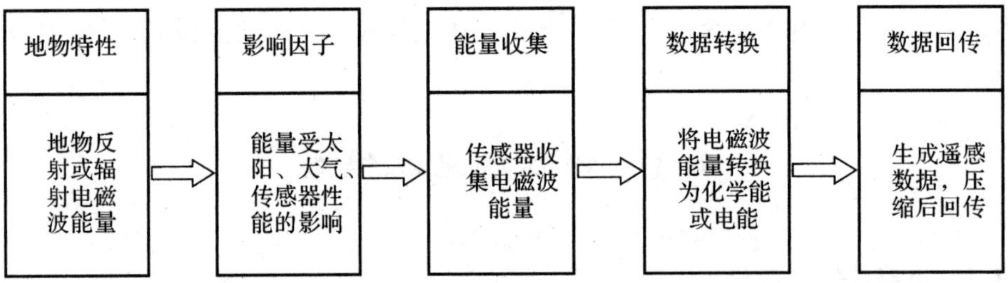

图 1-2　遥感数据的生成流程

航天平台:航天飞机、宇宙飞船和卫星等,高度在 150 km 以上。

2.按照传感器的探测波段分类

遥感所用的电磁波谱一般位于紫外-微波区间,如图 1-3 所示。

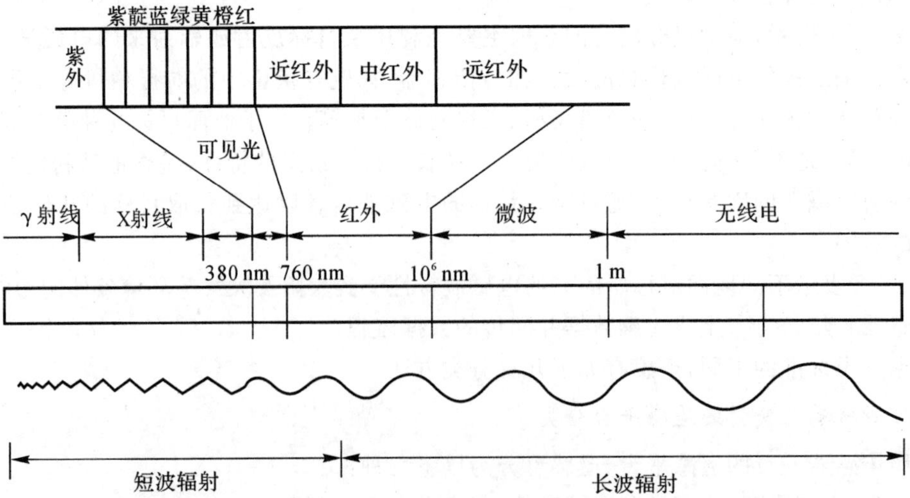

图 1-3　遥感所用的电磁波谱

按照传感器的探测波段，遥感可分为：

紫外遥感：探测波段在 50～380 nm 之间。

可见光遥感：探测波段在 380～760 nm 之间。

红外遥感：探测波段在 760～10^6 nm 之间。

微波遥感：探测波段在 10^6～10^9 nm(1 m)之间。

多波段遥感：探测波段在可见光波段和红外波段范围内，再分成若干窄波段来探测目标。

通常将紫外遥感、可见光遥感和红外遥感统称为光学遥感，因此遥感又被分为光学遥感和微波遥感。

3. 按照传感器的工作方式分类

按照传感器的工作方式，遥感可分为被动遥感与主动遥感。

如图 1-4 所示，被动遥感的传感器不向目标发射电磁波，仅被动接收目标物的自身发射和对自然辐射源的反射能量。被动遥感器的工作波段范围涵盖了紫外、可见光、红外和微波区域，其类型包括各种成像仪、辐射计和光谱仪。

主动遥感由探测器主动发射一定的电磁波能量，并接收目标反射(散射)回来的电磁波，如雷达和激光。雷达为无线电探测和测距仪器，它向目标发射微波脉冲辐射，接收目标后向散射的微波辐射。激光为光探测和测距仪器，它向目标发射激光脉冲，测量目标后向散射或反射的激光。雷达和激光均可用于测高、测距和成像。

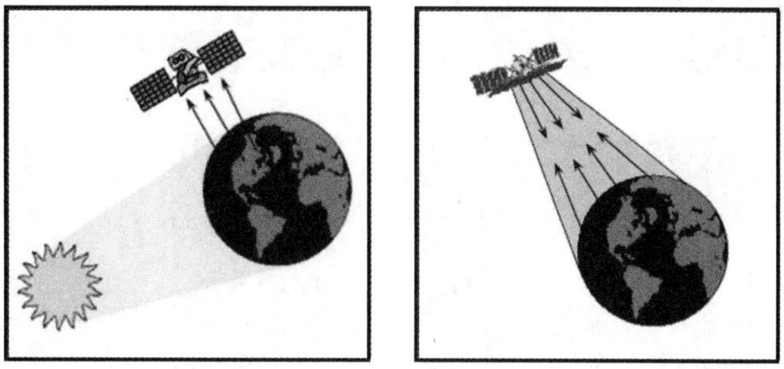

(a)　　(b)

图 1-4　遥感的工作方式

(a)被动遥感；(b)主动遥感

4. 按照遥感资料的获取方式分类

按照遥感资料的获取方式，遥感可分为成像遥感和非成像遥感。成像遥感将探测到的目标电磁辐射转换为可以显示为图像的遥感资料，如航空影像、卫星影像等；非成像遥感将所接收的目标电磁辐射数据输出或记录下来而不产生图像，如反射波谱等。

1.1.2　遥感图像分辨率

随着传感器技术、航空和航天平台技术、数据通信技术的发展，遥感已进入一个能够动态、快速、准确、多手段提供多种对地观测数据的新阶段。现代遥感技术正向着高空间分辨率、高光谱分辨率、高时相分辨率、高辐射分辨率的方向发展。新型传感器不断出现，已从过去的单一传感器发展到现在的多类型传感器，并能在不同的航天航空遥感平台上获得不同的空间分辨率、光谱分辨率、时相分辨率和辐射分辨率的遥感影像。

1. 空间分辨率

空间分辨率指像素所代表的地面范围的大小，由传感器的瞬时视场和成像平台高度共同决定。瞬时视场(Instantaneous Field Of View，IFOV)定义为某一瞬时探测系统所接收的总辐射通量，通常用入射能量聚集在探测器上的圆锥角表示，以 mrad(毫弧度)为单位。卫星遥感系统使用固定 IFOV 的光学系统，因此传感器系统的空间分辨率定义为 IFOV 在地面上的投影的大小，即在某一瞬时被感测到的地面区域，通常以 m 为单位。

空间分辨率给出了传感器所能分辨的最小目标的尺寸，传感器不能分辨尺寸小于空间分辨率的目标。空间分辨率的数值越小，传感器的空间分辨能力就越强。

图 1－5 给出了空间分辨率在 12.8 ～0.1 m 之间的影像，可以看出，随着空间分辨率的提高，影像的可解译性大大提高，影像中目标的可识别性也随之提高。关于目标判读对影像空间分辨率的要求，影像判读人员认为，空间分辨率的数值至少需要小于目标尺寸的 1/5，否则目标判读不能取得理想的效果。

图 1－5　不同空间分辨率的影像

高空间分辨率对地观测技术是空间信息获取技术的一个主要发展方向，在测绘、军事等领域有着极为重要的作用。高空间分辨率是一个特定的、历史的、相对的概念，不同的时期对高空间分辨率的定义不同。1999 年以来，高空间分辨率被认为是空间分辨率优于 1 m，这是以 IKONOS 卫星全色影像的空间分辨率为尺度进行划分的，因此 IKONOS 卫星被认为是高空间分辨率商业遥感卫星发展史上的一个里程碑。

图 1－6 给出了几种常用的遥感卫星影像空间分辨率差异的示意图。

2. 光谱分辨率

光谱分辨率指光学遥感器在接收来自地物目标的电磁波时所能分辨的最小波长间隔。光学光谱指电磁波谱中 0.01μm～1 mm 的区域，包括从远紫外到远红外的光谱。将光学光谱区间划分为若干个波段子区间，每个子区间独立成像，子区间的数目或子区间之间的间隔决定了遥感图像的光谱分辨率。

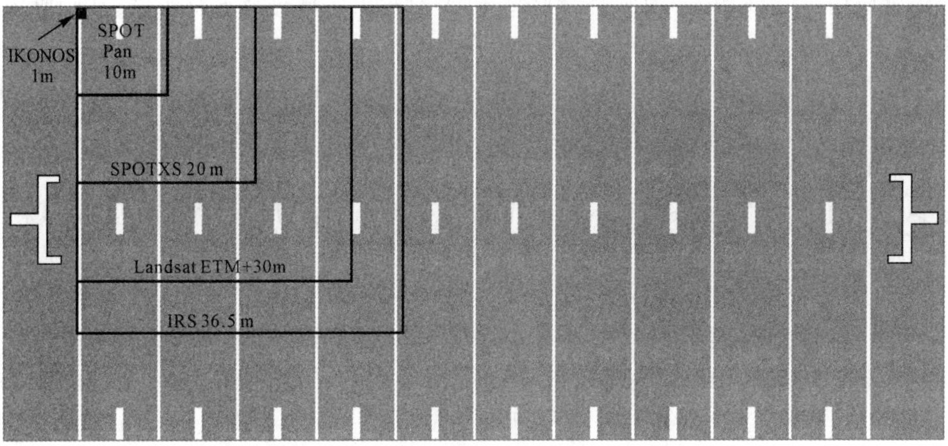

图 1-6 不同遥感卫星影像的空间分辨率差异

光谱分辨率的提高是遥感技术的一个重要发展趋势。根据影像的光谱分辨率和波段数，遥感影像可以分为：

全色：只有一个波段，其光谱范围包括可见光-近红外区间。

多光谱：只有几个波段，光谱分辨率为 0.1 μm。

高光谱：包括几十甚至几百个波段，光谱分辨率为 0.01 μm。

超光谱：包括好几百个波段，光谱分辨率为 0.001 μm。

相对于单波段全色数据或多光谱遥感数据，高光谱数据以较窄的波段区间、较多的波段数量提供遥感信息，包括非常丰富的地物光谱信息，从近乎连续的光谱曲线上可以分辨出不同地物光谱特征的微小差异，使得基于地物光谱信息进行地物识别与信息反演成为可能。

在通常二维图像信息的基础上添加光谱维，就可以形成三维的坐标空间。如果把成像光谱图像的每个波段数据都看成是一个层面，将成像光谱数据整体表达到该三维坐标空间，就会形成一个拥有多个层面、按波段顺序叠合构成的数据立方体，如图 1-7 所示。

图 1-7 高光谱数据立方体

3. 时相分辨率

时相分辨率指对同一地点进行遥感采样的时间间隔，即遥感采样的时间频率，也称重访周期。在遥感应用领域，某些应用（如环境监测）需要对较大区域进行连续观测，某些应用（如灾害监测）需要频繁监测。上述应用均对遥感影像的时相分辨率有较高要求。例如：Landsat 4、5 卫星重访周期为 16 天，能够以星下点成像的方式对某个特定区域进行重访；气象卫星采用地球同步轨道，对同一地点每隔半小时左右可获得一次观测资料，可用来反映一天内的变化，具有较高的时相分辨率。

遥感卫星的重访周期由飞行器的轨道高度、轨道倾角、运行周期、轨道间隔、偏移系数等参数决定。重访周期意味着卫星从某地上空开始运行，经过若干时间的运行后，会重新回到该地上空。如图 1-8 所示，以 Landsat 1～3 为例，卫星运行周期为 103.267 min，卫星每绕地球一圈，地球赤道由西往东旋转了约 2 874 km，去掉卫星进动修正后为 2 866 km，即第二条运行轨迹相对前一条运行轨迹在地面上（赤道处）西移 2 866 km。卫星一天绕地 13.944 圈，满第 14 圈（即开始第 15 圈）时已进入第二天，第二天第一圈和第一天第一圈差 0.056 圈，在地面上赤道处为 159 km。如此不断累积，18 天总共绕地 251 圈，第 252 圈即第 19 天第一圈与第一天第一圈重合。图像的宽度为 185 km，在赤道处相邻轨道间的图像尚有 26 km（占 14%）的重叠。

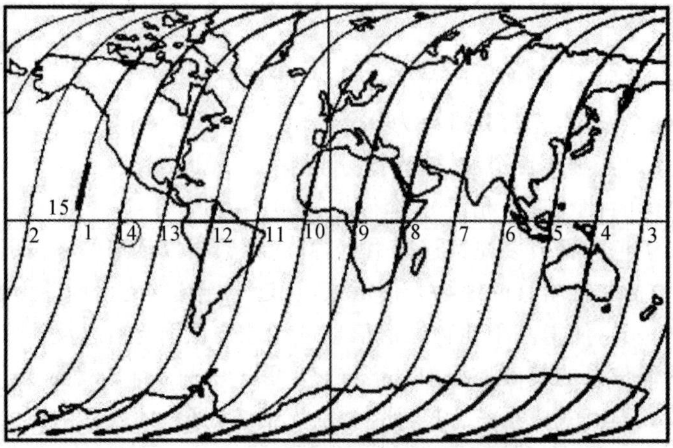

图 1-8　Landsat 1～3 每天的典型轨迹图

为了提高时相分辨率，缩短卫星的重访周期，目前普遍通过提高卫星的姿态机动能力实现，如卫星具有侧摆能力，实现同轨前后视成像或异轨侧视成像等，例如 SPOT5 卫星，轨道模式每隔 26 天重复一次，系统的可定向光学器件使得它能够拍摄到非星下点图像，交替的时间取决于拍摄区的纬度。在 26 天的观测周期内：在纬度为 0°的地区（赤道），有 7 次重访机会；在纬度为 70°的地区，约有 28 次重访机会。

多时相遥感影像可以提供目标的动态变化信息，可用于灾害毁伤检测、资源环境监测、典型目标的动态监视、地理数据库更新等，在军事和民用领域具有重要的应用。

4. 辐射分辨率

辐射分辨率是指传感器接收目标反射或发射的电磁辐射时，能分辨的最小辐射差，它定义了传感器对信号强度差异的敏感度，以及恰好可分辨的信号水平。辐射分辨率越小，表明传感器越灵敏。辐射分辨率取决于遥感器的动态范围，即遥感图像上每一像元的辐射量化等级 D。下面以 Landsat 的 TM 传感器为例进行说明。

TM 传感器的最小辐射量值和最大辐射量值分别为

$$R_{min} = -0.0083\ mV/(cm^2 \cdot sr \cdot \mu m)$$
$$R_{max} = 1.410\ mV/(cm^2 \cdot sr \cdot \mu m)$$

量化等级 $D=256$ 级，所以辐射分辨率为

$$RL = (R_{max} - R_{min})/D = 0.0055\ mV/(cm^2 \cdot sr \cdot \mu m)$$

高辐射分辨率增加了对遥感对象进行精确研究的可能性。这一点类似于采用直尺进行测量，如果想准确地测量物体的长度，具有 1 024 个刻度的直尺显然比具有 16 个刻度的直尺更加精确。但是，对于空间分辨率与辐射分辨率来说，瞬时视场越大，空间分辨率越低，但瞬时获得的入射能量越大，辐射测量越敏感，对微弱能量差异的检测能力越强，即辐射分辨率越高。由此可见，空间分辨率与辐射分辨率是一对相互矛盾的指标，必须进行折中考虑。

近年来，遥感卫星的辐射分辨率得到了较快的发展，可以通过影像像元的辐射量化等级直观表现出来，如图 1－9 所示，辐射分辨率的发展从最初 Landsat－1 MSS 传感器的 64 级提高到 IKONOS 传感器的 2 048 级，遥感影像的辐射质量和可解译性都随之得到了较大的提高。

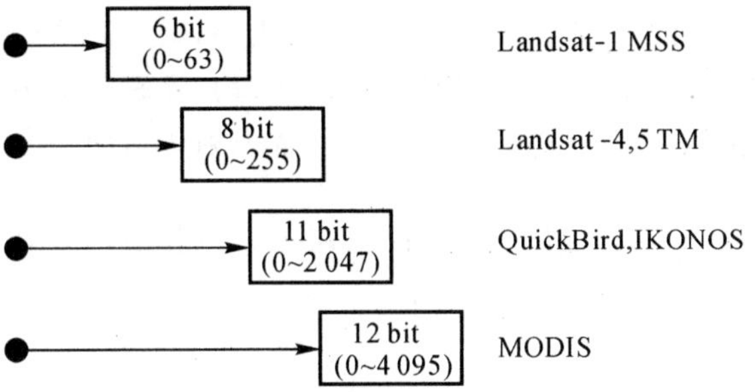

图 1－9　遥感系统的辐射分辨率

1.1.3　遥感成像波段

在遥感研究中，常通过标示起始和结束波长来指定特定的电磁波谱区域，再对其进行描述，该波长间隔称为遥感波段。遥感波段选择是航空航天传感器设计中的关键技术参数，它直接关系到传感器的功能。遥感波段的选择既要考虑遥感应用的目的，同时也要注重技术上实现的可能性。

遥感波段的设置涉及光谱覆盖范围、谱段数目和谱段宽度。遥感波段应根据具体探测任务、目标特性、大气与气象条件以及相关的技术基础等来确定。如果仅要求在白天获取数据且目标不常被云雾遮挡，则应考虑可见光或反射红外谱段；如果要求全天时工作，则应考虑中波红外或长波红外谱段；如果要求全天时，全天候工作，则应考虑微波波段。在一定条件下，工作在可见光和反射红外谱段的光学遥感器通常比工作在中波红外和长波红外谱段的光学遥感器成本低，而且空间分辨率相对较高。

1. 可见光-近红外波段

可见光-近红外波段，主要包括可见光（0.38～0.76 μm）与近红外（0.76～3 μm）波段，遥感器接收的能量主要来自太阳辐射和地面物体的反射辐射。主要影响因素包括大气、地物波谱特性、太阳辐射强度、太阳高度角及其他变量。可见光-近红外波段主要是研究、检测、对比地面物体直接反射太阳能的差异。

该波段主要以摄影或扫描方式采集数据。将可见光-近红外波段分成若干个波段在同一

瞬间对同一景物进行同步摄影，获得不同波段的相片；或者采用扫描方式接收和记录地物对可见光-近红外的反射特征。

多光谱成像时，波段范围一般位于可见光-近红外波段，在此波段内根据探测目的，进行波段的选择和划分。地物反射波谱特性是多光谱波段设置的主要依据。因此，必须进行大量的地物反射和辐射特性的实验研究，并在大量实验数据的科学分析基础上，进行波段的设置。具体的工作过程可包括以下几个方面：

1)获取不同研究区的实验室和野外测量的地物反射光谱曲线。

2)根据地区反射光谱响应特征，将连续反射光谱曲线按均匀或非均匀的波段间隔进行划分。

3)通过综合分析，选择出最具有综合目标识别能力的最佳波段区间。

2. 热红外波段

红外波段包括近红外、中波红外和长波红外。人的视觉系统只能感受到可见光波段 0.38～0.76 μm 范围内的电磁波，红外波段位于可见光波段之外，因此红外成像延伸了人类的视觉系统。中波红外和长波红外又称为热红外波段，在此波段内，遥感器所接收的能量主要来自地面物体自身的发射辐射，直接与热有关，因此得名。物体发射辐射的强度与物体的辐射率和分子运动的温度成正比。

热红外波段的信息除了受大气干扰外，还受地表层热状况的影响，如风速、风向、空气温度、湿度等微气象参数，土壤水分、组成、结构等土壤参数，植物覆盖状况，地表粗糙度、地形地貌等多种因素影响。

需要说明的是，本书后续章节提及的红外成像，除非特别说明以外，一般指热红外成像。

3. 微波波段

微波波段在 1 mm～1 m 之间，也属于无线电波，微波在接收与发射时常仅用很窄的波段，可细分为 Ka、K、Ku、X、C、S、L、P 波段。地球资源应用中常用波段 X、C、L 波段，X 波段广泛地应用于军事侦察及地球资源勘探中，C 波段主要用于机载和星载系统，L 波段波长比 C 波段的长，相比之下，L 波段可以更深地穿透植被，因此在林业及植被研究中更有用。

微波遥感与可见光遥感和红外遥感在技术上有很大的差别，微波遥感用的是无线电技术，而可见光遥感和红外遥感用的是光学技术。

微波波段具有全天时、全天候、穿透性以及对地表粗糙度、地物几何形状、介电质的敏感性、多波段多极化的散射特征等独特优势，因此微波波段已成为目前遥感技术中的研究热点，是目前对地观测中十分重要的前沿领域，在农、林、海洋、土地资源调查研究以及军事侦察等方面越来越显示出其十分广阔的应用前景。

1.2 红外成像

1.2.1 红外成像原理

红外成像又称热辐射成像，是物体表面红外辐射特性的表现，成像强弱反映了物体红外辐射特性的强弱，不仅与外界环境条件(如天气、风速、空气温度、空气湿度、大气辐射、太阳辐射等)有关，还与物体的温度和材质特性有关。

1. 黑体辐射定律

为了衡量物体发射红外辐射能力，常以黑体辐射作为度量的标准。能全部吸收各种波长的入射电磁能量而不发生反射、折射和透射的物体称为绝对黑体，简称黑体。黑体是一种研究辐射规律的理想模型。主要有三个定律用来描述黑体辐射的规律，分别是普朗克定律、斯蒂芬-玻耳兹曼定律和维恩位移定律。

(1)普朗克定律。1900 年，普朗克用量子论的概念推导出了黑体的热辐射定律，该定律表明了黑体辐射通量密度与其温度和辐射波长有如下关系：

$$W_b(\lambda, T) = \frac{2\pi hc^2}{\lambda^5} \frac{1}{e^{\frac{ch}{\lambda kT}} - 1} \tag{1-1}$$

其中：λ 为波长；h 为普朗克常数，取值 6.626×10^{-34} J·s；k 为玻耳兹曼常数，取值 $1.380\,6\times10^{-23}$ J/K；c 为光速，取值 2.998×10^{8} m/s；T 为绝对温度。式(1-1)衡量的是单位面积黑体上，单位时间、单位波长间隔发射的辐射能量。

普朗克定律是热辐射理论中最基本的定律，它表明黑体辐射只取决于温度与波长，而与发射角和内部特征无关。图 1-10 给出了不同温度下黑体的辐射波谱曲线，可以看出，黑体辐射具有以下三个特性：

(1)总辐射通量密度与曲线下的面积成正比，随着温度的升高而迅速增大；

(2)温度越高，辐射通量密度越大，不同温度的曲线不相交；

(3)辐射通量密度随波长连续变化，只有一个辐射最大值，并且随着温度升高，辐射最大值向短波方向移动。

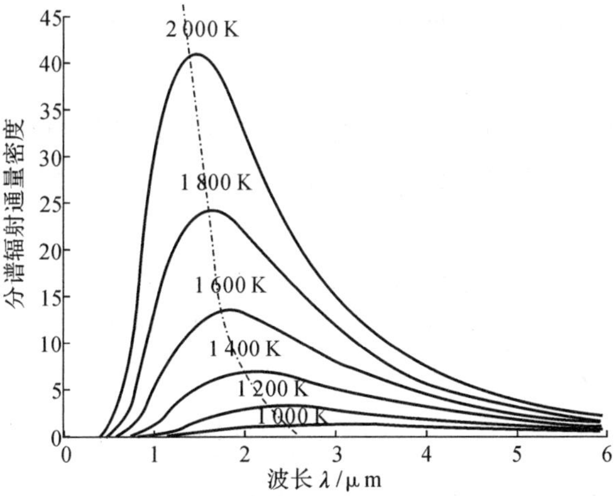

图 1-10　不同温度黑体辐射波谱曲线

(2)斯蒂芬-玻耳兹曼定律。对普朗克公式积分可得

$$W_b(T) = \frac{2\pi^5 k^4}{15c^2h^3} T^4 = \sigma T^4 \tag{1-2}$$

式中：σ 为斯蒂芬-玻耳兹曼常数，取值 $5.669\,7\times10^{-8}$ W/(m^2·K^4)。

式(1-2)说明绝对黑体表面上，单位面积发出的总辐射能与绝对温度的四次方成正比，所以地物微小的温度差异能够引起红外辐射能量的明显变化，这也正是热红外遥感探测识别目标物的原理。

目前最先进的热红外传感器能够达到以下指标：

1)温度灵敏度为0.01～0.03℃；

2)1 km的距离上检测人；

3)2 km的距离上检测车辆；

4)在20 km高空可侦察到地面上的人群和车辆，并能通过水面航迹与周围海水的温差探测到水下40 m深处的潜艇；

5)在200 km的卫星高度上可探测到地面大部队的集结与调动，以及查明伪装的导弹地下发射井和战略导弹的发射动向。

(3)维恩位移定律。对普朗克公式微分求极值可得

$$\lambda_{max} T = 2\ 897.8 \tag{1-3}$$

其中：λ_{max}为辐射强度最大值所对应的波长，即峰值波长。由式(1-3)可知，黑体的绝对温度升高时，辐射峰值波长向短波方向位移，若物体温度已知，可以推算出其辐射峰值波长。因此，维恩位移定律是热红外遥感探测目标地物时最佳波段选取的原理。

例如，对于多数背景温度为300 K、目标与背景温差为几摄氏度的陆地目标，其辐射的电磁波的峰值波长约为9.7 μm，位于长波红外谱段内，目标与背景在长波红外谱段的等效辐亮度差比中波红外谱段高约一个量级。而对于有效温度约为1 000 K的导弹尾焰，其辐射的电磁波的峰值波长位于中波红外谱段内，当背景为冷空间时，目标与背景在中波红外谱段的等效辐亮度差比长波红外谱段高约一个量级。

2. 实际物体的辐射

实际物体的辐射不同于绝对黑体的辐射，在相同温度下，实际物体的辐射出射度比绝对黑体的要低，而且实际物体的辐射不仅依赖于波长和温度，还与构成物体的材料、表面形状等因素有关。

在遥感中，由于通常观测物体不是黑体，所以必须使用光谱发射率进行修正。地物发射某一波长的辐射出射度与同温下黑体在同一波长上的辐射出射度之比，称地物光谱发射率(也称比辐射率)，其计算公式为

$$\varepsilon(\lambda, T) = \frac{W(\lambda, T)}{W_b(\lambda, T)} \tag{1-4}$$

式中：$\varepsilon(\lambda, T)$为无量纲数，其值介于0和1之间，作为比较一辐射源接近黑体的程度。显然，黑体的比辐射率恒为1。不同地物有不同的$\varepsilon(\lambda, T)$，同一地物在不同波段的比辐射率也不同。由式(1-2)和式(1-4)可得

$$W = \varepsilon W_b = \varepsilon\sigma T^4 \tag{1-5}$$

此即实际物体的辐射出射度。

G. R. 基尔霍夫发现，在同样的温度下，任何地物对相同波长的单色辐射出射度与单色吸

收率之比值是常数，恒等于该温度下黑体对同一波长的单色辐射出射度，即

$$\frac{W(\lambda,T)}{a(\lambda,T)}=W_{\mathrm{b}}(\lambda,T) \tag{1-6}$$

由式(1－4)和式(1－6)可得

$$\varepsilon(\lambda,T)=a(\lambda,T) \tag{1-7}$$

式(1－7)表明，任何地物的发射率等于其吸收率，即地物的吸收能力越大，辐射能力也越大，好的吸收体也一定是好的辐射体。如果不吸收某些波长的电磁波，也就不发射该波长的电磁波。

根据比辐射率，可将地物分为三类：

黑体：$\varepsilon(\lambda,T)\equiv 1$。

灰体：$\varepsilon(\lambda,T)=\varepsilon_0<1$，灰体和黑体对于所有波长，发射率均为常数。

选择性辐射体：$\varepsilon(\lambda,T)$ 随波长而变化。

三类地物的比辐射率和辐射通量与波长的关系如图 1－11 所示。

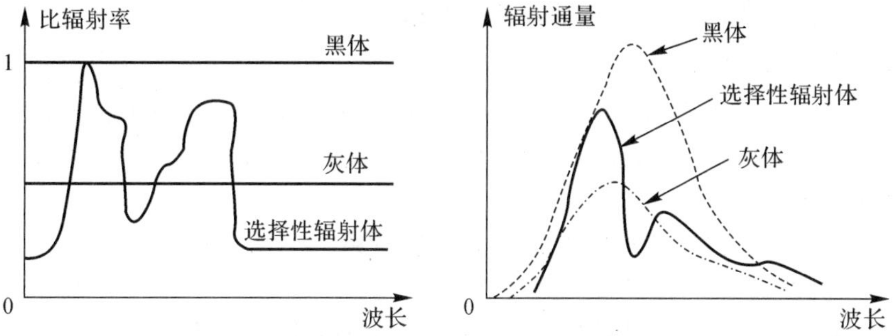

图 1－11　物体的比辐射率和辐射通量与波长的关系

3. 大气窗口

由于星载遥感传感器都在大气层之上，所以太阳辐射、大地辐射、人工辐射都要被大气吸收和散射，只有一部分穿透大气。对大气层而言，有

$$\alpha+\beta+\tau=1 \tag{1-8}$$

式中：α,β,τ 分别为大气层对电磁辐射的吸收率、散射率、透射率。

如果要从大气层之上探测地面，必须选择 α,β 都小，而 τ 较大的波段范围，这种能有效传输辐射能量的波段范围称为大气窗口，如图 1－12 所示。

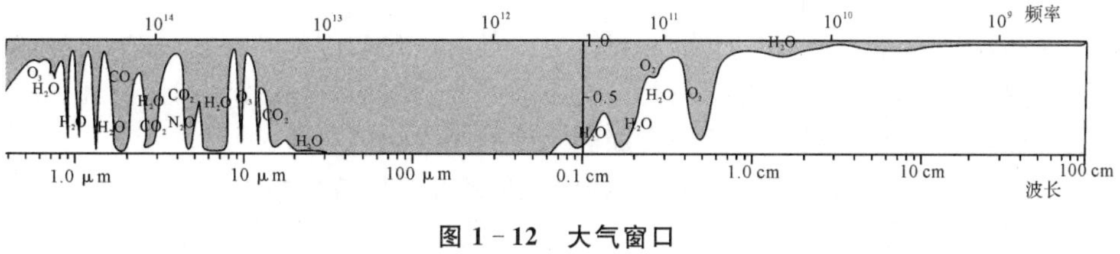

图 1－12　大气窗口

大气对 1～15 μm 的红外波段的透过率曲线如图 1－13 所示。可以看出，大气在中波红外 3～5 μm 和长波红外 8～14 μm 中吸收率小，透过率大。这两个波段就是通常所说的热红外

探测的大气窗口，也是红外成像制导的常用波段。

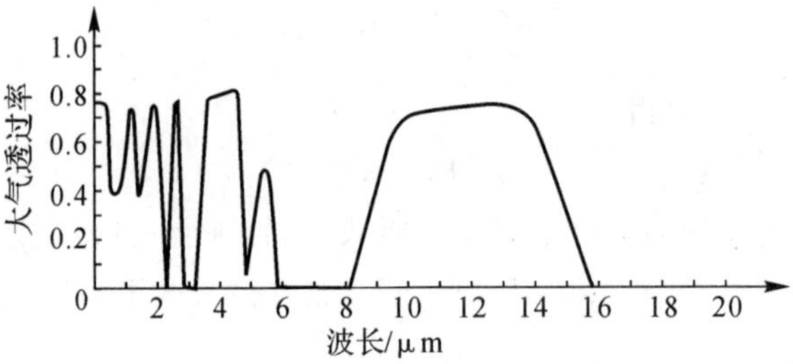

图 1-13 大气对红外波段的透过率曲线

1.2.2 红外热成像仪

所有高于绝对零度(−273℃)的物体都会发出红外辐射。利用某种特殊的电子装置将物体表面的温度分布转换成人眼可见的图像，并以不同灰度显示物体表面温度分布的技术称为红外热成像技术，这种电子装置称为红外热成像仪。

1. 红外热成像仪的构成

如图 1-14 所示，红外热成像仪由光学镜头、红外探测器和转换电路构成，被测物体表面产生的红外辐射由该系统接收，最终以可视化的形式展现为红外图像。具体说来，红外热成像仪各部分功能如下：

(1)光学镜头：接收和汇聚被测物体发射的红外辐射。

(2)红外探测器组件：将红外辐射信号转变成电信号。

(3)转换电路组件：对电信号进行处理，即进行信号的放大、增强和调制等。

(4)显示组件：将电信号转变成可见红外图像，并进行显示。

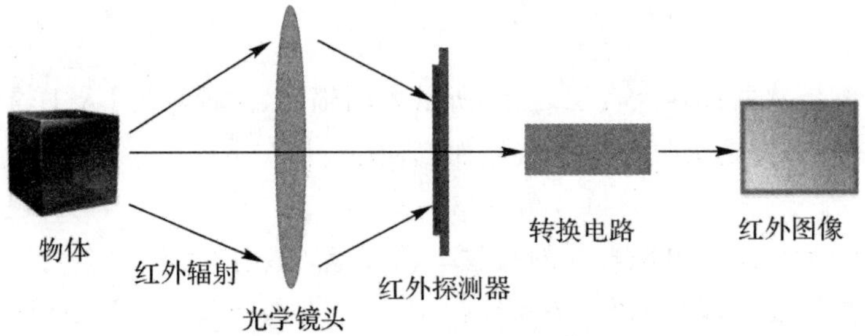

图 1-14 红外热成像仪的构成

红外探测器是红外热成像仪的核心组件，主要是利用热效应的光探测元件，包括热电偶探测器、热释电探测器等。不同的光探测元件有不同的光谱响应特性，光谱响应特性是图像物理特性的决定因素。表 1-1 给出了不同光探测元件的光谱响应特性。

表 1-1 不同光探测元件的光谱响应特性

探测元件	响应波长/μm	工作温度/K
光电倍增管	0.4～0.75	
硅光二极管	0.53～1.09	

续表

探测元件	响应波长/μm	工作温度/K
锗光二极管	1.11～1.73	
锑化铟(InSb)	2.1～4.75	
碲镉汞(HgCdTe)	3～5	77(－196℃)
	8～14	77(－196℃)
硫化铅(PbS)	1～6	77(－196℃)
锗掺汞(Ge:Hg)	8～13.5	38(－235℃)

2. 红外热成像仪的分类

红外热成像仪按照工作温度可分为制冷型和非制冷型，两者本质区别为红外探测器的探测材料不同，导致探测器工作情况完全不同。

制冷型热成像仪的探测材料为光子探测器，依据光电效应将红外辐射转换成图像显示，其探测器集成了一个低温制冷器，可以给探测器降温，使得热噪声的信号低于成像信号，得到更好的成像质量。制冷型热成像仪具有较高检测率和灵敏度，但成本较高。

非制冷型热成像仪采用热敏探测器，根据热效应进行成像，成本较低，可探测的光谱范围较为广泛而且相对平坦。其探测器不需要低温制冷，通常是以微测辐射热计为基础，主要有非晶硅和氧化钒两种探测器。非制冷焦平面阵列探测器的性能可以满足部分的军事用途和几乎所有的民用领域，真正实现了小型化、低价格和高可靠性，成为红外探测成像领域中极具前途和市场潜力的发展方向。

红外热成像仪的核心是红外探测器，红外探测器按其特点可分为四代：

第一代(20世纪70—80年代)：主要是以单元、多元器件进行光机串/并扫描成像。

第二代(20世纪90年代至21世纪初)：以4×288为代表的扫描型焦平面。

第三代：凝视型焦平面。

第四代：目前正在发展的以大面阵、高分辨率、多波段、智能灵巧型为主要特点的系统芯片，具有高性能数字信号处理功能，甚至具备单片多波段探测与识别能力。

3. 红外热成像仪的特点

与可见光系统相比，红外成像系统具有以下优点：

(1)红外热成像技术能实现全天时成像，环境适应性优于可见光；

(2)依靠目标和背景的温度差异进行探测，识别伪装目标的能力优于可见光。

与雷达成像系统相比，红外成像系统具有以下优点：

(1)红外传感器被动式地接收地物的热辐射，隐蔽性好；

(2)红外传感器不受电磁干扰，抗干扰能力强；

(3)红外图像分辨率和可解译性优于雷达图像。

同时，红外热成像仪也存在以下缺点：

(1)图像对比度低，分辨细节能力较差。由于红外热成像仪靠温差成像，而一般目标温差都不大，所以红外热图像对比度低，使分辨细节能力变差。

(2)不能透过透明的障碍物看清目标。由于红外热成像仪靠温差成像，而像窗户玻璃这种透明的障碍物，使红外热成像仪探测不到其后物体的温差，所以不能看清位于其后的目标。

(3)成本高、价格贵。目前红外热成像仪的成本仍是限制它广泛使用的最大因素，但非致冷红外焦平面阵列的出现提供了一种以低成本获得高分辨率，高可靠性器件的有效手段。

1.2.3 典型热红外遥感卫星

1. 导弹预警卫星

导弹预警卫星通常运行在地球静止轨道或周期为 12 h 的大椭圆轨道上，一般由多颗卫星组成预警网，覆盖范围很大。卫星上装有红外探测器、电视摄像机以及核辐射探测器，包括 X 射线探测器、γ 射线探测器和中子计数器等。红外探测器工作谱段一般位于中长波红外，以一定速率扫描观测区，探测导弹主动段发动机尾焰的红外辐射，发出警报，并进行跟踪和预测弹着点。

目前美国和俄罗斯都拥有同步轨道导弹预警卫星，其中以美国的 DSP(Defense Support Plan)导弹预警卫星最为典型。DSP 预警卫星由 5 颗在轨运行的卫星组成，能监视东半球、欧洲、大西洋和太平洋。其中 3 颗主卫星分别定点在太平洋(西经 150°)、大西洋(西经 37°)和印度洋(东经 69°)上空，固定扫描监视除南北极以外的整个地球表面；另外 2 颗备份。卫星上的红外探测器能在导弹离开发射架大约 90 s 内就探测到导弹的红外信号，并自动把信息传送回地面站，地面站则通过通信中继卫星或光缆把信息传给弹道导弹预警指挥控制中心，全部过程需 3～4 min。DSP 卫星采用扫描红外探测器，探测波段为 2.7 μm 和 4.3 μm。

美国的“空间跟踪与监视系统”(STSS)，原名“天基红外系统-低轨道部分”(SBIRS - Low)，星座由 21～28 颗小卫星组成，部署在 1 600 km 高的 3～4 个大倾角低地球轨道面上。每颗卫星将装载一台宽视场扫描型短波红外捕获探测器和一台窄视场凝视型多色(中波、中长波和长波红外及可见光)跟踪探测器。捕获探测器利用扫描折射望远镜和短波红外焦面阵列提供高分辨率地平线到地平线覆盖，以探测和跟踪沿助推段飞行的导弹，然后将捕获到的导弹信号移交给跟踪探测器；窄视场跟踪探测器利用动作敏捷的望远镜提供地平线以内和地平线以上的覆盖，以跟踪沿弹道中段飞行的目标弹体和沿末段飞行的冷再入弹头，为国家导弹防御系统和战区导弹防御系统提供目标瞄准数据。STSS 卫星主要传感器参数见表 1 - 2。

表 1 - 2　STSS 卫星主要传感器配置参数预估

名　称	类　型	波段/μm	FPA	孔径/cm
红外捕获传感器	宽视场扫描型短波红外探测器	1～3	HgCdTe	≥50
红外跟踪传感器	窄视场凝视型中长波红外探测器	4.2～16	HgCdTe	≥40
可见光传感器	侦察相机	0.3～0.7	CCD	≥20

2. 高分四号

高分四号卫星于 2015 年 12 月 29 日在西昌卫星发射中心成功发射，是我国第一颗地球同步轨道遥感卫星，搭载了一台可见光 50 m/中波红外 400 m 分辨率、大于 400 km 幅宽的凝视相机，采用面阵凝视方式成像，具备可见光、多光谱和红外成像能力，设计寿命为 8 年，通过指向控制，实现对中国及周边地区的观测。

高分四号卫星可为我国减灾、林业、地震、气象等应用提供快速、可靠、稳定的光学遥感数据，为灾害风险预警预报、林火灾害监测、地震构造信息提取、气象天气监测等业务补充全新的技术手段，开辟了我国地球同步轨道高分辨率对地观测的新领域。

高分四号的卫星传感器参数见表 1-3。

表 1-3　高分四号的卫星传感器参数

传感器类型	谱段号	谱段范围/μm	空间分辨率/μm	幅宽/km
可见光近红外(VNIR)	1	0.45～0.9	50	400
	2	0.45～0.52		
	3	0.52～0.60		
	4	0.63～0.69		
	5	0.76～0.89		
中波红外(MNIR)	6	3.5～4.1	400	

1.3　微波成像

1.3.1　微波成像原理

地物的微波后向散射特性是微波遥感(主要是雷达遥感)的理论基础。雷达图像是利用微波遥感技术得到的，实际上是地物目标对雷达发射信号散射的回波强度分布图。回波信号的强弱程度决定了图像的灰度，某区域的回波信号强，反映在图像上，其对应位置的灰度就高，回波信号弱，其对应位置的灰度就低。

在雷达遥感中，沿入射方向返回的散射称为后向散射，雷达遥感中获得的信息就是从入射电波与地物目标相互作用后的后向散射回波中提取的。地物的后向散射回波强度通常可以用后向散射系数 σ 来表达，表示了雷达接收的回波信号与发射信号之间的一种比例关系。一般认为，σ 是雷达系统的参数(波长 λ、入射角 θ、极化方式等)和地物目标的参数(方位角 φ、复介电常数 ε、表面粗糙度等)共同作用的结果。

1. 入射角

如图 1-15 所示，入射角 θ 指入射雷达束与地面法线间的夹角，雷达系统视角 α 是天底点与地面目标点的夹角，俯角 β 是视角的余角。对于平坦地形而言，入射角与视角近似相等。

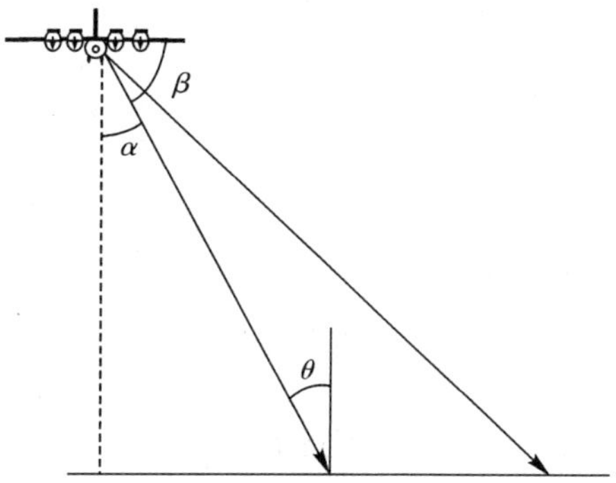

图 1-15　入射角、视角与俯角

入射角对后向散射的影响表现在，入射角越小，后向散射越强。入射角的改变，导致在正对传感器坡面有相对高的返回信号，而在背离传感器坡面有相对低的返回信号或无返回信号。因此，地形起伏对雷达后向散射较大影响。雷达后向散射和阴影区域在入射角范围内受到不同的地表特性的影响。一般来说：当入射角在 0°～30°的范围时，雷达的后向散射由地形坡度决定；当入射角在 30°～70°的范围时，则由粗糙地表决定；当入射角大于 70°时，图像中将以雷达阴影为主。

2. 表面粗糙度

在雷达波照射下，不同地物的表面粗糙度决定了其表面所发生的散射，并影响其回波的强弱。这里表面粗糙度指的是小尺度的粗糙度，即尺度比分辨单元尺寸要小得多的地物表面粗糙度，其定量表示是地物表面高度变化的均方根。地物表面可分为光滑表面、中等粗糙表面和十分粗糙表面，如图 1-16 所示。

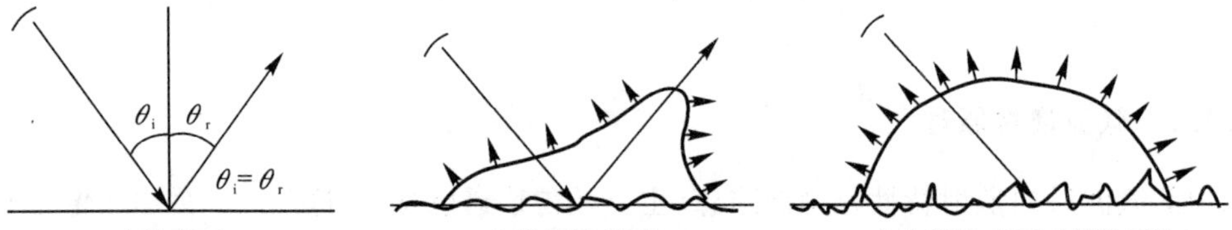

图 1-16　地物表面类型

表面粗糙度决定了对雷达微波的反射形式。光滑表面对入射到其表面的微波产生镜面反射，向着远离雷达天线的方向反射能量，使回波信号很弱；中等粗糙表面对入射到其表面的微波产生方向反射，回波信号相对较强；十分粗糙表面对入射到其表面的微波产生漫反射，向雷达天线返回相当部分的入射能，因此回波信号最强。

表面粗糙度是一个相对的概念，与入射波长与入射角密切相关。在微波遥感中，一般用以下准则判断表面粗糙度：

$$\left.\begin{aligned}&\text{光滑表面}: h < \frac{\lambda}{25\cos\theta}\\&\text{中等粗糙表面}: \frac{\lambda}{25\cos\theta} < h < \frac{\lambda}{4.4\cos\theta}\\&\text{十分粗糙表面}: h > \frac{\lambda}{4.4\cos\theta}\end{aligned}\right\}\tag{1-9}$$

式中：h 为表面高度变化的均方根；λ 为入射波长；θ 为入射角。可以看出，对于长波雷达，地表较光滑，后向散射较小。同样的地表对于短波雷达就显粗糙，在雷达图像中由于后向散射强而显得亮。

根据式(1-9)，对于三种入射角和三种雷达波长，可以给出表 1-4 所示的表面粗糙度的定义。

表 1－4　表面粗糙度相对于入射角和波长的定义

表面粗糙类别		表面高度变化的均方根/cm		
		Ka 波段 (λ＝0.86 cm)	X 波段 (λ＝3.2 cm)	L 波段 (λ＝23.5 cm)
入射角为 20°	光滑表面	＜0.04	＜0.14	＜1.00
	中等粗糙表面	0.04～0.21	0.14～0.77	1.00～5.68
	十分粗糙表面	＞0.21	＞0.77	＞5.68
入射角为 45°	光滑表面	＜0.05	＜0.18	＜1.33
	中等粗糙表面	0.05～0.28	0.18～1.03	1.33～7.55
	十分粗糙表面	＞0.28	＞1.03	＞7.55
入射角为 70°	光滑表面	＜0.10	＜0.37	＜2.75
	中等粗糙表面	0.10～0.57	0.37～2.13	2.75～15.6
	十分粗糙表面	＞0.57	＞2.13	＞15.6

3. 复介电常数

地物的电特性和它们的几何特性紧密地作用在一起，来决定雷达回波信号的强度。目标电特性的一个量度标准是复介电常数，该参数是不同材料的反射率和传导率的一个标志。复介电常数大的地物目标，反射微波的能力强，微波的穿透作用小。

大多数天然材料干燥时复介电常数都介于 3～8 之间，而水的复介电常数近似为 80。因此，地物含水量对复介电常数有较大的影响，土壤或植被的湿度都会极大地提高雷达反射率。实测表明，地物的介电常数几乎和含水量成正比，地物含水量越大，微波反射能量就越大，而雷达波束穿透力越小，反之亦然。

一般情况下，金属物体比非金属物体的复介电常数大，因此金属目标有很高的返回量，例如金属桥梁、铁轨和电杆在雷达图像中通常以高亮目标出现。

4. 极化

极化是指电磁波的偏振。根据偏振的方向，极化方式可分为水平极化和垂直极化。水平极化是指电磁波的电场矢量与入射面(微波传播方向与目标表面入射波处的法线所组成的平面)垂直，垂直极化是指电磁波的电场矢量在入射面内。改变雷达发射天线的方向，就可以改变发射电磁波的极化方式。

偏振光被界面反射后，反射光将变为部分偏振光，各个偏振分量的能量分配由原偏振光的偏振方向、反射界面的性质和入射角所决定。假设雷达发射时用水平极化方式，当这种微波与地物表面发生作用时，会使微波的极化方向产生不同程度的旋转，形成水平(H)和垂直(V)两个分量。接收时的极化方式可与发射时相同，也可以不同。根据微波遥感的目的可以采用合适的极化方式组合，有 HH、HV、VH 和 VV 四种组合，其中 HH 和 VV 称为同类极化，HV 和 VH 称为交叉极化。如图 1－17 所示，地物目标在不同极化方式下的后向散射是不同的，因此可以根据具体需要，选择合适的极化方式。在一定条件下，交叉极化图像所包含的信息内容与同类极化图像是不一样的。

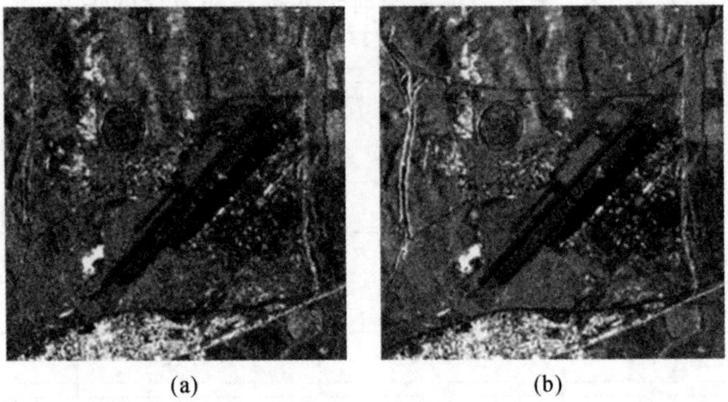

图 1-17　不同极化方式图像

(a)同类极化;(b)交叉极化

综上所述,地物的微波后向散射特性由多种因素共同决定。因此,当讨论某种地物的微波后向散射特性时,一般用在给定波长、给定极化方式条件下后向散射系数随入射角的变化曲线来表示,如图 1-18 所示。

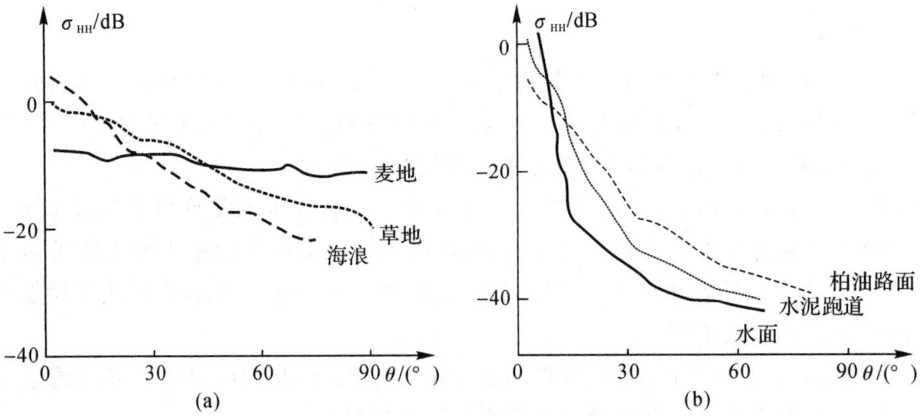

图 1-18　地物的后向散射特性曲线

(a)粗糙地物;(b)光滑地物

1.3.2　雷达成像仪

1. 侧视雷达

侧视雷达系统的工作原理如图 1-19 所示。雷达发射器通过天线在很短的微秒级时间内发射一束能量很强的脉冲波,当遇到地面物体时,被反射回来的信号再被天线接收。由于系统与地物距离不同,同时发出的脉冲,接收的时间不同。图 1-19 中通过在连续的时间间隔内指明波前位置来显示一个脉冲的传播。以实线表示开始(1～10),脉冲从飞机上以辐射方式发射出来,经过短暂的时间,到时间 6 以后,脉冲抵达房屋,到时间 7 显示一个反射波(以虚线表示)。在时间 13,返回信号到达天线并同时被记录到天线响应图上。在时间 9,发射波阵面被树返回,这个返回信号在时间 17 时到达天线。因为树木对雷达信号的反射率低于房屋的反射率,所以下一个记录是较弱的返回信号。

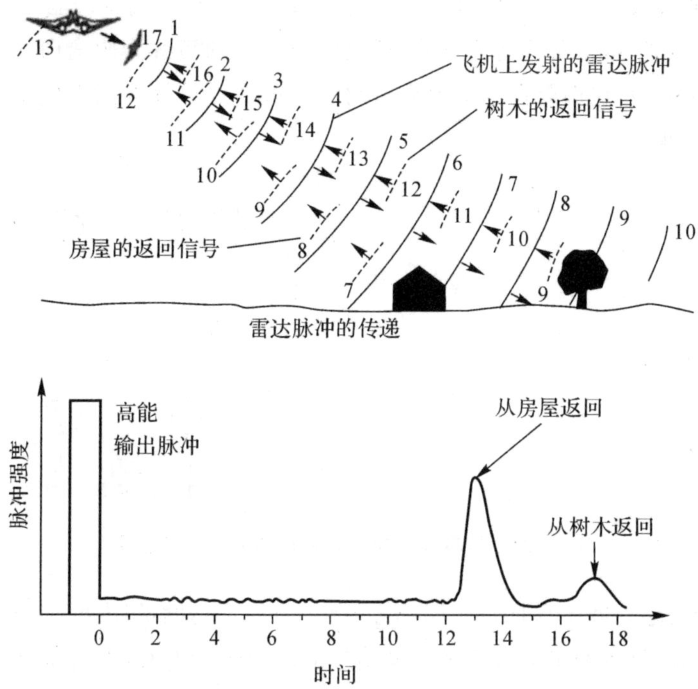

图 1-19　侧视雷达系统的工作原理

如图 1-20 所示，遥感平台向前飞行，天线发射和接收雷达脉冲交替进行。在波束宽度范围内，不同地物由于距离不同而在不同的时间反射回波，返回的信号被天线接收并记录为一条图像扫描线。雷达成像时，垂直于雷达飞行方向的方向被称为距离向，平行于雷达飞行方向的方向被称为方位向。因此，根据后向反射电磁波返回的时间排列就可以实现距离向的扫描。通过平台的前进，扫描面在地面上移动，进而可以实现方位向的扫描。

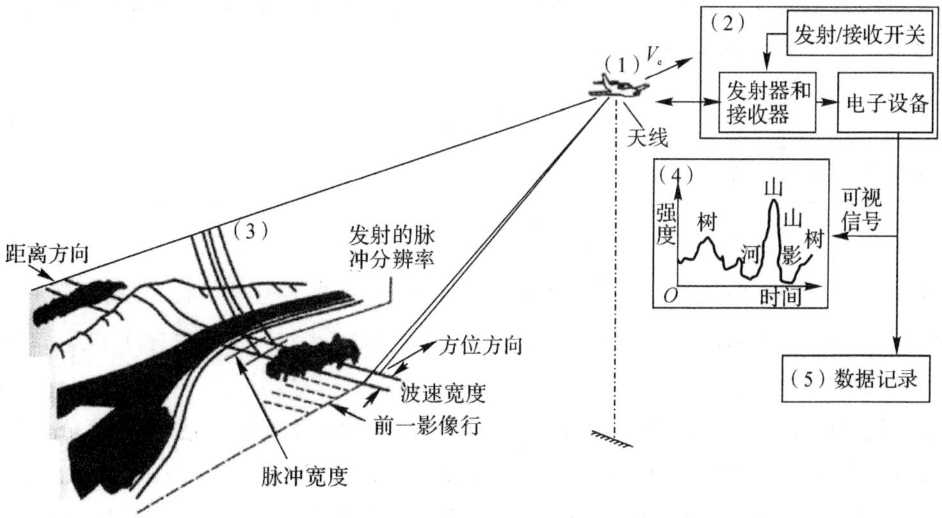

图 1-20　侧视雷达系统的工作方式

空间分辨率是雷达图像的重要指标，指雷达对两个相邻目标的分辨能力。对雷达而言，空间分辨率包括距离向空间分辨率与方位向空间分辨率(分别简称为距离向分辨率和方位向分辨率，如图 1-21 所示)，它们分别定义为距离向和方位向点目标冲激响应半功率点处的宽度(亦即 3 dB 主瓣宽度)。

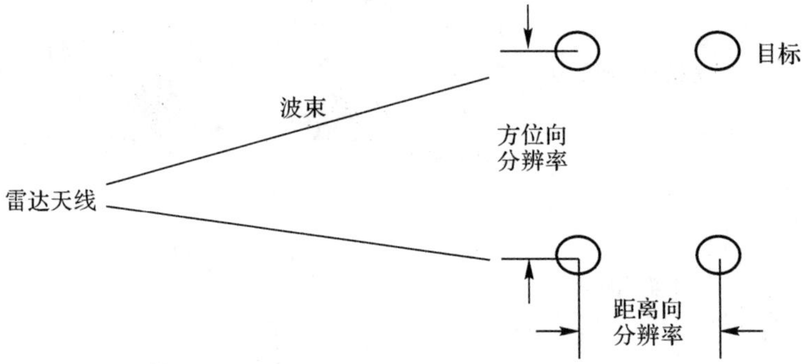

图 1-21　距离向分辨率和方位向分辨率示意图

(1)距离向分辨率。两个目标位于同一方位角，但与雷达间的距离不同时，二者能被雷达区分出来的最小间距称为距离向分辨率。从信号显示的角度出发，距离向分辨率定义为：当较近目标回波脉冲的后沿(下降沿)与较远目标回波的前沿(上升沿)刚好重合时，达到可分辨的极限。此时两目标间的距离就是距离向分辨率，如图 1-22 所示。

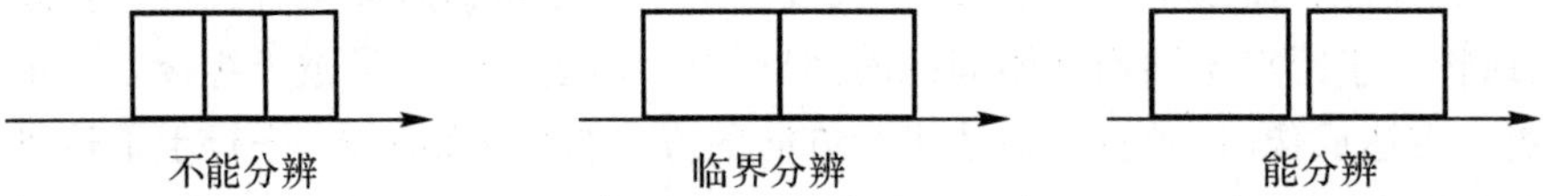

图 1-22　距离向分辨率波形示意图

距离向分辨率决定了雷达区分相同方位上多重目标的能力，它由脉冲宽度 τ 和光速 c 决定。根据图 1-23，距离向的斜距分辨率定义为

$$R_d = \frac{c\tau}{2} \tag{1-10}$$

距离向的地距分辨率相应为

$$R_r = \frac{c\tau}{2\cos\beta} \tag{1-11}$$

因此，两个不同距离的目标产生两个回波，要使两个回波不完全重叠，分清是哪一个目标回来的信号，目标之间的距离必须小于地距分辨率。例如，图 1-23 中目标 1 和 2 不能分辨，目标 3 和 4 能够分辨。

因此，若要提高距离向分辨率，需要减小脉冲宽度。脉冲宽度越小，脉冲宽度分辨率越好。当 τ 为 1 μs 时，距离向分辨率为 150 m。脉冲宽度是由雷达发射机决定的，它并不受雷达到目标之间距离的影响。因此可以得出以下结论：距离向分辨率与距离无关。脉冲宽度过小会使雷达发射功率下降，回波信号的信噪比降低，两者的矛盾使得距离向分辨率难以提高。为解决这一矛盾，一般采用脉冲压缩技术来提高距离向分辨率。

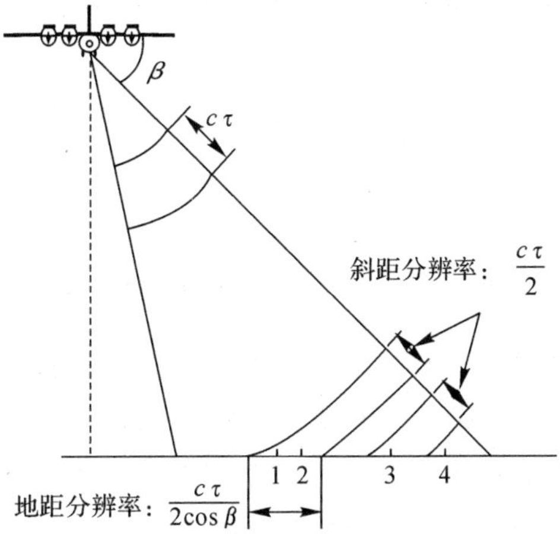

图 1－23　距离向分辨率示意图

脉冲压缩技术是指利用线性调频调制技术将较宽的脉冲调制成振幅大、宽度窄的脉冲的技术。如图 1－24 所示，若原脉冲的宽度为 τ，振幅为 A_0，经线性调频调制后，将它用天线发射并接收目标后向散射的电磁波，对接收的信号用与发射时具有相反频率特性的匹配滤波器处理后，就相当于用较窄脉冲宽度的发射电磁波得到了振幅为原来$\sqrt{\tau\Delta f}$倍、脉冲宽度为原来$\frac{1}{\tau\Delta f}$的输出波形。为了提高距离方向上的分辨率，在真实孔径雷达和合成孔径雷达中都采用这种脉冲压缩方法。

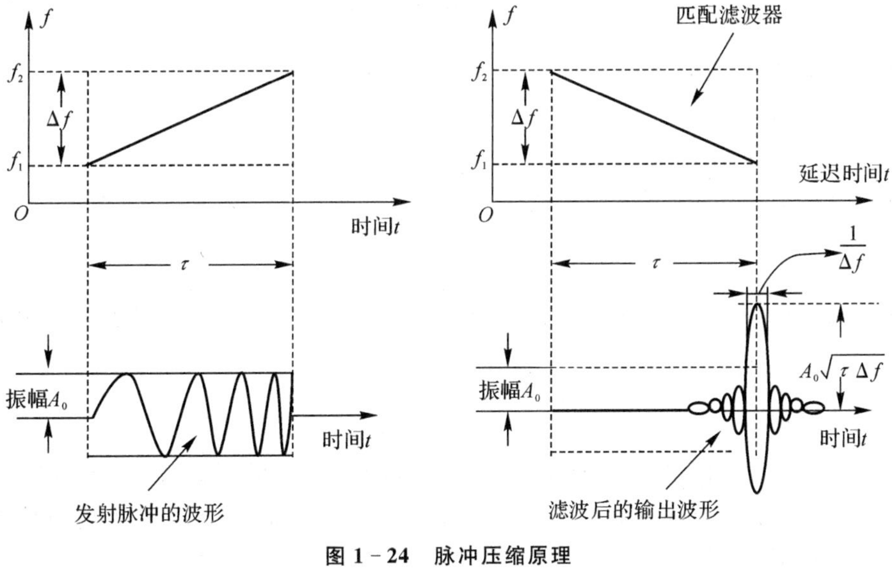

图 1－24　脉冲压缩原理

(2)方位向分辨率。两个目标在位于同一距离，但方位角不同的情况下，能被雷达区分出来的最小角度称为方位向分辨率。从信号显示的角度出发，方位向分辨率定义为：当一个目标的回波强度到达峰值点时，另一个目标的回波强度开始从零上升，由天线理论可知，处于这种状态时的两目标之间的角度就是雷达方位分辨的极限，即方位向分辨率，如图 1－25 所示。

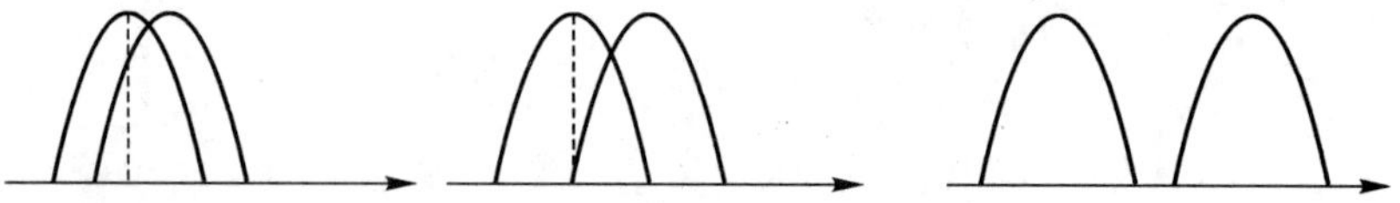

图 1－25　方位向分辨率波形示意图

方位向分辨率决定了雷达区分相同距离上多重目标的能力，它由天线的有效波束宽度确定。相同径向距离的目标，若间距大于天线波束宽度，就能被区分，反之则不能被区分，如图 1－26所示。图中目标 A 和 B 在波束范围内，雷达不能分辨；C 与 D 在波束范围外，雷达可以分辨。因此，雷达天线波束越窄，方位向分辨率越好。

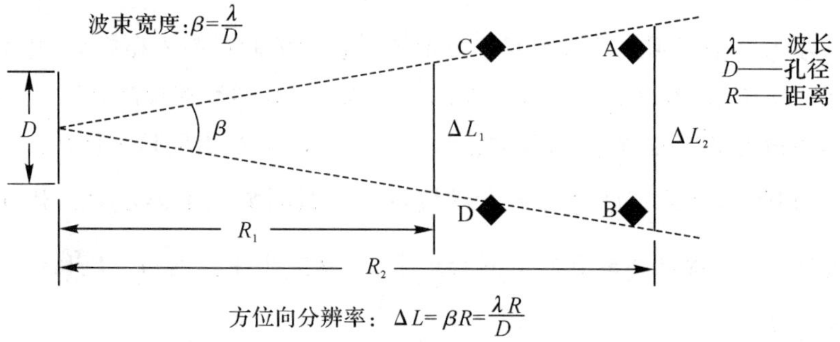

图 1－26　方位向分辨率

由天线理论可知，波束宽度 β 与电磁波的波长 λ 和天线尺寸 D 有关：

$$\beta=\frac{\lambda}{D} \tag{1-12}$$

方位向分辨率为波束宽度 β 与到达目标的距离 R 之积，即

$$R_\beta=\beta R=\frac{\lambda}{D}R \tag{1-13}$$

由此可知，波长越小，天线尺寸越大，雷达天线波束越窄，方位向分辨率越好。观测距离越近，方位向分辨率越好。

2. 合成孔径雷达

由以上讨论可知，要提高方位向分辨率，需要采用波长较短的电磁波（即提高雷达工作频率），加大天线孔径和缩短观测距离。这几项措施无论在飞机上还是卫星上使用时都受到限制。目前主要采用合成孔径雷达来提高侧视雷达的方位向分辨率。

合成孔径雷达的基本原理是利用短的天线在沿飞行航迹方向上形成一个天线阵列，在不同位置接收同一地物的回波信号，进行相关解调压缩处理，产生很长孔径天线的效果，等效于通过加长天线孔径来提高观测精度，如图 1－27 所示。

因此，合成孔径雷达是在不同位置上接收同一地物的回波信号，而真实孔径雷达是在一个

位置上接收回波信号。如果把真实孔径天线划分成许多小单元，则每个单元接收回波信号的过程与合成孔径天线在不同位置上接收回波的过程十分相似，如图 1－28 所示。

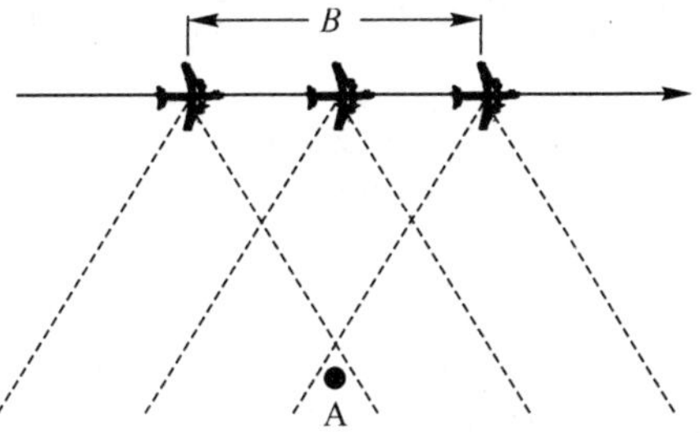

图 1－27　合成孔径雷达基本原理

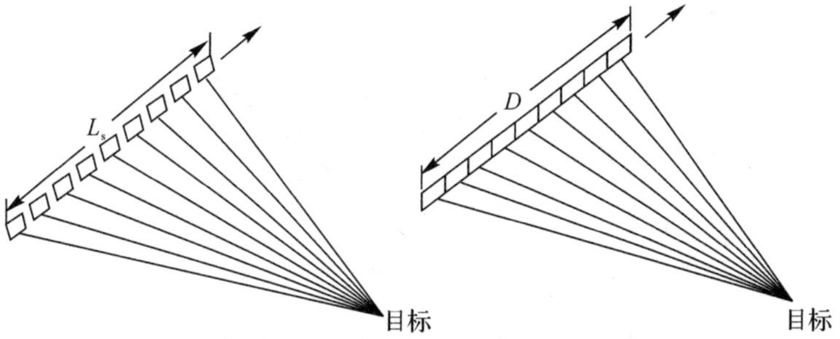

图 1－28　两种天线接收信号的相似性

合成孔径天线对同一目标的信号不是在同一时刻得到的，而是在每一个位置上都要记录一个回波信号，每个信号由于目标到天线之间的距离不同，其相位和强度也不同，形成相干影像，如图 1－29 所示。相干影像需要经过相关解调压缩处理，才能得到实际影像。

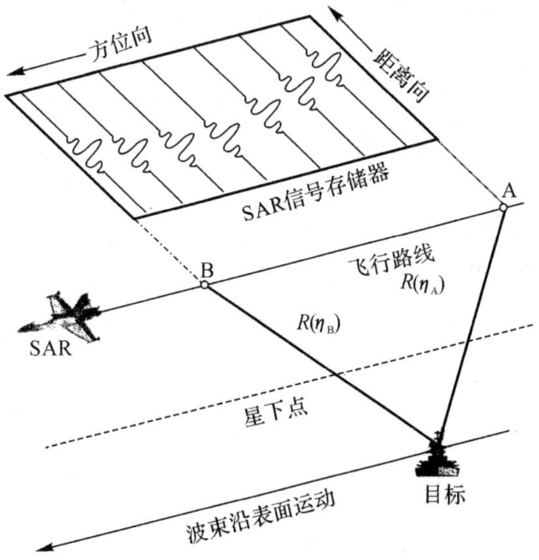

图 1－29　合成孔径雷达在不同位置上接收反射波

合成孔径雷达的距离向分辨率与真实孔径雷达的相同，而方位向分辨率则有较大改进。下面以图 1-30 为例说明合成孔径雷达的方位分辨率。天线孔径为 8 m，波长为 4 cm，目标与飞机间的距离为 400 km 时，其方位分辨率为 2 km。若采用合成孔径技术，合成后的天线孔径为 L_s，则其方位分辨率为

$$R_s = \beta_s R = \frac{\lambda}{L_s} R \tag{1-14}$$

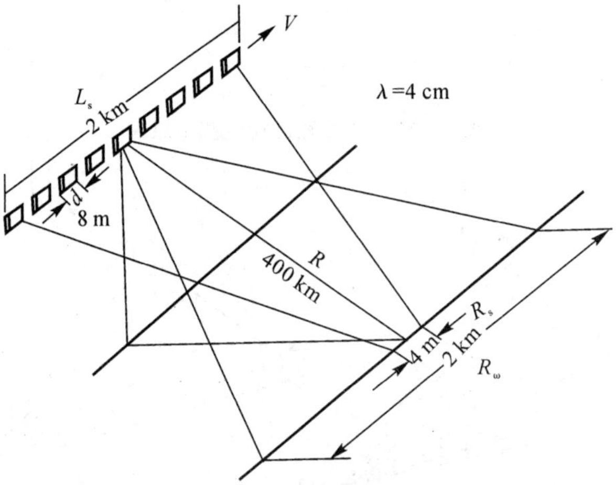

图 1-30　合成孔径雷达的方位分辨率

合成孔径雷达长度由实际天线的波束宽度 β 决定，从天线波束开始照射目标，到离开目标，走过的距离 L_s 即为合成孔径长度，即真实天线波束所能覆盖的最大范围：

$$L_s = \beta R = \frac{\lambda}{D} R \tag{1-15}$$

若雷达平台的运动速度为 v，则合成孔径时间与合成孔径长度有以下关系：

$$L_s = vT_s \tag{1-16}$$

在一个合成孔径时间内，只有一个目标点总是在雷达波束的照射范围内，也就是只有一个目标点总是有回波信号，因此，雷达只有飞过两个合成孔径时间，才能完整地照射一个合成孔径长度的区域。

由于合成孔径雷达的发射和接收是共用一副天线，雷达信号的行程差是双程差，即任意两阵元至目标的波程差是单程传播时的两倍，阵元间隔长度对相位差的影响加倍，相当于使其等效阵列长度大了一倍（$2L_s$），因此锐化了波束。合成孔径阵天线的等效波束（半功率波束）宽度为

$$\beta_s = \frac{1}{2} \frac{\lambda}{L_s} \tag{1-17}$$

因此，合成孔径雷达的方位向分辨率为

$$R_s = \beta_s R = \frac{1}{2} \frac{\lambda}{L_s} R = \frac{D}{2} \tag{1-18}$$

式(1-18)说明合成孔径雷达的方位分辨率只与实际使用的天线孔径有关，与波长和距离无关。

3. SAR 工作模式

合成孔径雷达按波束扫描方式一般分为三种工作模式：条带模式（Stripmap）、聚束模式（Spotlight）和扫描模式（ScanSAR），可以用天线辐照区在地面移动的速度对其加以区分。图 1－31 给出了三种 SAR 工作模式的示意图。

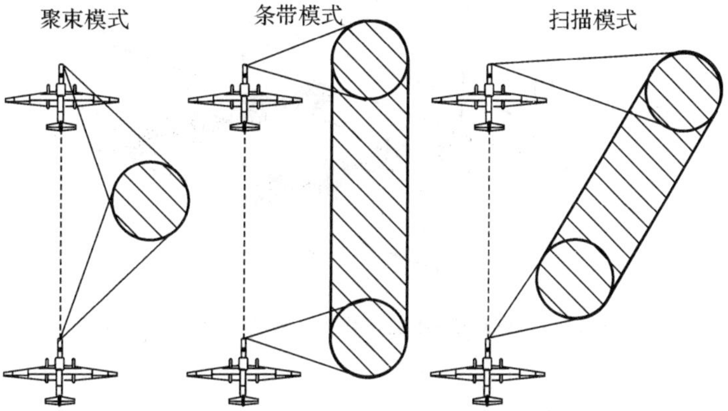

图 1－31　SAR 工作模式

（1）条带模式。在合成孔径雷达工作模式中，条带模式是最常用的工作模式。在条带模式中，雷达天线以入射角固定的波束沿飞行方向推扫成像，测绘带为一个距离向波束宽度的条带场景。早期发射的 SAR 卫星，例如 SEASAT、SIR-A 和 ERS，通常仅有一种标准条带模式，后期发射的 Radarsat 和 ALOS 等先进 SAR 卫星做出了改进，雷达天线可以改变入射角以获取不同的成像幅宽，并可实现左右侧视和多个波位，将条带模式细化为标准、低/高视角、宽幅、精细和超精细几种附加模式以适应不同的应用需求。

（2）聚束模式。聚束模式通过控制方位向天线波束指向，使其沿飞行路径连续照射同一区域以增大其相干时间，从而增加合成孔径长度，提高方位向分辨率。简言之，天线波束在合成孔径期间始终凝视着照射区域。因此，与条带模式相比，在使用相同物理天线的情况下，聚束模式可以达到更高的方位分辨率。聚束模式可在单次飞行中实现同一地区的更多视角的成像，可以更有效地获取多个小区域高分辨率影像。不足之处是不能实现连续观测，对地覆盖性能较差。

（3）扫描模式。扫描模式控制波束在距离向子条带间的切换，对不同的子条带依次分别成像，把天线若干个不同波位的覆盖区以适当方式组合起来，最后获取一个完整的图像覆盖区域。简言之，天线波束在成像时沿距离向扫描，使观测范围增宽。扫描模式极大地拓展了 SAR 卫星的成像幅宽，使其从提出就受到广泛的欢迎。

图 1－32 给出了扫描模式工作示意图。最初天线的波束指向测绘带的近端，并在那里停留足够长的时间，以合成一幅子测绘带的图像，然后天线再指向下一个子测绘带，依此类推。卫星在飞行的过程中依次按照系统所设定的时间照射了所有子测绘带后，波束将再次指向最近端子测绘带的位置，并重复前面的过程，以此方式来形成宽测绘带。与条带模式相比，扫描

模式在每个子观测带内的照射时间减少，因此方位向分辨率下降。

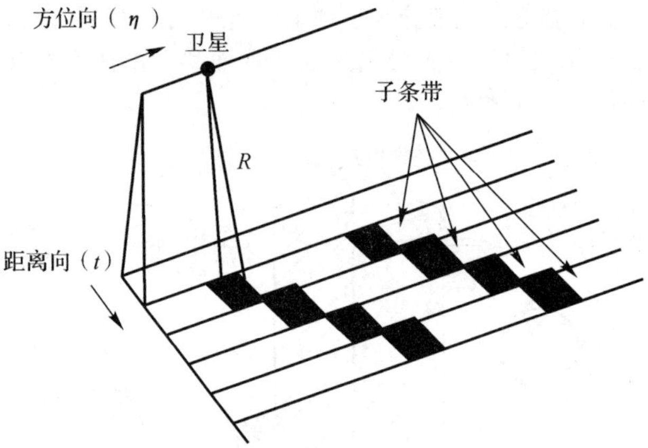

图 1-32　ScanSAR 工作模式示意图(4 个子条带)

1.3.3　典型 SAR 遥感卫星

1. TerraSAR

TerraSAR-X 是一颗用于科学研究和商业运行的高分辨率 SAR 卫星，由德国联邦教育和研究部(BMBF)、德国航空航天局(DLR)、欧洲航空防务和航天公司下属的阿斯特留姆公司(EADS Astrium)三家单位合作研制，于 2007 年 6 月在拜科努尔发射场发射，是德国国家雷达地球观测任务的主要卫星。

如图 1-33 所示，TerraSAR-X 卫星主要由 X 波段雷达天线、X 波段下行数据传输天线、太阳能发电机、推进器等部分组成，另外星上载有激光通信终端(用于卫星与卫星或卫星与地面之间的通信连接)以及跟踪、掩星测量和距离修正仪，包括一台双频 GPS 跟踪接收机和一台激光反射器，用于高精度轨道定位和掩星测量，轨道定位精度优于 20 cm。

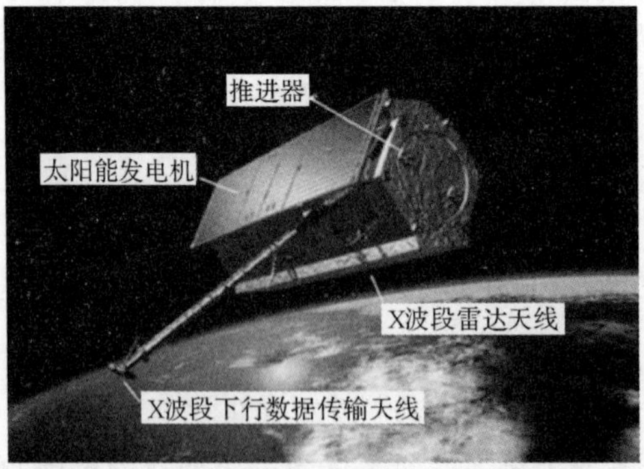

图 1-33　TerraSAR-X 卫星

TerraSAR-X 卫星的轨道参数见表 1-5。

表 1－5　TerraSAR－X 卫星轨道参数

卫星	轨道高度	轨道倾角	轨道类型	重复周期
TerraSAR－X	514 km	97.4°	太阳同步轨道	11 天

TerraSAR－X 卫星的技术参数见表 1－6。

表 1－6　TerraSAR－X 卫星技术参数

极化方式	HH,VV,HV,VH	侧视方向	右侧视
波长	3.2 cm	天线类型	有源相控阵天线
频率	9.65 GHz	天线尺寸	4.8 m×0.8 m×0.15 m
方位向扫描角	±0.75°	波束宽度	方位向 0.33°,距离向 2.3°
距离向扫描角	±20°	峰值输出功率	2 260 W
脉冲重复频率(PRF)	3.0～6.5 kHz	数据传输速度	300Mbps(X 波段下行)
星上数据存储能力	256 Gbit	成像能力	300sec/orbit
脉冲带宽	5～300 MHz	系统噪声	5.0 dB

TerraSAR-X 有多种成像模式，主要有聚束成像(Spotlight,SL)模式、条带成像(StripMap,SM)模式和宽扫成像(ScanSAR,SC)模式(见图 1－34)，可以采用单极化、双极化、全极化等不同的极化方式成像。其基本成像模式参数见表 1－7。

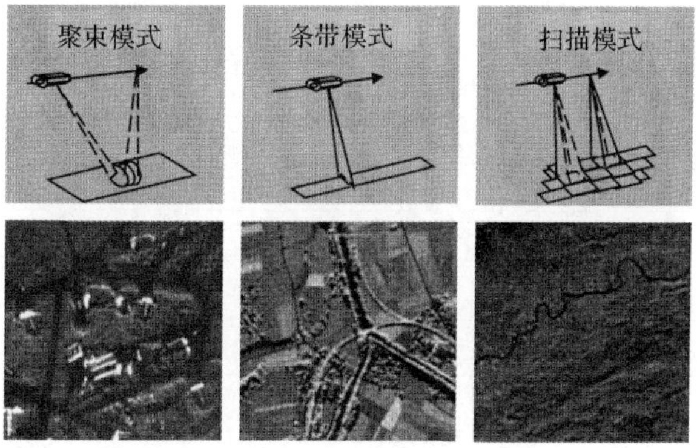

图 1－34　TerraSAR-X 成像模式

表 1－7　TerraSAR-X 基本成像模式参数

参　数	成像模式		
	聚束(SL)	条带(SM)	宽扫(SC)
覆盖范围(方位向×距离向)	(5～10 km)×10 km	(50 km×30 km)	(150 km×100 km)
单极化成像分辨率(方位向×距离向)	1 m,2 m×1 m	3 m×3 m	16 m×16 m
数据采集范围	15°～60°	15°～60°	20°～60°
全效率范围	20°～55°	20°～45°	20°～45°

2. 高分三号

高分三号是中国高分专项工程的一颗遥感卫星，是中国首颗分辨率达到 1 m 的 C 频段多极化合成孔径雷达成像卫星。高分三号卫星具有全极化电磁波收发功能，并涵盖了诸如条带、聚束、扫描等 12 种成像模式，如图 1－35 所示。表 1－8 给出了各种成像模式的具体参数。高分三号卫星影像的空间分辨率从 1 m 到 500 m，幅宽从 10 km 到 650 km，不仅能够用于大范围的资源环境及生态普查，而且能够清晰地分辨出土地从覆盖类型和海面目标。

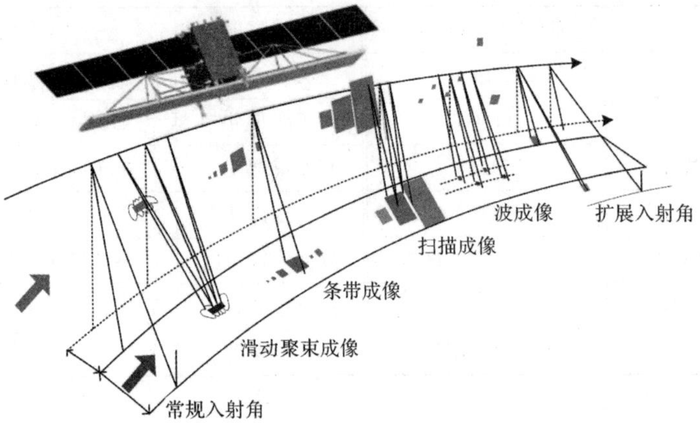

图 1－35　高分三号成像模式

表 1－8　高分三号各成像模式参数

成像模式	分辨率/m			成像幅宽/km		入射角范围/(°)	视数 $A\times E$	极化方式
	标准空间分辨率	方位向分辨率	距离向分辨率	标称	范围			
聚束模式(SL)	1	1.0～1.5	0.9～2.5	10×10	10×10	20～50	1×1	可选单极化
超精细条带模式(UFS)	3	3	2.5～5.0	30	30	20～50	1×1	可选单极化
超细条带模式 1(FS1)	5	5	4～6	50	50	19～50	1×1	可选双极化
超细条带模式 2(FS2)	10	10	8～12	100	95～110	19～50	1×2	可选双极化
标准条带模式(SS)	25	25	15～30	130	95～150	17～50	3×2	可选双极化
窄幅扫描模式(NSC)	50	50～60	30～60	300	300	17～50	2×3	可选双极化
宽幅扫描模式(WSC)	100	100	50～110	500	500	17～50	2×4	可选双极化
全极化条带 1(OPS1)	8	8	6～9	30	25～35	20～41	1×1	全极化
全极化条带 2(OPS2)	25	25	15～90	40	35～50	20～38	3×2	全极化
波成像模式(WAVE)	10	10	8～12	5×5	5×5	20～41	1×2	全极化
全球观测成像模式(GLOGAL)	500	500	350～700	650	650	17～53	4×2	可选双极化
扩展入射角模式(低)(EXTENDED)	25	25	15～30	130	120～150	10～20	3×2	可选双极化
扩展入射角模式(高)(EXTENDED)	25	25	25～30	80	70～90	50～60	3×2	可选双极化

1.4 高光谱成像

1.4.1 高光谱成像原理

高光谱成像是指在电磁波波谱的光学成像波段获取高光谱分辨率的图像信息的过程。如图1-36所示,将光学成像波段划分为若干个波段区间,每个波段区间独立成像,因此可以获得若干张对应同一地域的图像,生成的这组图像被称为数据立方体。数据立方体的每一层都是一幅图像,对应于一个光谱波段;每个波段的每个像素点位置对应一个观测向量,按照不同波段依次排列就可近似连成一条光谱曲线。

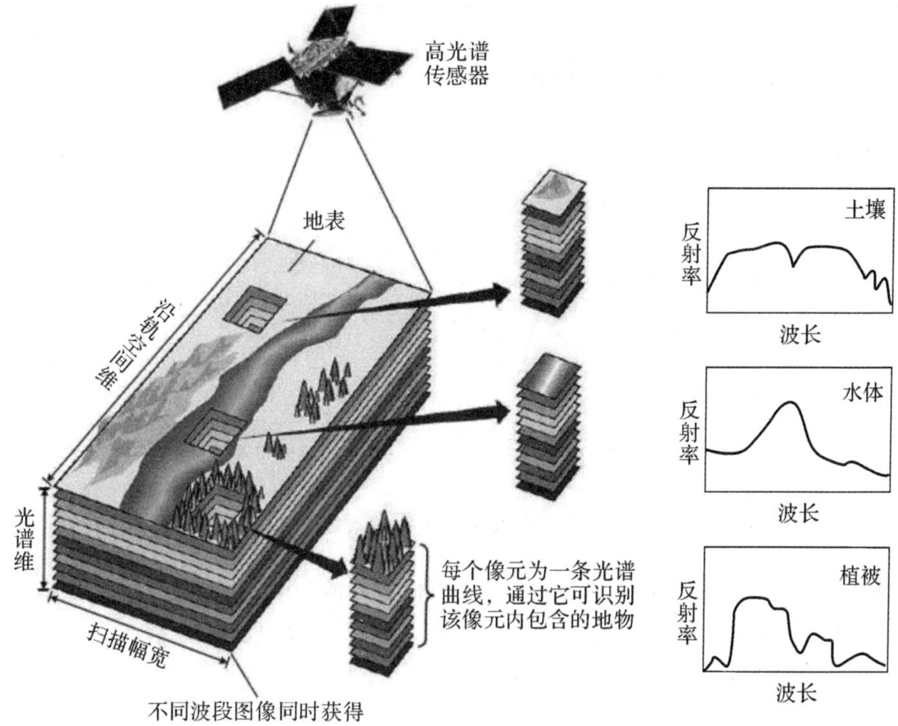

图1-36 高光谱图像数据

目前常见的高光谱图像主要成像于可见光-近红外区间,该区间主要是地物反射太阳辐射能量,所得的光谱曲线相应为光谱反射曲线。在热红外区间,传感器主要通过接收地物发射的电磁辐射成像,由于探测器等技术限制,热红外高光谱成像技术研究进展缓慢,近年来有所突破。热红外高光谱图像可以更好地反映地物的本质特性,主要应用于环境监测、农林制图、地质填图、矿物探测等领域。

每个不同的地物都有着独特的光谱曲线,称为"光谱指纹"。不同地物由于物理、化学性质的不同,它们反射电磁波的规律也有所不同,地物的反射率随波长变化的性质,称为地物反射波谱,通常用反射波谱曲线表示,以波长为横坐标,以反射率为纵坐标。一般来说,地物反射率随波长的变化是有规律可循的,从而为遥感影像的分类与判读提供了重要依据。将遥感传感器对应波段接收的辐射数据与波谱曲线相对照,可以实现地物识别。

下面对几类典型地物的反射波谱进行讨论。

1.植被

植被的光谱特征规律性非常明显。如图 1-37 所示，其反射波谱曲线可分为以下三段：

(1)在可见光波段(0.38～0.76 μm)，由于叶绿素的影响，对蓝光和红光吸收作用强，对绿光反射作用强。表现在可见光的 0.55 μm(绿色波段)附近有一个反射率为 10%～20%的小反射峰，在 0.45 μm(蓝色波段)和 0.65 μm(红色波段)附近有两个明显的吸收谷。

(2)在近红外波段的 0.76～1.3 μm 区间，植被叶子除了吸收和透射的部分，叶内细胞壁和胞间层的多重反射形成高反射率，表现在反射曲线上从 0.7 μm 处反射率迅速升高，至 1.1 μm附近有一个峰值，形成植被的独有特征。

(3)在近红外波段的 1.3～2.5 μm 区间，受到绿色植物含水量的影响，吸收率大大升高，反射率大大降低，形成了几个低谷，特别地，以 1.45 μm、1.95 μm 和 2.6 μm 为中心的波段是水的吸收带，形成了三个吸收谷。但因为不在大气窗口内，所以这些低谷不是遥感关注的区间。

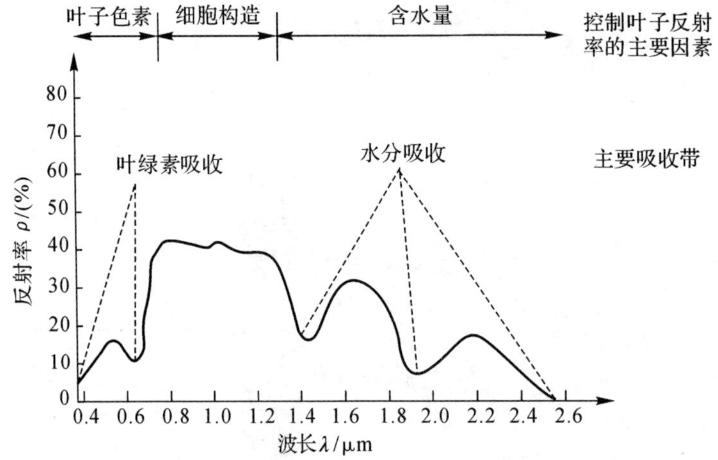

图 1-37 植被的反射波谱曲线

以上植被波谱特性是所有植被的共性。具体到某种植物的光谱特征，还与其种类、所处季节、受病虫害影响、含水量等有关而发生形态上的变化，需要做具体的分析。如图 1-38 所示，不同种类的植物，其反射波谱存在明显差异。

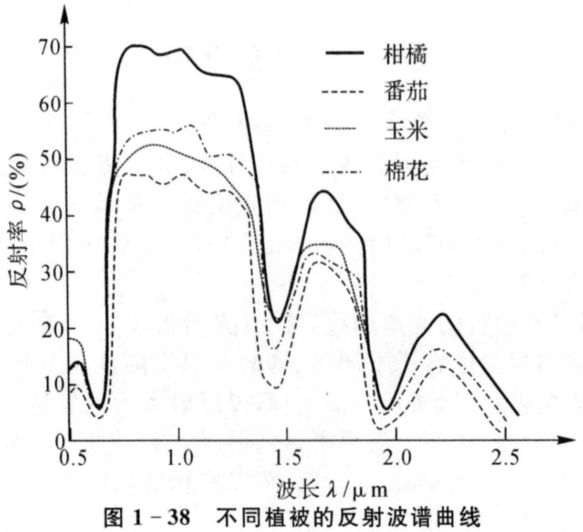

图 1-38 不同植被的反射波谱曲线

同种植被，生长状况不同，其反射波谱也存在差异，例如病虫害会造成植物的反射率发生较大的变化。图 1－39 反映了健康松树和有不同程度病虫害的松树之间的反射率差异情况。随着病虫害的加剧，光谱反射率变化有两个相反的区间，在 0.58～0.7μm 波段间反射率增加，而在 0.7μm 以上的近红外区反射率减小。

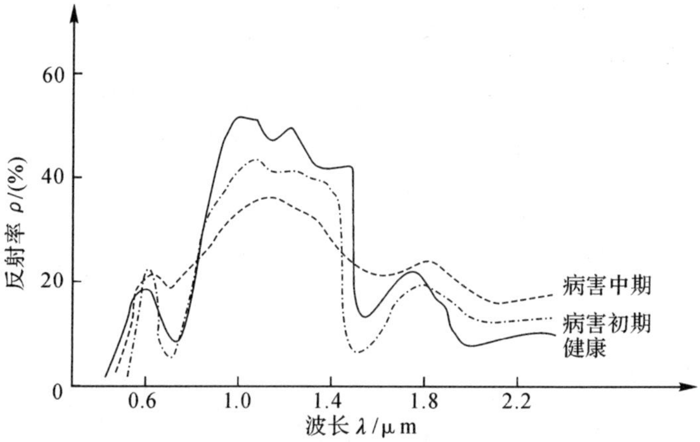

图 1－39　植被在不同生长状况的反射波谱曲线

2. 水体

水体的反射主要在蓝绿光波段，其他波段的吸收率很强，特别在近红外、中红外波段有很强的吸收带，反射率几乎为零，因此在遥感中常用近红外波段确定水体的位置和轮廓，在此波段上，水体的色调很黑，与周围的植被和土壤有明显的反差，很容易识别和判读。

含有不同成分的水体，其反射波谱不同，如图 1－40 所示，具体表现如下：

(1)如曲线①所示，含有浮游植物时，近红外的反射率增加；

(2)如曲线②所示，含有泥沙时，各波段的反射率均增加；

(3)如曲线③所示，对于洁净水，只有蓝绿波段有 10%反射，0.75 mm 后全吸收，因此在近红外波段图像为全黑。

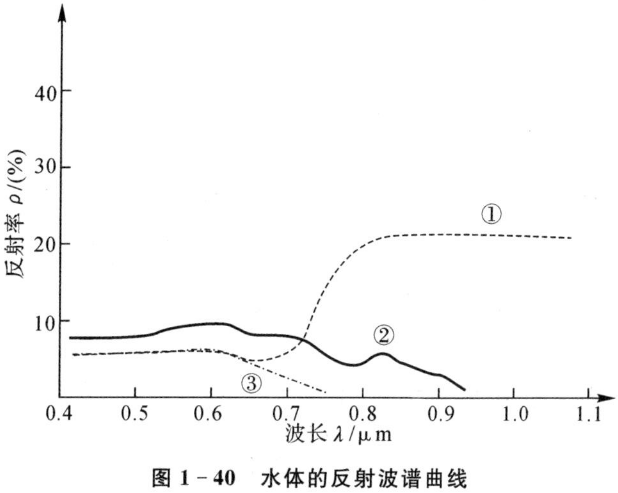

图 1－40　水体的反射波谱曲线

3. 岩石与土壤

岩石反射波谱特性曲线较平滑，没有明显的峰值和谷值。在不同光谱段的遥感影像上，岩石的亮度区别不明显。不同岩石之间光谱反射率的差异，主要由它们各自的物质组成（即矿物类型和化学成分）所决定。一般而言，以石英、长石等浅色矿物为主的岩石，其光谱反射率必然相对较高，在可见光图像上表现为浅色调；而以铁、锰、镁等暗色矿物为主的岩石，其光谱反射率总体较低，在影像上表现为深色调。

总之，不同的矿物类型，由于其化学组成、结构、产状以及测量时的外部环境因素，光谱反射的形态发生许多变化，导致岩石的反射波谱曲线没有植被和水体那样统一的特征。

图 1－41 给出了几种不同类型岩石的反射波谱曲线。

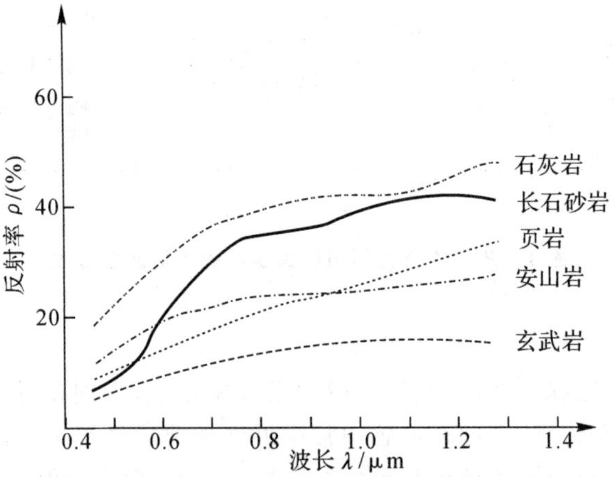

图 1－41　岩石的反射波谱曲线

土壤是表生环境下岩石的风化产物，其主要物质组成与母岩的光谱反射特性在整体上基本一致，由于类别多样，其光谱反射特性也必然发生许多变化。此外，土壤的含水量也直接影响着土壤的光谱反射率，如图 1－42 所示。图中曲线①和⑤，②和④，③和⑥分别为三种土壤在干湿两种状态下的反射率，可以看出，含水量越高，反射率越低，特别是在近红外区更为明显。

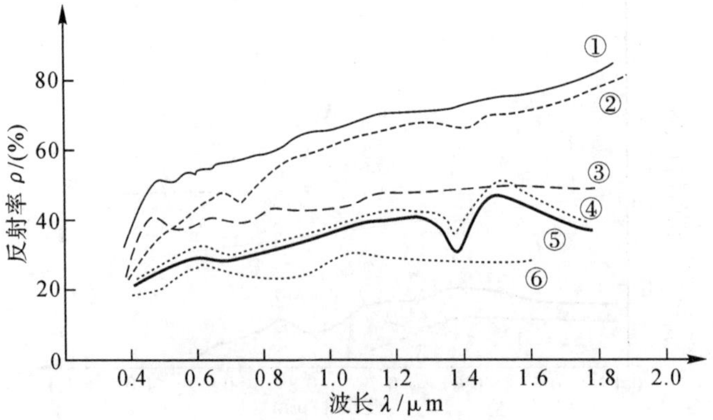

图 1－42　土壤的反射波谱曲线

1.4.2　成像光谱仪

成像光谱仪专门针对高光谱成像而言，特指以获取大量窄波段连续光谱图像数据为目的的光谱采集设备。目前常用成像光谱仪的波长范围一般为 0.4～2.5 μm，即可见光-近红外区间，相邻波段有光谱重叠区。

与传统的多光谱扫描仪相比，成像光谱仪能够得到上百个波段的连续图像，并且每个图像像元都可以提取一条光谱曲线。成像光谱技术把传统的空间成像技术和地物光谱技术有机地结合在一起，在用成像系统获得被测物空间信息的同时，通过光谱仪系统把被测物的辐射分解为不同波长的谱辐射，能在一个光谱区间内获得每个像元几十甚至上百个连续的窄波段信息。

与地面光谱辐射计相比，成像光谱仪不是在点上的光谱测量，而是在连续空间上进行光谱测量，因此它是光谱成像的；与传统多光谱遥感相比，其波段不是离散的而是连续的，因此从它的每个像元均能提取一条平滑而完整的光谱曲线。成像光谱仪的出现解决了遥感领域“成像无光谱”和“光谱不成像”的历史问题。

成像光谱仪基本上属于扫描仪，其构造与 CCD 线阵推扫式扫描仪和多光谱扫描仪相同，区别仅在于通道数多，各通道的波段宽度很窄。按其结构的不同，可分为以下两种类型：面阵探测器加推扫式扫描仪和线阵探测器加光机扫描仪。

1. 面阵探测器加推扫式扫描仪

如图 1-43(a)所示，这种成像光谱仪利用线阵列探测器进行扫描，利用色散元件将收集到的光谱信息分散成若干个波段后，分别成像于面阵列的不同行。即利用色散元件和面阵探测器完成光谱扫描，利用线阵列探测器及沿轨道方向的运动完成空间扫描。

这种成像仪的优点是：①像元凝视时间大大增加，信噪比较高，有利于提高系统的空间分辨率和光谱分辨率；②没有光机扫描机构，仪器的体积小。缺点是扫描宽度窄，视场增大困难。

这种成像仪的典型代表为中国科学院上海技术物理所研制的推扫式高光谱成像仪(Pushbroom Hyperspectrl Imagers，PHI)。

2. 线阵探测器加光机扫描仪

如图 1-43(b)所示，这种成像光谱仪利用点探测器收集光谱信息，经色散元件后分成不同的波段，分别成像于线阵探测器的不同元件上，通过点扫描镜在垂直于轨道方向的面内摆动以及沿轨道方向的运行完成空间扫描，利用线阵探测器完成光谱扫描。

这种成像仪的优点是：①扫描宽度宽，视场大；②进入物镜后再分光，光谱波段范围可以做得很宽。缺点是像元凝视时间短，提高光谱和空间分辨率以及信噪比相对困难。

这种成像仪的典型代表为美国 JPL 研制的机载可见光/红外成像光谱仪成像仪(Airborne Visible Infrared Imaging Spectrometer，AVIRIS)。

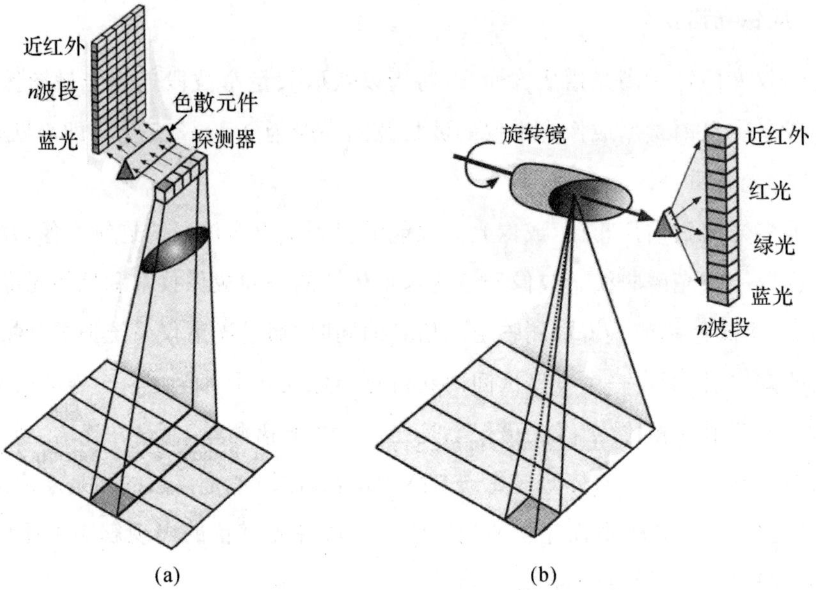

图 1-43 成像光谱仪

(a)带面阵的成像光谱仪;(b)带线阵的成像光谱仪

1.4.3 典型成像光谱仪

高光谱成像研究始于 20 世纪 80 年代美国加州理工学院喷气推进实验室(Jet Propulsion Laboratory,JPL)。在美国航空航天局(National Aeronautics and Space Administration, NASA)的支持下,JPL 研制出国际上第一台机载航空成像光谱仪(Airborne Imaging Spectrometer,AIS),称为 AIS-1 号。随着光学、计算机和焦平面探测器等基础科学的不断发展,成像光谱技术的研究取得巨大进步,各国均加大了对高光谱成像光谱仪研究的资金投入,目前国内外比较有代表性的高光谱成像仪基本信息列于表 1-9。

表 1-9 国内外典型的高光谱成像仪载荷

领域	名称	国家/地区	年份	光谱范围/μm	波段数	分光方式
航空	AVIRIS	美国	1987 年	0.4～2.45	224	平面光栅
	HYMAP	澳大利亚	1997 年	0.45～2.48	128	平面光栅
	AHI	美国	1998 年	7.5～12.5	32/128	平面光栅
	OMIS	中国	2000 年	0.4～12.5	128	平面光栅
	PHI	中国	2004 年	0.4～2.5	256	平面光栅
	Hyper-Cam	加拿大	2000 年	热红外	256	干涉型
	MAKO	美国	2010 年	热红外	256	凹面光栅
	MAGI	美国	2011 年	7.1～12.7	32	凹面光栅
	SIELETERS	法国	2013 年	8～11.5	38	干涉型
	HyTES	美国	2016 年	7.5～12.0	256	凹面光栅

续表

领域	名称	国家/地区	年份	光谱范围/μm	波段数	分光方式
航空	AISA - OWL	芬兰	2014 年	7.7～12.3	96	干涉型
	ATHIS	中国	2016 年	0.2～0.5	512	凹面光栅
				0.4～0.95	256	平面光栅
				0.95～2.5	512	
				8～12.5	140	
航天	Hyperion	美国	2001 年	0.4～2.5	220	光栅分光
	CHRIS	欧洲	2001 年	0.41 - 1.05	18/63	干涉型
	MERIS	欧洲	2002 年	0.39～1.04	576	棱镜-光栅-棱镜
	CRISM	美国	2005 年	0.38～3.96	544	平面光栅
	HJ - 1A	中国	2008 年	0.45～0.95	115	干涉型
	Tacsat - 3	美国	2009 年	0.4～2.5	>400	光栅分光
	天宫一号	中国	2011 年	0.4～2.5	130	棱镜
	天宫二号	中国	2016 年	可见光～热红外	19	棱镜-光栅-棱镜
	高分五号	中国	2018 年	0.4～2.5	330	凸面光栅
	PRISMA	意大利	2019 年	0.4～2.5	250	光栅分光
	吉林一号	中国	2019 年	0.4～0.9	26	平面光栅
	TW - 1	中国	2020 年	0.45～3.4	378	平面光栅

1. AVIRIS

机载成像光谱仪的典型产品是美国 JPL 的 AVIRIS 成像仪。现有两代产品：AVIRIS-Classic 和 AVIRIS-NG(AVIRIS Next Generation)。

(1)AVIRIS - Classic。AVIRIS 采用摆扫成像方式，光谱采样间隔约 9.6 nm，可在 400～2 450 nm的波长范围内获取 224 个连续的光谱波段数据，采用制冷型 32 元线列硅光电二极管和 64 元线列锑化铟探测器。AVIRIS 于 1987 年安装在 NASA ER - 2 飞行平台上，飞行高度为 20 km，垂直航迹扫描仪的刈副约为 10 km，地面分辨率为 20 m。

(2)AVIRIS - NG。AVIRIS - NG 是用来采集太阳反射光谱范围内的高信噪比连续光谱图像，能够以 5 nm 的光谱分辨率采集波长在 380～2 510 nm 范围内的连续光谱图像。目前该设备已经成功搭载在 Twin Otter 平台上，以 0.3～4 m 的空间分辨率采集了光谱图像数据，单条扫描线包含 600 个像素。AVIRIS - NG 的跨条带(Cross - track)光谱一致性优于 95%，且光谱维 IFOV 一致性优于 95%。

2. 高分五号

高分五号卫星是世界首颗实现对大气和陆地综合观测的全谱段高光谱卫星，也是中国高分专项中一颗重要的科研卫星。2018 年 5 月 9 日 2 时 28 分，高分五号卫星在太原卫星发射中心成功发射，它填补了国产卫星无法有效探测区域大气污染气体的空白，可满足环境综合监测等方面的迫切需求，是中国实现高光谱分辨率对地观测能力的重要标志。

高分五号卫星的轨道参数见表1-10。

表1-10　高分五号卫星轨道参数

卫星	轨道高度	轨道倾角	轨道类型	重复周期	降交点地方时
高分五号	705 km	98.203°	太阳同步轨道	51天	13:30

卫星首次搭载了大气痕量气体差分吸收光谱仪、大气主要温室气体监测仪、大气多角度偏振探测仪、大气环境红外甚高分辨率探测仪、可见短波红外高光谱相机、全谱段光谱成像仪共6台载荷，可对大气气溶胶、二氧化硫、二氧化氮、二氧化碳、甲烷、水华、水质、核电厂温排水、陆地植被、秸秆焚烧、城市热岛等多个环境要素进行监测。

2台对地成像载荷分别为可见短波红外高光谱相机（Advanced Hyper - Spectral Imager，AHSI）和全谱段光谱成像仪（Visual and Infrared Multispectral Imager，VIMI），用于获取从紫外到短波红外谱段的高光谱分辨率遥感数据产品。其中AHSI高光谱传感器的空间分辨率为30 m，光谱分辨率小于10 nm，包括了150个可见光-近红外（NIR）波段和180个短波红外（Short - Wave Infrared，SWIR）波段。与成像有关的载荷参数见表1-11。

表1-11　高分五号对地成像载荷参数

<table>
<tr><th></th><th>光谱范围/μm</th><th>空间分辨率/m</th><th>幅宽/km</th><th>光谱分辨率</th></tr>
<tr><td>可见短波红外
高光谱相机</td><td>0.4～2.5</td><td>30</td><td>60</td><td>VNIR 5 nm/
SWIR 10 nm</td></tr>
<tr><td rowspan="12">全谱段光谱
成像仪</td><td>0.45～0.52</td><td rowspan="6">20</td><td rowspan="12">60</td><td rowspan="12"></td></tr>
<tr><td>0.52～0.60</td></tr>
<tr><td>0.62～0.68</td></tr>
<tr><td>0.76～0.86</td></tr>
<tr><td>1.55～1.75</td></tr>
<tr><td>2.08～2.35</td></tr>
<tr><td>3.50～3.90</td><td rowspan="6">40</td></tr>
<tr><td>4.85～5.05</td></tr>
<tr><td>8.01～8.39</td></tr>
<tr><td>8.42～8.83</td></tr>
<tr><td>10.3～11.3</td></tr>
<tr><td>11.4～12.5</td></tr>
</table>

3. 热红外成像光谱仪

相比于可见光-近红外波段的成像光谱仪，热红外成像光谱仪发展比较缓慢，其中最有代表性的是美国的机载红外高光谱成像光谱仪(Spatially-Enhanced Broadband Array Spectrograph System,SEBASS)。它有两个光谱区间,正好位于热红外成像的两个大气窗口。其中中波红外为 3.0～5.5 μm,100 个波段,光谱分辨率为 0.025 μm,长波红外为 7.8～13.5 μm,142 个波段,光谱分辨率为 0.04 μm。此外,还有美国 Opto-Knowledge Systems Inc. 研制的 TIRIS(Thermal Infrared Imaging Spectrometer),采用非制冷光学系统,100 μm 的光谱分辨率;美国夏威夷大学研制的机载高光谱成像仪(Airborne Hyperspectral Imager,AHI),光谱分辨率为 125 nm,32 个波段,主要用于探测埋在地下的地雷。

思　考　题

1. 阐述遥感的基本概念。
2. 简述遥感成像主要使用的电磁波波谱区间,并分析其成像特点。
3. 简述 SAR 工作原理。
4. 热红外遥感的技术特点是什么? 举例说明它在军事和民用领域中的应用。
5. 航天遥感与航空遥感相比有什么特点?
6. 简述可见光、热红外、SAR 传感器的各自适用条件。
7. 利用遥感技术考察中国西北地区退耕还林的状况,应该使用什么遥感数据? 为什么?
8. 利用遥感技术监测中国东北地区森林火灾,应该使用什么遥感数据? 为什么?
9. 查阅资料,列举高分系列传感器及其特征,讨论我国近年来对地观测技术的进展。
10. 查阅资料,分析遥感数据在近年来重要政治事件和民生事件中所起的作用和影响。

第 2 章　遥感图像特性分析

遥感技术的发展为军事和民用等领域的应用带来更精细、复杂的数据，红外图像、SAR 图像和高光谱图像已成为遥感侦察与监视中广泛使用的图像类型。由于成像原理各不相同，这三类图像有别于传统的可见光图像，图像特性也各不相同。图像性质的特殊性导致处理方法和应用场合的特殊性，因此，必须对上述图像进行特性分析，在充分了解其图像特性的基础上，寻找和研制更具有针对性的处理方法，为其匹配更合适的应用场合。

2.1　红外图像特性分析

热红外图像反映地物的热辐射特性，是地物辐射温度分布的记录图像，用灰度变化描述地物的热反差，灰度大小与温度分布是对应的。因此可以根据图像上的灰度差异来识别物体，灰度值高表明地物是强辐射体，具有较高的表面温度。红外图像通过记录地物辐射成像，不受日照条件限制，可以实现全天时成像，比起其他光学成像具有成像优势。

2.1.1　红外图像整体特性

红外成像系统通过红外探测器从周围环境中探测物体的热辐射，并将物体表面的热分布绘制为相应的红外图像，由不同物体之间的热辐射强度差异来发现目标。红外辐射需经过大气传输、光学系统、光电转换等过程，最终转换成为红外图像。因此，红外成像主要影响因素为目标的温度、目标材料的发射率、大气衰减等。

红外图像主要具有以下特点：

(1)红外图像的整体灰度分布低且较集中。该特点主要源于红外探测器可探测的温度范围较广，而实际地物温度分布范围相对较低。

(2)红外图像的对比度较低。由于地物和周围环境存在着热交换、空气热辐射和吸收，导致了自然状态下大部分地物(某些强热源除外)之间的温度差别不大，尤其是场景中目标与背景、目标与目标之间的温度差异较小。此外，红外成像过程中还会不可避免地受到大气吸收和大气散射的影响。

(3)红外图像的信噪比较低。与可见光成像系统相比，红外成像系统中含有大量的噪声，严重影响了红外图像的质量。红外成像系统包括光学系统、电路系统、扫描系统和探测器等，每个组成单元中都会产生噪声，因此噪声的形式是多种多样的。其中探测器是产生系统噪声的主要器件，其噪声包括热噪声、散粒噪声、光子噪声等，近似服从高斯分布。

(4)太阳辐射对红外成像影响较大。随着波长增加，由太阳辐射引起的反射能量越来越小，地物辐射逐渐增强，大约在 4.5 μm 处达到平衡。因此，中红外成像时需要考虑太阳辐射的影响。例如，太阳照射使目标细节更清晰、太阳照射造成过饱和导致细节模糊、白天的红外图像效果优于夜间的红外图像等情况。图 2 - 1 和图 2 - 2 给出了两组不同时刻的建筑物红外图像。

红外图像（9时）　　红外图像（15时）　　红外图像（23时）

图 2 - 1　不同时刻的郊野建筑物红外图像

红外图像（9时）　　红外图像（15时）　　红外图像（21时）

图 2 - 2　不同时刻的城区建筑物红外图像

2.1.2　红外图像背景特性

红外背景是指红外图像中的非目标区域，按照目标所处环境的不同，可以分为天空背景、海面背景和地面背景等，按照背景的起伏程度可以分为均匀背景、起伏背景、强起伏背景等。背景的起伏主要是两个原因造成的：一是缘于场景分布不均匀，二是缘于背景的缓慢移动。

红外图像背景具有以下特性：

(1)大部分背景处于红外图像的低频部分，背景中也包含了部分高频成分，主要分布在背景的边缘和纹理部分。

(2)背景多以大面积的连续分布状态呈现，内部的变化较为平缓。

(3)背景在空间上的灰度分布具有较大的相关性。

图 2 - 3 给出了天空背景、海面背景和地面背景的红外图像示例。

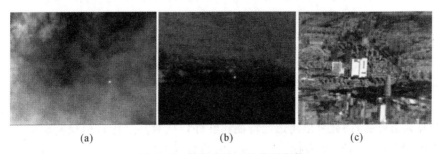

(a)　　(b)　　(c)

图 2 - 3　红外图像中的典型背景

(a)天空背景；(b) 海面背景；(c) 地面背景

理想化的天空辐射由大气辐射的亮度和太阳光散射的天空亮度叠加而成。天空背景包括云层，一般情况下云层温度低，亮度弱，也有较亮的云团，但内部分布较为均匀。

海面背景要考虑波浪的薄面辐射，红外探测器探测到的海面呈波浪纹理状，因为不同的波面对红外探测器反射的红外辐射是不同的。海空背景不仅兼具天空和海面的红外辐射特征，而且还有海天线这样的显著特征，可以作为目标探测的重要依据。

地面背景相对于天空或者海面等背景更为复杂，可能包含多种不同的地物类型组合，如土地、丛林、河流等自然地物和建筑、道路等人造地物等。不同的地物具有不同的辐射强度，并且受季节、气候和天气的影响较大，导致地面背景复杂多变。

水体具有比热容大、热惯量大、水体内部以热对流方式传递温度等特点，使水体表面温度较为均一，昼夜温度变化慢而小。因此白天升温慢，比周围地物温度低，呈暗色调；夜晚散热慢，呈浅色调。

丛林辐射温度较高，夜间图像呈暖色调。白天虽受阳光照射，但水分蒸腾作用降低叶片温度，升温不明显，使丛林较周围地物的温度低。

对于裸土来说，由于水分蒸发时的冷却效应，湿地比干燥土壤冷，呈冷色调。与裸土相比，农作物覆盖区夜间温度高，呈暖色调。

建筑、道路等人造地物区，昼夜比周围地物温度高，呈暖色调。

2.1.3 红外图像目标特性

红外图像中典型目标的红外辐射特性与目标本身的特征（外形、材质构成、各部位温度和辐射强度）、工作状态、所处背景、探测时间、大气对红外辐射的衰减作用等因素有关。可以认为，目标与背景之间的红外特性是它们相互作用、相互影响的结果。

目标与背景之间的红外辐射对比度是目标检测和识别的重要依据，通常用目标局部凸显度作为一个重要的图像质量评价指标。目标局部凸显度通过目标背景对比度来定量描述图像特征，反映了目标与局部背景灰度的相对关系，可以用来度量目标的局部凸显程度。在计算目标凸显度时，通常采用人工方法进行区域划分，得到目标区域 T 与局部背景区域 B，目标区域 T 是包含目标轮廓的外接矩形，局部背景区域 B 是与 T 面积相等，且同中心的矩形区域。在区域划分的基础上，根据下式计算目标与局部背景的对比度：

$$TBC = |\mu_T - \mu_B| / \sigma_B \tag{2-1}$$

式中：μ_T 是目标区域的灰度均值；μ_B 和 σ_B 分别是局部背景区域内的灰度均值和标准差。

红外图像中的目标类型主要包括地面固定目标、地面运动目标以及运动小目标等，对上述目标的检测和识别是红外图像处理的研究热点。

1. 地面固定目标

红外图像中受关注的地面固定目标包括雷达站、冷却塔、机场跑道、油库等，它们的共性是具有特殊形状，并且与背景存在较大的红外辐射差异，灰度特征和形状特征导致目标和背景对比强烈，视觉显著性强，因此可以用形状特征和红外特征对其进行目标检测。但是，在某些情况下，红外图像中的目标形状可能发生变形。因为目标温度越高，向周围辐射的热量越大，导致图像中目标周围灰度值升高，目标轮廓会被不规则地扩大。

红外图像中的建筑物也是备受关注的地面固定目标。建筑物一般由多种不同的建筑物材质（如钢筋框架、砖混墙体、玻璃窗户等）构成，各种材质具有不同的红外辐射特性，因此红外图像中建筑物一般具有复杂的纹理特征，并且所处背景的灰度分布比较复杂，因此建筑物红外特性不具备共性。红外图像中建筑物的形状特性与可见光图像比较一致。

2. 地面运动目标

地面运动目标一般指运动的车辆等目标，其背景一般是动态的，即序列中目标和背景同时运动。红外运动目标检测是指从红外序列图像中将变化的前景目标从背景中分割出来的过程，由于图像采集设备通常工作在非静止状态下，与运动目标存在相对运动，得到的红外图像信噪比低，图像质量受到影响，从而会影响运动目标的检测、跟踪和识别等处理。

地面运动目标存在多种类别，形状特征各不相同。比起天空背景来说，地面背景和目标特性都更加复杂。

3. 运动小目标

红外运动小目标一般呈亮斑状，无明显形状特征，通常只有几个到几十个像素。由于成像距离较远，信噪比较低，目标通常缺乏清晰的形状、纹理等有效特征。飞机、导弹等高速运动的军用目标具有温度较高、热辐射强度较大的特征，具有远距离红外成像情况下的小目标的红外辐射特征。

助推段导弹具有明显的尾焰特征（一般洲际导弹的尾焰长度超过 50 m，温度可达 1 400 K 以上），根据维恩位移定律，其光谱辐射的峰值波长位于 2～4 μm，位于中波红外谱段内。发动机熄火后，导弹的主要热源是单体尾部火焰加热过的地方，其温度是逐渐降低的。当导弹进入中段，目标温度通常为 300 K 左右，目标所处背景为冷空间，根据维恩位移定律，目标光谱辐射峰值波长位于 8～12 μm，位于长波红外谱段内。所以，美国的空间跟踪与监视系统卫星为了探测助推段和中段飞行的导弹目标，设置了短波、中波和长波的红外探测器。

在不考虑太阳辐射的情况下，迎头方向观察的飞机的红外特征主要表现为气动加热引起的蒙皮辐射，一般为 290～570 K。根据维恩位移定律，其光谱辐射的峰值波长位于 6～10 μm。

2.2　SAR 图像特性分析

与光学图像不同的是，SAR 图像反映的是被测地域的微波特性，而不是光学特性，地物回波信号的强弱程度决定了在 SAR 图像上的灰度。雷达成像特有的成像模式，导致 SAR 图像具有与光学图像完全不同的特性。例如，雷达成像的相干处理系统导致了 SAR 图像中存在相干斑；侧视成像方式使得 SAR 图像存在顶部位移、透视收缩、阴影等几何特征；不同典型目标在 SAR 图像具有特殊的表现特性。

2.2.1　相干斑

相干斑是 SAR 图像的特有特点，它是在雷达回波信号中产生的，是包括 SAR 系统在内的所有基于相干原理的成像系统所固有的原理性缺点。如图 2－4 所示，SAR 图像分辨单元内有很多小散射体，分辨单元的回波是由这些小散射体的回波矢量相干叠加构成的，由于每个散射体与雷达传感器的距离具有随机性，回波信号的相位具有随机性，若相位相近则合成强信号，在影像上表现为亮点，反之则为弱信号，在影像上表现为暗点。这种因相干增强或相干减弱导致 SAR 图像中出现的随机分布的黑白斑点被称为“相干斑”或“斑点噪声”。相干斑使得 SAR 图像模糊化，降低了 SAR 图像的可解译性，增加了目标识别等后续处理的难度。

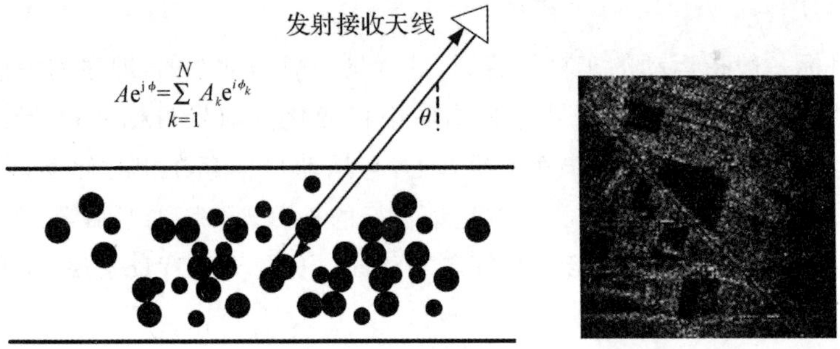

(a)　　　　　　　　(b)

图 2-4　相关斑产生原理

(a)散射体；(b)含噪 SAR 图像

相干斑虽然像噪声，但不是噪声，而是真实的电磁测量，是由雷达工作方式和处理方法的物理本质所决定的，每个散射体回波的相位和它们与传感器的距离及散射目标的特性有关，导致接收信号的强度并不完全由地物目标的散射系数决定，而是围绕着散射系数的值随机起伏，这使得具有均匀散射系数的区域，在 SAR 图像中不具有均匀的灰度，呈现出很强的噪声特性。

Goodman 提出了完全发育的斑点噪声的概念，完全发育的斑点噪声必须同时满足以下条件：

(1)分辨单元内存在大量的散射体；

(2)分辨单元的散射幅度和相位分别是统计独立的；

(3)分辨单元内不同散射体的幅度服从同一统计分布，相位在$(-\pi,\pi)$内均匀分布。

斑点噪声完全发育的区域在图像上表现为均匀区域或弱纹理区域。当斑点噪声满足完全发育条件时，SAR 观测数据可以用如下的乘性模型表示：

$$I(x,y)=R(x,y)\cdot N(x,y) \tag{2-2}$$

式中：$I(x,y)$ 表示观测数据(被斑点噪声污染)；$R(x,y)$ 为雷达回波真实数据(未被斑点噪声污染)；$N(x,y)$ 是与 $R(x,y)$ 统计独立的斑点噪声数据。SAR 图像去噪处理就是要从观测数据 $I(x,y)$ 出发，采用各种噪声抑制算法，尽可能地恢复 $R(x,y)$ 。

采用多视平均方法可以有效地抑制相干斑。该方法属于成像前处理，平均几幅由同一合成孔径的不同分段形成的、不相干的 SAR 图像，以得到相干斑减少的 SAR 图像。该方法使得图像的辐射分辨率得到提高，能够在一定程度上抑制相干斑，但会降低图像的空间分辨率，导致图像边缘模糊化。

顾名思义，“多视”是指雷达在方位向“看”了多次，进行了多次成像处理。具体操作是，将合成孔径的多普勒带宽分割成 N 个不重叠的部分分别进行成像，再将成像后的 N 幅 SAR 影像进行非相干平均，即可得到 N 视 SAR 影像。由于方位向分辨率和孔径大小成反比，小孔径成像分辨率只有大孔径成像的 $1/N$，因此多视图像的空间分辨率被降低。经过多视处理，图像的均值不变，方差变为原来的 $1/N$，信噪比提高了 N 倍，因此多视图像的辐射分辨率得到了提高。

2.2.2　几何特性

SAR 成像过程中，地面目标的影像在方位向上是按平台飞行的时序记录成像，在距离向是按照天线接收到其回波的时间顺序记录成像。因此，以构象几何学的角度来讲，SAR 属于斜距投影型，造成 SAR 图像沿距离向存在几何畸变。

1. 斜距图像的比例失真

SAR 是根据地面点到雷达的斜距进行投影成像的，图像上目标的位置反映的是目标与雷达的距离，以斜距形式表示，斜距图像上各目标点间的相对距离与目标间的地面实际距离并不保持恒定的比例关系。如图 2－5 所示，S_Γ 和 G_Γ 分别表示从斜距图像和地距图像上量测的两个目标之间的距离，如果两个目标相距很近，则 S_Γ 和 G_Γ 具有以下关系：

$$S_\Gamma \approx G_\Gamma \sin\theta$$

可以看出，斜距 S_Γ 比地距 G_Γ 小，而且同样大小的地面目标，离天线正下方越近，在斜距图像上的尺寸越小，即近端图像被相对压缩，造成了比例失真。

实际应用中，需要通过斜地转换，将斜距图像转换为地距图像。假设地形平坦，可以建立起斜距 S_R、地距 G_R 和平台高度 H 之间的关系：

$$G_R = \sqrt{S_R^2 - H^2} \tag{2-3}$$

如图 2－5 所示，可以计算出地距图像上点 K 在斜距图像上的位置 P：

$$P = \frac{\sqrt{H^2 + (K \times R_G + G_1)^2} - S_1}{R_S} \tag{2-4}$$

式中：S_1 和 G_1 分别表示地距图像上第一个点的斜距和地距；R_S 表示斜距图像分辨率；R_G 表示地距图像分辨率。

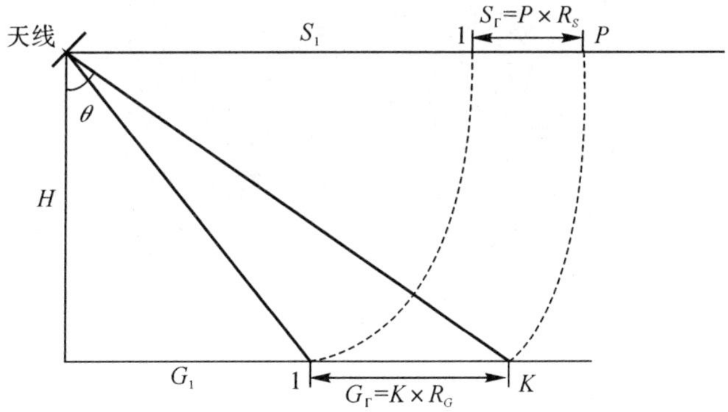

图 2－5　SAR 斜地转换

2. 透视收缩、顶部位移和阴影

SAR 图像的成像原理导致了地形起伏对 SAR 图像具有顶部位移、透视收缩、阴影等影响，如图 2－6 所示。

当雷达波束照射到遥感器一侧的斜面时，其到达斜面顶部的斜距与到达底部的斜距之差比地距之差（即水平距离之差）要小，所以在图像上斜面的长度被缩短了，这种现象叫透视收缩。透视收缩进一步发展，当波束到达斜面顶部的斜距比到达底部的斜距更短时，斜面已经不在图像上表示出来，其顶部倒向遥感器的一侧，这种现象称为顶部位移(又称叠掩)。

如果波束照射到有起伏的地形时，在斜面的背后往往存在波束不能到达的阴影部分，这时图像上会出现反射强度低的暗区，这种现象称为阴影。

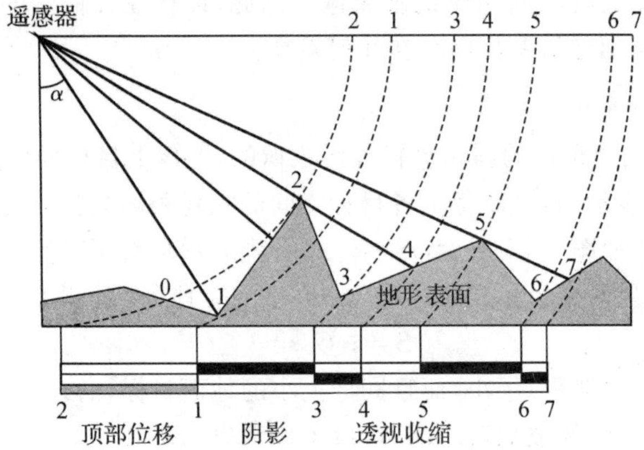

图 2-6　地形起伏对 SAR 图像的影响

图 2-7 是一张山区场景的 SAR 图像，雷达波束入射方向为从左至右，从图中可以看出地形起伏导致的顶部位移、透视收缩、阴影等几何变形。

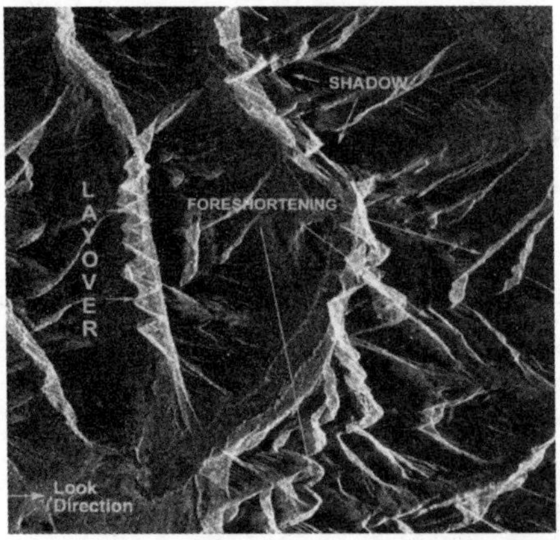

图 2-7　山区场景 SAR 图像中的几何变形

2.2.3　SAR 图像的目标类型

粗略地讲，SAR 图像中的典型目标包括以下类型。

1. 点目标

SAR 图像上的点目标是指以亮点形式呈现在图像上的目标。通常这些目标的几何尺寸小于一个分辨单元的地面尺寸，但它的回波信号相当强，在整个地块的回波中占据了主导地位，这时像素的信号几乎就只反映它的存在。大多数战术目标，如坦克、装甲车、大炮、舰船等，以及工业设施，如高压输电线塔、油井、孤立的小建筑等，在中低分辨率 SAR 图像中都以点目标的形式出现。

2. 线目标

线目标指在 SAR 图像中表现为线状（直线或弧线）或带状的目标。SAR 图像中的线目标有两种情况：第一种为两类不同目标的分界线，如水陆界线；第二种为横向尺寸小于雷达分辨单元尺寸的地面线性目标，如道路、河流、跑道等。人工线目标通常都比较直，例如道路、桥梁、机场跑道、田坎等。自然线目标的情况比较复杂，例如河流的弯曲方向就可能存在较多变化。

3. 面目标

面目标通常也称分布目标，如草地、农田、水塘等，由许多同一类型的散射点组成，这些散射点的位置分布是随机的，它们接收的电磁波相位各不相同，其回波信号的相位和振幅也是随机的，没有任何一个物点的回波在回波总功率中占主导地位。面目标一般为灰度均匀区域或同质纹理区域，从视觉效果来看，该区域具有明显的闭合轮廓。灰度均匀区域内部的像元灰度值起伏不大，而均匀区域外部像元的灰度值起伏比较明显，具体表现在标准差的差异上。同质纹理区域内部的纹理比较单一，与区域外部的纹理具有明显的差异。

4. 硬目标

具有较大的散射截面，在侧视雷达图像上呈亮白色的物体统称为硬目标。这种目标既不占有相当面积，又不限制在分辨单元之内，在图像上表现为一系列亮点或一定形状的亮线，通常是复介电常数较大的金属目标，如与雷达波垂直的高压线、金属塔架、桥梁和铁路等。

5. 角反射目标

角反射器效应在地物散射中很常见。两个相互垂直的光滑表面或三个相互垂直的光滑表面就构成角反射器，它由二面角反射器和三面角反射器等构成。二面角反射器指向角就是二面角轴线与雷达波束所在平面的夹角，当二面角正对雷达波束时（即指向角为 90°），会在图像上相应于二面角两平面交线（轴线）的位置出现一条亮线。而三面角则会在图像上相应于三个面交点的位置形成一个亮点。以建筑物的二面角反射为例，如图 2－8 所示，入射的电磁波经过地面第一次反射，在建筑物墙体经过二次反射返回，或者相反，因此二面角反射一般发生在建筑物墙体和地面的交界处，由于回波信号较强，该区域在 SAR 图像表现形式为高亮的线条。

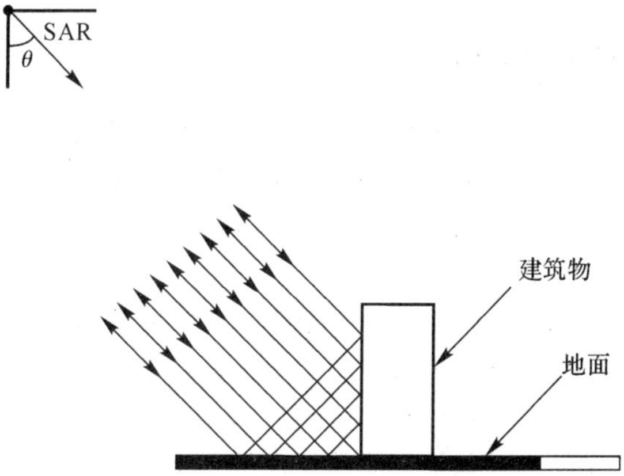

图 2－8　建筑物的二面角反射

SAR 图像中的目标所反映的特征属于电磁特征，可作为识别的依据。SAR 图像的识别特征一般包括灰度特征、几何特征和纹理特征等。灰度特征是最直接反映目标电磁反射特性的特征信息，如灰度均值反映了区域灰度变化的基点，灰度方差反映了区域灰度变化的动态范围等。几何特征是描述目标区域或边界形状的特征，简单的几何特征包括如目标轮廓的面积、周长、长轴、短轴或离心率等。SAR图像中灰度亮暗突变处的边界点可以连接并形成所谓的边界特征。此外，区域的矩也可鲁棒地描述目标的几何特征。纹理特征描述SAR图像像素灰度的空间分布，可以反映目标的质地，如颗粒度、光滑性、随机性或规律性等。

2.3 高光谱图像特性分析

高光谱图像以立方体形式呈现，其中两维是空间维，另一维是光谱维，如图2-9所示。高光谱数据立方体中含有丰富的光谱信息，同时又不乏丰富的空间信息，弥补了多光谱图像和全色图像信息不丰富的缺陷。正因如此，高光谱图像具有图谱合一的特点，其图像空间和光谱空间可以适合于不同的应用需求。

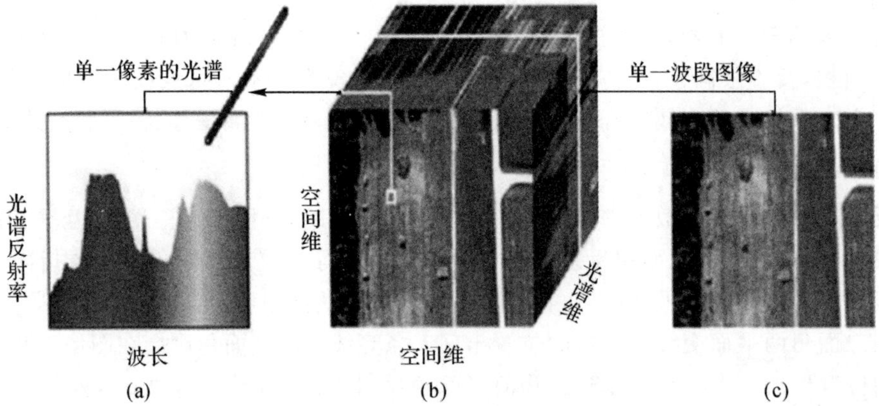

图2-9 高光谱数据示意图

(a)光谱空间；(b)数据立方体；(c)图像空间

2.3.1 高光谱图像的图像空间

对于人类的视觉系统而言，高光谱数据的单波段灰度图像或者多波段合成的彩色图像是最直观的表达方式。如图2-9(c)所示，这种表示方式直观地反映了地物之间的空间关系，以及地物的几何形状结构。从图像空间中可以获取地物的类别、纹理和结构等信息，从而对地物进行判读解译。

基于三原色原理，可以从高光谱图像数据中选取三个波段，分别赋予它们三种不同的原色进行彩色合成，获得一幅彩色图像。通过不同的波段选择模式与三原色分配方案可以形成不同的彩色图像。彩色合成包括自然色合成法和假彩色合成法。自然色图像上影像的颜色与实际地物的颜色基本一致，假彩色图像上影像的颜色与实际地物的颜色不一致。

1. 自然色合成法

将接近红、绿、蓝光谱的波段图像作为合成图像中的R、G、B分量时，可形成最接近自然色的图像，该方案称为自然色合成法，也叫真彩色合成。这种彩色合成方案的优点是合成后图像的颜色更加接近于自然色，与人对地物的视觉感觉相适应，更容易对地物进行识别。

2. 假彩色合成法

对于多波段遥感数据而言，不是所有的波段都接近三原色波段，如红外波段等，包含红外波段或有别于自然色合成法的彩色合成方案被称为假彩色合成法。假彩色合成法中三原色波段的选择是根据增强目的而确定的，所合成的彩色图像并不表示地物真实的颜色。合成方法不同，地物之间的对比度不同，突出的地物信息也不同。在图像增强上也称为假彩色增强。

假彩色合成选用的波段应该以地物的光谱特征作为出发点，不同的波段合成方式，用来突出不同的地物信息。在实际工作中，为了突出显示某一方面的信息或显示丰富的地物信息，获得最好的目视效果，需要根据不同的研究目的进行反复的实验分析，寻找最佳合成方案。合成后的图像应具有最大信息量，而波段间的相关性最小。

特别的，将 B 赋予绿波段、G 赋予红波段、R 赋予近红外波段的色彩分配方案在实际中极为常用，有时也被称为红外色合成法。

图 2-10 以植被为例，给出了这种特殊地物在自然色合成和假彩色合成两种彩色图像上的表现形式。可以看出，植被在近红外波段有较高的反射率，其次是在绿色波段。进行自然色合成时，绿色分量(对应于植被在绿色波段的反射)在像素的三个分量中占的比例最大，所以该像素表现为绿色；进行假彩色合成时，红色分量(对应于植被在近红外波段的反射)在像素的三个分量中占的比例最大，所以该像素表现为红色。假彩色合成图像可以有效地突出植被，有利于植被的判读。

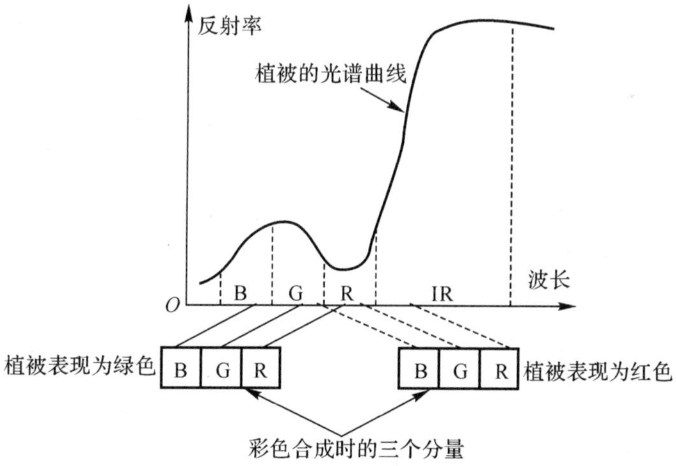

图 2-10　自然色合成和假彩色合成

2.3.2　高光谱图像的光谱空间

光谱空间是高光谱数据每个样本点光谱特征最直观的表示方式，如图 2-9(a)所示的二维坐标空间，其横坐标表示波长，纵坐标为光谱反射率。高光谱图像的每个像素对应一条确定的光谱，这一光谱反映了像素的辐射和反射特性，表征了物体的物理属性。典型地物的反射率会随着波长变化，具有特定的反射波谱，可由此建立代表地物特性的“指纹光谱”，用于典型地物的识别和伪装目标的检测等；或者通过选择能使感兴趣的目标与背景之间的差异达到最大的波段，增加从遥感数据中提取所需信息的可能性。

1. 光谱匹配识别

将高光谱数据中提取得到的地物光谱曲线与目标地物的参考光谱曲线进行匹配分析，可以对地物类别进行识别和分类。参考光谱可以是定标后的实地波谱测量或实验室光谱辐射计数据，或者采用端元分析方法得到的端元的光谱。主要方法包括基于光谱曲线匹配的分类、基于光谱角匹配的分类和基于二进制光谱编码匹配的分类等。

理论上，在相同的条件下，同种地物具有相同或相似的光谱特性，不同地物的光谱特性各不相同。但是，由于自然环境和成像光谱仪技术等因素的制约，有时会存在“同物异谱”和“异物同谱”等情况，导致不同地物之间的光谱差异减小、同类地物之间的光谱差异增大，会给使用光谱特性进行目标检测或分类带来困难。高光谱图像中的任一像素除了具有自身固有的光谱特性，其空间也不孤立，具有自身特定的空间位置及空间邻近像素。因此，在基于高光谱图像进行目标检测或异常检测时，通常同时利用分别描述地物分布和光谱特征属性的二维空间信息和一维光谱信息，采用空谱结合的方法，为目标探测提供了更多的信息。

2. 光谱特征提取

不同地物的光谱曲线会在稳定的波长位置形成吸收谷和反射峰，并且具有相对固定的波形。因此，从原始光谱曲线出发，通过数值计算，可以提取光谱吸收特征、导数光谱等光谱特征参数，对光谱形态进行定量化分析，可以增加不同地物的光谱区分度，提高光谱匹配识别的准确度。

如图 2－11 所示，单个光谱吸收谷是指两个吸收肩和波谷组成的呈凹形的光谱曲线，每个吸收谷都有各自的形状和位置，可用一系列波形形态参数表达，如光谱吸收位置、吸收宽度、吸收深度、吸收面积等，这些参数就构成了光谱吸收特征。包络线去除法是一种有效增强吸收特征的光谱分析方法，它可以有效地突出光谱曲线的吸收特征，并将光谱的吸收特征归一化到一致的光谱背景上。包络线相当于光谱曲线的外壳，通常定义为逐点直线连接光谱曲线上那些凸出的峰值点，并使折线在峰值点上的外角大于 180°。

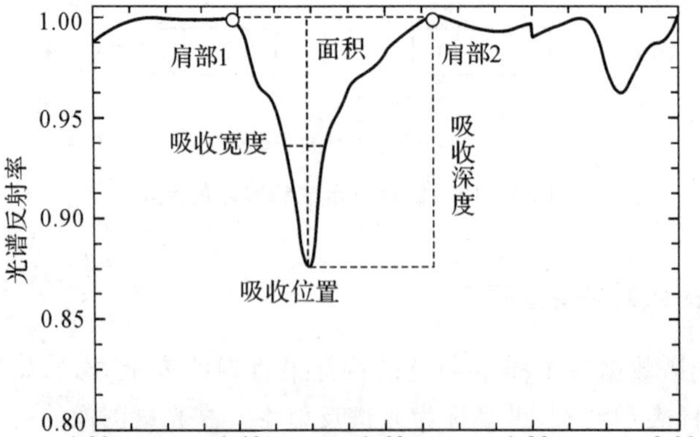

图 2－11　光谱吸收特征参数

利用导数光谱方法对反射光谱进行数学模拟和计算不同阶数的微分（导数）值，可迅速地确定光谱拐点和最大最小反射率的波长位置。导数光谱可以增强光谱曲线在坡度上的细微变化，能够有效去除线性或接近线性的背景和噪声光谱对目标光谱的影响。例如，对植被光谱和土壤背景光谱采用一阶导数处理，在植被红边处能够实现植被与土壤的光谱分离。

从原始光谱空间出发，通过特征提取，可以将高光谱图像信息从原始光谱空间变换到新的特征空间。高光谱图像光谱特征提取分为两种：一种是基于波段选择的特征提取方法，一种是基于变换的光谱特征提取方法。前者是从原始的多个特征中选择出最符合应用要求的若干个特征，它不改变原始特征数据，只是对特征集进行筛选，可较好地保留特征的原始意义。后者则是对原始特征空间进行某种数学变换，将高维光谱数据映射到低维特征空间，得到与典型地物特性相关的光谱特征，如归一化植被指数（Normalized Difference Vegetation Index，NDVI）特征等。在降低特征维数的同时，冗余信息和噪声干扰等会被抑制，特征信息得到聚焦和增强，可以提高地物识别等信息处理的准确性。

2.3.3　波段相关

高光谱图像波段之间在视觉和数值上都表现出较强的相关性，造成波段间相关性的主要因素有以下几种。

（1）地物光谱的相关性。造成这种相关性的因素有很多，例如在可见光波段，植被都表现出较低的反射特性，因此在所有可见光谱区域都表现出相似性。高相关性的波段范围是由地物光谱反射特性决定的。

（2）遥感器波段的重叠。在遥感器设计阶段，应该使这种因素的影响最小，但是在实际应用中，却很难完全避免。一般重叠量都比较小，但是对精确校正造成的影响却不可忽视。

（3）地形因素。地形阴影的影响对所有太阳反射波段是近似相同的，尤其是在太阳入射角较低的山区，在这种地方，地形阴影是影响的主要组成部分，于是造成了波段和波段之间的相关性，这种相关性和地物类型无关。

常用的波段相关评价指标有协方差（covariance）、相关系数（correlation）和散点图（scatter plot）。

1. *协方差*

协方差是两个变量关于其均值的关联变化，协方差为零表示两变量不相关。设 $f(i,j)$ 和 $g(i,j)$ 是大小为 $M\times N$ 的两个波段的图像，其协方差定义为

$$\mathrm{Cov}_{gf}=\mathrm{Cov}_{fg}=\frac{1}{MN}\sum_{j=0}^{M-1}\sum_{i=0}^{N-1}[f(i,j)-\bar{f}][g(i,j)-\bar{g}] \tag{2-5}$$

式中：$\bar{f}$ 和 $\bar{g}$ 分别为图像 $f(i,j)$ 和 $g(i,j)$ 的均值。

N 个波段相互间的协方差排列在一起组成的矩阵称为协方差矩阵 $\boldsymbol{C}$，即

$$\boldsymbol{C}=\begin{bmatrix}\mathrm{Var}_1 & \cdots & \cdots & \cdots \\ \mathrm{Cov}_{21} & \mathrm{Var}_2 & \cdots & \cdots \\ \vdots & \vdots & \ddots & \vdots \\ \mathrm{Cov}_{N1} & \mathrm{Cov}_{N2} & \cdots & \mathrm{Var}_N\end{bmatrix} \tag{2-6}$$

协方差矩阵的特点可总结如下：

(1)协方差矩阵是实对称矩阵；

(2)协方差矩阵对角线上元素是某波段图像的方差；

(3)协方差矩阵非对角线上元素是波段图像之间的协方差，代表相关程度。

2. 相关系数

相关系数表征两个变量间的相关程度(包含信息的重叠程度)。遥感数据两个波段之间的相关系数可以用它们的协方差(Cov_{kl})和标准差乘积 $s_k s_l$ 的比值来定义：

$$r_{kl}=\frac{Cov_{kl}}{s_k s_l} \tag{2-7}$$

由于协方差小于或等于变量之间标准差的乘积，因此相关系数的取值范围为[－1 ＋1]。相关系数为＋1表示两个波段的亮度值完全正相关(当一个波段像元亮度值增加时，另一个波段像元亮度值相应增加)。相反，相关系数为－1表示两个波段的亮度值完全负相关(当一个波段像元亮度值增加时，另一个波段像元亮度值会随之减少)。相关系数为0表示两个波段的亮度值不相关。

N 个波段相互间的相关系数排列在一起组成的矩阵称为相关矩阵 $\boldsymbol{R}$，即

$$\boldsymbol{R}=\begin{bmatrix} 1 & r_{12} & \cdots & r_{1N} \\ r_{21} & 1 & \cdots & r_{2N} \\ \vdots & \vdots & & \vdots \\ r_{N1} & r_{N2} & \cdots & 1 \end{bmatrix} \tag{2-8}$$

3. 散点图

散点图用图形检验波段间的统计关系，因此比协方差和相关系数更为直观。散点图提取两个波段的所有像素亮度值，并且将其出现频率描绘在 255×255(假定为 8 bit 的数据)的特征空间中，数值对的出现频率越大，散点图像元就越亮。如果两个波段具有很高的相关性，那么这两个波段间存在大量冗余信息，散点图将会在(0,0)和(255,255)坐标之间显示一个相对较窄的椭圆，如图 2-12(a)所示。

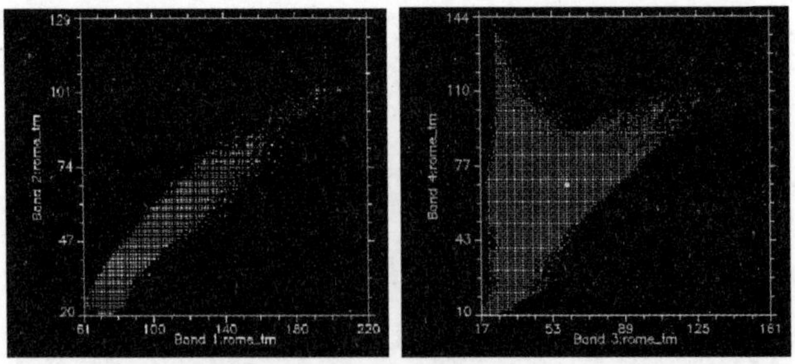

(a)　　(b)

图 2-12　散点图

(a)波段相关；(b)波段无关

思 考 题

1. 简述遥感图像处理与数字图像处理的区别和联系。

2. 解释热红外图像的成像原理，简述热红外图像的整体特性和目标特性。

3. 画图解释透视收缩、叠掩和阴影等几何变形的产生，理解其对 SAR 影像解译的影响。

4. 解释 SAR 图像中相干斑噪声产生的原因。

5. 查阅资料，解释多视平均法的基本原理，对该方法用于相干斑抑制的效果进行评价。

6. 举例说明高光谱影像的图像空间和光谱空间的特点与应用。

7. 为什么要进行彩色合成？有哪些主要的合成方法？主要差异是什么？

8. 简述常用的单波段和多波段的统计特征。

9. 简述高光谱影像与多光谱影像的区别与联系。

10. 收集同一目标的可见光影像、热红外影像、SAR 影像和高光谱影像，从成像原理和目标特点对上述影像进行特性分析。

第 3 章　遥感图像的校正处理

3.1 引　　言

遥感通过对传感器接收到的地物反射或辐射电磁波信息进行处理、分析和解译，实现地物识别等专题研究。因此，一幅理想的遥感影像是能真实反映地物几何形状特征和辐射能量分布的影像。但是，传感器实际成像所得的影像与地物的真值之间存在不同程度的差异。因此，对用户端而言，在应用遥感影像之前，必须先对其进行校正处理。

在遥感成像过程中，由于各种因素的影响，遥感图像会发生几何变形，即地物点的图像坐标与地理坐标存在差异，从而影响了图像的质量和应用，需要对其进行几何校正处理，建立图像上的像元坐标与目标物的地理坐标间的对应关系，并使其符合地图投影系统。因此，对于几何校正而言，图像坐标是几何校正的起点，大地坐标是几何校正的终点。

对图像进行几何校正前，首先需要根据图像几何畸变的性质和可以应用于校正的数据确定校正方法，然后求出校正公式的参数。在不考虑地形引起的几何变形时，通常采用多项式校正法进行几何校正。在考虑地形引起的几何变形时，需要了解图像的构像方程，即地物点的图像坐标和大地坐标之间的数学关系。遥感器可以分为中心投影方式和非中心投影方式，其构像方程各不相同。中心投影方式主要指光学成像，包括面中心投影、线中心投影和点中心投影；非中心投影方式主要指斜距投影，包括雷达成像和声呐成像等。

由于遥感图像成像过程的复杂性，传感器接收到的电磁波能量与目标本身辐射的能量存在差异。传感器输出的能量包含了由于太阳位置和角度条件、大气条件、地形影响和传感器本身的性能等所引起的各种辐射失真，这些失真不是地面目标本身的辐射，会对图像的使用和理解造成影响，必须加以校正或消除。

本章的结构安排如图 3－1 所示。

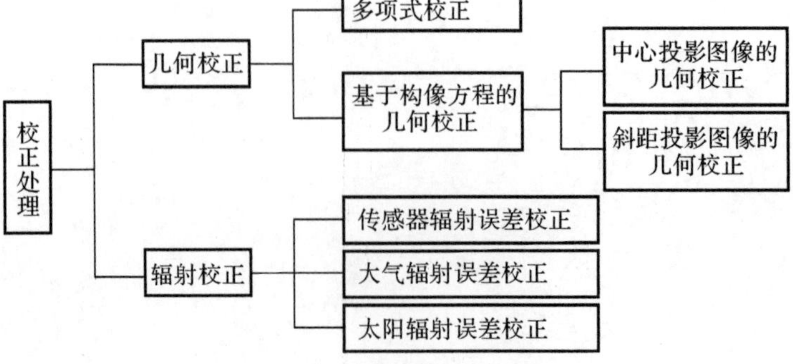

图 3－1　遥感图像的校正处理

3.2　遥感图像的误差分析

3.2.1　遥感图像的几何变形

遥感图像的几何变形可以表示为图像上各像元的位置坐标与地图坐标系中的目标地物坐标的差异，主要包括系统变形与非系统变形。系统变形通常由内部误差引起，内部误差是由于遥感器自身的性能、技术指标偏离标称数值所造成的误差，例如透镜的焦距误差，图像投影面的非平面性、传感器扫描速度的变化等。系统变形可根据遥感平台的位置、遥感器的扫描范围、投影类型等，推算图像中不同位置像元的几何位移。通常系统变形是可以预测的，许多商业遥感数据在提供给用户之前都已经消除了大多数系统误差。

非系统变形通常由外部误差引起，外部误差是由于遥感器平台高度、地理位置、速度和姿态等的不稳定、地球曲率及空气折射的变化等因素所造成的误差，可分为平台引起的误差和目标物引起的误差。非系统变形一般很难预测，几何校正的目的主要就是消除非系统图像变形，实现图像与其他标准图像、地图的几何匹配，主要通过分析地面控制点实现。

1. 传感器成像方式引起的图像变形

传感器的成像方式有中心投影和斜距投影等。由于中心投影图像在垂直摄影和地面平坦的情况下，地面物体与其影像之间具有相似性，不存在由成像方式所造成的图像变形，因此通常被作为基准图像来讨论其他方式投影图像的变形规律。

侧视雷达属斜距投影类型传感器，如图 3－2 所示，S 为雷达天线中心，Sy 为雷达成像面，oy' 为等效的中心投影成像面，雷达图像坐标 p 与等效中心投影图像坐标 p' 的差值即为投影变形。斜距变形的图像变形情况如图 3－2(c)所示，可以看出，离原点越近，图像变形越严重。

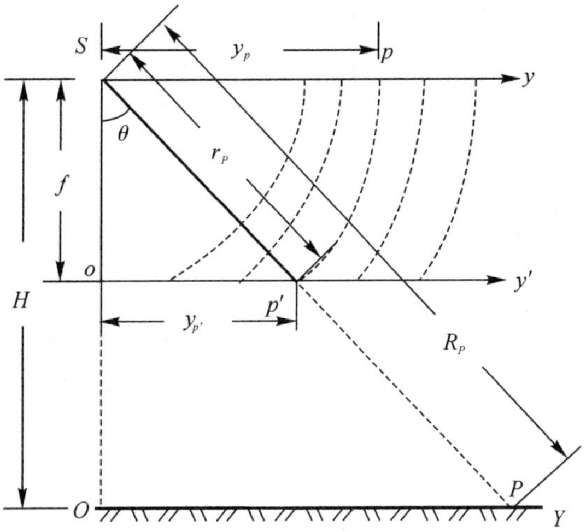

(a)

图 3－2　斜距投影引起的图像变形

(a)斜距投影变形来源

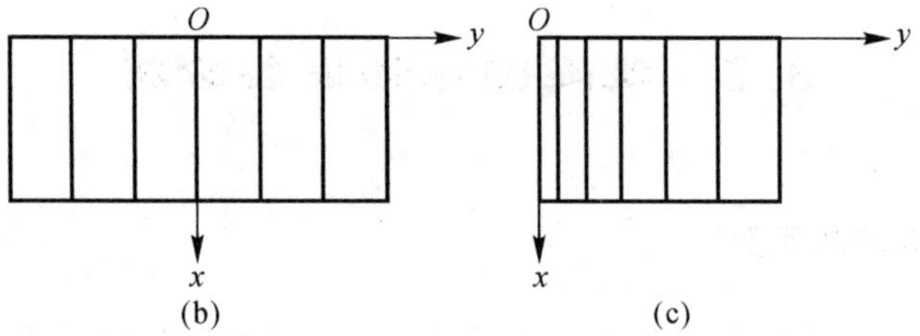

续图 3-2　斜距投影引起的图像变形

(b)无变形的图像；(c)斜距投影变形图像

垂直航迹扫描成像方式存在比例尺切向畸变问题。如图 3-3(a)所示，地面扫描时，扫描镜以恒定的角速度旋转，但随着天底点与地面分辨单元之间距离的增大，天底点各边上的地面分辨单元的大小也对称地增加。因此，图像边缘的地面分辨单元比靠近图像中心的大，即远离天底点的各点上图像比例尺缩小，造成了比例失真(畸变)的问题，这种畸变称为比例尺切向畸变。这种畸变只发生在沿着垂直于飞行方向的扫描方向上，飞行方向上的影像比例尺基本上是常数。

图 3-3 简要说明了切向畸变效应。图 3-3(b)是一幅假设的垂直航空相片，包括了各种形状模式的平坦地形，图 3-3(c)是同一地区未经校正的垂直航迹扫描仪图像。可以看出，由于其纵向比例尺固定而横向比例尺变化使得物体不可能保持其原有形状，其线性特征(除了与扫描线平行与垂直的以外)具有 S 形的扭曲，并且在图像的边缘附近，地面特征明显变小。

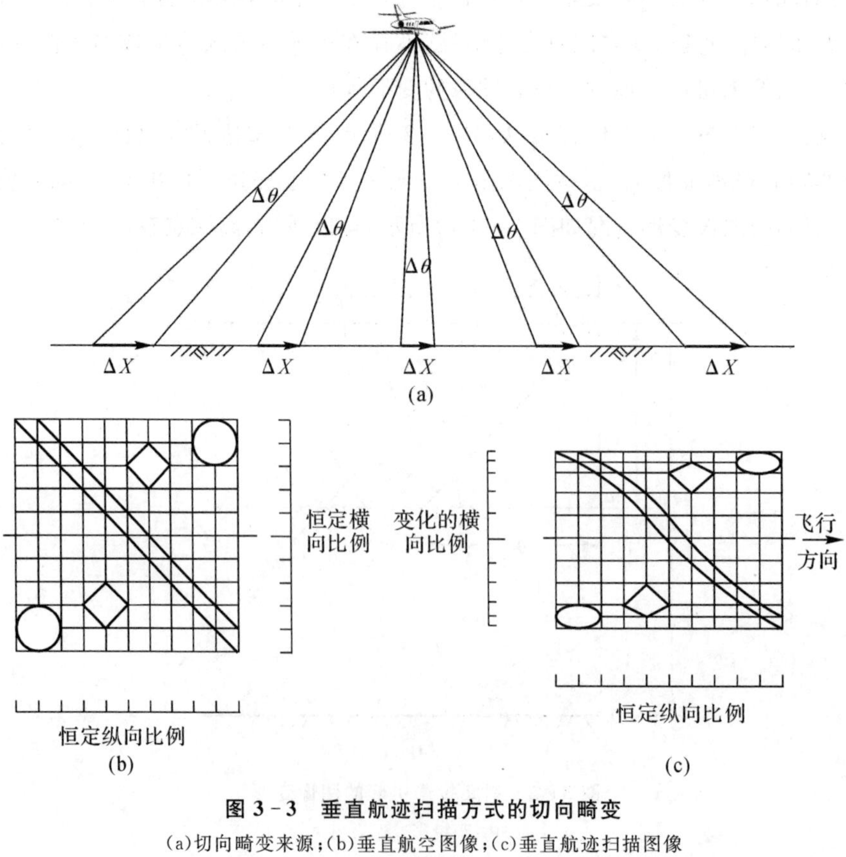

图 3-3　垂直航迹扫描方式的切向畸变

(a)切向畸变来源；(b)垂直航空图像；(c)垂直航迹扫描图像

2. 传感器外方位元素变化的影响

传感器的外方位元素是指传感器成像时的位置参数（X_S,Y_S,Z_S）和姿态角参数（φ,ω,γ）。当外方位元素偏离标准位置而出现变动时，就会使图像产生变形。这种变形一般是由地物点的图像坐标误差来表达的，并可以通过传感器的构像方程推出。

如图 3 - 4 所示，成像位置（X_S,Y_S,Z_S）的变化使图像产生平移和缩放变化，俯仰角和滚动角的变化 $\mathrm{d}\omega$ 和 $\mathrm{d}\kappa$ 使图像产生非线性变化，偏航角的变化 $\mathrm{d}\varphi$ 使图像产生旋转变化。例如，平台的高度增加会导致影像比例尺变小，高度降低会导致影像比例尺变大；平台绕飞行方向发生滚动时，影像在垂直航迹方向上一定范围内发生压缩或伸展；平台进行俯仰运动时，假如头部向下倾斜，则影像在前方发生压缩，在后方发生伸展。

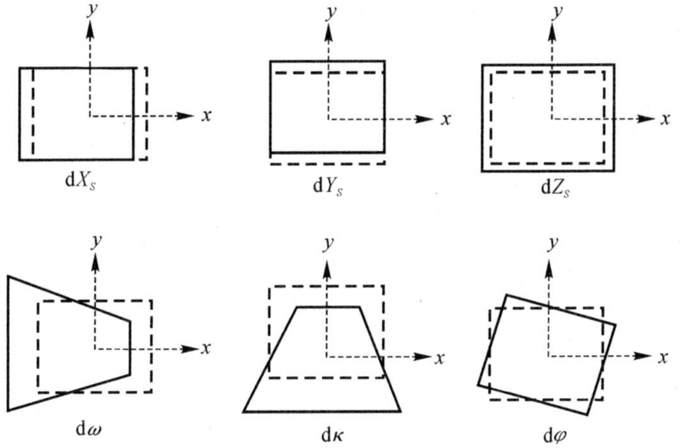

图 3 - 4　外方位元素引起的图像变形

在动态扫描的情况下，构像方程是对应于一个扫描瞬间（相应于某一像素或某一扫描线）而建立的，不同成像瞬间的传感器外方位元素可能各不相同，因而相应的变形误差方程式只能表达该扫描瞬间像幅上相应点、线所在位置的局部变形，整个图像的变形将是所有瞬间局部变形的综合结果。

高质量的卫星和航空遥感系统通常装有陀螺稳定仪，使遥感系统不受飞行器偏航、翻滚和俯仰的影响。没有安装稳定仪的遥感系统，会因为翻滚、俯仰和偏航而引入几何误差，且该误差只能通过几何校正而消除。

3. 地形起伏的影响

当地形有起伏时，对高于或低于某一基准面的地面点，其在图像上的像点与其在基准面上垂直投影点在图像上的像点之间有直线位移。如图 3 - 5(a)所示，对于中心投影，地形起伏由地物点坐标 Z_P 的变化来表示：

$$\mathrm{d}Z_P = Z_{P'} - Z_P = h \tag{3-1}$$

将外方位元素作为无误差的参量，垂直摄影的情况下，可由共线方程推导出

$$\begin{aligned}\mathrm{d}x &= \frac{x}{Z_S - Z_P}h \\ \mathrm{d}y &= \frac{y}{Z_S - Z_P}h\end{aligned} \tag{3-2}$$

由此可以看出，投影误差的大小与底点至像点的距离、地形高差成正比，与平台航高成反比。投影差发生在底点辐射线上，对于高于基准面的地面点，其投影差离开底点；对于低于基准面的地面点，其投影差朝向底点。

对于斜距投影，地形起伏的影响效果则刚好相反。如图 3－5(b)所示，设地物点 P' 的高差为 h，图像坐标为 $y_{p'}=\lambda R_{P'}$，P 是 P' 点在地面基准面上的投影点，其斜距可近似表示为

$$R_P \approx R_{P'} + h\cos\theta \tag{3-3}$$

因地形起伏产生的位移为

$$\mathrm{d}y = y_{p'} - y_p \approx -\lambda h\cos\theta \tag{3-4}$$

可以看出，地形起伏对侧视雷达图像的影响发生在 y 方向，且投影差的方向与中心投影相反。地形起伏在中心投影图像上造成的像点位移是背离原点方向变动的，在斜距投影图像上则是向原点方向变动。

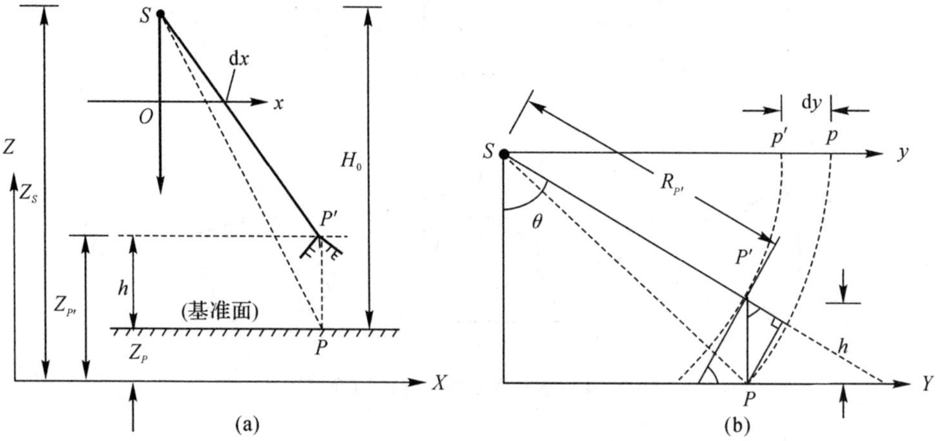

图 3－5　地形起伏的影响

(a)中心投影；(b)斜距投影

4. 地球曲率的影响

地球是球体(严格说是椭球体)，因此地球表面是曲面。地球曲率对成像的影响主要表现在以下两个方面：

第一，像点位移。当选择的地图投影平面是地球的切平面时，使地面点 P_0 相对于投影平面点 P 有一高差 Δh，使得像点在像平面上产生了位移。地球曲率引起的像点位移类似地形起伏引起的像点位移。只要把地球表面(把地球表面看成球面)上的点到地球切平面的正射投影距离看作是一种系统的地形起伏，就可以利用前面介绍的像点位移公式来估计地球曲率所引起的像点位移，如图 3－6(a)所示。把 Δh 代入地形起伏情况下的像点位移的公式中，代替高差 h，即可获得地球曲率影响下的像点位移公式。

第二，像元对应地面的长度不等。对于垂直航迹扫描传感器，传感器通过扫描取得数据，在扫描过程中，每一次取样间隔是星下视场角的等分间隔。如图 3－6(b)所示，如果地面无弯曲，在地面瞬时视场宽度不大的情况下，L_1，L_2，L_3，L_4的差别不大。但由于地球表面曲率的存在，对应于地面的 P_1，P_2，P_3，P_4的差别就大得多。距星下点越远，对应地面长度越长。当扫

描角度较大时，影响更加突出。

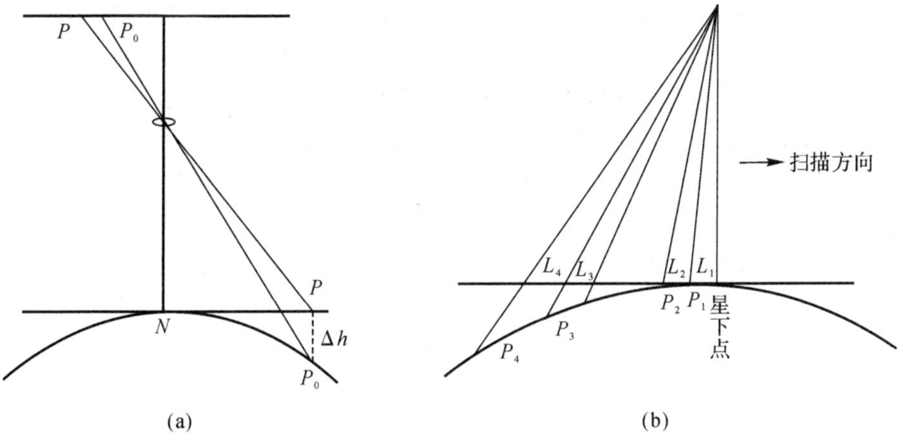

图3-6 地球曲率的影响

(a)像点位移；(b)像元对应地面的长度不等

5. 大气折射的影响

大气层是一个非均匀的介质，密度随地面的高度增加而递减，因此电磁波在大气中传播的折射率随高度变化，使得电磁波传播的路径变成曲线，引起像点位移。

中心投影属于方向投影成像。如图3-7(a)所示，方向投影成像时，成像点的位置取决于地物点入射光线的方向。无大气影响时，A 点通过直线光线 AS 成像于 a_0 点；有大气影响时，A 点通过曲线光线 AS 成像于 a_1 点，像点位移为 $\Delta r = a_1 a_0$。

侧视雷达属于距离投影成像。如图3-7(b)所示，距离投影成像时，成像点的位置取决于电磁波传播路径的长度(即距离)。无大气影响时，P 点的斜距为 R，通过距离投影成像于 p 点；有大气影响时，电磁波通过弧距 R_C 到达 p 点，等效斜距为 $R' = R_C$，使影像点从 p 点位移到 p'，像点位移为 $\Delta y = pp'$。

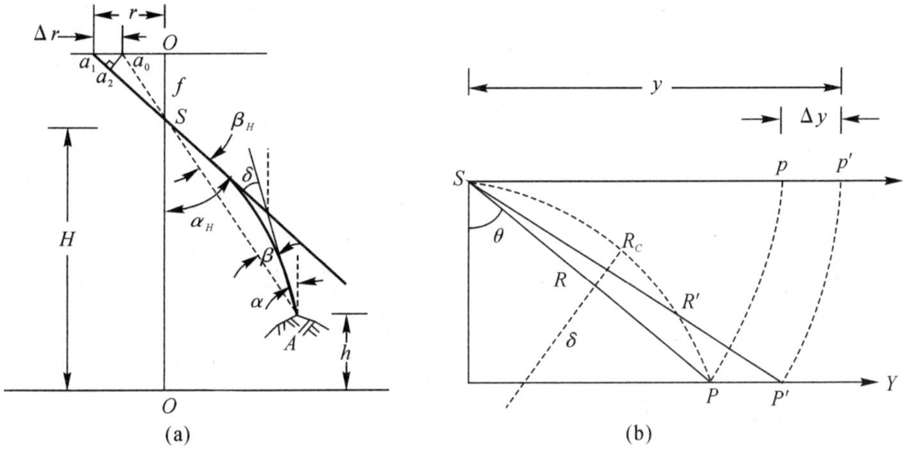

图3-7 大气折射的影响

(a)方向投影成像；(b)距离投影成像

6. 地球自转的影响

地球自转主要对动态传感器的图像产生变形影响。通常，对地观测太阳同步卫星以降交点模式由北向南在固定的轨道上获取路径上的影像，同时，地球绕自转轴每 24 h 自西向东旋转一周。遥感系统的固定轨道路径和地球绕轴旋转之间的相互作用，使获取的影像发生几何偏斜。如果数据没有经过几何偏斜校正，它们在数据集中的位置就是错误的，向东偏斜了一个可预测的量。如图 3-8 所示，偏斜校正就是将影像中的像元向西做系统的位移调整，位移大小是卫星和地球的相对速度以及影像框幅长度的函数。大多数卫星影像数据供应者会对遥感数据进行自动的几何偏斜校正。

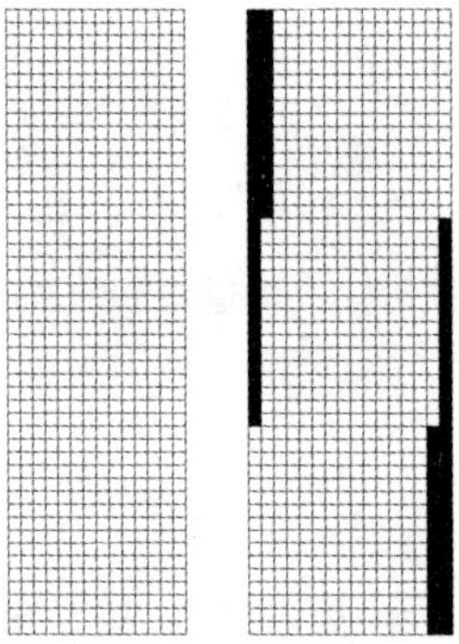

(a) (b)

图 3-8 地球自转对 Landsat ETM+影像的影响

(a)校正前；(b)校正后

3.2.2 遥感图像的辐射失真

一个理想遥感系统传感器所接收和测量的辐射值应真实反映地物目标光谱辐射的差异，并且与地面近距离的测量结果一致。但是，在真实情况下，传感器在接收来自地物目标的电磁波辐射能量时，受传感器本身特性、大气作用以及地物光照条件(地形和太阳高度角)等因素的影响，使得传感器的探测值与地物目标的真实光谱辐射不一致，其中的差值称为辐射误差。辐射误差会造成遥感图像的失真，影响遥感图像的解译性。

辐射误差主要包括传感器辐射误差、大气辐射误差和太阳辐射误差三部分。

1. 传感器辐射误差

传感器辐射误差的种类很多，比较常见的传感器辐射误差包括光学系统特性引起的辐射误差、光电变换系统特性引起的辐射误差和探测器工作不正常引起的辐射误差等。此类误差一般在数据生产过程中由数据生产单位(地面站)根据传感器参数进行校正处理。

(1)光学系统特性引起的辐射误差。在使用透镜的光学系统中，由于透镜光学特性的非均匀性，造成同一类地物在成像平面上不同位置有不同的灰度值，出现边缘部分比中间部分暗的现象，称为边缘减光。如果以光轴到摄像面边缘的视场角为 θ，理想的光学系统中某点的光量与 $\cos^n\theta$ 几乎成正比，利用这一性质可以进行 $\cos^n\theta$ 校正。

(2)光电变换系统特性引起的辐射误差。在扫描方式传感器中，传感器接收系统收集到的电磁波信号须经光电转换系统变成电信号记录下来，该过程会引起辐射误差。由于光电变换系统的灵敏度特性通常有很高的重复性，所以可以定期地在地面测定其特性，根据测量值进行校正。

(3)探测器工作不正常引起的辐射误差。某个探测器未正常记录某个像元的光谱数据，该像元称为坏像元，通常由存储设备(如磁带的误码)和噪声引起。当图像中发现许多这种坏像元时，称之为散粒噪声，因为它们的分布是分散而随机的。这些像元的值在单个或多个波段中通常为 0 或 255(对量化级别为 8 的数据而言)，因此可在定位后采用均值滤波或中值滤波处理。

若扫描系统的某个探测器工作不正常，就有可能产生一整行没有光谱信息的线，若探测器的 CCD 线阵列工作不正常，就会使整列数据都没有光谱信息。坏行或坏列就称为行或列缺失，其像元值为零，表现为某波段影像上的一条黑线。行或列缺失可在定位后采用插值的方法处理，根据前一扫描行(列)和后一扫描行(列)的像元平均值确定缺失行的像元值。

若某个探测器还在工作，但没有进行辐射调整，或定标不准，会导致其记录的数据比其他探测器同波段记录的亮度值偏大或偏小，导致图像上出现系统明显比邻近行(列)更亮或更暗的行(列)，表现出条纹效应。行或列条纹可采用空域方法和频域方法处理，达到弱化条带、改善影像目视解译效果的目的。

图 3-9 给出了上述三种探测器工作不正常引起的辐射误差的示例。

(a)

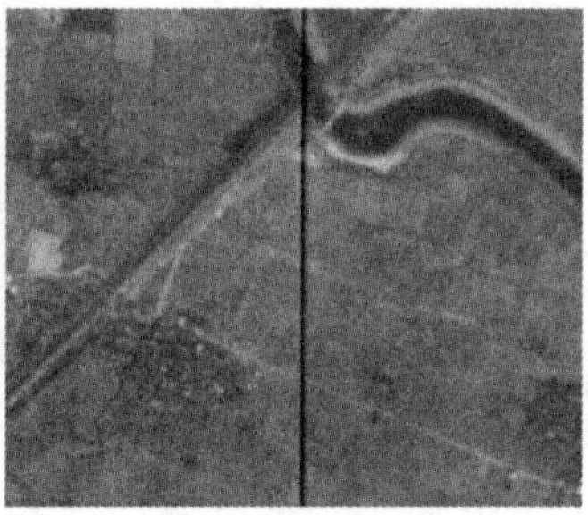

(b)

(c)

图 3-9 探测器工作不正常引起的辐射误差

(a)随机坏像元；(b)行或列缺失；(c)行或列条纹

2. 大气辐射误差

遥感成像经历了从辐射—大气层—地球表面—大气层—传感器等一系列复杂的过程，太阳光在到达地面目标物之前会因为大气吸收和散射而衰减。同样地，来自地面目标物的电磁辐射在到达传感器之前也会被大气吸收和散射，使得光谱测量亮度值减小。大气以两种相反方式来影响遥感影像中任何地物的辐射。首先，大气减少了照射在地面目标物上的能量；其次，大气增加了传感器探测得到的与地物特征无关的辐射。

理想情况下，传感器记录的辐射是瞬时视场内以一定立体角离开目标地面的辐射量的函数。然而，如图 3-10 所示，其他辐射能会通过各种不同路径进入瞬时视场，从而给遥感处理带来混淆噪声，使得光谱测量亮度值增加。

传感器接收到的辐射 L_S 包括感兴趣的目标研究区返回并经大气衰减后的辐射 L_T、天空漫射辐射和邻域地面区域的辐射 L_P ，即

$$L_S = L_T + L_P \tag{3-5}$$

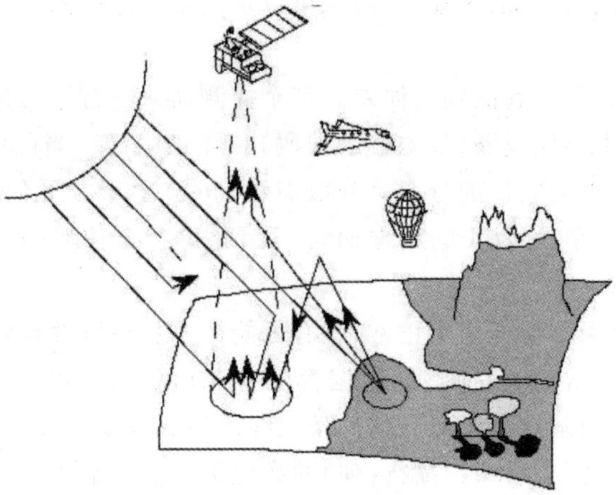

图 3-10 大气辐射误差

L_P 又称为程辐射，是传感器系统记录的总辐射中的干扰(无效)成分，在遥感数据采集过程中引入了误差，导致不能获得精确的光谱测量。程辐射增加了到达传感器的能量，但增加值不含有地面目标有效信息，因此会降低遥感影像的对比度，使影像解译变得复杂。

3. 太阳辐射误差

在相同的传感器条件和大气条件下，由于地形和太阳高度角的变化，不同地表位置接收到的太阳辐射是不同的，传感器接收到的辐射强度也因此而不同。

对于同一地表，当太阳光线倾斜照射和垂直照射时，地物的入射照度会发生变化，根据其反射照度所获取的遥感影像也因此存在差异。该误差与成像时刻的太阳高度角有关，因此称为太阳高度角辐射误差。为尽量减少太阳高度角引起的辐射误差，遥感卫星大多设计在同一个地方时间通过当地上空，但由于季节变化和地理经纬度差异，太阳高度角的变化是不可避免的。

具有地形坡度的地面，对进入传感器的辐射有影响。太阳光线垂直入射到水平地表和有一定倾角的坡面上所产生的辐射亮度是不同的，因此产生的辐射误差称为地形辐射误差。地形起伏在图像上会造成同类地物灰度不一致的现象，如图 3-11 所示，山区地形起伏会造成阴坡的阴影，导致阳坡和阴坡同类地物产生同物异谱现象。因此，需要去除由地形引起的光照度变化，使两个反射特性相同的地物，虽然坡向不同，在影像中具有相同的亮度值。

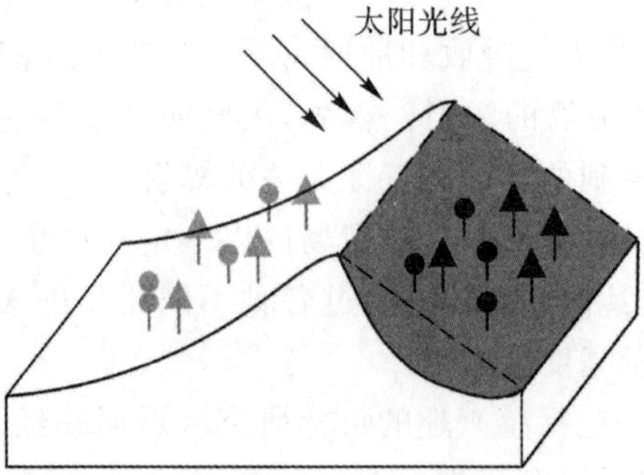

图 3-11 地形起伏引起的辐射误差

3.3 遥感图像的辐射校正

遥感成像过程十分复杂，经历从辐射—大气层—地球表面—大气层—传感器等一系列复杂的过程，由于传感器本身性能、大气条件、太阳高度等因素的影响，导致卫星上传感器所观测到的地表辐射能量与地面近距离的观测结果有所差异。遥感图像的辐射校正用于校正遥感图像的辐射误差（观测值与地面真值间的差异），恢复遥感图像中地物在地面的真实反射特征和辐射特征。

如图 3-12 所示，辐射校正的输入是传感器的数字测量值（Digital Number，DN），输出是地物辐射亮度或反射率，需要按照传感器校正、大气校正、地形和太阳高度校正的顺序进行，该顺序与成像过程中辐射误差产生的顺序相反。经过传感器校正后，可以确定传感器入口处的准确辐射值，即大气顶层辐射亮度或反射率；经过大气校正后，可以确定地表的辐射亮度或反射率；经过地形和太阳高度校正，可以消除由于地形起伏和太阳高度角引起的辐射亮度误差，使得地表获得的太阳辐射稳定统一，便于地物反射率的比较。

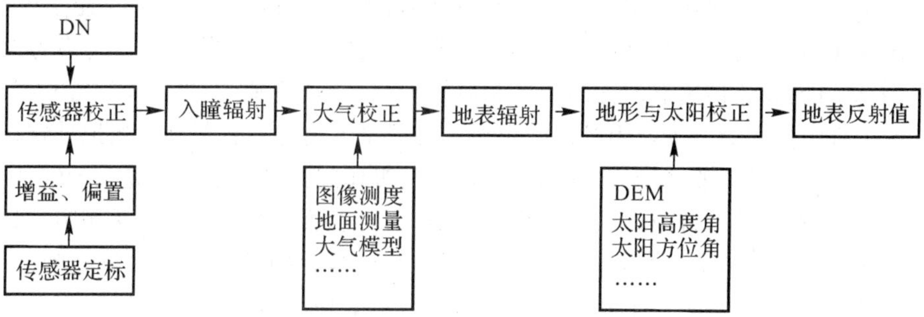

图 3-12　辐射校正流程

3.3.1 传感器校正

在扫描方式的传感器中，传感器将每个波段探测得到的电磁辐射经过光电转换后变为电信号，量化后成为离散的灰度级别，生成 DN 值图像。DN 值只有相对大小的意义。传感器端的辐射校正就是利用已经建立的地物反射率与遥感影像 DN 值之间的关系，把 DN 值转换为具有明确物理意义的辐亮度或反射率的过程。

将 DN 值图像转换为辐亮度图像的计算公式如下：

$$L_t = \frac{L_{max} - L_{min}}{DN_{max} - DN_{min}} \times (DN - DN_{min}) + L_{min} \tag{3-6}$$

式中：L_t 为图像的辐亮度；L_{min} 为最小 DN 值 DN_{min} 对应的辐亮度；L_{max} 为最大 DN 值 DN_{max} 对应的辐亮度。L_{min} 和 L_{max} 可由各传感器厂家提供，DN_{min} 和 DN_{max} 由数据量化等级决定。

对于 Landsat-5 卫星的 TM 传感器，辐亮度图像可以通过下式直接计算：

$$L_t = Gain \times DN + Bias \tag{3-7}$$

其中：Gain 为增益；Bias 为偏置，可以从 TM 传感器数据的头文件中获取。

计算了辐亮度以后，可以通过下式计算大气上界的反射率：

$$\rho=\frac{\pi \cdot L_{\lambda}d^2}{\mathrm{ESUN}_{\lambda}\cos\theta} \tag{3-8}$$

式中：ρ为反射率，又称为行星反射率或大气顶面反射率(TOA)；d为日地距离参数；ESUN为太阳光谱辐照度；θ为太阳天顶角。d和ESUN可通过查表获取，θ可从数据头文件中读取或根据卫星过境时间计算。

如前所述，传感器校正需要利用地物反射率与遥感影像DN值之间的关系，这种关系是通过辐射定标确定的。传感器辐射定标是遥感信息定量化的前提，就是指建立传感器每个探测元所输出信号的数值量化值与该探测器对应像元内的实际地物辐射亮度值之间的定量关系。定标的手段是测定传感器对一个已知辐射目标的响应。

遥感中常用的绝对定标方法包括传感器实验室定标、传感器星上内定标和传感器场地外定标。实验室定标是指在遥感器发射前必须进行的实验室光谱定标与辐射定标，用传感器观测辐射亮度已知的标准辐射源(通常在可见光与近红外波段是卤素灯，在热红外波段是黑体辐射源)获得校正数据，从而将仪器的输出值转换为辐射值。实验室定标数据多刊载于用户手册中。

遥感器发射后，在空间环境中的系统性能的衰退、感应元件的老化等会使光学效率降低；探测器工作温度的变化会影响探测器的响应率；电子元件的老化会影响电子线路的放大增益等，上述原因都可能导致传感器的探测精度和灵敏度减弱，使得原有的定标系统不再适用，必须随时进行飞行中的定标。飞行中的定标包括遥感器星上内定标和遥感器场地外定标。

传感器星上内定标一般采用灯定标、太阳定标及黑体定标。对于可见光和近红外波段，多采用太阳、卫星搭载的钨丝灯或地表阴影作为校准源，对于热红外波段则多采用卫星搭载的黑体或宇宙空间定标。由于标准参考源的光谱辐照度与波长之间的关系曲线是精确已知的，因此在任一光谱波段内，与反射辐射探测器的输出信号相对应的数据值就可以利用标准源在该波段的平均光谱辐照度来进行校准。星上内定标的优点是可对一些光学遥感进行实时定标，不足是不够稳定，导致定标精度受到影响。

传感器场地外定标即在遥感器飞越辐射定标场上空进行定标。设置地面遥感辐射定标试验场，如美国的白沙，法国的La Crau，中国的敦煌、青海湖、禹城等。在定标场选择若干典型的大面积均匀稳定目标，用高精度仪器在地面进行同步测量，并利用遥感方程，建立空地遥感数据之间的数学关系，将遥感数据转换为直接反映地物特性的地面有效辐射亮度值，以消除遥感数据中大气和仪器等的影响，来进行在轨遥感仪器的辐射定标。场地外定标方法的优点是在遥感器运行状态下实现了地面图像完全同条件的绝对校正，不足是需要测量和计算空中遥感器过顶时的大气环境和地物反射率，而各种测量误差将直接影响定标精度。

3.3.2 大气校正

假如没有大气，传感器接收到的辐照度，只与太阳辐射到地面的辐照度和地物的反射率有关。事实上，当地表反射的太阳辐射亮度经过大气的时候，就会引入辐射误差。因此，为了得到更准确的地表真实信息，需要在传感器校正得到的大气上层辐射亮度的基础上，进行大气校正，消除大气吸收和散射对辐射传输的影响。大气校正对定量遥感尤为重要。

大气辐射误差校正方法主要包括绝对大气辐射误差校正和相对大气辐射误差校正两类，

具体分类如图 3－13 所示。

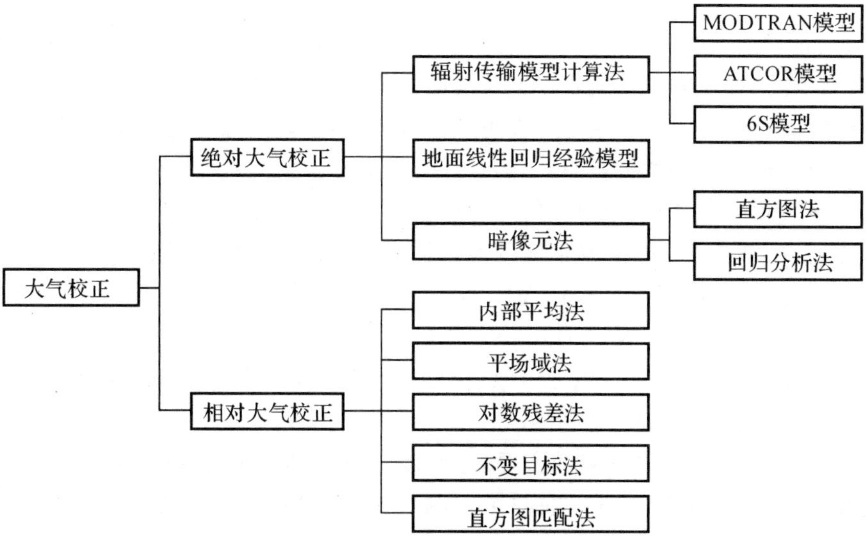

图 3－13　大气辐射误差校正方法

1. 绝对大气校正

绝对大气辐射误差校正的目的是将遥感系统记录的亮度值转换为地面反射率值，使之能与地球上其他地区获取的地面反射率值进行比较和结合使用。它主要包括地面线性回归经验模型、辐射传输方程计算法、暗像元法等。

(1)地面线性回归经验模型。野外波谱测试与卫星扫描同步进行，通常选用同类仪器测量，将地面测量结果与卫星影像对应像元亮度值进行回归分析，如图 3－14 所示。

$$L = a + bR \tag{3-9}$$

式中：R 为地面反射率；L 为像元输出值；增益 b 主要与大气透射率和仪器有关；偏置 a 主要与大气程辐射和仪器偏差(暗电流)有关。

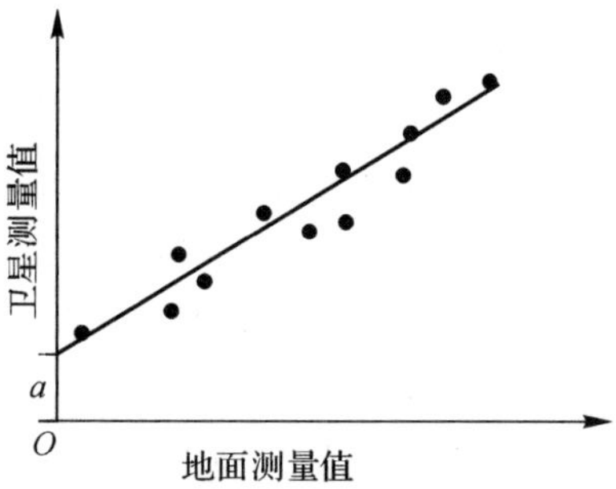

图 3－14　地面线性回归经验模型法

采用地面线性回归经验模型法进行大气辐射误差校正时，分析人员常选择场景中两个或多个反射率不同的区域(如亮目标和暗目标)，所选区域应该尽量单一。然后采用光谱辐射计实测这些地面目标，对实测数据和遥感光谱数据进行回归，计算出增益和偏置，应用增益和偏置逐波段处理遥感数据，以去除大气衰减。没有采集实地光谱反射率数据时，可利用光谱库中的实测光谱，从遥感光谱数据中提取相应的多光谱亮度值，进行配对回归。

该方法具有以下特点：

由于遥感过程是动态的，在地面特定地区、特定条件和一定时间段内测定的地面目标反射率不具有普遍性，因此该方法仅适用于包含地面实况数据的遥感图像。

该方法是逐波段校正，而非逐像元校正，需要假设在整幅图像上大气效应不变，光照不变，因此该方法对窄条带图像（如机载图像）的校正效果更好。

（2）辐射传输模型计算法。利用影像信息、大气模型和气溶胶模型等，采用大气辐射传输模型，反演卫星获取时相关参数，从而实现大气辐射误差校正。其步骤如下：

步骤一，选定大气辐射传输模型。通常采用的模型为 Second Simulation of Satellite Signal in Solar Spectrμm(6S)或 MODTRAN 4＋模型。

步骤二，设定影像参数信息，包括影像经纬度、影像获取的确切时间、影像获取的高度、影像获取时的当地大气能见度和波段信息等。

步骤三，设定大气模型（如中纬度夏季，中纬度冬季，热带）和气溶胶模型，用于计算遥感数据采集时的大气吸收和散射特性。在缺乏实测数据时，可以选用标准的大气模型和气溶胶模型。

步骤四，将遥感辐射率转换为折合表面反射率。

6S 模型是 Vermote 等在 5S 模型的基础上发展起来的，可以很好地模拟太阳光在太阳—地面目标—传感器的传输过程中所受到的大气影响，适用于可见光和近红外波段的大气校正。MODTRAN 4＋ 模型是美国空军地球物理实验室开发的一系列大气校正软件中比较成熟的版本，许多基于辐射传输的大气校正算法，如 ACORN 和 FLAASH 都是在 MODTRAN 4＋的基础上发展起来的。

FLAASH(Fast Line-of-sight Atmospheric Analysis of Spectral Hypercubes)是常用的商业遥感软件 ENVI 中的大气辐射误差校正模块，有 6 种大气模型和 4 种气溶胶模型可供选择，采用了 MODTRAN 4＋辐射传输模型对影像逐像元地校正大气中的水汽、氧气、二氧化碳、甲烷、臭氧和气溶胶散射的影响，能够得到每景影像的水汽图、云图和能见度值。

基于辐射传输方程计算的方法都是建立在辐射传输理论基础之上，模型应用范围广，不受研究区特点及目标类型的影响，由于很难实时获取大气参数，该方法通常只能得到近似解。

为了提高辐射误差校正精度，可以采用同步获取大气参数的方法。将观测气溶胶和水蒸气浓度等大气参数的传感器与图像传感器搭载在同一平台，进行同步观测。例如，在 NOAA 卫星上除搭载 1.1 km 空间分辨率的 AVHRR 传感器外，还搭载了 17.4 km 空间分辨率、20 个波段、用于大气观测的 HIRS－2 传感器，可用于高精度大气效应校正。

（3）暗像元法。由于获取同步的大气参数非常困难，因此利用某些波段不受大气影响或影响较小的特性来校正其他波段的大气影响，从而克服大气校正对实测大气参数的依赖是比较实用的方法。最有代表性的是暗像元法，该方法假设大气中的程辐射就是图像中暗像元的辐射亮度值，这些暗像元包括阴影、浓密植被或清洁水体。

这类方法又称为波段对比法，主要包括直方图法和回归分析法等。其理论依据是，大气散射具有选择性，对短波影响大，对长波影响小。例如对 Landsat TM/ETM＋来说，可见光波段数据的最小值较高，因为该波长范围的大气散射较为严重，而第 4、5、7 波段（红外波段）受散射影响最小，并且大气吸收减小了红外波段数据的亮度值，上述影响使得红外波段数据的最小值接近零。因此可将其当成无散射影响的标准图像，通过对不同波段的对比分析计算出大气干扰值。

1）直方图法。直方图法的理论依据是，如果在场景中存在亮度值为零的目标，如深海水体或高山阴影区等黑色区域，则在任一波段中该目标的亮度值都应为零。实际上只有在没有受大气影响的情况下，其亮度值才可能为零，由于受大气散射的影响，该目标的亮度值往往不为零。

根据具体大气条件，各波段要校正的大气影响是不同的。因此，该方法首先计算各波段的直方图，选定某一受大气散射影响最小的波段（最小亮度值为最小）作为标准图像（如 Landsat TM/ETM＋的第 7 波段），计算其余波段相对该波段的偏移量，在遥感数据中减去这个偏移量，从而实现相对大气校正。

如图 3－15 所示，第一行显示了 Landsat 第 1、2、7 波段原始图像的直方图，可以看出，第 7 波段图像的最小亮度值为零，即图像上最黑的目标亮度为零，而第 1、2 波段的最小亮度值均不为零，分别为 51 和 17。因此，51 和 17 就分别是第 1、2 波段图像的大气校正值。校正后图像的直方图如第二列所示，最小亮度值均为零。其他波段的大气校正同理可得。

必须注意的是，此处所指的黑色区域一定是在所有波段全黑的特殊地物区域。因为一般地物各波段的光谱响应不同，所以在一个波段黑并不意味着在另一个波段也黑。如果不是在各个波段全黑，直方图法就是无意义的。由于图像中并非总有全黑的区域，所以该方法在实际应用中会受到一定限制。

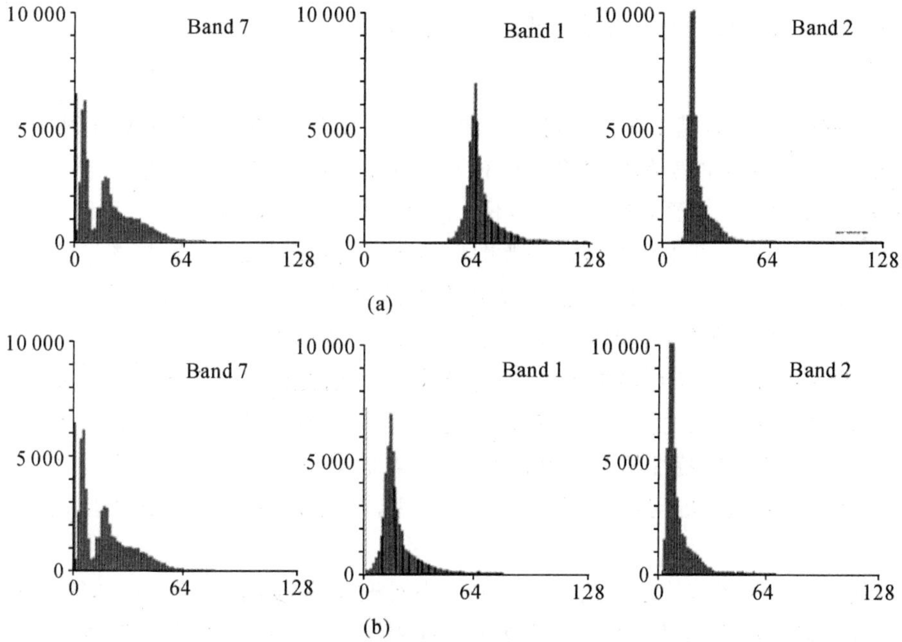

图 3－15　直方图法

2）回归分析法。回归分析法的理论依据与直方图法相同。选定某一受大气散射影响最小的波段（最小亮度值为最小）作为标准图像（如 Landsat TM/ETM＋ 传感器的第 7 波段），以其中的暗像元（在所有波段均为全黑的区域）为基础，其余波段均与标准图像进行暗像元之间的回归分析，如图 3 - 16 所示。

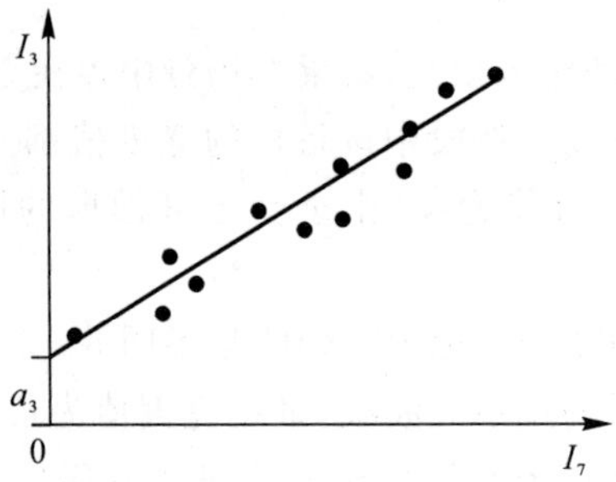

图 3 - 16　大气校正回归分析法

回归方程与校正公式分别为

$$\left.\begin{aligned} I_i &= b_i I_7 + a_i, \quad i=1,2,\cdots,5 \\ I'_i &= I_i - a_i \end{aligned}\right\} \tag{3-10}$$

用最小二乘法计算回归系数

$$\left.\begin{aligned} b_i &= \frac{\sum[(I_7-\bar{I}_7)(I_i-\bar{I}_i)]}{\sum[(I_7-\bar{I}_7)^2]} \\ a_i &= \bar{I}_i - b_i\bar{I}_7 \end{aligned}\right\} \tag{3-11}$$

式中：$\bar{I}_i$ 为第 i 波段图像中所选暗色区域的像素平均值。

2. 相对大气校正

相对大气校正方法是基于图像本身的方法，校正后得到的图像中相同的 DN 值表示相同的地物反射率，并非地物的实际反射率。相对大气校正方法主要包括内部平均法、平场域法、对数残差法、不变目标法和直方图匹配法，不变目标法和直方图匹配法将在 7.2.1 节介绍。

(1)内部平均法。内部平均法假定一幅图像内部的地物充分混杂，整幅图像的平均光谱基本代表了大气影响下的太阳光谱信息，将整幅图像的平均辐射光谱值作为参考光谱，把图像 DN 值与参考光谱的比值作为相对反射率，由此消除大气的影响。

内部平均法要求地物具有多种类型，整幅图像的均值光谱曲线没有明显的强吸收特征。当图像某些位置出现强吸收特征时，参考光谱受其影响而降低，导致其他不具备上述吸收特征的地物光谱出现与该吸收特性相对应的假反射峰，从而使计算结果出现偏差。由于高植被覆盖的地区存在叶绿素吸收的问题，该方法就不太适用，但在没有植被覆盖的干旱地区能够得到较好的效果。

(2)平场域法。平场域法通过选择图像中一块面积大、亮度高、光谱响应曲线变化平缓、地形起伏小的区域(如沙漠、大块水泥地、沙地等)，利用该区域的平均光谱辐射值来模拟图像获取时大气条件下的太阳光谱。将每个像元的 DN 值与该区域的平均光谱值的比值作为相对反射率，以此来消除大气的影响。

平场域法有两个重要的假设条件：第一，区域的平均光谱没有明显的吸收特征；第二，区域辐射光谱主要反映的是当时大气条件下的太阳光谱。

(3)对数残差法。对数残差法将数据除以波段几何均值后再除以像元几何均值，可以消除光照、大气传输、仪器系统误差、地形影响和星体反照率对数据辐射的影响。定标结果的值在1附近。

假设像元的灰度值 DN_{ij}（波段 j 中像元 i 的灰度值）只受到反射率 R_{ij}（波段 j 中像元 i 的反射率）、地形因子 T_i（像元 i 处表征表面变化的地形因子）和光照因子 I_j（波段 j 的光照因子）的影响，即有

$$DN_{ij} = T_i R_{ij} I_j$$

如果假设 $DN_{i.}$ 表示像元 i 所有波段的几何均值，$DN_{.j}$ 表示波段 j 对所有像元的几何均值，$DN_{..}$ 表示所有像元在所有波段的数据的几何均值，则有

$$Y_{ij} = (DN_{ij}/DN_{i.})/(DN_{.j}/DN_{..}) \tag{3-12}$$

3.3.3　地形与太阳高度角校正

1. 太阳高度角校正

对于同一地表，太阳光线倾斜照射和垂直照射时所获取的图像是不一样的，该误差与成像时刻的太阳高度角有关。太阳高度角校正的目的是通过将太阳光线倾斜照射时获取的图像校正为太阳光线垂直照射时获取的图像，主要用于比较不同太阳高度角的图像，消除不同地方、不同季节、不同时期图像之间的辐射差异。

如图 3－17 所示，太阳高度角为太阳光线与地平面的夹角 θ，太阳入射角为太阳光线与像元法线的夹角 i，太阳天顶角为太阳光线与天顶方向的夹角。对于平坦地面，太阳天顶角等于太阳入射角。

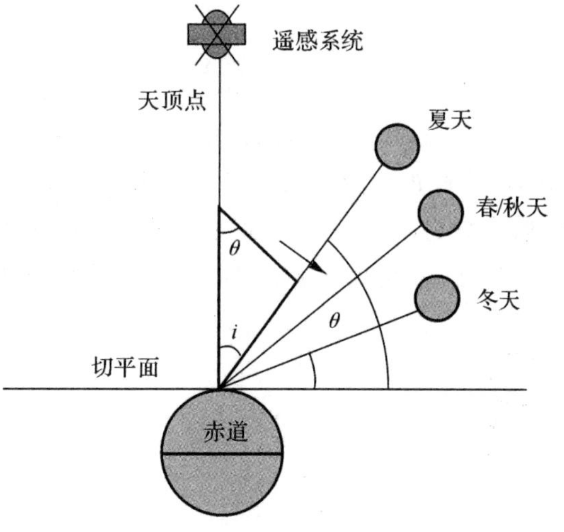

图 3－17　太阳高度角与太阳入射角

对太阳高度角引起的辐射误差校正是通过调整一幅图像内的平均灰度实现的，即将太阳光线倾斜照射时获取的图像 $g(x,y)$ 校正为太阳光线垂直照射时获取的图像 $f(x,y)$：

$$f(x,y) = \frac{g(x,y)}{\sin\theta} = \frac{g(x,y)}{\sin\varphi\sin\delta \pm \cos\varphi\cos\delta\cos t} \tag{3-13}$$

式中：φ 为图像地区的地理纬度；δ 为太阳赤纬（成像时太阳直射点的地理纬度）；t 为时角（地区经度与成像时太阳直射点地区经度的经差）。

如果采用太阳天顶角进行校正，则为

$$f(x,y)=\frac{g(x,y)}{\cos i} \tag{3-14}$$

这种校正或补偿主要应用于比较不同太阳高度角的多时相图像。当研究相邻地区跨越不同时期的两幅图像时，可采用太阳高度角校正使得两部分便于衔接或拼接。校正方法是以其中一幅图像为参考图而校正另一幅图像，使之与参考图相近似。设参考图像太阳天顶角为 i_1，待校正图像太阳天顶角为 i_2，亮度值为 DN_2，则校正后的亮度值 DN'_2 为

$$DN'_2=DN_2\frac{\cos i_1}{\cos i_2} \tag{3-15}$$

2. 地形校正

如图 3-18 所示，太阳光线垂直入射到水平地表和倾角为 α 的坡面上所产生的辐射亮度是不同的，存在以下关系：

$$I=I_0\cos\alpha$$

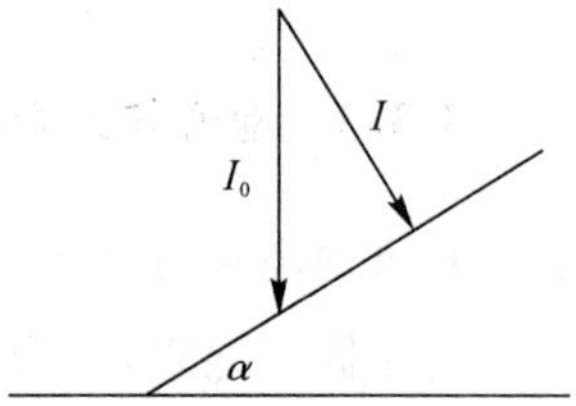

图 3-18　地形起伏引起的辐射误差

地形校正的目的是消除由地形引起的辐射亮度误差，使坡度不同但是反射性质相同的地物在图像中具有相同的亮度值。对于地形起伏引起的辐射误差校正，一般有两类方法。第一类是基于波段比值的方法，在本书第 4.4.1 节有详细介绍；第二类是基于数字地理高程的方法，需要知道待校正地区的数字地理高程数据，其中余弦校正法是代表方法。

太阳光线和地表作用以后再反射到传感器的太阳光的辐射亮度和地面倾斜度有关，对于地形倾斜引起的辐射误差，可以利用地表法线矢量与太阳入射矢量两者的夹角来校正，此即余弦校正法：

$$L_H=L_T\frac{\cos i_0}{\cos i} \tag{3-16}$$

$$\cos i=\cos\theta_p\cos\theta_z+\sin\theta_p\sin\theta_z\cos(\phi_\alpha-\phi_0)$$

式中：L_H 为水平面辐射，即地形校正后的遥感数据；L_T 为坡面辐射，即遥感原始数据；$\cos i_0$ 用于校正太阳光非垂直入射的影响，$\cos i$ 用于校正地表坡度起伏的影响。i_0 为太阳天顶角；i 为太阳入射角；θ_p 为地表坡度角；ϕ_α 为太阳方位角；ϕ_0 为地表坡向角。各角参数如图 3-19 所示。

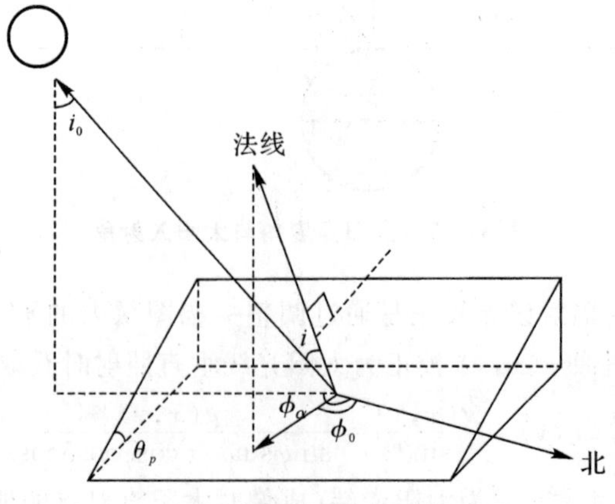

图 3-19　余弦校正各角度示意图

地形起伏引起的辐射校正方法需要有图像对应地区的数字高程模型(Digital Elevation Model,DEM)和卫星遥感数据，必须对其进行几何配准并重采样到相同的空间分辨率。对地形起伏引起的辐射误差进行校正的流程如图 3-20 所示。

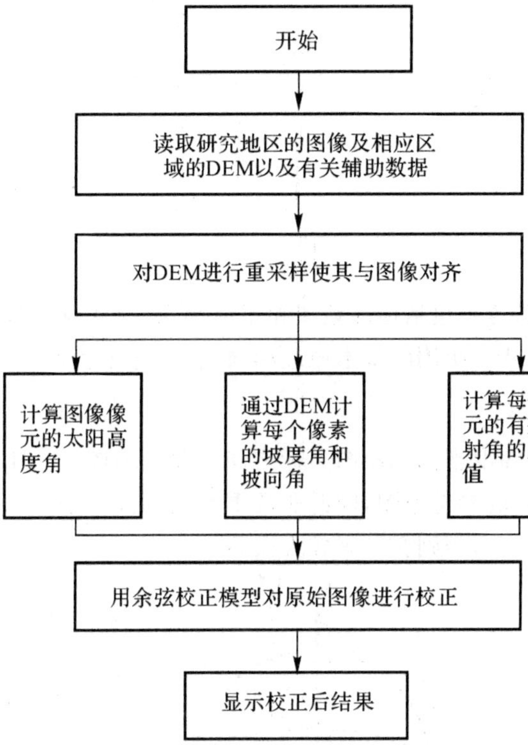

图 3-20　对地形起伏引起的辐射误差进行校正

余弦校正法仅对到达地面像元的光照度的直射部分建立模型，并没有考虑漫射天空光或来自周围山坡的反射光。因此对于地面照射较为微弱的区域会存在校正过度的问题，一般情况下，$\cos i$ 的值越小，校正过度的情况就越严重。因此有学者提出了 c 校正法，在余弦函数中引入一个附加调整因子，即

$$L_H = L_T \frac{\cos i_0 + c}{\cos i + c} \tag{3-17}$$

式中 c 使分母增大，减弱了地面照射较为微弱的区域的过度校正问题。

3.4　多项式校正法

通常获取的遥感图像存在几何变形，几何校正的目的是利用控制点的图像坐标和地图坐标的对应关系，近似确定图像坐标系和地图坐标系之间的变换关系，消除图像的几何变形，产生一幅符合某种地图投影要求的新图像的过程。

遥感影像的几何变形由多种因素引起，其变化规律十分复杂。因此，在几何校正中，通常回避成像的空间几何过程，直接对影像变形本身进行数学模拟，把遥感影像的总体变形看作是平移、缩放、旋转、仿射、偏扭、弯曲以及更高次的基本变形的综合作用结果，用一个适当的多项

式来描述校正前后图像相应点之间的坐标关系。此即多项式校正法的基本思想，该方法对各类型传感器图像的几何校正是普遍适用的。

多项式校正的一般过程如下：

(1)选择合适的参考图；

(2)选取地面控制点；

(3)确定几何校正变换函数；

(4)像元的几何位置变换；

(5)像元的灰度重采样。

3.4.1 参考图

多项式校正所采用的参考图包括标准地图和正射影像，因此校正包括从图像到地图的校正和从图像到图像的校正，两者所用的基本原理相同，后者通常也被称为图像配准。

1. 标准地图

遥感图像坐标、地球经纬度坐标和地图坐标之间的关系如图 3-21 所示。地图投影决定了在几何校正过程中所采用的参考地图，因此非常重要，必须认真选择。控制点的地理坐标与地图投影的要求必须保持一致，否则会带来较大误差。

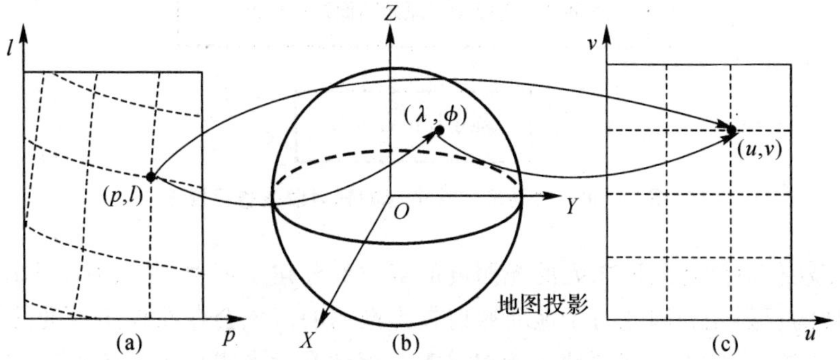

图 3-21 图像坐标、地球经纬度坐标和地图坐标之间的关系

(a)图像坐标；(b)地球经纬度坐标；(c)地图坐标

地图投影的实质就是将地球椭球面上的地理坐标转化为平面直角坐标。用某种投影条件将投影圆面上的地理坐标点一一投影到平面坐标系内，以构成某种地图，如图 3-22 所示。

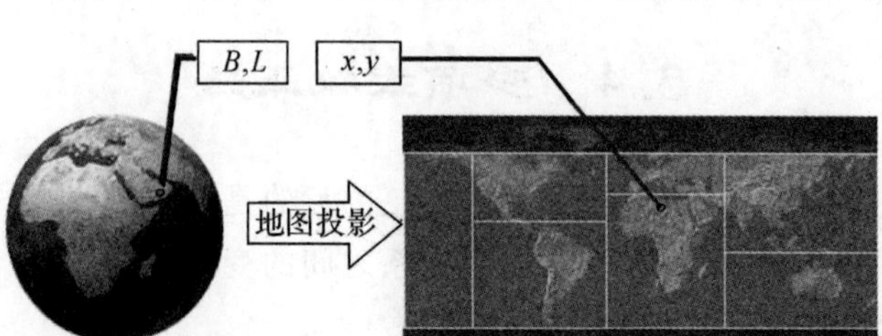

图 3-22 地图投影

地球表面是一个不可展开的曲面，将这个曲面上的元素投影到平面上，就会和原来的距离、角度、形状出现差异，这一差异称为投影变形。投影变形包括长度变形、面积变形和角度变形。为缩小变形，产生了各种投影方法，如等距投影、等积投影和等角投影等。

等距投影是一种任意投影，可保持地图上给定两点投影前后的长度相等，但角度和面积有变形。实际应用中多把经线绘成直线，并保持沿经线方向距离相等，适用于沿某一特定方向量测距离的地图、量测地图和交通地图等。

等积投影图上任何位置直径为 n 的圆所围的面积与对应的地理面积相等。如果分析人员对比较土地利用面积和密度等感兴趣，就可以采用该投影，然而，为了保持面积相等，图上的形状、角度和比例会发生部分变形。

等角投影可保持地图上给定点任意方向的形状和距离不变。因为等角投影地图上每个点的角度都是正确的，所以任意点各个方向的比例尺都是常量。这样，分析人员可用较高的精度量测相对较近两点间的距离和方向。

高斯-克吕格投影和横轴墨卡托(Universal Transverse Mercator，UTM)投影是校正遥感数据用得最多的投影。如图 3-23 所示，高斯-克吕格投影是一种等角横轴切椭圆柱投影，它是假设一个椭圆柱面与地球椭球体面横切于某一条经线上，按照等角条件将中央经线东西各3°范围内的经纬线投影到椭圆柱面上，然后将椭圆柱面展开成平面而成的。

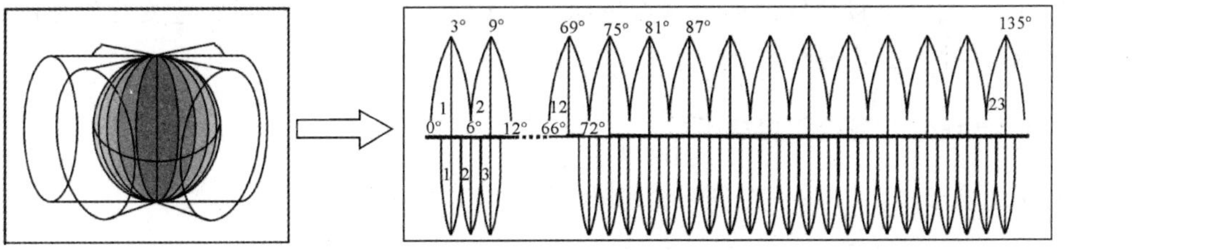

图 3-23　高斯-克吕格投影

横轴墨卡托(投影)是一种等角横轴割椭圆柱投影，是美国编制世界各地军用地图和地球资源卫星影像时所采用的投影系统。椭圆柱割地球于南纬 80°、北纬 84°两条等高圈，投影后两条相割的经线上没有变形，而中央经线上长度比为 0.999 6。与高斯-克吕格投影相似，该投影角度没有变形，中央经线为直线，且为投影的对称轴，中央经线的比例因子取 0.999 6 是为了保证离中央经线左右 330 km 处有两条不是真的标准经线。

UTM 投影分带方法与高斯-克吕格投影相似，将北纬 84°至南纬 80°之间按经度分为 60 个带，每带 6°，从西经 180°起算，两条标准纬线距中央经线为 180 km 左右，中央经线比例系数为 0.999 6。

2. 正射影像

数字正射影像(Digital Orthophoto Map，DOM)是用影像表示地物的形状和平面位置的地图形式，既有正确的平面位置，又保持着丰富的影像信息，因为兼有地图和影像特性，具有非常广泛的应用。它是以遥感影像为基础，利用数字高程模型和构像方程，逐像元进行辐射校正、微分纠正和影像镶嵌，并按地形图范围裁剪而成的影像数据。

数字正射影像可作为独立的背景层与各种地形要素的信息(如地名注名、坐标标注、经纬度线、图廓线公里格、公里格网等)复合，制作各种专题图，形成以栅格数据形式保存的影像数据库。

3.4.2 地面控制点

地面控制点(Ground Control Point,GCP)的作用是作为待校正图像和参考地图之间的桥梁,因此每个地面控制点必须能同时提供图像坐标和地图坐标。

选取地面控制点时必须遵循以下原则:

第一,选择图像上明显的、清晰的地物特征标志点,如道路交叉点、河流汇合口、建筑物边界、农田界限等;

第二,地面控制点上的地物不随时间而变化,以保证当两幅不同时相的图像或地图进行几何校正时,可以同时被识别出来;

第三,在没有做过地形校正的图像上选取控制点时,应尽量选择同高程的控制点;

第四,地面控制点应尽可能在整幅图像内均匀分布。

根据可获得的参考数据的情况,可采用以下方法获取地面控制点的地图坐标信息:

(1)对于硬拷贝平面地形图,可采用直尺或坐标数字化仪提取地面控制点坐标;

(2)对于数字平面地图,可直接从屏幕上提取地面控制点坐标;

(3)对于已经过几何校正的数字正射影像,可直接从屏幕上提取地面控制点坐标;

(4)GPS 野外测量获取地面控制点坐标。对于缺少地图的地区或快速变化使地图很快过时的区域,这种方法尤为有效。

3.4.3 建立几何校正变换函数

常用的多项式函数是一般多项式,其校正变换公式为

$$\left.\begin{aligned} x &= a_0 + (a_1X + a_2Y) + (a_3X^2 + a_4XY + a_5Y^2) + \cdots \\ y &= b_0 + (b_1X + b_2Y) + (b_3X^2 + b_4XY + b_5Y^2) + \cdots \end{aligned}\right\} \tag{3-18}$$

其中:x 和 y 表示某像素在待校正的原始图像中的坐标;X 和 Y 表示同名像素的地面(或地图)坐标;a_i 和 b_i 表示待求的多项式系数。通过合理选取阶数,可以构建出多种变换模型。

利用已知控制点的坐标,采用最小二乘法可以求得多项式系数。最小二乘法又称最小平方法,是一种数学优化方法,通过最小化误差的二次方和寻找数据的最佳拟合函数,使得观测值和拟合值实现匹配。下面以求取 x 方程的系数 a_i 为例,介绍具体的计算步骤。

1. 构建误差方程式

每个控制点 i 的误差方程式为

$$v_{x_i} = [1 \quad X \quad Y \quad X^2 \quad XY \quad Y^2 \quad \cdots] \begin{bmatrix} a_0 \\ a_1 \\ a_2 \\ \vdots \end{bmatrix} - x_i \tag{3-19}$$

所有 m 个控制点组成的误差方程式组的矩阵形式为

$$\boldsymbol{V}_x = \boldsymbol{A} \cdot \boldsymbol{\Delta}_a - \boldsymbol{L}_x \tag{3-20}$$

其中

$$\boldsymbol{V}_x = \begin{bmatrix} v_{x_1} & v_{x_2} & \cdots & v_{x_m} \end{bmatrix}^{\mathrm{T}}$$

$$\boldsymbol{\Delta}_a=[a_0\quad a_1\quad a_2\quad \cdots\quad a_{N-1}]^{\mathrm{T}}$$

$$\boldsymbol{L}_x=[x_1\quad x_2\quad \cdots\quad x_m]^{\mathrm{T}}$$

$$\boldsymbol{A}=\begin{bmatrix}1 & X_1 & Y_1 & X_1^2 & X_1Y_1 & Y_1^2 & \cdots\\ 1 & X_2 & Y_2 & X_2^2 & X_2Y_2 & Y_2^2 & \cdots\\ \vdots & \vdots & \vdots & \vdots & \vdots & \vdots & \cdots\\ 1 & X_m & Y_m & X_m^2 & X_mY_m & Y_m^2 & \cdots\end{bmatrix}$$

2. 构建法方程式

根据最小二乘法的原理可得：

$$\boldsymbol{V}_x^{\mathrm{T}}\cdot\boldsymbol{V}_x=\min \tag{3-21}$$

令 $\Phi=\boldsymbol{V}_x^{\mathrm{T}}\cdot\boldsymbol{V}_x$ ，则有

$$\frac{\mathrm{d}\Phi}{\mathrm{d}\,\boldsymbol{\Delta}_a}=\frac{\mathrm{d}\Phi}{\mathrm{d}\,\boldsymbol{V}_x}\frac{\mathrm{d}\,\boldsymbol{V}_x}{\mathrm{d}\,\boldsymbol{\Delta}_a}=2\,\boldsymbol{V}_x^{\mathrm{T}}\cdot\boldsymbol{V}=0$$

转置即可得：

$$\boldsymbol{A}^{\mathrm{T}}\,\boldsymbol{V}_x=0$$

将式(3-20)代入上式，并整理可得

$$(\boldsymbol{A}^{\mathrm{T}}\boldsymbol{A})\,\boldsymbol{\Delta}_a=\boldsymbol{A}^{\mathrm{T}}\,\boldsymbol{L}_x \tag{3-22}$$

3. 解算多项式系数

根据下式可以解算得多项式系数 a_i ：

$$\boldsymbol{\Delta}_a=(\boldsymbol{A}^{\mathrm{T}}\boldsymbol{A})^{-1}\cdot(\boldsymbol{A}^{\mathrm{T}}\,\boldsymbol{L}_x) \tag{3-23}$$

采用同样方法可以求出多项式系数 b_i：

$$\boldsymbol{\Delta}_b=(\boldsymbol{A}^{\mathrm{T}}\boldsymbol{A})^{-1}\cdot(\boldsymbol{A}^{\mathrm{T}}\,\boldsymbol{L}_y) \tag{3-24}$$

4. 优化多项式模型

根据计算得到的系数可以计算每个控制点误差

$$\mathrm{RMSE}=\sqrt{(x-x')^2+(y-y')^2} \tag{3-25}$$

其中

$$\begin{cases}x'=a_0+(a_1X+a_2Y)+(a_3X^2+a_4XY+a_5Y^2)+\cdots\\ y'=b_0+(b_1X+b_2Y)+(b_3X^2+b_4XY+b_5Y^2)+\cdots\end{cases}$$

设定校正精度要求(即误差阈值)，对误差超过阈值的控制点进行剔除，利用剩余控制点重复前三步计算，重新进行系数计算，采用这种迭代优化的方法，直到校正精度满足要求。最终确定的多项式方程即所求的几何校正变换函数。

多项式校正法的特点可以归纳如下：

(1)校正精度与控制点的精度、分布、数量及校正范围有关，控制点精度越高，分布越均匀，数量越多，则校正精度就越高。

(2)采用多项式校正时，在控制点位置处拟合较好，但在其他点的内插值可能有明显偏离，而与相邻控制点不协调，容易产生振荡现象。

(3)根据校正图像要求的不同选用不同的阶数，当选用一次项时，可以校正图像因平移、旋转、缩放和仿射变形等引起线性变形；当选用二次项时，可以进一步改正二次非线性变形。理

论上,多项式次数越高,越接近原始输入图像的几何形变的应有参数。高次多项式能精确地拟合控制点周围的区域,但在远离控制点的区域可能引入其他几何误差。

(4)控制点个数 L 与多项式阶数 n 存在以下关系:

$$L > (n+1)(n+2)/2 \tag{3-26}$$

(5)三角网校正也是一种常用的校正方法,在 ENVI 等专业遥感软件里都有此选项。该方法基于密集均匀分布的控制点,将图像分割成密集三角网(小面元),为每个三角形面元生成变换规则,分别进行校正,因此对局部误差具有更好的校正效果。该方法对控制点有较高要求,控制点必须覆盖图像四周,否则会造成校正后图像残缺。

3.4.4 像元的空间位置变换

确定校正变换函数以后,首先需要确定校正后图像的边界范围,然后再将原始图像逐像素变换到新的图像储存空间。

1. 确定校正后图像的边界范围

校正后图像的边界范围,是指为输出图像设定的储存空间,以及该空间边界的地图坐标数值。图 3-24 左侧为一幅原始图像($abcd$),定义在图像坐标系 $a-xy$ 中,右侧为校正后图像($a'b'c'd'$),定义在地图坐标系 $O-XY$ 中,($ABCD$)即确定的输出图像边界范围,既包括了校正后图像的全部内容,又使空白图像空间尽可能少。

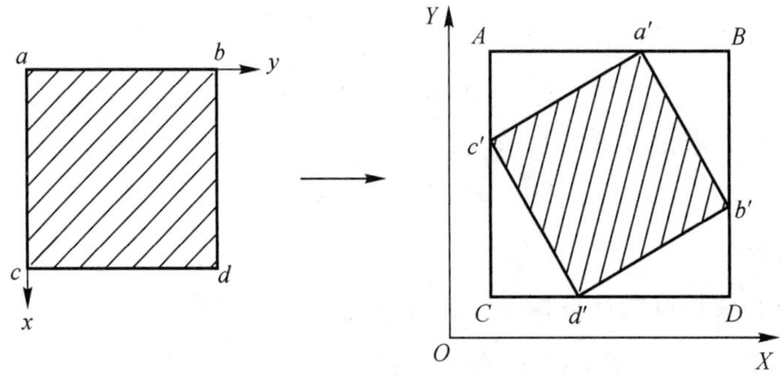

图 3-24 校正后图像的边界范围

确定过程如下:

(1)把原始图像的四个角点 a、b、c、d 按照校正变换函数投影到地图坐标系统中,得到 4 组新的坐标值($X_{a'}, Y_{a'}$)、($X_{b'}, Y_{b'}$)、($X_{c'}, Y_{c'}$)、($X_{d'}, Y_{d'}$);

(2) 对这 4 组坐标组按照 X 和 Y 方向分别求其最小值(X_1, Y_1)和最大值(X_2, Y_2),并将其作为较正后图像范围四条边界的地图坐标值,从而确定较正后图像范围 $ABCD$;

(3) 将图像范围 $ABCD$ 划分出格网,每个网点代表一个输出像素,根据精度要求定义输出像素在 X 和 Y 两个方向上的地面分辨率,确定输出图像中每个像素的行列号。

由此可以得到一张已确定边界范围和行列号的空白图像,接下来需要将这张空白图像上的像素点和原始待校正图像的像素点进行一一对应。

2. 逐像元空间位置变换

确定输出图像边界及其坐标系统后,就可以按照求取的校正变换函数将原始图像逐像素变换到新的图像储存空间，主要包括直接法和间接法两种方案。

直接法方案如图 3-25 所示，从原始图像阵列出发，按行列的顺序依次对每个原始像素点位求其在地面坐标系(也是输出图像坐标系)中的正确位置：

$$\left.\begin{array}{l} X = f_X(x, y) \\ Y = f_Y(x, y) \end{array}\right\} \tag{3-27}$$

式中：f_X，f_Y 为直接校正变换函数。同时，将该像素的亮度值赋予输出图像中的相应点位。该方法也称为向前映射法。

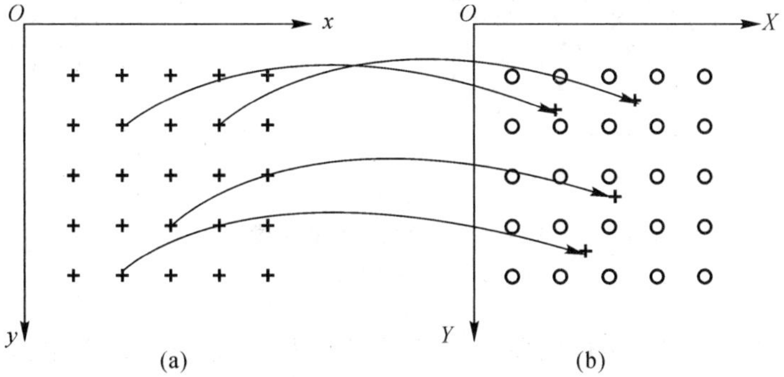

图 3-25　直接法方案

(a)输入图像；(b)输出图像

间接法方案如图 3-26 所示，从空白的输出图像阵列出发，按行列的顺序依次对每个输出像素点位反求其在原始图像坐标中的位置：

$$\left.\begin{array}{l} x = g_x(X, Y) \\ y = g_y(X, Y) \end{array}\right\} \tag{3-28}$$

式中：g_x，g_y 为间接校正变换函数。然后把计算得到的输入图像点位上的亮度值取出填回到输出图像点阵中相应的像素点位。该方法是目前多数算法中的常用方法，也称为向后映射法。

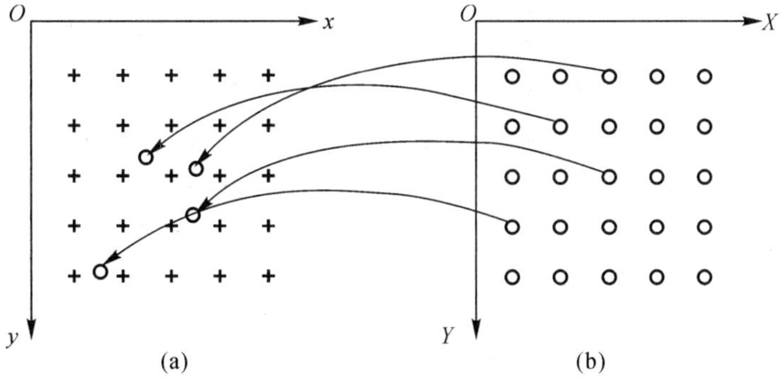

图 3-26　间接法方案

(a)输入图像；(b)输出图像

直接法和间接法在本质上并无差别，主要差别在于：

第一，所用的校正变换函数不同，互为逆变换；

第二，在直接法校正图像上所得像素点为非规则排列，有的像素内可能“空白”，有的可能重复(多个像素校正点),难以实现灰度内插,获得规则排列的校正图像,如图 3-27 所示。

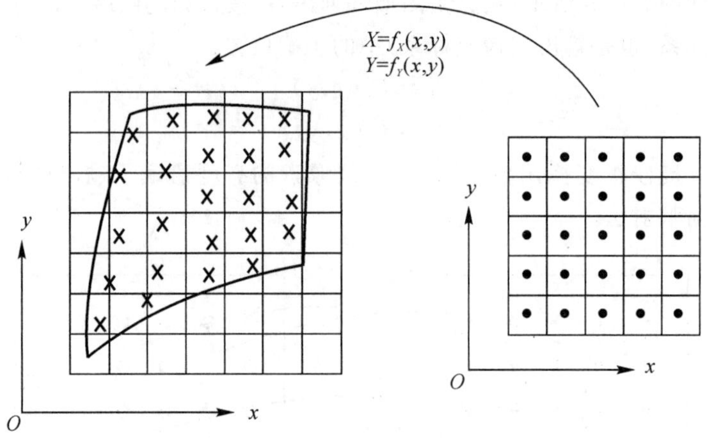

图 3-27　直接法校正图像

(a)校正图像;(b)原始图像

第三,校正后像素获得亮度值的办法,对于直接法方案,称为亮度重配置;而对于间接法方案,称为灰度重采样。

3.4.5　像元的灰度重采样

根据变换函数,可以得到校正后图像的每个像元在原始图像上的位置,而如何得到输出图像的像素灰度值是需要解决的问题。如果求得的位置为整数,则该位置处的像元灰度就是输出图像的灰度值。如果位置不为整数,则需要进行重采样以获得该位置处的灰度值,如图 3-28 所示。

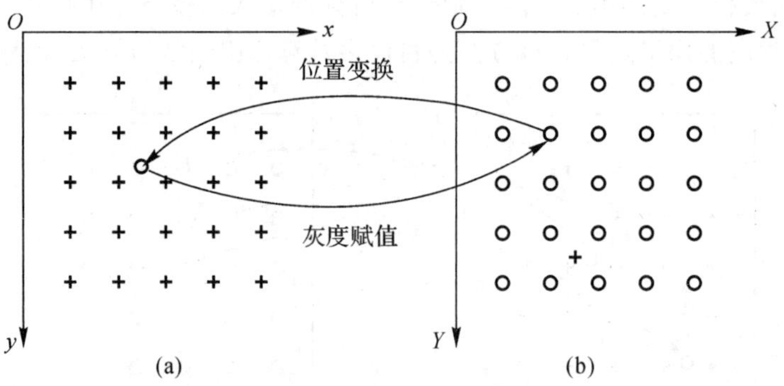

图 3-28　灰度赋值

在数字图像的像素阵列中计算一个不在阵列位置上的新像素的灰度值的过程称为重采样。重采样的像素灰度是由它周围邻近整数点位上亮度值对该点的亮度贡献而成,即按一定的权函数内插而得。理想的重采样函数为 SINC 函数,其横轴上各点的幅值代表了相应点对原点处亮度贡献的权,如图 3-29 所示。由于 SINC 函数是定义在无穷域上的,实际使用不方便,因此人们采用了一些近似函数来代替 SINC 函数,如图 3-30 所示。

常用的灰度重采样方法主要包括最近邻像元法、双线性插值法和双三次卷积法。

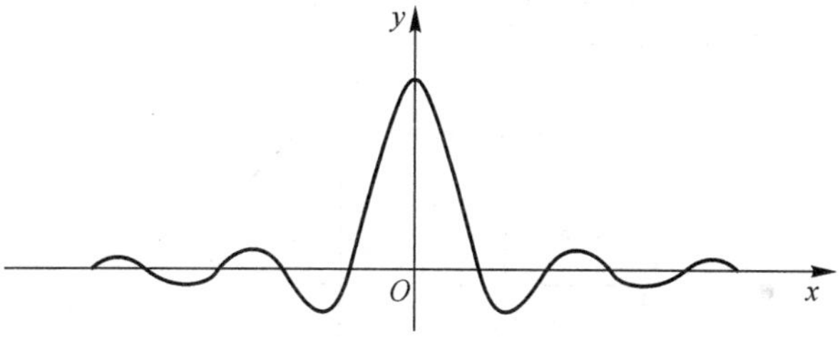

图 3-29　SINC 函数

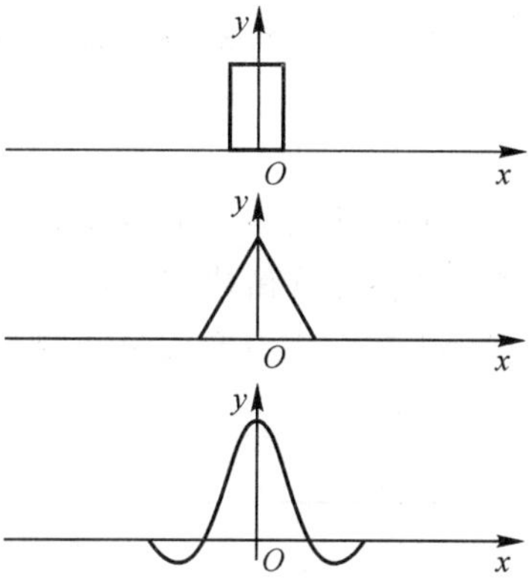

图 3-30　常用的插值函数

1. 最近邻像元法

最近邻像元法以距内插点最近的观测点的像元值为所求的像元值，如图 3-31 所示。该方法最大可产生 1/2 像元的位置误差，优点是不破坏原来的像元值，处理速度快，但校正后的图像可能具有不连续性，尤其是当相邻像素的灰度值差异较大时，某些灰度值可能被丢弃，某些灰度值可能被复制。

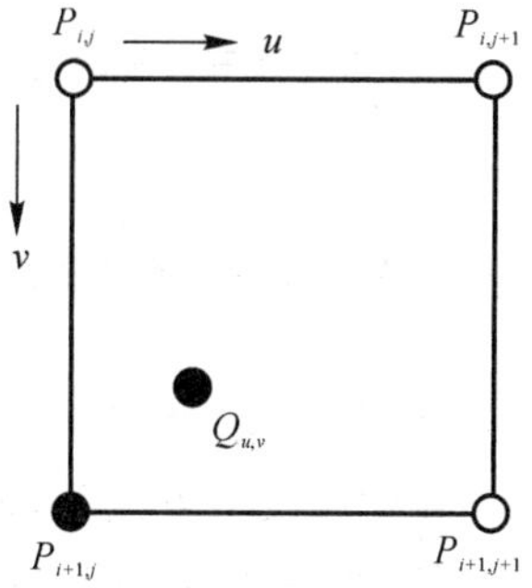

图 3-31　最近邻像元法

2. 双线性插值法

双线性插值法使用内插点周围的 4 个观测点的像元值，对所求的像元值进行线性内插，如图 3-32 所示。该方法的优点是能够解决最近邻法造成的灰度不连续问题，起到平滑图像的作用，缺点是破坏了原始的灰度值，降低了相邻像素间的对比度，容易造成图像模糊。

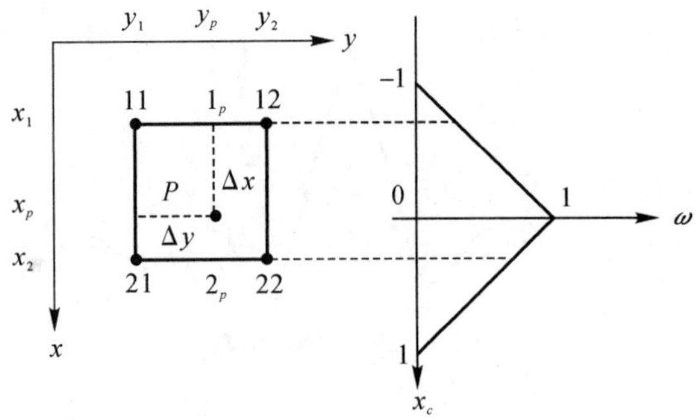

图 3-32　双线性插值法

3. 双三次卷积法

双三次卷积法使用内插点周围的 16 个观测点的像元值，用三次卷积函数对所求像元值进行内插，如图 3-33 所示。该方法的优点是在解决灰度不连续问题实现图像平滑的同时，能在一定程度上保持图像细节，可以得到较高的图像质量。缺点是破坏了原来的数据，计算量较大。

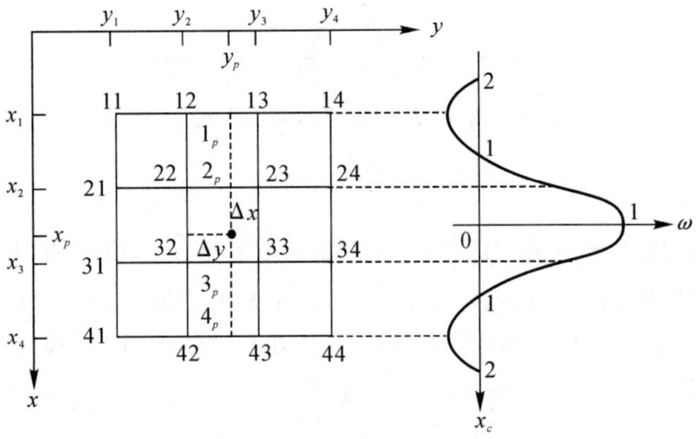

图 3-33　双三次卷积法

3.5　中心投影图像的投影校正

光学遥感影像大都为地物的中心投影构像，地图在局部范围内可认为是地物的垂直（正射）投影，这是两种不同性质的投影。在中心投影方式下，地表上各点随着地形起伏会在图像上产生几何失真，高于或低于所选定基准面的地面点的像点，与该地面点在基准面上的垂直投影点的像点之间存在直线移位，即产生投影误差。这种现象在光学遥感图像上表现为，远离视点且高程较高的地点的像点会倒向视点的相反一侧。

要消除中心投影图像因地形起伏造成的投影误差，必须从中心投影图像的构像方程出发，利用数字高程模型，对投影误差进行校正。校正这种地表起伏引起的投影误差，使其与地图重合的精密几何校正处理被称为正射校正，所得到的校正影像被称为正射影像，兼有地图特性和图像特性。

3.5.1　中心投影图像的构像方程

1. 中心投影

如图 3 - 34 所示，中心投影是根据小孔成像原理，在小孔处安装一个摄影物镜，在成像处放置感光材料，在某一摄影瞬间，地物经摄影物镜成像于感光材料上，再经摄影处理得到物体图像。成像的各光线汇聚于物镜中心，物镜中心称为摄影中心。感光底片经摄影处理后得到的是负片，像点坐标与地物地面坐标方向相反，将负片晒印在相纸上便得到正片，正片与负片以摄影中心成几何对称。框幅式摄影机获取的影像是被摄地区的中心投影影像，来自地面上所有点的光线通过摄影中心在像平面上成像，为便于计算，一般采用正成像平面。

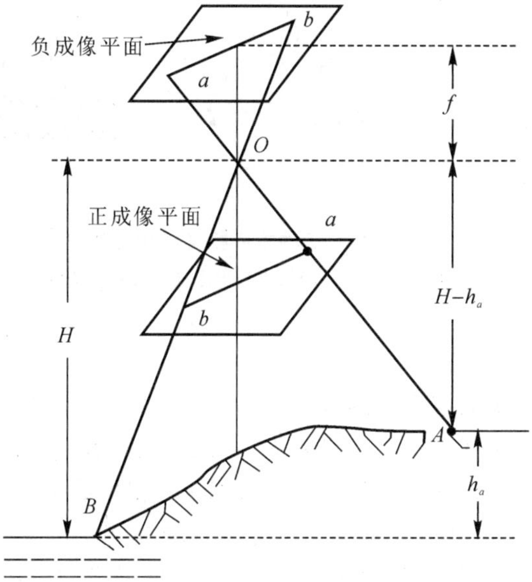

图 3 - 34　中心投影构像

中心投影构像具有以下特点：

(1)地物点通过摄影中心与其像点共一条直线；

(2)投影中心到像平面的距离为物镜主距 f；

(3)地面起伏使得各处影像比例尺不同；

(4)具有高差的物体成像在像片上有投影差；

(5)地形起伏会导致图像发生像点位移。

平坦地区垂直摄影的中心投影不存在由成像几何形态所造成的几何形变，因为这种情况下中心投影图像本身与地面景物保持相似的关系，因此常用作几何形变校正的基准图像。

中心投影可分为面中心投影、线中心投影和点中心投影三种，如图 3 - 35 所示。

面中心投影获取图像的方式如图 3 - 35(a)所示，某一成像瞬间获得一幅完整的影像，其图像投影面是一个平面，该平面上的所有像素共用一组外方位元素，因此称为单中心投影。典型遥感器为框幅式摄影机和面阵 CCD 相机。

线中心投影获取图像的方式如图 3 - 35(b)所示，某一成像瞬间获得一条线的影像，其图像投影面为一条直线，该直线上的所有像素共用一组外方位元素。一幅影像由若干条线影像拼接而成，因此是多中心投影。典型遥感器为缝隙摄影机和沿航迹扫描传感器（如 SPOT 卫星的 HRV 传感器）。

点中心投影获取图像的方式如图 3-35(c)所示，某一瞬间获得一个点的影像，其图像投影面为一个点，每个像素都有自己的外方位元素，因此是多中心投影。典型遥感器为垂直航迹扫描传感器（如 Landsat TM）。

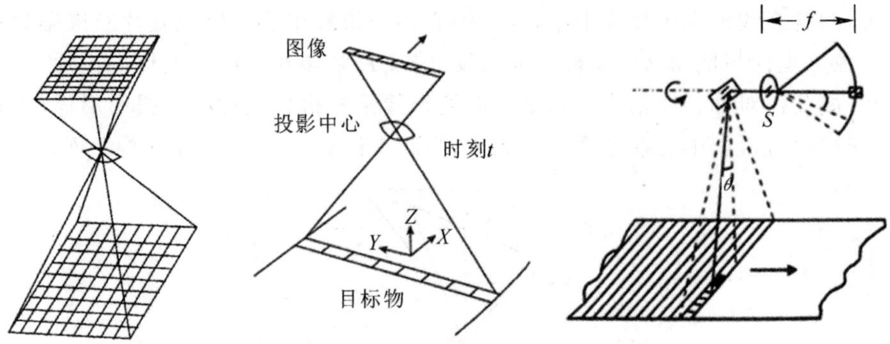

(a) (b) (c)

图 3-35 三种中心投影成像方式

(a)面中心投影；(b)线中心投影；(c)点中心投影

2. 共线方程

为建立图像点和对应地面点之间的数学关系，需要在像方和物方空间建立坐标系。遥感图像的构像过程可以通过一系列的坐标系来进行，包括地面坐标系、平台坐标系、框架坐标系、传感器坐标系、图像坐标系、地图坐标系等。在近似垂直摄影的情况下，传感器、框架和平台坐标系可视为同一个系统，如图 3-36 所示。因此，与构像方程有关的坐标系如下：

1)地面坐标系 $O-XYZ$，主要采用地心坐标系。当传感器对地成像时，Z 轴与原点处的天顶方向一致，XY 平面垂直于 Z 轴。

2) 传感器坐标系 $S-UVW$，坐标原点 S 为传感器投影中心，U 轴为遥感平台的飞行方向，V 轴垂直于 U 轴，W 轴则垂直于 UV 平面。

3) 图像坐标系 $o-xyf$，坐标系方向与传感器坐标系 $S-UVW$ 一致，(x,y) 为像点在图像上的平面坐标，f 为传感器成像时的等效焦距。

设地面点 P 在地面坐标系 $O-XYZ$ 中的坐标为(X_P,Y_P,Z_P)，在传感器坐标系 $S-UVW$ 中的坐标为 (U_P,V_P,W_P)，摄影中心 S（传感器坐标系原点）在地面坐标系中的坐标为(X_S,Y_S,Z_S)。像点 P' 在图像坐标系 $o-xyf$ 中的坐标为$(x,y,-f)$。$\mathbf{A}$ 为传感器坐标系相对于地面坐标系的姿态角旋转矩阵，则地面点 P 在地面坐标系和传感器坐标系中有如下关系：

$$\begin{bmatrix}X_P\\Y_P\\Z_P\end{bmatrix}=\begin{bmatrix}X_S\\Y_S\\Z_S\end{bmatrix}+\mathbf{A}\begin{bmatrix}U_P\\V_P\\W_P\end{bmatrix} \tag{3-29}$$

式中：矩阵 $\mathbf{A}$ 与摄影中心在地面坐标系的姿态角(φ,ω,κ)有关，φ,ω,κ 分别定义为偏航角（绕 Z 轴旋转的角度）、俯仰角（绕 Y 轴旋转的角度）和滚动角（绕 X 轴旋转的角度），它们与摄影中心在地面坐标系的三个位置参数(X_S,Y_S,Z_S)共同构成外方位元素。借助于外方位元素,式(3-29)建立了地面点 P 在传感器坐标系与地面坐标系中坐标值之间的对应关系。

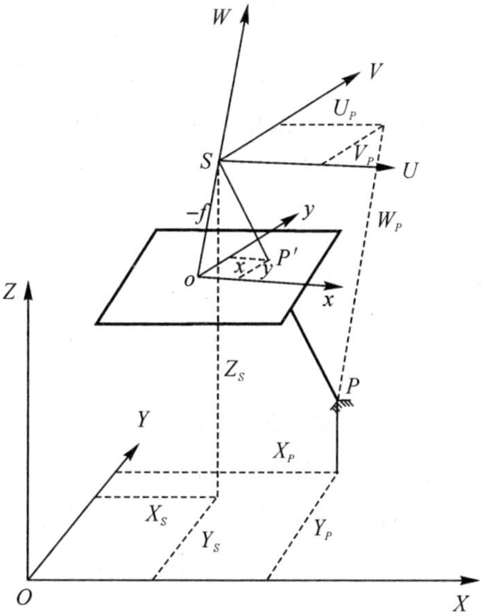

图 3-36　近似垂直摄影情况下中心投影坐标系

根据中心投影特点,图像坐标(x,y,$-f$)和传感器系统坐标(U_P,V_P,W_P)之间有如下关系:

$$\begin{bmatrix} U_P \\ V_P \\ W_P \end{bmatrix} = \lambda_P \cdot \begin{bmatrix} x \\ y \\ -f \end{bmatrix} \tag{3-30}$$

式中:λ_P 为成像比例尺;f 为主距。将式(3-30)代入式(3-29),可得中心投影的构像方程:

$$\begin{bmatrix} X_P \\ Y_P \\ Z_P \end{bmatrix} = \begin{bmatrix} X_S \\ Y_S \\ Z_S \end{bmatrix} + \lambda_P \cdot \mathbf{A} \begin{bmatrix} x \\ y \\ -f \end{bmatrix} \tag{3-31}$$

其中 $\mathbf{A}=\begin{bmatrix} a_1 & a_2 & a_3 \\ b_1 & b_2 & b_3 \\ c_1 & c_2 & c_3 \end{bmatrix}$,矩阵中各元素为姿态角($\varphi$,$\omega$,$\kappa$)的函数,其表达式如下:

$$\left.\begin{aligned} a_1 &= \cos\varphi\cos\kappa - \sin\varphi\sin\omega\sin\kappa \\ a_2 &= -\cos\varphi\sin\kappa - \sin\varphi\sin\omega\cos\kappa \\ a_3 &= -\sin\varphi\cos\omega \\ b_1 &= \cos\varphi\sin\kappa \\ b_2 &= \cos\varphi\cos\kappa \\ b_3 &= -\sin\varphi \\ c_1 &= \sin\varphi\cos\kappa + \cos\varphi\sin\omega\sin\kappa \\ c_2 &= -\sin\varphi\sin\kappa + \cos\varphi\sin\omega\cos\kappa \\ c_3 &= \cos\varphi\cos\omega \end{aligned}\right\} \tag{3-32}$$

由此可以推导出像点坐标与对应的大地坐标的关系方程：

$$\left.\begin{aligned} x &= -f\frac{a_1(X_P - X_S) + b_1(Y_P - Y_S) + c_1(Z_P - Z_S)}{a_3(X_P - X_S) + b_3(Y_P - Y_S) + c_3(Z_P - Z_S)} \\ y &= -f\frac{a_2(X_P - X_S) + b_2(Y_P - Y_S) + c_2(Z_P - Z_S)}{a_3(X_P - X_S) + b_3(Y_P - Y_S) + c_3(Z_P - Z_S)} \end{aligned}\right\} \tag{3-33}$$

式(3－33)即描述像点、对应地物点和传感器投影中心之间关系的共线方程。该式也称为反算公式，即用地面点来描述像点。

式(3－33)可改写为

$$\left.\begin{aligned} X_P - X_S &= (Z_P - Z_S)\frac{a_1 x + a_2 y - a_3 f}{c_1 x + c_2 y - c_3 f} \\ Y_P - Y_S &= (Z_P - Z_S)\frac{b_1 x + b_2 y - b_3 f}{c_1 x + c_2 y - c_3 f} \end{aligned}\right\} \tag{3-34}$$

该式也称为正算公式，即用像点来描述地面点。

共线方程包括 12 个参数：以像主点为原点的像点坐标(x,y)，像片主距 f，相应地物点的坐标(X_P,Y_P,Z_P)，以及外方位元素$(\varphi,\omega,\kappa,X_S,Y_S,Z_S)$。共线方程的意义在于，当地物点、投影中心和像点位于同一条直线上时，式(3－33)和式(3－34)成立，由此可以建立像方空间和物方空间的坐标映射关系。

对于多中心投影方式，遥感图像是通过对地面点或线进行连续扫描的方式获得的，图像具有动态特征，每个扫描点或每条扫描线都有一组外方位元素，因此反映其成像几何关系的共线方程比单中心投影方式更为复杂。

共线方程主要有以下应用：

(1)在已知外方位元素$(\varphi,\omega,\kappa,X_S,Y_S,Z_S)$和地物点坐标$(X_P,Y_P,Z_P)$的情况下，可以利用共线方程的反算公式计算出这个点对应的像点的坐标(x,y)。

(2)在已知外方位元素$(\varphi,\omega,\kappa,X_S,Y_S,Z_S)$和图像坐标$(x,y)$的情况下，可以利用共线方程的正算公式计算出这个点对应的地物点坐标(X_P,Y_P,Z_P)，此即无控制点定位的基本原理。

(3)在已知像片上像点的图像坐标(x,y)与其相应地面点的坐标(X_P,Y_P,Z_P)的情况下，只要点数足够多，就可以解算相应的外方位元素，此即空间后方交会的基本原理。

(4)在已知立体影像各自的外方位元素$(\varphi,\omega,\kappa,X_S,Y_S,Z_S)$和对应像点在左右影像上的图像坐标的情况下，可以利用两组共线方程的正算公式解算地面点的坐标(X_P,Y_P,Z_P)，此即立体定位的基本原理。

3.5.2 数字高程模型

正射校正时必须有表示地表起伏状况的数字高程模型(Digital Elevation Model，DEM)参与。DEM 是地表形态的数字描述，地面用按照一定格网形式有规则地排列，点的平面坐标 X，Y 可由起始原点推算而无需记录，这样地表形态只用点的高程表示。DEM 主要有两种表示形式，即格网 DEM 和不规则三角网(Triangulated Irregular Network，TIN)DEM。两种 DEM 数据的表示形式如图 3－37 所示。

格网 DEM 数据简单，以矩阵方式排列，与遥感数据的存储形式类似，这种矩型格网 DEM

存储量最小(还可进行压缩存储),便于使用且容易管理,是目前使用最广泛的一种形式。其缺点是有时不能准确地表示地形的结构与细部,导致基于 DEM 描绘的等高线不能准确地表示地貌,并且格网高程是原始采样的内插值,内插过程将损失高程精度,较适合于中小比例尺 DEM 的构建,而且在地形平坦地区存在较大的数据冗余。

为了能较好地顾及地貌特征点和线,以便真实地表示复杂的地形表面,较理想的数据结构是将按地形特征采集的点按一定规则连接成覆盖整个区域且互不重叠的三角形,构成一个由 TIN 表示的 DEM。但是,TIN 的数据量大,数据结构较复杂,因而使用和管理也比较复杂。

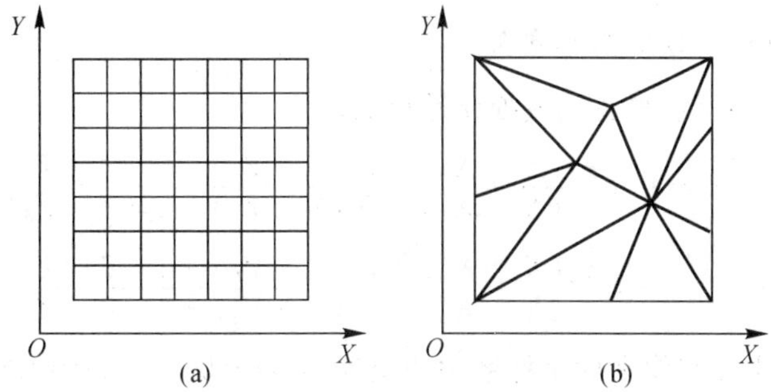

图 3-37 DEM 数据

(a)格网 DEM;(b)TIN DEM

高质量的 DEM 数据对于正射校正效果起着决定性的作用。目前 DEM 数据的获取手段主要有以下几种:

(1)野外实测获取。利用自动记录的测距经纬仪在野外实测,以获取数据点坐标和高程。

(2)对地形图数字化后获取。主要采用的仪器有手扶跟踪数字化器、扫描数字化器和半自动跟踪数字化器。

(3)采用摄影测量的方法,利用立体像对生成 DEM 后内插得到。

(4)采用干涉雷达技术获取。该方法充分利用了雷达回波信号所携带的相位信息,其原理是通过两副天线同时观测(单轨道双天线模式)或两次平行的观测(单天线重复轨道模式),获得同一区域的重复观测数据(复数影像对),综合起来形成干涉,得到相应的相位差,结合观测平台的轨道参数等提取高程信息,可以获取高精度、高分辨率的地面高程信息。

数字高程地图的性能一般由地图大小、格网尺寸(或者叫分辨率或格网距离)、线误差(Linear Error Probable,LEP)、圆误差(Circular Error Probable,CEP)等指标决定。如图 3-38所示,线误差 LEP 代表了数字高程地图地形垂直方向的精度,圆误差 CEP 代表了数字高程地图地形平面位置的精度。

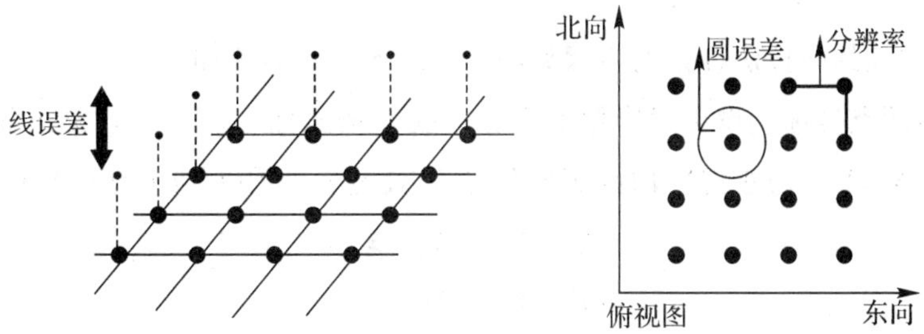

图 3-38 数字高程地图的线误差 LEP 和圆误差 CEP

3.5.3 数字微分校正

数字微分校正是当前正射校正的主要方法，其基本任务是实现两个二维图像之间的几何变换。该方法根据有关的参数与数字地面模型，利用相应的构像方程，或按照一定的数学模型从原始非正射投影的数字影像获取正射影像，这种过程是将影像化为很多微小的区域逐一进行，且使用的是数字方式处理，因此叫作数字微分校正。和前述的几何校正一样，数字微分校正包括直接法和间接法两种校正方案。

1. 基于共线方程的间接法校正方案

基于共线方程的间接法校正的变换函数可表示为

$$\left.\begin{aligned} x-x_0&=-f\frac{a_1(X-X_S)+b_1(Y-Y_S)+c_1(Z-Z_S)}{a_3(X-X_S)+b_3(Y-Y_S)+c_3(Z-Z_S)}\\ y-y_0&=-f\frac{a_2(X-X_S)+b_2(Y-Y_S)+c_2(Z-Z_S)}{a_3(X-X_S)+b_3(Y-Y_S)+c_3(Z-Z_S)}\end{aligned}\right\}\tag{3-35}$$

式中：x_0，y_0 表示像主点在像平面坐标系中的坐标；f 表示摄影中心到像片的主距，如图 3－39 所示，(x_0,y_0,f) 称为影像的内方位元素，即表示摄影中心与像片之间关系的参数，一般由摄影机鉴定单位提供；a_i，b_i，c_i 和外方位元素（$\varphi,\omega,\kappa,X_S,Y_S,Z_S$）有关，外方位元素可通过空间后方交会获得或在摄影过程中直接获得；Z 为待校正点的高程，由 DEM 内插求得。因此，基于共线方程的间接法校正必须在已知影像的内外方位元素以及数字高程模型的情况下进行。

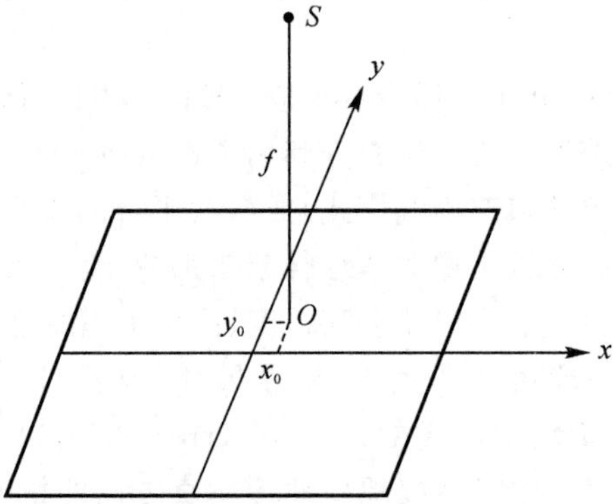

图 3－39　内方位元素

基于共线方程的间接法校正的步骤如图 3－40 所示。简述如下：

(1)计算地面点坐标。设正射影像上任意一点 P 的坐标为(X',Y')，由正射影像左下角图廓点地面坐标(X_0,Y_0)与正射影像比例尺分母 M 计算 P 点所对应的地面坐标(X,Y)：

$$\left.\begin{aligned} X&=X_0+M\cdot X'\\ Y&=Y_0+M\cdot Y'\end{aligned}\right\}\tag{3-36}$$

(2)计算像点坐标。应用变换函数式(3－35)计算原始图像上相应像点 p 的坐标(x,y)。

(3) 灰度插值。由于所求得的像点坐标不一定正好落在像元素中心，为此必须进行灰度插值，求得像点 p 的灰度值 $g(x,y)$。

(4) 灰度赋值。最后将像点 p 的灰度值赋给校正后像元 P 。

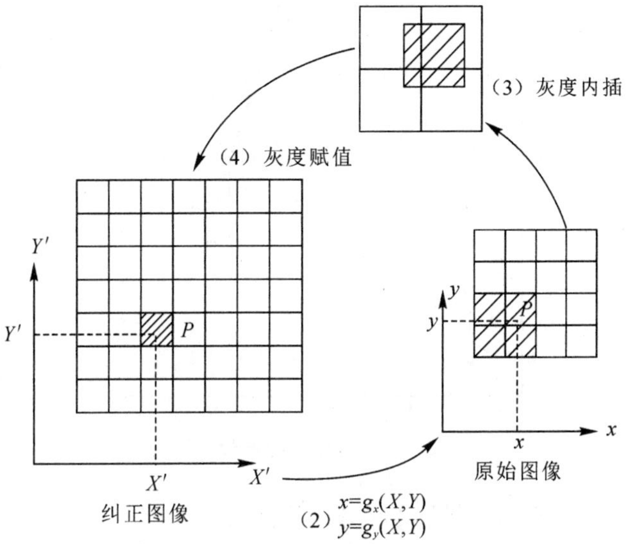

图 3-40　间接法数字微分校正

依次对每个校正像元完成上述运算，即能获得校正的数字图像。因此，从原理而言，数字校正属于点元素校正。但在实际的软件系统中，均以面元素作为校正单元，一般以正方形作为校正单元。用间接校正公式计算该单元四个角点的像点坐标以后，校正单元的坐标用双线性内插求得。求得像点坐标以后，再由灰度双线性插值，求得其灰度值。

2. 基于共线方程的直接法校正方案

基于共线方程的直接法校正的变换函数可表示为

$$\left.\begin{aligned} X_P - X_S &= (Z_P - Z_S)\,\frac{a_1 x + a_2 y - a_3 f}{c_1 x + c_2 y - c_3 f} \\ Y_P - Y_S &= (Z_P - Z_S)\,\frac{b_1 x + b_2 y - b_3 f}{c_1 x + c_2 y - c_3 f} \end{aligned}\right\} \tag{3-37}$$

式中各参数含义同式(3-35)。

直接法校正方案存在以下问题：

第一，在直接法校正图像上所得像素点为非规则排列，有的像素内可能“空白”，有的可能重复(多个像素校正点)，难以实现灰度内插，获得规则排列的校正图像。

第二，从校正公式可知，必须先知道高程 Z，但高程 Z 是待定量 X 和 Y 的函数，因此要由 x 和 y 求解 X 和 Y，必须采用迭代过程。即首先假定一近似值 Z_0，求得 (X_1, Y_1)，再由 DEM 内插该点 (X_1, Y_1) 的高程 Z_1；然后又由校正公式求得 (X_2, Y_2)，如此反复迭代，如图 3-41

所示。

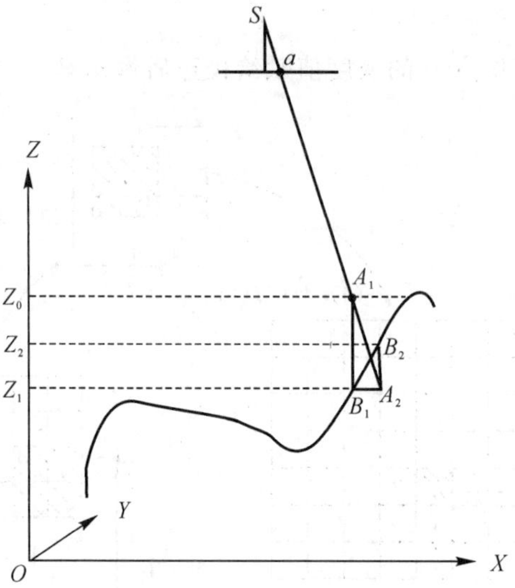

图 3-41　直接法的迭代过程

由于直接法存在以上问题，正射校正一般采用间接法进行。

数字影像是由像元排列而成的矩阵，其处理的最基本单元是像元，因此，对数字影像进行数字微分校正，在原理上最适合点元素微分校正，但实际上能否真正做到点元素微分校正，取决于能否真实地测定每个像元的 DEM 数值，而 DEM 一般采用线性内插实现，因此在实际应用中，数字微分校正主要以面元素为校正单元。

如图 3-42 所示，一般以正方形作为校正单元，用反解公式计算该单元四个角点的像点坐标 (x_1, y_1)、(x_2, y_2)、(x_3, y_3) 和 (x_4, y_4)，而校正单元的坐标 (x_{ij}, y_{ij}) 采用线性内插得到。由此求得像点坐标后，再由灰度线性内插求得其灰度值。

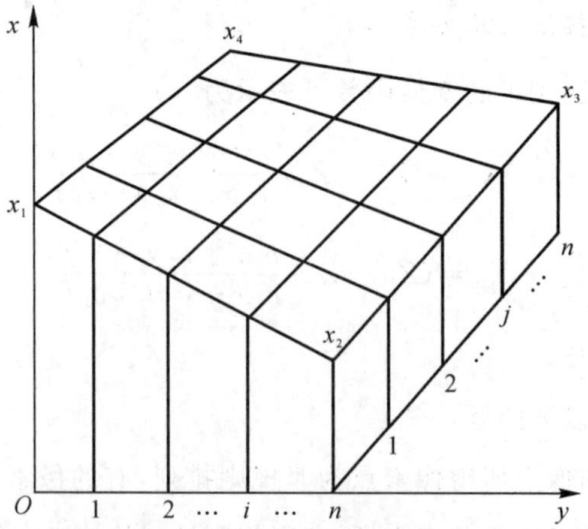

图 3-42　坐标的线性内插

经过正射校正后的遥感影像，由于地形起伏和地物高差引起的几何变形得到了校正，并且将影像中各影像点坐标规划到了地面坐标系，使得正射影像同时具备了地图特性和影像特性，可直接作为地理信息系统的数据源。

3.6　SAR 图像的几何校正

SAR 图像和光学图像在成像几何上有着本质的不同，前者的成像方式是侧视距离方式，后者是中心投影方式。成像几何的差异，使得对 SAR 图像进行几何校正时不能照搬光学图像的校正方式。由于地形起伏会导致 SAR 图像中产生顶部位移、透视收缩和阴影等几何变形，高程对 SAR 图像的影响远甚于可见光图像，在地形起伏较大的地区，需要根据地理高程数据对影像进行逐点校正。

本节介绍基于距离-多普勒模型的 SAR 图像几何校正方法，这是一种有代表性的校正模型，具有明确的数学和物理意义，和 SAR 图像的成像机理高度吻合，已经成为星载 SAR 图像几何校正处理的标准生产方法之一。

3.6.1　距离-多普勒模型

在雷达照射区域内，分布着等时延的同心圆束和等多普勒频移的双曲线束。同一回波时延的点目标具有不同的多普勒频移，具有相同多普勒频移的点目标具有不同的时延。根据距离向上回波信号的时延和方位向上的多普勒频移这两个信息，就可以将点目标区别确定，如图 3－43 所示。这就是距离-多普勒模型(Range-Doppler，R－D)，既是 SAR 图像的成像模型，又可以作为像素的定位模型。

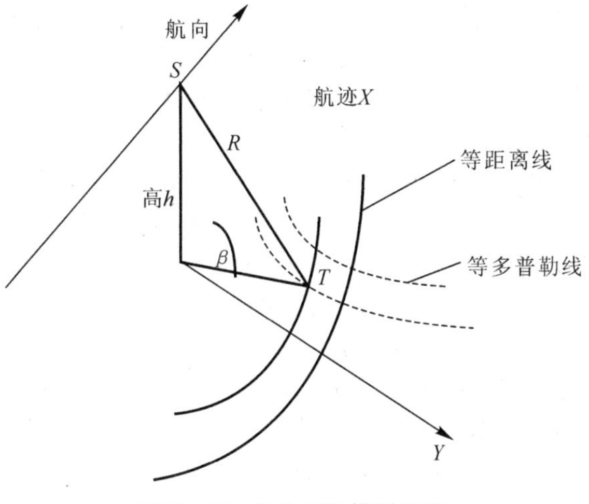

图 3－43　R-D 定位模型原理

R-D 模型的核心是三大方程，分别是地球模型方程、斜距方程以及等多普勒方程，图像上任意像素点三维空间坐标的确定需要对这三个方程进行求解。

1. 地球模型方程

地球模型方程描述地球的形状，可表示为

$$\frac{X_t^2+Y_t^2}{(R_e+h)^2}+\frac{Z_t^2}{R_p^2}=1 \tag{3-38}$$

式中：$R_t=(X_t,Y_t,Z_t)$ 为目标在地面坐标系的位置；R_e 为地球赤道半径；R_p 为地球极地半径；h 为目标相对于假设的地球模型的高程。为了获得较高的定位精度，必须从外部 DEM 数据中获得目标点的高程值。

2. SAR 距离方程

定义从传感器到地球表面某一目标的距离为

$$R = |\boldsymbol{R}_s - \boldsymbol{R}_t| = \frac{c\tau}{2} \tag{3-39}$$

式中：$\boldsymbol{R}_s$ 为卫星平台的位置矢量，可通过卫星下行数据头文件中的星历参数并通过函数预测得到；R 为某一特定时刻传感器到图像坐标 (x, y) 所对应的地物目标的斜距值，令 R 为常数，该方程与地球表面的交集是以星下点为中心的一些同心近似圆。

3. SAR 多普勒方程

多普勒频移即信号频率的变化，它的产生源于卫星平台与地面目标的相对运动。在卫星飞行的方向上，主动式传感器每一时刻接收着反射回来的后向散射返回脉冲。根据相对运动的原理，当它接收来自迎头目标的后向散射返回脉冲时，多普勒频率就向高频部分移动；同样，当它接收来自远去目标的后向散射返回脉冲时，多普勒频率就向低频部分移动。

SAR 接收到的点目标回波数据在频率上出现偏移，偏移量正比于卫星与目标间的相对速度，由多普勒方程给出：

$$f_{\mathrm{d}} = \frac{2}{\lambda R}(\boldsymbol{V}_s - \boldsymbol{V}_t) \cdot (\boldsymbol{R}_s - \boldsymbol{R}_t) \tag{3-40}$$

式中：f_{d} 为多普勒频率；λ 为雷达波长；$\boldsymbol{V}_s$ 和 $\boldsymbol{V}_t$ 分别为卫星与目标的速度矢量。卫星的速度矢量可以通过星历数据获得，目标速度可以根据目标位置和地球自转角速度算出：

$$\boldsymbol{V}_t = \boldsymbol{\omega}_{\mathrm{e}} \times \boldsymbol{R}_t \tag{3-41}$$

通常情况下，SAR 数据产品头文件中都提供了多普勒中心频率参数，用以对该产品进行地理编码相关处理。

基于 R-D 模型的地球模型方程、SAR 距离方程和 SAR 多普勒方程，可以得到 SAR 图像的行列坐标 (x, y) 和地面坐标 (X_t, Y_t, Z_t) 之间的一一对应关系。对于斜距图像上的任意一点 (x, y)，必然满足以下条件：

$$\begin{aligned} t &= y/\mathrm{PRF} \\ R &= R_0 + xM_{\mathrm{slant}} \end{aligned} \tag{3-42}$$

式中：PRF 为 SAR 的脉冲重复频率，是一个固定的已知量；R_0 是 SAR 天线的近地点斜距，M_{slant} 是 SAR 图像的斜距分辨率。

可以看出，根据行号 y 可以确定天线的空间位置矢量和速度矢量，根据列号 x 可以确定卫星到地物点的斜距，从而获得点 (x, y) 对应的地面坐标 (X_t, Y_t, Z_t)。反之亦然，如下所示。

$$(X_t, Y_t, Z_t) \rightleftharpoons (t, R) \rightleftharpoons (x, y) \tag{3-43}$$

3.6.2 基于 R-D 模型的几何校正

前两节已详细分析了几何校正中直接法和间接法的特点，本节直接介绍基于间接法的几何校正步骤如下：

1. 确定校正后影像范围

从原始图像上获得四个角点在影像上的行列号信息，读取轨道参数、卫星平台参数、成像处理参数，利用地球模型方程、SAR 距离方程和 SAR 多普勒方程，得到四个角点对应的地面坐标，确定校正后影像的输出范围。

将影像范围划分出格网，每个网点代表一个输出像素，根据精度要求定义输出像素在两个方向上的地面分辨率，确定输出图像中每个像素的行列号及其对应的地面坐标(X,Y,Z)。

2.逐像元校正处理

确定校正后图像范围后，对于输出图像上的某一点(X_t,Y_t,Z_t)，进行如图 3-44 所示的处理流程：

(1)方位向时间初始化。以图像中间行的方位向时间作为该点的初始方位向时间。

(2)迭代求解方位向时间。根据初始方位向时间和卫星轨道参数信息，内插出该点成像时卫星的位置和速度矢量；根据该点的地面坐标，计算该点到卫星位置的距离；根据多普勒方程，计算该点方位向时间的变化量；如果变化量满足精度要求，可计算得出该点的方位向时间，否则加上变化量后进行迭代处理，直到变化量满足精度要求为止。

(3)计算该点在原始图像上的行号 y。根据式(3-42)，由方位向时间计算出该点在原始图像上的行号 y。

(4)计算该点在原始图像上的列号 x。根据方位向时间和卫星轨道参数信息，内插出该点成像时卫星的位置，进而计算出该点到卫星的距离，然后根据式(3-42)，计算出该点在原始图像上的列号 x。

(5)像元灰度重采样。采用上述操作，获得了输出图像上点(X_t,Y_t,Z_t)在原始图像上的对应坐标(x,y)。采用前文介绍的灰度重采样方法，获得坐标(x,y)处的灰度值，将其作为输出图像上的点(X_t,Y_t,Z_t)的灰度值。

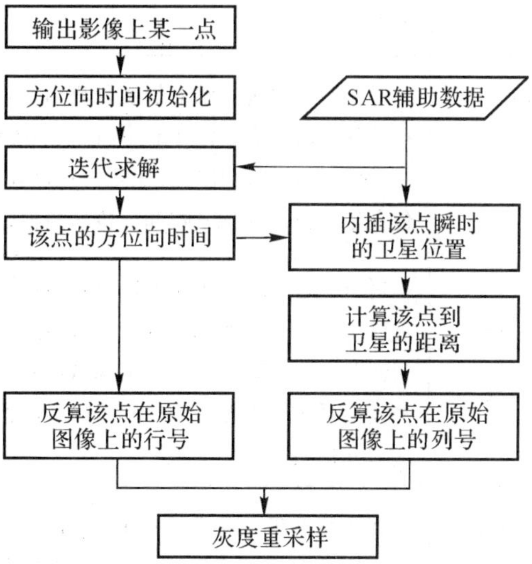

图 3-44　基于 R-D 模型的 SAR 几何校正流程

3.7　遥感图像的产品级别

在遥感图像的生产过程中，需要根据用户的要求对原始图像数据进行不同的处理，从而构成不同级别的数据产品。遥感图像产品为经过一定等级处理，记录在磁带、光盘等数字介质上的遥感图像数据的统称。不同卫星具有不同的数据产品级别定义与要求，用户可以根据需要订购不同级别的数据产品。

1. 光学影像产品的等级划分

Level 0：下行的原始数据经过解同步、解扰和数据分离后的原始图像数据。

Level 1A：经过辐射校正，但没有经过几何校正的产品数据，卫星下行扫描行数据按标称位置排列。

Level 1B：经过辐射校正和系统几何校正的产品数据，并将校正后的图像数据映射到指定的地图投影坐标下。

Level 2：经过几何精校正，即利用地面控制点对图像进行校正，使之具有更精确的地理坐标信息。

Level 3：利用数字高程模型对 Level 1B 级产品进行几何校正，按照地理编码标准进行正射投影处理。

表 3－1 给出了资源三号卫星的数据产品级别。

表 3－1　资源三号卫星数据产品

产品级别	产品名称与代码	处理方法
0 级	原始(RAW)影像(Raw Image)	对原始获取的下传影像数据进行数据解扰、解密、解压和(或)分景等操作后得到的数据。产品保留原始成像辐射和几何特征，包含下传的外方位元素测量数据、成像时间数据、卫星成像状态，以及相机内方位元素参数和载荷设备安装参数等
1 级	辐射校正(Radiative Corrected，RC)影像产品	对原始影像进行辐射校正处理后的产品。辐射校正主要包括消除 CCD 探元响应不一致造成的辐射差异，去除坏死像元，对拼接区辐射亮度校正等。产品保留原始成像几何特征，包含绝对辐射定标系数和下传的各种成像参数
2 级	传感器校正(Sensor Corrected，SC)影像产品	对 RC 进行传感器校正处理后的产品。传感器校正处理通过修正平台运动和扫描速率引起的几何失真，消除探测器排列误差和光学系统畸变以消除或减弱卫星成像过程中的各类畸变或系统性误差，并实现分片 CCD 影像无缝拼接，构建影像成像几何模型
3 级	系统几何纠正(Geocoded Ellipsoid Corrected，GEC)影像产品	在传感器校正影像产品的基础上，按照一定的地球投影和成像区域的平均高程，以一定地面分辨率投影在地球椭球面上的影像产品。该产品通过与 SC 之间像素对应关系，可构建成像几何模型，用于摄影测量的立体处理
4 级	几何精纠正(Enhanced Geocoded Ellipsoid Corrected，EGEC)影像产品	在传感器校正影像产品或系统几何纠正影像产品基础上，利用一定数量控制点消除或减弱影像中存在的系统性误差，并按照指定的地球投影和成像区域的平均高程，以一定地面分辨率投影在地球椭球面上的几何纠正影像产品

续表

产品级别	产品名称与代码	处理方法
5 级	正射纠正 (Geocoded Terrain Corrected,GTC) 影像产品	在传感器校正影像产品、系统几何纠正影像产品或几何精纠正影像产品基础上,利用数字高程模型数据和控制点,消除或减弱影像中存在的系统性误差,改正地形起伏造成的像点位移,并按照指定的地图投影、以一定地面分辨率投影在指定的参考大地基准下的几何纠正影像产品

2. SAR 影像产品的等级划分

Level 0:下行的原始数据经过解同步、解扰和数据分离后的原始图像数据。

Level 1A:经过天线方向图和系统增益校正处理、距离压缩和方位压缩恢复处理的斜距向单视复数字图像。

Level 1B:经过天线方向图和系统增益校正处理、距离压缩和方位压缩恢复处理的斜距向多视幅度数字图像。

Level 2:对 Level 1 级产品经斜地变换、系统辐射校正和系统几何校正后的图像产品。

Level 3:利用地面控制点对 Level 2 级产品进行几何精校正。

Level 4:利用数字高程模型对 Level 2 级产品进行几何校正,按照地理编码标准进行正射投影处理。

表 3－2 给出了 TerraSAR 的基本影像产品级别。

表 3－2　TerraSAR 数据产品

产品级别	产品名称	处理方法
CEOS Level 0	原始信号产品	未经压缩成像处理,面向具有 SAR 成像处理能力的用户
CEOS Level 1	单视斜距复影像 (Single Look Slant Range Complex,SSC)	数据以复数形式存储,保持原始数据的几何特征,无地理坐标信息
	多视地距探测产品 (Multi-Look Ground Range Detected,MGD)	具有斑点抑制和近似方形地面分辨单元的多视影像,通过卫星的飞行方向来定位,无地理坐标信息
	地理编码椭球校正产品 (Geocoded Ellipsoid Corrected,GEC)	用 WGS84 椭球对影像进行 UTM 或 UPS 投影,仅使用轨道信息进行快速几何校正
	增强型椭球校正产品(Enhanced Ellipsoid Corrected,EEC)	使用 DEM 数据对 GEC 数据进行校正

思 考 题

1.民航乘客在飞机上拍摄的数字影像能否直接用于科学研究?为什么?

2.简述遥感影像辐射误差产生的主要原因,以及相应的辐射校正方法。

3.简述辐射校正的基本工作流程。

4.简述遥感影像几何误差的主要来源和特点。

5.简述多项式几何校正法的基本工作流程。

6.使用多项式几何校正时,选取地面控制点的基本原则是什么?

7.如何评价多项式几何校正的精度?

8.简述中心投影影像的正射校正流程,并对正射产品进行介绍。

9.写出共线方程的表达形式,介绍共线方程的主要应用。

10.光学影像数据产品有哪些数据级别?各级别的主要特征是什么?

第 4 章　遥感图像的增强处理

4.1 引　言

图像增强作为一种图像预处理方法，通过凸显或强调图像的某些特征，如轮廓、边缘、对比度等，增强图像中需要的信息，减弱或去除不需要的信息，以达到改善图像视觉效果、提高图像可解译性的目的。为了更好地进行人工判读和目标检测等处理，需要对接收到的遥感图像进行增强处理，增强处理可以针对单波段图像进行，也可针对多波段图像或多传感器图像进行。

对单波段图像进行增强，主要采用灰度图像增强处理的方法。或者采用点处理方法，根据设定的灰度变换函数，改变图像中像素的灰度值，以提高图像的对比度；或者采用区域处理方法，根据待处理像素邻域范围内像素的灰度值来修改该像素的灰度值，以提高图像质量。红外图像增强或 SAR 图像增强属于此类别。

对多波段图像进行增强，主要通过波段图像之间的运算或图像变换实现，得到新的特征图像空间，从而达到降低特征维数、抑制冗余信息、聚集特征信息的目的，由此可以提高地物识别等信息处理的准确性。多光谱或高光谱图像增强属于此类别。

对多传感器图像进行增强，主要通过图像融合实现。图像融合是将来自不同传感器的图像信息进行综合，和输入图像相比，输出图像包含的信息更丰富更全面，能提高对场景和地物描述的完整性和准确性。根据融合层次的不同，通常将图像融合分为像素级融合、特征级融合和决策级融合，融合的层次决定了在信息处理的相应层次上对多源遥感信息进行处理与分析。像素级融合是对传感器的原始信息及预处理阶段产生的信息分别进行融合处理，特征级融合是利用从各个传感器的原始信息中提取的特征信息进行综合分析和处理的中间层次过程，决策级融合是在信息表示的最高层次上进行融合处理。

根据图像融合输入数据源的不同，可以将其分为全色影像与多光谱图像的融合、可见光图像与红外图像的融合、可见光图像与 SAR 图像的融合、中波红外图像与长波红外图像的融合等，其中前两种是最常见的，也是应用最广泛的，因为待融合的图像具有较强的互补性，且同属光学图像。例如，可见光图像空间分辨率和对比度比较高，但在夜间及恶劣天气等弱光条件下成像困难，红外图像则可以进行全天时成像，能捕捉到不可见光波段的场景和目标信息，将可见光图像和红外图像融合，可以获得更多更全面的信息。对于全色影像和多光谱图像融合而言，多光谱图像光谱信息较丰富，可以通过彩色合成得到彩色图像，但空间分辨率一般比全色影像低，将两者进行融合，可以得到高空间分辨率的彩色图像，这也是光学成像卫星提供高空间分辨率彩色影像的主要手段。

4.2 红外图像的对比度增强

如前所述，红外成像主要具有以下特点：①根据目标和背景辐射的温度差异成像；②红外探测器普遍存在非均匀性；③受大气影响较严重。因此，红外图像的质量一般不如可见光图像，整体灰度分布低且较集中，对比度较低，细节特征不突出，严重影响后续的目标检测等处理，需要对其进行对比度增强等预处理。

4.2.1 直方图均衡化

直方图均衡化算法是图像对比度增强最常用的方法之一。如图 4－1 所示，其基本思想是将原始图像的直方图转换为均等直方图，从而增加像素间灰度差的动态范围，增强图像整体对比度。由于它对图像整体进行同一个变换，因此也被称为全局直方图均衡化。

可以证明，当变换函数为原始图像直方图的累积分布函数时，能达到直方图均衡化的目的。对于灰度级为离散的数字图像，用频率来代替概率，则变换函数 $T(r_k)$ 的离散形式可表示为

$$s_k = T(r_k) = \sum_{i=0}^{k} p_r(r_i) = \sum_{i=0}^{k} \frac{n_i}{n} \tag{4-1}$$

式中：r_k 和 s_k 分别表示均衡化处理前后的图像灰度。可以看出，均衡化后各像素的灰度值可直接由原始图像直方图计算得到。

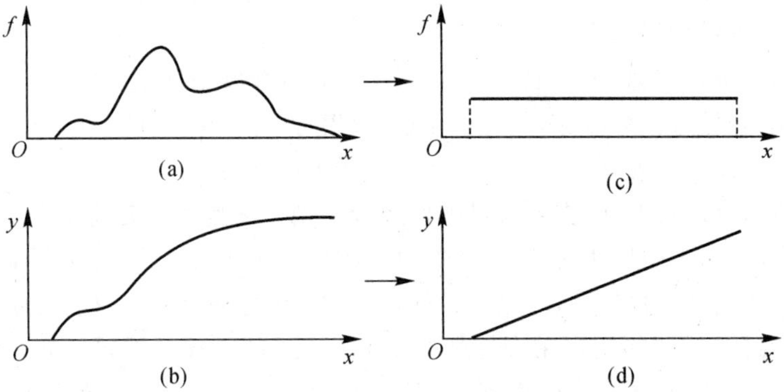

图 4－1 直方图均衡化

(a)原始直方图；(b)均等直方图；(c)原始直方图的累加图；(d)均等直方图的累加图

直方图均衡化对灰度变化剧烈的直方图区间分配更多的灰度阶层，对灰度变化平缓的直方图区间分配较少的灰度阶层，因此均衡化处理后各灰度级出现的频率近似相等，原始图像上频率低的灰度级被合并，频率高的灰度级被拉伸，使得亮度集中于某区间的图像得到改善，增强了图像上大面积地物与周围地物的反差。

直方图均衡化单纯地依靠概率分布来分配灰度级，每个灰度级的对比度增强比例与该灰度级在图像中出现的频率成正比。经过直方图均衡处理后，原始图像中位于均匀区域的像素可能会被过度增强，某些情况下过多合并原始灰度级可能会导致图像细节损失，从而导致背景和目标之间的差距变小。为了解决上述问题，多种改进算法被提出，如平台直方图均衡、自适应直方图均衡、对比度受限自适应直方图均衡等。

4.2.2　Retinex 增强

Retinex 由视网膜 Retina 和大脑皮层 Cortex 两个单词组合而成，Retinex 理论由 Edwin. H. Land 于 20 世纪 60 年代提出，是建立在人眼视觉特性和颜色视觉理论基础上的理论，试图从人眼视觉成像的角度去模拟图像增强原理。该理论认为，决定物体颜色的是物体对光线的反射能力而非强度，同时物体的颜色具备恒常性，与光照条件无关。根据 Retinex 理论，可以将原始图像分解为照射分量和反射分量的乘积，即

$$I(x,y)=L(x,y)\cdot R(x,y) \tag{4-2}$$

式中：$L(x,y)$ 为照射分量，决定了图像的动态范围，对应图像的低频部分；$R(x,y)$ 为反射分量，决定了图像的内在性质，对应图像的高频部分；$I(x,y)$ 是图像表达式，即观察者视角的图像。

基于 Retinex 理论的图像增强算法的原理是，通过去除图像照射分量，保留反射分量，从而获得图像本质特征，并通过对反射分量进行增强处理，从而使原始图像的质量得到提高，如图 4－2 所示。将图像转换到对数域进行处理的原因是让处理过程更加符合人眼的视觉特征，并且可以将复杂的乘除运算转化成简单的加减运算。

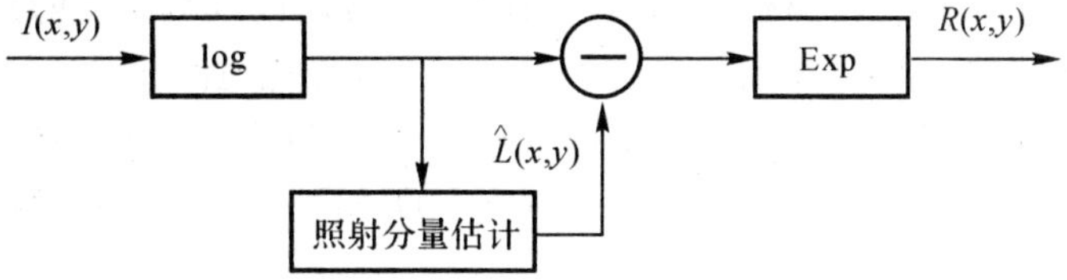

图 4－2　Retinex 算法流程

Retinex 算法处理图像时，将图像的每个颜色通道分别进行处理后再合成，灰度图像可以被认为只有一个颜色通道，因此该算法也适用于对灰度图像进行处理。红外图像的成像原理虽然与可见光图像不同，但可以类比可见光图像成像原理做出如下假设：目标发出的红外辐射是在红外光源照射下目标对红外光线的反射，目标产生的红外图像就是由物体反射的红外光线形成的。所以，Retinex 算法同样适用于红外图像的增强处理，背景辐射强度代表 Retinex 模型中的环境照度分量，而目标辐射强度代表 Retinex 中的目标反射分量，因此可以通过分离背景辐射，凸显出目标本身的辐射特性，有效改善红外图像低对比度的问题。

Retinex 算法的关键在于估计照射分量。经典的 Retinex 算法包括单尺度 Retinex 算法(Single Scale Retinex，SSR)和多尺度 Retinex 算法(Multi-Scale Retinex，MSR)，两者都是利用原始图像与高斯函数卷积得到照射分量的估计值，区别在于采用的是单尺度高斯函数还是多尺度高斯函数。

1. 单尺度 Retinex 算法

单尺度 Retinex 算法对某个像素点照射分量的估计是通过该像素点邻域范围内的像素点的加权值获得的，在物理意义上体现为卷积的性质。一般情况下，离目标像素点越远的邻域像素与该像素的相关性越小，因此权值也应该越小。Jobson 等人通过大量实验证明，当以高斯函数作为中心环绕函数时，能够取得满意的增强效果，即有

$$\log R(x,y)=\log[I(x,y)]-\log[I(x,y)*G(x,y)] \tag{4-3}$$

其中，log 代表取自然对数操作；$G(x,y)$ 为高斯低通滤波器，即

$$G(x,y)=\frac{1}{2\pi\sigma^2}\exp\left(\frac{-(x^2+y^2)}{2\sigma^2}\right) \tag{4-4}$$

式中：σ 为标准差，即尺度参数，其大小能决定中心点邻域的权值大小，对图像细节有影响。当尺度参数较小时，处理后的图像能保持良好的边缘细节，但对比度偏低；当增大尺度参数时，处理后的图像容易出现细节丢失。

单尺度 Retinex 的算法步骤可总结如下：

(1)构造一定尺度的高斯函数，作为中心环绕函数；

(2)将原始图像与高斯函数卷积，得到照射分量的估计值；

(3)根据式(4-3)计算得到对数域的反射分量 $\log R(x,y)$ ，并进行对比度增强处理；

(4)将 $\log R(x,y)$ 取反对数，并量化到灰度域的范围内，得到增强后的图像。

单尺度 Retinex 的高斯滤波器的尺度选择对增强效果的影响较大，不同的图像会有不同的合适的尺度参数，并且难以在对比度和细节两方面达到平衡。

2. 多尺度 Retinex 算法

多尺度 Retinex 算法是为了克服单尺度 Retinex 算法的缺陷，在照射分量的估计中，首先利用不同尺度的高斯函数对原图像进行卷积估计照射分量，再对不同尺度条件下得到的反射分量进行加权求和，作为最终的反射分量。采用多尺度高斯低通滤波器的原因在于，可以更好地保持色彩恒常性，对原始图像提供更局部的处理，因此可以更好地增强图像。

若用 $R(x,y)$ 表示最后得到的反射图像，则多尺度 Retinex 算法在对数域中可表示为：

$$\log R(x,y)=\sum_{i=1}^{N} w_i\cdot\{\log[I(x,y)]-\log[I(x,y)*G_i(x,y)]\} \tag{4-5}$$

式中：N 表示尺度的个数；w_i 表示加权系数，且 $\sum_{i=1}^{N} w_i=1$，当 $N=3$ 时，通常取 $w_i=\frac{1}{3}$ 。

采用多尺度 Retinex 算法对一组昼夜实测的红外图像进行增强处理，如图 4-3 所示。可以看出，经过基于 Retinex 的图像增强算法处理以后，目标与背景之间的对比度得到了增强，目标(右侧高大建筑物)的轮廓更加清晰可辨，说明算法能够有效地改善红外图像的质量，降低自然干扰对红外成像的影响，为目标识别提供更理想的数据源。

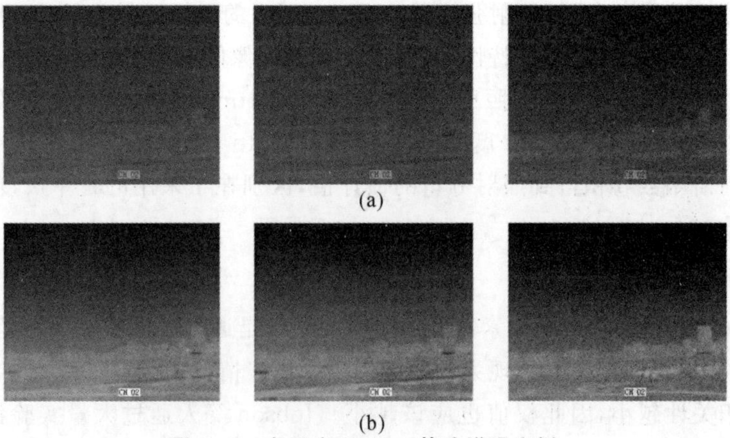

(a)

(b)

图 4-3　多尺度 Retinex 算法增强实例

(a)原始图像；(b)增强图像

4.3　SAR 图像的相干斑抑制

相干斑噪声是包括 SAR 在内的所有相干成像系统所固有的原理性缺陷，使得 SAR 图像不能正确反映地物目标的散射特性，严重影响了 SAR 图像质量，降低了 SAR 图像的可解译性。因此，抑制相干斑噪声是 SAR 图像增强的重要内容，可以在成像前或成像后处理，其中多视平均属于成像前处理方法，空间域滤波和变换域滤波等属于成像后处理方法。

4.3.1　空间域滤波

空间域滤波法是基于 SAR 图像相干斑噪声统计特性，利用图像像素之间的空间相关性来抑制 SAR 图像中的相干斑噪声，一般是利用一个滑动窗口，对窗口内的像素进行加权以得到窗口中心点的像素值。常见的空间域处理方法有均值滤波器、中值滤波器、Lee 滤波器、Frost 滤波器、Kuan 滤波器等。空间域滤波算法的共同特点是基于图像局部直方图特征、均值、灰度、梯度等指标来决定参与滤波的邻域点及其权值，进行自适应滤波，同时保持目标的结构。

1. Lee 滤波

Lee 滤波是利用图像局部统计特性进行 SAR 图像斑点抑制的典型代表算法之一，其本质是在空域乘性相干斑模型的假定下，应用最小均方误差准则，对反射特性进行线性估计。实现时，首先经对数变化将乘性噪声变为加性噪声，在图像中滑动一个大小可变的奇数宽度的窗口，计算每个滑动位置处的图像局域均值和方差，获得该位置的权函数。

完全发育的相干斑噪声服从乘性噪声模型，如下式所示：

$$I = R \cdot n \tag{4-6}$$

式中：I 是像素的观察强度；R 是地物后向散射信号；n 是与信号不相关的相干斑噪声，是一个均值 $E[n]=1$，标准差为 σ_n 的平稳白噪声。对滤波后的像素值 $\hat{R}$ 作假设，考虑它是 I 与滑动窗口内像素均值 $\bar{I}$ 的线性组合：

$$\hat{R} = a \cdot \bar{I} + b \cdot I \tag{4-7}$$

式中：a 和 b 为待定系数，其值使均方误差 $J = E[(R-\hat{R})^2]$ 最小。

经推导可得：

$$\left.\begin{aligned} a &= 1 - \frac{\mathrm{Var}(R)}{\mathrm{Var}(I)} \\ b &= \frac{\mathrm{Var}(R)}{\mathrm{Var}(I)} \end{aligned}\right\} \tag{4-8}$$

由此可得经典的 Lee 滤波器：

$$\hat{R}_{\mathrm{Lee}} = \bar{I} + W(I - \bar{I}) \tag{4-9}$$

其中权系数 $W = \dfrac{\mathrm{Var}(R)}{\mathrm{Var}(I)}$，$\mathrm{Var}(I)$ 表示滑动窗口内的邻域方差，$\mathrm{Var}(R)$ 可通过下式求得：

$$\mathrm{Var}(R) = \frac{\mathrm{Var}(I) - \sigma_n^2 \bar{I}^2}{1 + \sigma_n^2} \tag{4-10}$$

对于给定的 SAR 强度图像，一般是已知视数 N 的，从而可以求得 SAR 强度图像的相干斑指数为

$$\sigma_n = \frac{1}{\sqrt{N}} \tag{4-11}$$

将式(4-11)和式(4-10)代入式(4-9)，即可求得地物后向散射 R 的估计值 $\hat{R}$ 。

应用传统 Lee 滤波算法的前提是 SAR 图像斑点噪声完全发育，服从乘性噪声模型，否则效果并不理想。为了解决这个问题，增强 Lee 滤波算法被提出，用局域信号变差系数 C_I 度量图像中纹理的非均匀程度，将图像分为均匀、非均匀和点目标 3 类区域分别进行处理：

(1)均匀区域：满足 $C_I \leqslant C_{\min}$ ，采用均值滤波处理；

(2)弱纹理区域：满足 $C_{\min} < C_I < C_{\max}$ ，此区域斑点噪声发育完全，采用 Lee 滤波算法，在去噪的同时保留图像细节信息；

(3)斑点噪声发育不完全区域：满足 $C_I \geqslant C_{\max}$ ，此区域可能有边缘或目标，保持原值不变。

增强 Lee 滤波算法的表达式为：

$$\hat{R} = \begin{cases} \bar{I}, & C_I \leqslant C_{\min} \\ \bar{I} + W(I - \bar{I}), & C_{\min} < C_I < C_{\max} \\ I, & C_I \geqslant C_{\max} \end{cases} \tag{4-12}$$

式中 $C_I = \sigma_I / \bar{I}$ 为滑动窗口的局域变差系数；区域分类基于 $C_{\min}$ 和 $C_{\max}$ ，对于视数为 N 的强度图像有 $C_{\min} = C_n = \frac{1}{\sqrt{N}}$（对于视数为 N 的幅度图像有 $C_{\min} = C_n = \frac{0.522\,7}{\sqrt{N}}$），$C_{\max} = \sqrt{1 + \frac{2}{N}}$，对单视图像则有 $C_{\max} = \sqrt{3}\, C_{\min}$。

2. Kuan 滤波

Kuan 滤波是一种加权自适应滤波算法，它根据滤波窗口内特征决定中心像素与窗口值的权重，其数学模型与 Lee 滤波器相同：

$$\hat{R}_{\mathrm{kuan}} = \bar{I} + W(I - \bar{I}) \tag{4-13}$$

其中权重函数为

$$W = \frac{1 - C_n^2 / C_I^2}{1 + C_n^2} \tag{4-14}$$

式中参数的含义与前面相同。与 Lee 滤波一样，Kuan 滤波也有类似的增强算法，对不同区域内的像元采用不同的处理，区域分类原则不变。由此可见，Kuan 滤波和 Lee 滤波的区别在于权重函数的计算不同，它们的特点都是在灰度均匀区域中噪声抑制效果较好，在边缘处由于像素原始值将被保留，因此噪声抑制效果要受到影响。

3. Frost 滤波

Frost 滤波方法认为，目标的反射特性是通过观察图像与系统脉冲响应的卷积来估计的。该方法以权重为自适应调节参数来滤波，对每一个像素，按照下式确定权重值：

$$W(i,j) = K_1 \exp\left(-KC_I^2 \sqrt{i^2 + j^2}\right) \tag{4-15}$$

式中：K_1 为滤波器的归一化常数；K 为滤波器的参数，是控制冲激响应函数的衰减因子；C_I 是以 (i,j) 为中心的窗口所在图像区域的变差系数。可以看出，当 C_I 很小时，表示该区域很平滑，权重相当于一个低通滤波器，能够很好地对噪声进行滤除；当 C_I 很大时，表示该区域可能有边缘或目标，权重趋向于保持原始灰度值，避免过度平滑图像中的细节信息。对图像的滤波处理是通过图像与权函数的卷积实现的：

$$\hat{R}(i,j)=I(i,j)*W(i,j) \tag{4-16}$$

增强 Frost 滤波对图像中不同的像素采用不同的计算方法，计算公式如下所示：

$$\hat{R}(i,j)=\begin{cases}\bar{I}(i,j), & C_I(i,j)\leqslant C_{\min} \\ I(i,j)*W(i,j), & C_{\min}<C_I(i,j)<C_{\max} \\ I(i,j), & C_I(i,j)\geqslant C_{\max}\end{cases} \tag{4-17}$$

其中权函数为

$$W(i,j)=K_1\exp\{-K[C_I(i,j)-C_n]\sqrt{i^2+j^2}/[C_{\max}-C_I(i,j)]\} \tag{4-18}$$

4.3.2　变换域滤波

以 Lee 滤波、Kuan 滤波、Frost 滤波及其改进方法为代表的空间域滤波方法借助滑动窗口估计出的图像局部统计量来完成滤波，算法简单，实时性好，但其相干斑抑制性能和所取窗口的大小相关，所取窗口越大，相干斑抑制越好，但随着窗口的增大，会对图像的边缘等造成模糊，损失图像的细节信息。随着小波的出现，以及多尺度几何分析的发展，许多学者提出了变换域的图像去噪方法，并被应用于 SAR 图像相干斑抑制。变换域滤波直接将图像分解为不同尺度的成分，基于图像中有用信号和相干斑噪声表现出的不同系数特性，对变换系数进行处理和重建，因此能在抑制相干斑噪声的同时，使图像的边缘信息得到较好保持。

1. 小波域滤波

作为一种线性变换，小波变换能将图像分解为不同尺度上的低频逼近信号和高频子带信号，如图 4-4 所示。1995 年 Donoho 在小波变换的基础上提出了阈值去噪的方法，其理论依据是，在小波域内，信号能量主要集中在有限的系数中，而噪声能量分布在整个小波域内，并且噪声系数的幅值一般比信号系数小。因此采用阈值方法可保留大部分信号系数，将大部分噪声系数减少至零。

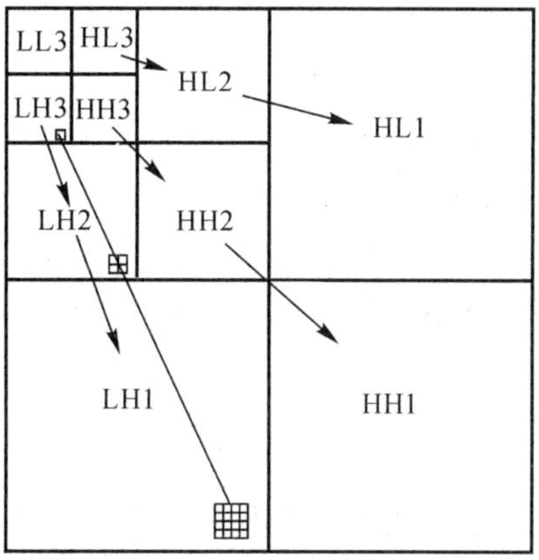

图 4-4　图像的小波分解

小波域滤波方法的基本步骤如图 4－5 所示，具体如下：

（1）对原始图像进行对数变换，将相干斑乘性噪声转化为加性噪声；

（2）选定合适的小波函数和分解层次，分解对数图像，获得小波系数；

（3）在小波域对小波系数进行阈值处理；

（4）由修改后的小波系数重构图像；

（5）对重构图像进行指数变换，得到去噪后图像。

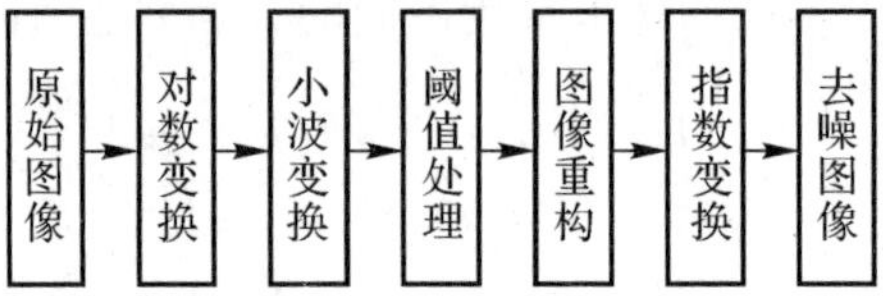

图 4－5　小波域阈值去噪

由图 4－5 可以看出，小波域滤波方法的关键在于小波函数的选取、分解层数和阈值的确定，这些因素都会影响算法对斑点噪声的抑制效果。

软阈值滤波和硬阈值滤波是两种重要的小波系数处理算法。在软阈值处理中，幅度小于阈值的小波系数被认为主要由噪声引起，因此被置为零，大于阈值的小波系数被认为主要由图像信息引起，需要进行一定的收缩处理。表达式如下：

$$\hat{w}=\begin{cases}\operatorname{sgn}(w)(|w|-T), & |w|>T\\ 0, & |w|\leqslant T\end{cases} \tag{4-19}$$

式中：w 是小波系数；sgn 是符号函数，表示系数 w 的正负符号；阈值 T 的大小与图像的大小和方差有关，可以从观测图像中估计。

在硬阈值处理中，幅度小于阈值的小波系数被直接置零，大于阈值的小波系数被直接保留。表达式如下：

$$\hat{w}=\begin{cases}w, & |w|>T\\ 0, & |w|\leqslant T\end{cases} \tag{4-20}$$

硬阈值方法对小波系数产生了系数截断，使得重构图像不够平滑，容易产生图像失真现象。软阈值方法去噪效果相对于硬阈值方法有一定提高，但细节信息不能得到很好的保持，容易造成过度平滑。

2. 多尺度几何分析

小波变换能对一维信号进行很好的表示，但此优异特性并不能简单推广到二维或更高维。二维小波只具有有限的方向性，即水平、垂直、对角，方向性的缺乏使得它不能有效地捕捉图像中的轮廓信息，因此有必要寻求比小波变换更有效的图像表示和分析方法。多尺度几何分析提出的目的就是寻找更有效的基函数来获得二维（或更高维）函数的最优表示形式，以便更好地捕捉图像的奇异性特征。

常用的多尺度几何分析方法包括 Ridgelet 变换（1998 年）、Curvelet 变换（1999 年）和 Contourlet 变换（2002 年）等，当其用于相干斑抑制时，处理步骤与小波域滤波相似，通过对变换系数进行阈值处理实现去噪目的。该类方法能够在去噪的同时，提高边缘轮廓等细节的保持性能。

（1）Ridgelet 变换。Ridgelet 是一种非自适应的高维函数表示方法，具有方向选择和识别能力，可以更有效地表示信号中具有方向性的奇异特征。Ridgelet 变换首先对图像进行 Radon 变换，把图像中的一维奇异性（如直线）映射成 Randon 域的一个点，然后用一维小波进行奇异性的检测，从而有效地解决小波变换在处理二维图像时的问题。

Ridgelet 变换对于具有直线奇异的多变量函数有良好的逼近性能，对于线奇异性丰富的图像，Ridgelet 可以获得比小波更稀疏的表示；但是对于含曲线奇异的多变量函数，其逼近性能只相当于小波变换，不具有最优的非线性逼近误差衰减阶。由于图像中边缘线条以曲线居多，对整幅图像进行 Ridgelet 分析并不十分有效，因此，单尺度 Ridgelet 变换和多尺度 Ridgelet 变换被提出，以解决含曲线奇异的多变量函数的稀疏逼近问题。

（2）Curvelet 变换。Curvelet 变换从 Ridgelet 理论衍生，能够有效地描述具有曲线或超平面奇异性的高维信号。它是一种多分辨率、带通、具有方向性的函数分析方法，符合生理学研究指出的最优图像表示应具有的三种特征。Curvelet 变换由于能最优稀疏地表示具有曲线和直线边缘的目标，因此在 SAR 图像相干斑抑制和边缘增强中得到了广泛的应用。

第一代 Curvelet 的构造思想是通过足够小的分块将曲线近似为每个分块中的直线来看待，然后利用局部的 Ridgelet 分析其特性。第二代 Curvelet 和 Ridgelet 理论并没有关系，实现过程也无需用到 Ridgelet，二者之间的相同点仅在于紧支撑、框架等抽象的数学意义。2005 年，两种基于第二代 Curvelet 变换理论的快速离散 Curvelet 变换实现方法被提出，分别是非均匀空间抽样的二维 FFT 算法（Unequally-Spaced Fast Fourier Transform，USFFT）和 Wrap 算法（Wrapping-Based Transform）。

（3）Contourlet 变换。Contourlet 变换也称为塔形方向滤波器组（Pyramidal Directional Filter Bank，PDFB），被认为是一种“真正”的图像二维表示方法。Contourlet 变换继承了 Curvelet 变换的各向异性尺度关系，是利用拉普拉斯塔形分解（Laplacian Pyramid，LP）和方向滤波器组（Directional Filter Bank，DFB）实现的另一种多分辨的、局域的、方向的图像表示方法。

Contourlet 变换将多尺度分析和方向分析分拆进行，首先用 LP 连续地对带通图像进行多尺度分解，当对这些带通子带应用方向滤波器组时，便能有效地捕获方向信息。Contourlet 变换的最终结果是用类似于轮廓段的基结构来逼近原图像，这也是称之为 Contourlet 变换的原因。经过 Contourlet 变换后，绝大部分 Contourlet 系数的幅值都接近于零，图像边缘的系数能量更加集中，说明 Contourlet 变换对于曲线有更稀疏的表达。

4.3.3　相干斑抑制评价标准

相干斑抑制是对 SAR 图像进行分析和处理时不可缺少的预处理步骤，因此对相干斑抑制效果的评价十分重要，一个好的抑斑算法是能在抑制相干斑噪声的同时具有较好的细节保持能力。目前，主要通过主观（定性）和客观（定量）评价来判断相干斑抑制与信息保持的效果。主观评价主要采用人工判读方法，比较去噪图像与原始图像在同质区域平滑程度、异质区域细节信息以及图像中目标和结构等方面的差别。由于主观评价缺乏统一标准，具有较大的局限性，客观评价成为对去噪效果进行评价的重要手段。由于无法得到无噪 SAR 图像，传统客观评价指标例如最小均方误差和峰值信噪比等不再适用，主要采用等效视数、同质区域的图像均值和方差、边缘保持指数等评价指标。

（1）等效视数。多视处理时，由于进行多视平均的强度图像存在相关，所以实际视数常常不是整数，这个实际视数被称为等效视数（Equivalent Number of Looks，ENL），其意义表示由等效为多少个互相独立的视进行平均而得到的多视图像，一般来说等效视数都要小于用来进行平均的标称视数。等效视数是描述 SAR 图像统计特征的重要参数，可对 SAR 图像中相干斑水平进行度量，等效视数越大，相干斑越小，因此也常被用来衡量算法对相干斑的抑制程度，其意义表示去噪后 SAR 图像相干斑抑制效果相当于 ENL 个视进行多视处理的效果。

若用 $E(I)$ 和 $\mathrm{Var}(I)$ 分别表示 SAR 图像中某强度均匀的同质区域 I 的均值和方差，分别表示为：

$$E(I)=\frac{1}{L\times W}\sum_{i=1}^{L}\sum_{j=1}^{W}I_{i,j} \tag{4-21}$$

$$\mathrm{Var}(I)=\frac{1}{L\times W}\sum_{i=1}^{L}\sum_{j=1}^{W}\left[I_{i,j}-E(I)\right]^2 \tag{4-22}$$

则等效视数 ENL 的计算公式为

$$\mathrm{ENL}=\alpha\frac{E^2(I)}{\mathrm{Var}(I)} \tag{4-23}$$

其中，对于强度图像有 $\alpha=1$，对于幅度图像有 $\alpha=4/\pi-1$。计算去噪后图像的等效视数，ENL 值越大，表明相干斑噪声越少，去噪效果越好。

由于回波强度的起伏在平滑区域中主要取决于相干斑，在非平滑区域中主要取决于地物的结构和属性的变化，因此 ENL 只有在平滑区域才有效，计算时需要首先通过人工交互或自动选取的方法确定平滑区域。

(2)同质区域的图像均值比和方差比。同质区域图像均值反映了图像某一块同质区域的平均灰度，即图像某一区域所包含的平均后向散射系数。同质区域均值的保持是为了保持原始图像的灰度强度，以防止过度平滑，造成同质区域纹理信息的丢失。可以用去噪图像与原始图像均值的比值来表示去噪算法对图像均值的保持能力。

同质区域图像方差反映的是图像同质区域的不均匀性，即图像同质区域中所有点偏离均值的程度。同质区域图像方差减小越多，滤波器的去噪能力就越强，因此可以用去噪图像与原始图像方差的比值来衡量滤波器去斑能力。

通常情况下，一个好的抑斑算法要能够在保持同质区域均值的同时减小方差，即能够在保留原图像信息的情况下保留原图像中的细节信息。

(3)边缘保持指数。边缘保持指数(Edge Preserve Index，EPI)用于衡量抑斑方法对 SAR 图像边缘的保持能力，通过抑斑前后 SAR 图像中边缘两侧灰度对比度的变化来确定。

首先在图像中确定 m 条明显边缘，在每条边缘两侧各取一个邻域，分别记为 R_{i1} 和 R_{i2}(对第 i 个边缘)，分别计算其灰度均值，原始图像的灰度均值记为 M_{i1} 和 M_{i2}，去噪图像的灰度均值记为 MF_{i1} 和 MF_{i2}，则 EPI 定义为

$$\mathrm{EPI}=\frac{\sum_{i=1}^{m}\left|MF_{i1}-MF_{i2}\right|}{\sum_{i=1}^{m}\left|M_{i1}-M_{i2}\right|} \tag{4-24}$$

或者

$$\mathrm{EPI}=\frac{\sum_{i=1}^{m}MF_{i1}/MF_{i2}}{\sum_{i=1}^{m}M_{i1}/M_{i2}} \tag{4-25}$$

可以看出，没有经过任何处理时 EPI 等于 1，经过滤波等处理后，比值越接近于 1，表示边缘保持效果越好，由此可以衡量滤波器对边缘信息的保持程度。实际应用中，可以分别选取垂直和水平方向的边缘、线目标等进行计算。

4.4　多光谱图像的变换增强

变换增强，即对原图像采取某种数学变换，以达到图像增强的目的。通过选取合适的变换函数，将多光谱图像变换到新的特征图像空间，可以达到突出特征信息、抑制冗余信息、降低特征维数等目的。主要方法包括波段运算、主成分分析、最小噪声分离等。

4.4.1　波段运算

对同一区域的不同波段图像进行代数运算的处理过程叫作波段运算。波段运算是根据地物在不同波段的光谱差异，通过不同波段之间的简单代数运算，生成一幅新的图像，达到突出感兴趣地物、抑制不感兴趣地物的目的。处理方法有加法运算、差值运算、比值运算和混合运算等。

1. 加法运算

加法运算是指相同空间范围和空间分辨率的两幅图像对应像元灰度值进行相加，从而产生一幅新图像的运算操作，如下式所示：

$$f_c(x,y)=a[f_1(x,y)+f_2(x,y)] \tag{4-26}$$

为避免相加后新产生图像的像元值超出一定的范围(一般为 0～255)，还须乘以一个介于[0 1]的系数 a，以确保数据值处于规定的动态范围之内。

加法运算的主要用途如下：

(1)噪声消除。当采用 N 幅图像平均方法进行平滑处理时，信号方差保持不变，噪声方差降为原来的 $1/N$，图像信噪比因此得到提高。多视平均是一个典型的应用例子。

(2)加宽波段。绿波段和红波段图像相加可以得到近似全色图像，而绿波段、红波段和红外波段相加可以得到近似全色红外图像。

2. 差值运算

差值运算是指相同空间范围和空间分辨率的两幅图像对应像元灰度值进行相减，从而产生一幅新图像的运算操作，如下式所示：

$$f_D(x,y)=a\{[f_1(x,y)-f_2(x,y)]+b\} \tag{4-27}$$

为避免相减后新产生图像的像元值超出一定的范围(一般为 0～255)，还须乘以或加上一个系数，以确保数据值处于规定的动态范围之内。

差值运算的主要用途是凸显波段间的光谱差异，差值图像上像元的亮度反映了同一地物在两个波段的反射率的差异，差异大的地物得到了突出，例如用红外波段与红波段图像相减即可得差值植被指数。

3. 比值运算

比值运算是指相同空间范围和空间分辨率的两幅图像对应像元灰度值进行相除，从而产生一幅新图像的运算操作，如下式所示：

$$f_E(x,y)=\text{INT}\left[a\cdot\frac{f_1(x,y)}{f_2(x,y)}\right] \tag{4-28}$$

为避免相除后新产生图像的像元值超出一定的范围（一般为0～255）或因为灰度值为0而发生除法溢出，需要乘以正数 a 将其调整到所需的动态范围之内。为避免相除以后出现小数，还需进行取整运算。

比值运算的主要用途如下：

（1）凸显波段间的光谱差异。对于多波段图像，比值图像上像元的亮度反映了两个波段光谱反射的差异，因此可用于地物识别和消除同物异谱现象。例如用红外波段与红波段图像相除即可得比值植被指数。

（2）基于波段比值的太阳光照差异消除。太阳光照对遥感成像有较大影响，如图4-6所示。由于太阳光照角度以及高山等地形高度变化的作用，即使是同类地物在遥感图像中有时也会存在较为明显的亮度差异，这种差异即同物异谱现象，会对基于灰度的地物分类产生较大影响。

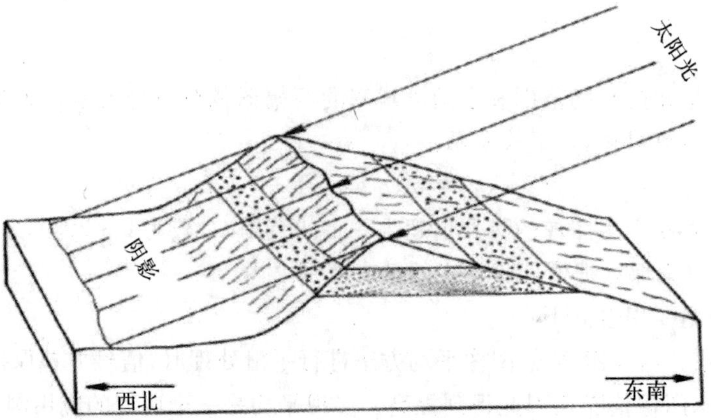

图4-6 遥感图像中的太阳光照影响

基于波段比值的太阳光照消除方法如下：

波段 i 的卫星观测值 w_i 与地物反射值 ρ_i、太阳光照 N 之间存在以下基本关系：

$$w_i=\rho_i N \tag{4-29}$$

所以有

$$\text{Ratio}=\frac{w_i}{w_j}=\frac{\rho_i N}{\rho_j N}=\frac{\rho_i}{\rho_j} \tag{4-30}$$

由此可以看出波段比值Ratio与太阳光照无关，可用于消除分类分析中的太阳光照影响，在一定程度上消除同物异谱现象，因此比值运算是图像分类前常采用的预处理方法之一。

表4-1给出了Landsat-4 TM森林阳坡和森林阴坡在单波段和波段比值两种情况下的变化比，可以看出，在采用波段比值时，森林阳坡和森林阴坡的变化比较小，在产生的比值图像上趋于一致，在分类时能够被分为同一类地物。

表 4-1　Landsat-4 TM 各波段比值

	单波段				波段比值		
	CH4	CH5	CH6	CH7	CH7/CH6	CH6/CH5	CH5/CH4
森林阳坡	12.3	11.0	41.9	46.2	1.10	3.81	0.89
森林阴坡	10.8	9.6	34.2	37.0	1.08	3.56	0.89
变化比	13.9%	14.6%	22.5%	24.9%	1.9%	2.0%	0.0%

4. 混合运算——植被指数

根据地物光谱反射率的差异作比值运算可以突出图像中植被的特征，提取植被类别或估算绿色生物量。通常把能够提取植被的算法称为植被指数(Vegetation Index，VI)。植被指数是代数运算增强的典型应用。

植被指数的理论依据是，绿色植物叶子的细胞结构在近红外具有高反射，其叶绿素在红光波段具有强吸收。因此，利用红外波段图像和红波段图像进行差值运算、比值运算或混合运算，所得的图像上植被区域具有高亮度值，易于植被的识别。

常用的植被指数有以下几种：

(1)比值植被指数(Ratio Vegetation Index，RVI)用来消除各种反射率引起的差异，定义为

$$\mathrm{RVI}=\frac{IR}{R}, \quad \mathrm{RVI}=\mathrm{SQRT}\left(\frac{IR}{R}\right) \tag{4-31}$$

(2)归一化植被指数(Normalized Difference Vegetation Index，NDVI)是最常用的植被指数，定义为

$$\mathrm{NDVI}=\frac{IR-R}{IR+R} \tag{4-32}$$

(3)差值植被指数(Difference Vegetation Index，DVI)定义为

$$\mathrm{DVI}=IR-R \tag{4-33}$$

植被指数作为一种简单而有效的参考量，在环境遥感和农业遥感中有着广泛的应用。在地表覆盖分析时，由于地表覆盖在很大程度上取决于地表的植被状态，而从遥感的角度揭示地表植被覆盖情况，最有价值的是植被指数。在农作物生长监测时，利用植被指数可监测某一区域农作物长势，并在此基础上建立农作物估产模型，从而进行大面积的农作物估产。

4.4.2　主成分分析

多光谱图像波段之间在视觉和数值上都表现出较强的相关性。由于波段之间的数据冗余，直接对原始光谱波段数据进行处理的效率将会很低。主成分分析(Principle Component Analysis，PCA)是一种能够降低波段之间数据冗余的特征空间变换，该变换基于变量之间的相关关系，在尽量不丢失信息的前提下进行线性变换，主要用于数据压缩和信息增强。

1. PCA 的基本原理

对某一 n 个波段的多光谱图像实行一个线性变换，即对该多光谱图像组成的光谱空间 $\boldsymbol{X}$ 乘以一个线性变换矩阵 $\boldsymbol{A}$，产生一个新的光谱空间，从而产生一幅新的包含 n 个波段的多光谱

图像。其表达式为

$$\boldsymbol{Y}=\boldsymbol{A}\boldsymbol{X} \tag{4-34}$$

式中:$\boldsymbol{X}$ 为变换前原始图像矢量;$\boldsymbol{Y}$ 为变换后的主分量矢量,依次称为第一主分量,第二主分量,……,各主分量之间相互独立;$\boldsymbol{A}$ 为线性变换矩阵,其行向量为经过大小排序的 $\boldsymbol{X}$ 的协方差矩阵 $\boldsymbol{C}_X$ 的特征值对应的特征向量。

当 $n=3$ 时,上述变换关系式可以写成:

$$\begin{pmatrix} y_1 \\ y_2 \\ y_3 \end{pmatrix}=\begin{pmatrix} a_{11} & a_{12} & a_{13} \\ a_{21} & a_{22} & a_{23} \\ a_{31} & a_{32} & a_{33} \end{pmatrix}\begin{pmatrix} x_1 \\ x_2 \\ x_3 \end{pmatrix} \tag{4-35}$$

由此看出,变换矩阵 $\boldsymbol{A}$ 的作用实际上是对各分量加一个权重系数,实现线性变换。$\boldsymbol{Y}$ 的各分量均是 $\boldsymbol{X}$ 的各分量的信息的线性组合,它综合了原有各分量的信息,而不是简单的取舍,使得新的 n 维随机向量能够更好地反映事物的本质特征。

2. PCA 的基本步骤

步骤一,将所有波段图像组成如下所示的维数为 $p\times(m\times n)$ 的矩阵 $\boldsymbol{R}$,其中 p 为波段数,m,n 分别为每个波段图像的行列数;

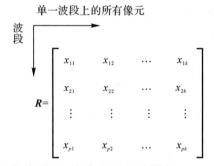

单一波段上的所有像元 →

波段 ↓

$$\boldsymbol{R}=\begin{bmatrix} x_{11} & x_{12} & \cdots & x_{1k} \\ x_{21} & x_{22} & \cdots & x_{2k} \\ \vdots & \vdots & \vdots & \vdots \\ x_{p1} & x_{p2} & \cdots & x_{pk} \end{bmatrix}$$

步骤二,对矩阵 $\boldsymbol{R}$ 进行去均值处理,构建成规范化数据 $\boldsymbol{X}$

$$\boldsymbol{X}=\boldsymbol{R}-\boldsymbol{u}\boldsymbol{e} \tag{4-36}$$

式中:$\boldsymbol{u}$ 为均值列向量,由每个波段的均值构成;$\boldsymbol{e}$ 为单位向量。

步骤三,计算矩阵 $\boldsymbol{X}$ 的协方差矩阵 $\boldsymbol{C}_X$;

步骤四,计算协方差矩阵的特征值 λ_i 和对应的特征向量;

步骤五,对特征值进行排序,并根据以下指标决定需保留的特征值个数;

$$V=\sum_{i=1}^{k}\lambda_i\Big/\sum_{i=1}^{p}\lambda_i \tag{4-37}$$

步骤六,用保留的特征值对应的特征向量构成变换矩阵 $\boldsymbol{A}$;

步骤七,对原始波段图像进行变换,得到主成分图像

$$\boldsymbol{Y}=\boldsymbol{A}\boldsymbol{X} \tag{4-38}$$

变换后的矢量 $\boldsymbol{Y}$ 的协方差矩阵 $\boldsymbol{C}_Y$ 是对角矩阵,其主对角线上的元素就是 $\boldsymbol{C}_X$ 的特征值,即

$$\boldsymbol{C}_Y=\boldsymbol{A}\boldsymbol{C}_X\boldsymbol{A}^{\mathrm{T}}=\begin{pmatrix} \lambda_1 & 0 & \cdots & 0 \\ 0 & \lambda_2 & \cdots & 0 \\ \vdots & \vdots & & \vdots \\ 0 & 0 & \cdots & \lambda_n \end{pmatrix} \tag{4-39}$$

变换后的特征值具有以下性质：

(1) $\boldsymbol{C}_X$ 和 $\boldsymbol{C}_Y$ 具有相同的特征值和特征向量；

(2)特征值按从大到小的顺序排列；

(3)特征值的大小表征了信息量的多少以及每个分量的相对重要性。第一主分量包含最大的信息量，第二主分量表示没有被第一主分量表示的数据的最大信息量，主分量所含的信息量依次减少，到最后几乎为零。与此同时，噪声信号逐渐增加，最后一个分量几乎全为噪声。因此，通过合理选择主分量个数，可以有效实现数据压缩和冗余信息消除。

3. PCA 的基本性质

(1)主成分分析是一个正交变换。首先，主成分分析的变换矩阵为正交矩阵；其次，变换所得的主成分之间互不相关(主成分的协方差矩阵为对角矩阵)。

(2)总方差不变性。变换前后的总方差保持不变，变换只是把原有的方差在新的主成分上重新进行分配(协方差矩阵对角线上元素即方差之和等于特征值之和)。

(3)从主成分分析后所得到的向量 $\boldsymbol{Y}$ 中删除后面的 $(p-k)$ 个元素而只保留前 k 个元素时所产生的误差满足二次方误差最小的准则，即前面 k 个主成分包含了总方差(总能量和总信息)的大部分。

$$e_{\mathrm{ms}}=\sum_{j=1}^{p}\lambda_j-\sum_{j=1}^{k}\lambda_j=\sum_{j=k+1}^{p}\lambda_j \tag{4-40}$$

(4)主成分分析实际上相当于原坐标系的一个平移和旋转操作，如图 4-7 所示。新坐标系的原点即原坐标系中图像的平均值矢量，新坐标系的坐标轴与原图像坐标系中散点的主要分布轴线一致。一般两个变量所组成的二维空间，二维变量空间的第一主成分变量将在原始数据最大分散方向给出主成分轴 PC_1，其数据可通过该主成分轴近似表达。剩余信息汇集于与 PC_1 轴正交的第二主成分轴 PC_2。

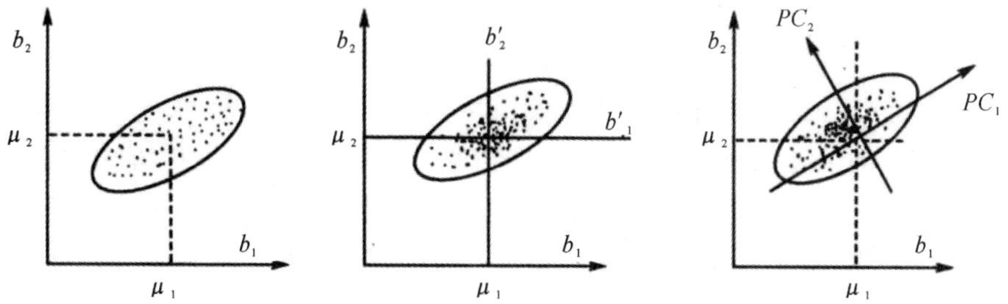

图 4-7　PCA 变换对原坐标轴的平移与旋转作用

图 4-8 给出了对一组 TM 数据进行主成分分析后的结果。可以看出，对于本组图像，选择前三个成分已经包括了原始图像中的绝大多数信息(98%以上)。从第四主成分起，图像中包含的大部分是噪声信号。

4. PCA 的逆变换

从 PCA 变换得到的主成分分量出发，可以进行 PCA 的逆变换，逆变换时要利用正变换过程中得到的统计信息，如均值和协方差等。如果在正变换中选择的主成分数目与波段数目相同，那么逆变换的结果将完全等同于原始图像。如果选择的主成分数目少于波段数目，逆变换的结果相当于抑制了图像中的噪声，但此时逆变换所得的结果图像中各个“波段”与原始图像的波段不再具有对应性，不再具有原始图像波段的物理意义。

图 4-8　TM 图像的主成分分析

4.4.3　最小噪声分离

当某噪声方差大于信号方差或噪声在图像各波段分布不均匀时，基于方差最大化的主成分分析并不能保证图像质量随着主成分的增大而降低。最小噪声分离(Minimum Noise Fraction，MNF)根据图像质量排列成分，其目的是更好地分离信号和可能只存在于几个波段中的噪声，该变换主要采用信噪比(Signal Noise Ratio，SNR)和噪声比例描述图像质量。

1. MNF 的基本原理

MNF 变换由 A. Green 于 1988 年提出。该变换针对一组多元随机变量构造线性变换，得到一组相互正交的结果变量(MNF 影像)，变换的目标是使得结果变量的信噪比最大化。

MNF 变换能够有效地分离原始波段图像中的信号与噪声。MNF 影像的信噪比与特征值有关，特征值小表示该分量信噪比小，经过 MNF 变换后，大部分噪声集中在特征值小信噪比低的 MNF 分量中，对这些噪声分量按合适的方法进行处理，可以达到去噪目的。

假设 P 波段图像 $\boldsymbol{X}=[\boldsymbol{x}_1,\boldsymbol{x}_2,\cdots,\boldsymbol{x}_p]^{\mathrm{T}}$ 由互不相关的信号 $\boldsymbol{S}$ 和随机噪声 $\boldsymbol{N}$ 组成，则有

$$\boldsymbol{X}=\boldsymbol{S}+\boldsymbol{N} \tag{4-41}$$

其协方差矩阵可表示为

$$\boldsymbol{\Gamma}_X=\boldsymbol{\Gamma}_S+\boldsymbol{\Gamma}_N \tag{4-42}$$

第 i 波段图像的信噪比和噪声比率分别为

$$\mathrm{SNR}_i=\frac{\mathrm{Var}\{\boldsymbol{S}_i\}}{\mathrm{Var}\{\boldsymbol{N}_i\}} \tag{4-43}$$

$$\mathrm{NF}_i=\frac{\mathrm{Var}\{\boldsymbol{N}_i\}}{\mathrm{Var}\{\boldsymbol{Z}_i\}} \tag{4-44}$$

MNF 变换可表示为 $\boldsymbol{Y}=\boldsymbol{AX}$，不同的系数向量 $\boldsymbol{a}$ 构造出不同的线性组合 $\boldsymbol{A}$，MNF 变换的

目的是，从所有可能的线性组合中挑选出一个最优的变换，使得变换后图像数据中噪声比率最小，即信噪比最大。变换后第 i 波段图像的信噪比和噪声比率分别为

$$\mathrm{SNR}_i=\frac{\mathrm{Var}\{\boldsymbol{a}_i^{\mathrm{T}}\boldsymbol{S}_i\}}{\mathrm{Var}\{\boldsymbol{a}_i^{\mathrm{T}}\boldsymbol{N}_i\}} \tag{4-45}$$

$$\mathrm{NF}_i=\frac{\mathrm{Var}\{\boldsymbol{a}_i^{\mathrm{T}}\boldsymbol{N}_i\}}{\mathrm{Var}\{\boldsymbol{a}_i^{\mathrm{T}}\boldsymbol{X}_i\}} \tag{4-46}$$

对噪声分量加以单位方差约束条件，即 $\mathrm{Var}\{\boldsymbol{a}_i^{\mathrm{T}}\boldsymbol{N}\}=\boldsymbol{a}_i^{\mathrm{T}}\boldsymbol{\Gamma}_N\boldsymbol{a}_i=1$，则噪声比率可简化为 $\mathrm{NF}=\frac{\mathrm{Var}\{\boldsymbol{a}_i^{\mathrm{T}}\boldsymbol{N}\}}{\mathrm{Var}\{\boldsymbol{a}_i^{\mathrm{T}}\boldsymbol{X}\}}=\frac{1}{\boldsymbol{a}_i^{\mathrm{T}}\boldsymbol{\Gamma}_X\boldsymbol{a}_i}$，因此最小噪声分离问题就转化为求$\boldsymbol{a}_i^{\mathrm{T}}\boldsymbol{\Gamma}_X\boldsymbol{a}_i$ 条件极大值问题。采用拉格朗日乘法求解可得

$$\boldsymbol{\Gamma}_X\boldsymbol{a}=\lambda\boldsymbol{\Gamma}_N\boldsymbol{a} \tag{4-47}$$

此即一个广义特征方程的求解问题，即计算矩阵$\boldsymbol{\Gamma}_X$相对于$\boldsymbol{\Gamma}_N$的特征值λ 和特征向量 $\boldsymbol{a}$，其中特征向量要求满足单位方差约束条件。

接下来的步骤与 PCA 完全相同，计算特征值和特征向量，将特征值按照大小排序进行选择，选择合适的特征向量构造变换矩阵，对原始波段图像进行线性变换，抑制噪声。噪声比率、信噪比与特征值之间的关系为

$$\mathrm{NF}_i=\frac{1}{\boldsymbol{a}_i^{\mathrm{T}}\boldsymbol{\Gamma}_X\boldsymbol{a}_i}=\frac{1}{\lambda_i} \tag{4-48}$$

$$\mathrm{SNR}_i=\frac{1}{\mathrm{NF}_i}-1=\lambda_i-1 \tag{4-49}$$

由上可知，MNF 与 PCA 的异同点在于，MNF 本质上是一种 PCA 变换，产生的 MNF 分量彼此正交，PCA 变换所得的第一主成分具有最大的方差 λ_1，而 *MNF* 变换所得的第一 MNF 分量具有最大的方差 λ_1，最大的信噪比 λ_1-1，和最小的噪声比率$\frac{1}{\lambda_1}$。

J. Lee 于 1990 年提出了噪声调整的主成分分析(Noise Adjusted Principle Components，NAPC)，该方法基本等同于 MNF 变换，只是将广义特征值求解的问题简化为两步：第一步是噪声白化，产生的变换数据中噪声具有单位方差，且波段间不相关。第二步对白化的噪声数据进行标准主成分变换，生成包含有用信息的特征影像和以噪声为主的特征影像。在 NAPC 变换中同样认为数据中噪声和信号不相关。

2. MNF 的基本步骤

(1)构造噪声图像；

(2)计算原始波段图像和噪声图像的协方差矩阵 $\boldsymbol{\Gamma}_X$ 和 $\boldsymbol{\Gamma}_N$；

(3)求解广义特征方程；

(4)对特征值进行排序，求解对应的满足单位方差约束条件的特征向量；

(5)用保留的特征值对应的特征向量构成变换矩阵，对原始波段图像进行变换，得到信噪比依次降低的 MNF 图像。

在 MNF 变换中，最重要的工作就是对噪声图像的协方差矩阵 $\boldsymbol{\Gamma}_N$ 进行估计。噪声图像就是从原始图像数据中将信号分量剔除后剩下的噪声分量构成的影像，其构造过程就是计算每个像元上的噪声值的过程，一般通过分析每个像元与其邻域像元间的关系来估计。主要方法

包括以下五种：

(1)简单差值法：即以当前像元与相邻像元间的灰度差值作为噪声值；

(2)邻域像元自回归模型法：一般用当前像元的邻域像元对当前像元作线性回归，以回归模型的残差作为当前像元上的噪声估计值；

(3)邻域均值差法：用当前像元与其邻域内像元的均值之差作为噪声估计值，这相当于对原始影像作均值滤波，以滤波结果作为信号部分的估计；

(4)邻域中值差法：用中心像元与其邻域内像元的中值之差作为噪声估计值，这相当于将原始影像的中值滤波结果作为信号部分的估计；

(5)二次曲面模型法：采用二次曲面在当前像元的邻域中对像元值的变化趋势作拟合，以当前像元上的拟合残差作为噪声估计值。

3. MNF 的主要应用

MNF 变换对高光谱数据的处理特别有效，因为在高光谱数据中，不同波段的信噪比是不相同的。MNF 的应用主要体现在高光谱数据降维和端元确定等方面。

(1)高光谱数据降维。MNF 变换可用于确定和降低高光谱数据的实际维数，识别和分离数据中的噪声，并通过将有用信息分解到部分 MNF 分量来降低后期高光谱数据处理时的计算量。确定维数的方法通常有以下两种。

方法一，通过检查波段特征值图确定。

图 4-9 为对一组 TM 影像进行 MNF 变换所得的特征值。MNF 特征值的变化的特点是：急骤减少—缓慢变小—稳定变化趋于最小值，大部分的有用信息包含在小部分的大特征值对应的特征影像中，因此可以选定该组数据的实际维数为 3。

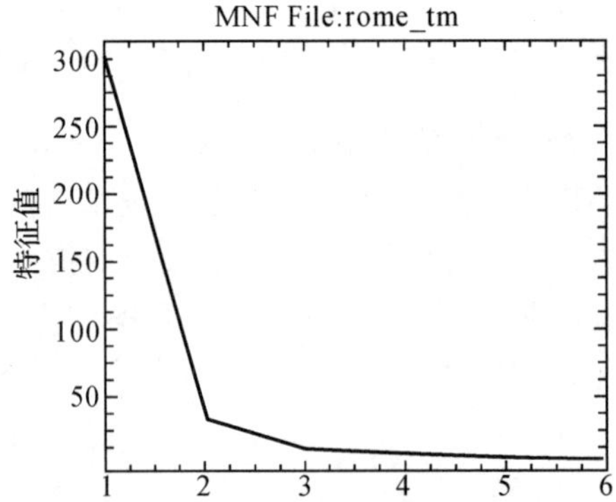

图 4-9　一组 TM 影像的 MNF 变换特征值

方法二，通过目视分析 MNF 特征影像确定。

影像的空间一致性越好，所包含的噪声就越少且信息量就越大。图 4-10 给出了对一组 TM 数据进行最大噪声分离变换后的结果。可以看出，MNF 变换后的图像是按照图像质量(即信噪比)进行排序的，从第 4 分量起，图像中噪声含量较高。

(2)进行端元确定。遥感器所获取的地面反射或发射光谱信号是以像元为单位记录的。若一个像元对应的地面区域内只包含一种特征地物，则称此像元为纯像元或物理端元，此像元记录的信息就是该地物的光谱响应特征或光谱信号；若一个像元对应的地面区域内包含两种或更多种特征地物，则称此像元为混合像元，此像元记录的信息是区域内全部特征地物光谱信息的综合叠加。由于受遥感器的空间分辨率限制以及自然界地物的复杂性与多样性，混合像元普遍存在于遥感图像中。

图 4 - 10　TM 图像的最小噪声分离变换

高光谱图像中的一个像元是 n 维空间中的一个点，所有像元在 n 维空间中的点形成一个凸区域，则此凸区域的边界上的点就是可能的最终端元，因为凸区域内的点可以被边界上的点的线性组合来表示，如图4 - 11所示。通过分析高光谱遥感影像散点图，根据凸面几何理论，可以证实，位于散点图中的犄角像元可以作为端元，这也是使用散点图选择端元的主要依据。

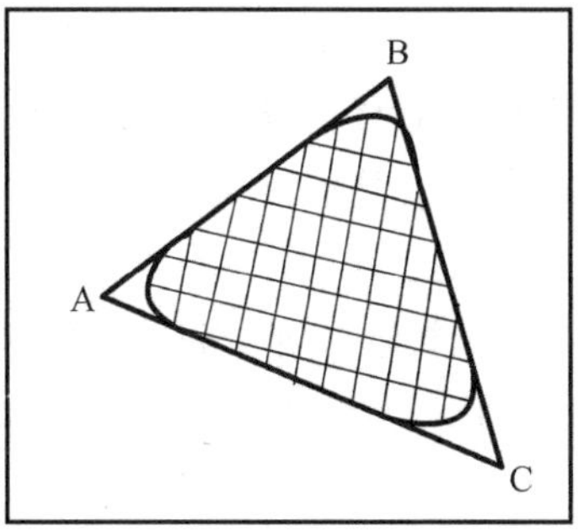

图 4 - 11　端元示意图

像元纯净指数(Pixel Purity Index，PPI)算法以线性光谱混合模型的几何学描述为基础，利用端元是遥感图像在特征空间中所形成的单形体的端点的特点、单形体的向量投影的性质进行端元提取。单形体的形状特点决定了其在空间中任意直线上的投影必为线段，且线段的端点必为单形体顶点的投影。利用这一性质，可以在特征空间中随机生成若干直线，并将所有像元点投影到各个直线上，那么直线上所有投影点中最靠外的两个便是端元点的投影，如图4－12所示。

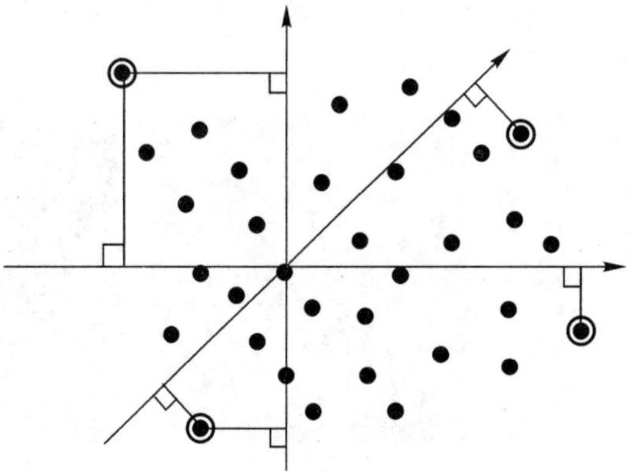

图 4－12　PPI 算法原理示意图

由于模型误差和图像噪声的存在，也可能偶尔出现非端元点被投影到线段端点的位置，因此，需要为每个像元定义一个纯净像元指数，用来记录其被投影到线段端点的次数，并生成大量随机直线进行投影，显然，某个像元所对应的纯净像元指数越大，说明其是端元的可能性越高。经过足够多次投影后，可以根据每个像元的纯净像元指数判定端元。

经 MNF 变换后，波段的数目将显著减少，这是进行端元分析所必需的。因此，MNF 变换通常与 PPI 算法相结合，用于定位光谱纯净像元，其基本步骤如下：

(1)对遥感影像进行 MNF 变换，选择合适的、包含有价值光谱信息的 MNF 分量；

(2)对选择的 MNF 分量进行 PPI 计算，记录每次投影的纯净像元；

(3)生成一幅 PPI 图像，其中每个像元的灰度值与该位置处像元被标记为纯净像元的次数相对应，因此像元灰度越高，光谱越纯净；

(4)选择 PPI 图像中灰度值高的像元所对应位置处的像元作为光谱纯净像元。

PPI 图像只是简单地确定了端元的位置，通常还需结合 n 维可视化技术识别端元的类型。在生成 PPI 图像的基础上，在 n 维特征空间中将这些数据以数据云的形式显示。如果每次同时使用 2 个以上的 MNF 波段，则可以在屏幕上交互地查看和旋转 n 维光谱空间中的端元。当数据云旋转时，分析人员可以在 n 维空间中定位数据云的凸角。可以手工定义数据类，或采用算法预先对数据进行聚类，然后手工提取端元。将 n 维可视化显示的端元实际光谱与 MNF 影像中的实际空间位置进行对比，就可以将纯净像元标识为特定的端元类型。

4.5　遥感图像的融合增强

遥感技术的发展为人们提供了丰富的多源遥感数据，这些来自不同传感器的数据具有不同的时间、空间和光谱分辨率。单一传感器获取的图像信息量有限，往往难以满足应用需要，通过图像融合可以从不同的遥感图像中获得更多的有用信息，补充单一传感器的不足。本节主要讨论高空间分辨率全色影像和低空间分辨率多光谱影像的融合，全色图像一般具有较高的空间分辨率，多光谱图像光谱信息较丰富，通过图像融合既可提高多光谱图像空间分辨率，又可保留其光谱特性。

4.5.1　基于 HSI 变换的图像融合增强

基于 HSI 变换的图像融合增强的处理目的是，将一组低分辨率三波段遥感图像与一幅高分辨率单波段遥感图像进行融合，形成一组既具有高空间分辨率、又具有多波段光谱特性的融合图像。不同于其他图像融合方法(如基于 PCA 变换的融合方法)，该方法主要针对三波段的遥感图像进行融合处理，要受波段限制，需要根据具体需要进行 RGB 波段组合。

1. HSI 模型

HSI 模型是面向视觉感知的彩色模型，由美国色彩学家 Munsell 于 1915 年提出，该模型反映了人的视觉系统感知彩色的方式，以色调(Hue)、饱和度(Saturation)和亮度(Intensity)三种基本特征量来感知颜色。

具体说来，亮度与物体反射率成正比，表示颜色的明亮程度。色调与光谱中光的波长相联系，表示观察者接收的主要颜色。饱和度与一定色调的光的纯度有关，饱和度越大，颜色看起来就会越鲜艳。色调与饱和度合起来称为色度，因此颜色可用亮度和色度共同表示。

HSI 模型的建立基于两个重要的事实：① I 分量与图像的彩色信息无关；② H 分量和 S 分量与人感受颜色的方式是紧密相连的。这些特点使得 HSI 模型非常适合彩色特性分析。

HSI 模型可用图 4－13 所示的六棱锥表示。

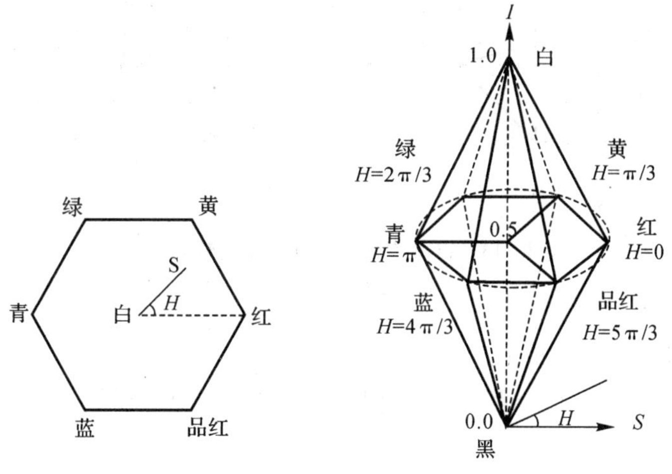

图 4－13　HSI 模型

如果色点在 I 轴上，则其 S 值为零而 H 没有定义，这些点也称为奇异点，奇异点的存在是 HSI 模型的一个缺点，而且在奇异点附近，R,G,B 值的微小变化会引起 H,S,I 的明显变化。

HSI 颜色空间和 RGB 颜色空间只是同一物理量的不同表示，因此它们之间存在转换关系。RGB 到 HSI 的转换是由一个基于笛卡儿直角坐标系的单位立方体向基于圆柱极坐标系的双锥体的转换。有多种转换方法，其中几何推导法最为经典，这种方法首先根据 I 分量和 S 分量的物理意义定义转换公式，然后将 I 分量分离出来，将三维椎体空间降为二维空间，利用向量点积公式计算出 H 分量。下面详细说明其推导过程。

HSI模型的颜色是关于归一化的 R,G,B 分量定义的。因此首先对 R,G,B 分量进行归一化处理：

$$\left.\begin{aligned} r&=\frac{R}{(R+G+B)} \\ g&=\frac{G}{(R+G+B)} \\ b&=\frac{B}{(R+G+B)} \end{aligned}\right\} \tag{4-50}$$

首先来看 I 分量的推导。I 分量表示颜色的明亮程度，可以直接定义为三个分量的平均值，即

$$I=\frac{1}{3}(R+G+B) \tag{4-51}$$

接下来看 H 分量的推导。把降维后的二维空间画到RGB立方体空间，如图4-14所示，H 分量定义为向量 $\boldsymbol{WR}$ 与 $\boldsymbol{WP}$ 之间的夹角。根据各点的定义写出它们的坐标，并将其代入向量点积公式，即可求得 H 分量的转换公式。

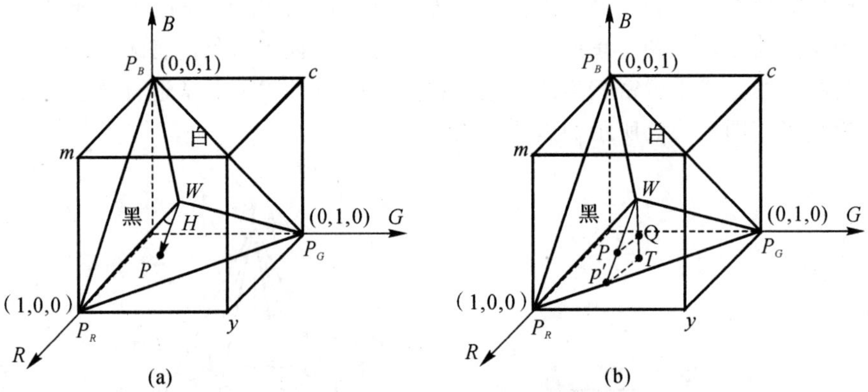

图4-14 RGB空间向HSI空间的转换示意图

(a) H 分量的推导；(b) S 分量的推导

根据向量点积公式可以得出：

$$\boldsymbol{PW}\cdot\boldsymbol{P_RW}=\|\boldsymbol{PW}\|\cdot\|\boldsymbol{P_RW}\|\cdot\cos H \tag{4-52}$$

所以有

$$H=\cos^{-1}\frac{\boldsymbol{PW}\cdot\boldsymbol{P_RW}}{\|\boldsymbol{PW}\|\cdot\|\boldsymbol{P_RW}\|} \tag{4-53}$$

点 W、点 P_R 和点 P 的坐标分别如下：

$$W=(1/3,1/3,1/3),\quad P_R=(1,0,0),\quad P=(r,g,b)$$

因此有

$$\boldsymbol{PW}=(r-1/3,g-1/3,b-1/3),\quad \boldsymbol{P_RW}=(2/3,-1/3,-1/3)$$

由此可得

$$\boldsymbol{PW}\cdot\boldsymbol{P_RW}=\frac{2}{3}(r-1/3)-\frac{1}{3}(g-1/3)+\frac{1}{3}(b-1/3)=\frac{2R-G-B}{3(R+G+B)}$$

$$\| \boldsymbol{PW} \| = [(r-1/3)^2+(g-1/3)^2+(b-1/3)^2]^{1/2}$$
$$= \left[\frac{9(R^2+G^2+B^2)-3(R+G+B)^2}{9(R+G+B)^2}\right]^{1/2}$$
$$\| \boldsymbol{P}_R\boldsymbol{W} \| = (2/3)^{1/2}$$

把上式代入式(4 - 53)，即可得

$$H=\cos^{-1}\left\{\frac{\frac{1}{2}[(R-G)+(R-B)]}{[(R-G)^2+(R-B)(G-B)]}\right\} \tag{4-54}$$

根据式(4 - 54)计算出的 H 满足 $0° \leqslant H \leqslant 180°$。当 $B>G$ 时，对应的 H 应有 $H>180°$，此时设定 $H=360°-H$。

最后来看 S 分量的推算。如图 4 - 17 (b)所示，S 分量定义为被白光稀释的颜色，可以表示为比值 $|WP|/|WP'|$，点 P' 是 WP 的延长线与三角形最近边的交点。通过构造一个相似三角形，将相关值代入比值公式中，即可推导出 S 分量的转换公式。

$$S=|WP|/|WP'|=|WQ|/|WT|=(|WT|-|QT|)/|WT|=1-|QT|/|WT| \tag{4-55}$$

点 W、点 T 的坐标分别为 $W=(1/3,1/3,1/3)$ 和 $T=(1/3,1/3,0)$，因此有 $|WT|=1/3$。

对图 4 - 14(b)的示例来说，由于 T 是 W 在 RG 平面的投影，所以其 B 分量为 0；Q 是 P 在 WT 上的投影，PQ 与 RG 平面平行，所以 Q 点的 B 分量为 P 点的 B 分量，即 b。即可得

$$|QT|=b=\min(r,g,b)$$

代入可得 S 分量的表达式：

$$S=1-\frac{3}{R+G+B}\min(R,G,B) \tag{4-56}$$

综上，可得由 RGB 到 HSI 的转换公式为

$$\left.\begin{aligned} I&=\frac{1}{3}(R+G+B) \\ S&=1-\frac{3}{R+G+B}\min(R,G,B) \\ H&=\begin{cases}\theta & B\leqslant G \\ 360°-\theta & B>G\end{cases}\end{aligned}\right\} \tag{4-57}$$

其中

$$\theta=\cos^{-1}\left\{\frac{\frac{1}{2}[(R-G)+(R-B)]}{[(R-G)^2+(R-B)(G-B)]}\right\}$$

限于篇幅，直接给出由 HSI 到 RGB 的转换公式如下：

当 H 在 $[0°\quad 120°]$ 之间时，

$$\left.\begin{aligned} B&=I(1-S) \\ R&=I\left[1+\frac{S\cos H}{\cos(60°-H)}\right] \\ G&=3I-(B+R)\end{aligned}\right\} \tag{4-58}$$

当 H 在[120°　240°]之间时，

$$\left.\begin{aligned}&H=H-120^\circ\\&R=I(1-S)\\&G=I\left[1+\frac{S\cos H}{\cos(60^\circ-H)}\right]\\&B=3I-(R+G)\end{aligned}\right\}\tag{4-59}$$

当 H 在[240°　360°]之间时，

$$\left.\begin{aligned}&H=H-240^\circ\\&G=I(1-S)\\&B=I\left[1+\frac{S\cos H}{\cos(60^\circ-H)}\right]\\&R=3I-(G+B)\end{aligned}\right\}\tag{4-60}$$

2. 图像融合增强

基于 HSI 变换的图像融合增强处理过程如图 4-15 所示，具体步骤如下：

(1)对三波段低分辨率图像进行重采样或相对于单波段高分辨率图像进行图像配准，使其具有和单波段高分辨率图像一致的分辨率，并且坐标对应；

(2)将三波段低分辨率图像由 RGB 空间转换到 HSI 空间；

(3)将单波段高分辨率图像进行对比度拉伸，使其具有和三波段低分辨率图像在 HSI 空间中的亮度分量图像一致的灰度均值及方差；

(4)将拉伸后的单波段高分辨率图像作为新亮度分量代入 HSI 图像；

(5)对 HSI 图像进行反变换，将其变换回原始 RGB 空间。

经过上述处理生成的融合图像是一幅高空间分辨率的彩色图像，既包含了原始全色图像的空间信息，又包含了原始多光谱图像的光谱信息。目前大多数光学成像卫星都具有全色波段和多光谱波段，采用这种简单有效的方法，可以为用户提供高空间分辨率彩色影像。

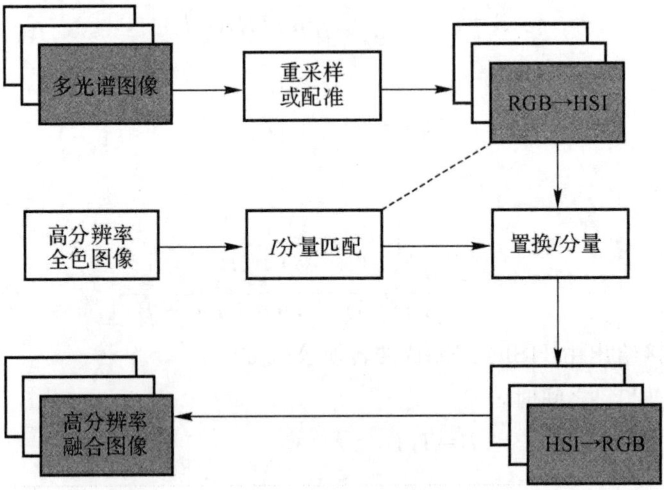

图 4-15　基于 HSI 变换的图像融合增强

4.5.2　基于 PCA 的图像融合增强

基于 PCA 的图像融合增强基于以下原理：PCA 变换后的第一主成分分量包含了多个波段的主要信息，与全色波段的数据信息相似。

处理过程如图 4－16 所示，具体步骤如下：

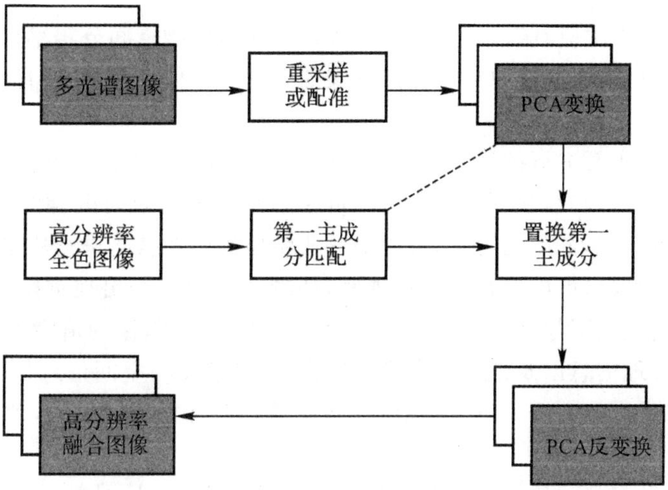

图 4－16　基于 PCA 变换的图像融合增强

(1)对多波段低分辨率图像进行重采样或相对于单波段高分辨率图像进行图像配准，使其具有和单波段高分辨率图像一致的分辨率，并且坐标对应；

(2)对多波段低分辨率图像进行 PCA 变换；

(3)将单波段高分辨率图像进行对比度拉伸，使其灰度均值及方差和多波段低分辨率图像 PCA 变换结果中的第一主成分分量一致；

(4)将拉伸后的单波段高分辨率图像作为第一主成分分量；

(5)进行 PCA 反变换，得到融合增强后的多光谱图像。

基于 PCA 的图像融合增强方法不受波段数目的限制，可以将多光谱图像的全部波段影像参与处理，由于 PCA 变换中没有丢弃主成分，原始图像的光谱信息能得到有效保持。

4.5.3　基于颜色归一化的图像融合增强

基于颜色归一化的图像融合增强方法又称为 Brovey 变换法或比值变换法。该方法基于色度变换，并且比 RGB 到 HSI 的变换更简单。Brovey 变换通过对 3 个波段多光谱图像进行归一化，然后与高分辨率图像进行相乘，实现低分辨率多光谱图像与高分辨率图像的融合。融合公式如下：

$$\left.\begin{aligned} R_{\text{fused}} &= R[P_{\text{an}}/(R+G+B)] \\ G_{\text{fused}} &= G[P_{\text{an}}/(R+G+B)] \\ B_{\text{fused}} &= B[P_{\text{an}}/(R+G+B)] \end{aligned}\right\} \tag{4-61}$$

其中 P_{an} 为高分辨率图像的像素灰度值。

如果高分辨率图像的光谱范围和3个低分辨率图像的光谱范围不同，那么Brovey变换和HSI变换都可能引起色彩畸变。Brovey变换使得融合图像的直方图两端产生很大对比，可增强图像高亮度值(高反射区，如城区)和低亮度值(低反射区，如阴影或水体)之比，提高目视效果。所以，如果原始图像中的辐射信息较为重要而需要保留时，就不能使用Brovey变换。

4.5.4 图像融合质量评价

理想的图像融合算法应具有以下效果，既能使融合图像的空间分辨率得到提高，即空间细节信息的表现能力增强，又能使原始多光谱图像的光谱特征得到保持，即目标地物的光谱可分性不变。

如何对图像融合质量进行评价是一个重要的问题。目前主要采用两类方法对图像融合效果进行评价，即主观评价和客观评价。主观评价主要是依靠人眼对融合图像的效果进行主观判断，具有直观快捷、简单方便的特点，可以对一些明显的图像信息进行质量评价，对一些暂无较好客观评价指标的现象可以进行定性的说明，如融合图像是否出现重影、色彩是否一致、整体亮度和色差是否合适、图像是否产生蒙雾或者马赛克现象、图像的清晰度是否降低、图像边缘是否清晰、图像纹理信息以及色彩信息是否丰富、光谱信息与空间信息是否丢失等等。主观评价是对融合效果最直接的评价，但主观评价与视觉心理有很大的关系，评价结果因人而异，而且工作量巨大。

客观评价是一种定量评价方法，主要通过定义评价指标参量，对融合图像自身质量进行量化评价，或对融合图像和理想参考图像进行量化比较，从而实现对融合质量的评价。由于遥感图像融合的主要目的是在保持光谱质量的同时改善空间质量，因此评价指标均是针对光谱质量或空间质量做出的。

1. 融合图像自身质量的量化评价

(1)均值和方差。图像均值指图像像素的平均灰度值，对人眼反映为平均亮度。方差反映了图像灰度相对于平均灰度值的离散情况。图像的方差越大，表明图像的灰度级分布越分散，图像的对比度也就越大，图像信息相应地也越大。所以可以通过比较融合图像的均值和方差来评价融合图像的效果。

图像标准差和方差具有同样的物理意义，也可作为评价指标。

(2)信息熵。图像的信息熵是衡量图像信息丰富程度的一个重要指标，通过对图像信息熵的比较可以对比出图像之间的细节表现能力。信息熵越大，表示融合图像所含的信息越丰富，融合质量越好。信息熵的计算公式如下：

$$H=-\sum_{l=0}^{L-1} P_{\mathrm{F}}(l)\log_2 P_{\mathrm{F}}(l) \tag{4-62}$$

式中：$P_{\mathrm{F}}(l)$是融合图像第l个灰度级的出现概率。

(3)平均梯度。图像的平均梯度是对图像清晰度的测量，可敏感地反映图像对微小细节反差表达的能力，一般说来，平均梯度越大，图像层次越多，表示图像越清晰，融合效果越好。

$$\bar{T}=\frac{1}{M\times N}\sum_{x=1}^{M}\sum_{y=1}^{N}\sqrt{(\Delta F_x{}^2+\Delta F_y{}^2)/2} \tag{4-63}$$

式中：$\Delta F_x=F(x,y+1)-F(x,y)$，$\Delta F_y=F(x+1,y)-F(x,y)$。

一般说来，融合图像的上述指标应比原始图像的相应值有显著的提高，这表明融合图像的信息量要比单源图像的信息量增加，清晰度改善。

2. 融合图像与参考图像之间的量化比较

采用量化比较的方法进行融合质量评价时，从实际应用的角度出发，当需要考察融合图像的光谱质量保持能力时，一般以原始多波段低分辨率图像为参考图像；当需要考察融合图像的空间质量提升能力时，一般以原始全色高分辨率图像为参考图像。

当以原始多波段低分辨率图像为参考图像时，由于融合图像与参考图像的空间分辨率不一致，可以采取以下处理方法：

方法一，将原始低空间分辨率图像和高空间分辨率图像都重采样到低一级的分辨率，进行图像融合，将原始低分辨率多波段图像作为标准，对融合图像进行质量评价。

方法二，对融合图像抽样到原始低分辨率后，将原始低分辨率多波段图像作为标准，对融合图像进行质量评价。

一般采用均方根误差、相关系数、交叉熵、互信息、光谱扭曲度等指标进行融合图像与参考图像之间的量化比较。

(1)均方根误差：设融合图像和参考图像分别 $F(x,y)$ 和 $R(x,y)$，均方根误差反映了融合图像与标准参考图像之间灰度分布的差异程度，定义为

$$\text{RMSE}=\left\{\frac{1}{M\times N}\sum_{x=1}^{M}\sum_{y=1}^{N}\left[R(x,y)-F(x,y)\right]^2\right\}^{1/2} \tag{4-64}$$

均方根误差越小，说明融合图像和参考图像越接近，融合效果越好。

(2)相关系数。相关系数反映了两幅图像的相关程度，也反映了图像融合前后的改变程度，定义为

$$\text{NCC}(x,y)=\frac{\sum_{x=1}^{M}\sum_{y=1}^{N}\left[F(x,y)-\mu_F\right]\cdot\left[R(x,y)-\mu_R\right]}{\sqrt{\sum_{x=1}^{M}\sum_{y=1}^{N}\left[F(x,y)-\mu_F\right]^2}\cdot\sqrt{\sum_{x=1}^{M}\sum_{y=1}^{N}\left[R(x,y)-\mu_R\right]^2}} \tag{4-65}$$

当以原始多波段低分辨率图像为参考图像时，通过计算融合前后图像的相关系数，可以看出多光谱图像的光谱信息的改变程度，该值越大说明光谱信息改变越少。当以原始全色高分辨率图像为参考图像时，通过计算融合前后图像的相关系数，可以表示融合图像的空间信息提升程度，该值越大说明空间信息提升效果越好。

(3)交叉熵。交叉熵亦称为相对熵，可以用来测量两个概率分布的信息差异，定义如下：

$$CE_{(R,F)}=\sum_{l=0}^{L-1}P_R(l)\log_2\frac{P_R(l)}{P_F(l)} \tag{4-66}$$

因此交叉熵直接反映了两幅图像的差异，是对两幅图像所含信息的相对衡量。通常交叉熵越小，表示图像间的信息差异越小。

(4)互信息。互信息也称为相关熵，用于度量两个随机变量的统计依赖性或者一个变量包含另一个变量的信息量，定义如下：

$$I(R,F)=\sum_{a,b}P_{R,F}(a,b)\log_2\frac{P_{R,F}(a,b)}{P_R(a)\times P_F(b)} \tag{4-67}$$

通常互信息越大，融合图像中包含原始图像的信息就越多，融合效果就越好。

(5)光谱扭曲度。光谱扭曲度反映了多光谱图像融合前后的光谱失真程度，用来比较融合

后图像和用作参考图像的多光谱图像在光谱特性上的偏离程度，值越小说明光谱信息改变越少。如图 4-17 所示，$\boldsymbol{v}$ 和 $\hat{\boldsymbol{v}}$ 分别表示融合图像和参考图像某一像素点的光谱特征向量，则其光谱扭曲度可用两个向量之间的光谱角表示如下：

$$\mathrm{SAM}=\arccos\left(\frac{\langle \boldsymbol{v},\hat{\boldsymbol{v}}\rangle}{\|\boldsymbol{v}\|_2\cdot\|\hat{\boldsymbol{v}}\|_2}\right) \tag{4-68}$$

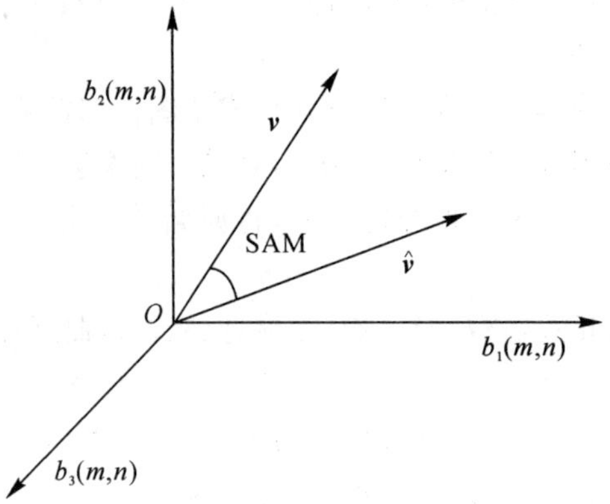

图 4-17　光谱角

在计算光谱扭曲度时，必须选择有代表性和光谱特征比较均一的样本，例如水体、植被或裸土等，以保证光谱特征的纯净性。也可以通过计算上述样本的光谱特征曲线，通过比较特征曲线进行质量评价。理想情况下，融合前后图像中同一地物的光谱曲线形状不发生变化，不同地物的光谱曲线之间的关系能得到较好的保持。

思　考　题

1. 简述图像直方图的定义，介绍直方图均衡化处理采用的转换函数。
2. 波段运算的目的是什么？主要应用有哪些？
3. 简述植被指数的原理和应用，给出植被指数的主要表达式。
4. 简述 Lee 滤波和增强 Lee 滤波的基本原理。
5. 简述小波域滤波的基本步骤。
6. 为什么说数据降维对于高光谱图像处理非常必要？
7. 图像融合的主要目的和常用方法是什么？
8. 简述主成分分析的基本原理和主要步骤。
9. 采用主成分分析进行高光谱降维时，如何确定主成分的个数？为什么？
10. 采用专业遥感软件，实现基于 HSI 变换的图像融合，对融合前后的色彩保持能力进行分析。

第 5 章　遥感图像中的目标检测

5.1 引　　言

图像目标区域被称为前景，是人们感兴趣的部分；而非前景的区域被称为背景，是需要忽略的部分。目标检测主要实现对图像中感兴趣目标的定位与分类，即从图像中提取出前景区域，便于之后的目标识别、跟踪、行为分析等高级事件处理。

一般来说，目标检测分为两大类：实例检测和类别检测。实例检测涉及识别已知的实例物体，这个物体可能位于复杂的背景中，可能被局部遮挡，或者成像视角发生变化。类别检测即检测特定类别的物体，更具有挑战性。从 20 世纪 60 年代，就有学者开始了基于几何学原理的目标检测技术的研究，随着该领域研究的深入，目标检测逐渐过渡到统计学，基于滑动窗口和图像分类的目标检测框架也随之提出。

遥感图像中目标检测方法一般由以下部分组成：图像预处理、特征提取、特征匹配、位置确定。传统方法主要包括以下类别：

(1)基于模板匹配的目标检测方法。该类方法通常需要输入一个模板(即参考图像)，算法在测试图像上按图索骥，确定模板所在的位置，这种情况属于实例检测的范畴；或者输入若干个类别的模板和一个测试样本，算法通过比对测试样本和模板的相似性，确定测试样本的类别，这种情况属于类别检测的范畴。

(2)基于知识模型的目标检测方法。该类方法需要根据专家知识，总结出目标的知识模型，设计相应的算法，在测试图像上检测该类目标，而不是某个特定目标，因此属于类别检测的范畴。

(3)基于图像分类的目标检测方法。该类方法包含有监督分类和无监督分类两类方法。有监督分类需要事先用训练样本训练出分类器，然后在测试图像上检测该类目标；无监督分类没有训练样本参与，依靠数据之间的自相似性进行分类。这类方法属于类别检测的范畴。

5.2 特征提取

遥感图像中目标检测常用到的比较有代表性的特征分别为 Haar-like 特征、局部二值模式(Local Binary Pattern，LBP)特征及梯度方向直方图(Histogram of Gradients，HOG)特征，三种特征分别从不同的角度描述了目标的三种局部信息，Haar-like 特征描述了图像在局部范围内像素值明暗变换信息；LBP 特征描述了图像在局部范围内对应的纹理信息；HOG 特征描述了图像在局部范围内对应的形状边缘梯度信息。

除了以上常用的特征外，还有很多其他的性能优秀的特征描述子，如 SURF 特征、ORB 特征、Gabor 特征等，实际应用中通常通过对不同的特征进行组合调优，从而增加表达能力。

5.2.1 Haar-like 特征

Haar-like 特征最早由 Papageorgiou 等应用于人脸表示，Viola 和 Jones 在此基础上，使用了 3 种类型 5 种形式的特征。Lienhart R. 等研究者们将 Haar 特征库做了进一步的扩展，加入了旋转 45°的特征。扩展后的特征被分成四大类：边缘特征、线特征、中心环绕特征和对角线特征，组合成特征模板，如图 5-1 所示。

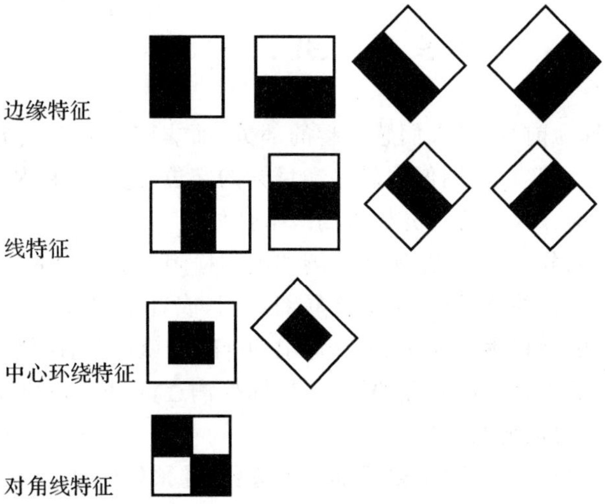

图 5-1 Haar-like 特征模板

特征模板内有白色和黑色两种矩形，并定义该模板的特征值为白色矩形像素和减去黑色矩形像素和。因此，Haar 特征值反映了模板所在局部区域的明暗对比关系，即灰度变化情况。但是，矩形特征只对一些简单的图形结构（如边缘、线段）较敏感，所以只能描述特定走向（水平、垂直、对角）的结构。

通过改变特征模板的大小和位置，可在图像子窗口中穷举出大量的特征。图 5-1 的特征模板称为"特征原型"；特征原型在图像子窗口中扩展（平移伸缩）得到的特征称为"矩形特征"；矩形特征的值称为"特征值"。矩形特征可位于图像任意位置，大小也可以任意改变，所以矩形特征值是矩形模版类别、矩形位置和矩形大小这三个因素的函数，三个因素的变化使得很小的检测窗口含有非常多的矩形特征，可采用积分图像来提高计算速度。

积分图像中任意一点 $\boldsymbol{x}=(x,y)$ 的值 $I_{\Sigma}(\boldsymbol{x})$，为原始图像左上角到点 $\boldsymbol{x}=(x,y)$ 形成的矩形区域所有像素灰度值的总和，即

$$I_{\Sigma}(\boldsymbol{x})=\sum_{i=0}^{i\leqslant x}\sum_{j=0}^{j\leqslant y}I(i,j) \tag{5-1}$$

对每一幅特定的图像，积分图像可以按照从左至右、从上至下的顺序一次性计算得到。一旦将一幅图像转换成积分图像的形式，在积分图像中计算一个矩形区域内的灰度之和就可以用 3 个加减运算来解决。如图 5-2 所示，$S=A-B-C+D$，与矩形的面积无关。Haar-like

特征值就是两个矩阵像素和的差，矩形特征的特征值计算与此特征矩形的端点的积分图有关，只要遍历图像一次，就可以求得所有子窗口的特征值。一个矩形区域内像素累加求和计算转变成了几个值的加减运算，大大地提升了算法执行效率。

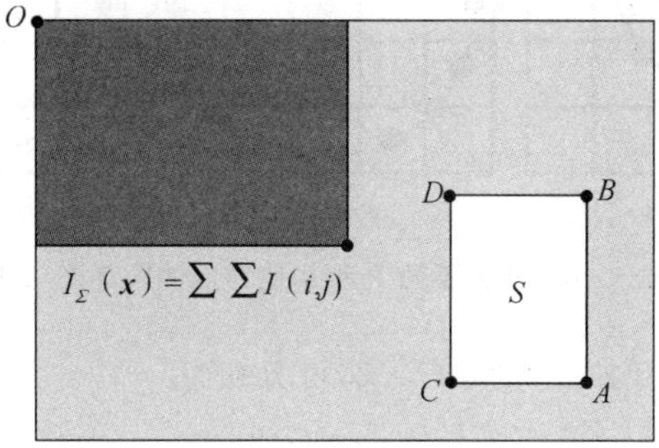

图 5-2　积分图像

5.2.2　LBP 特征

LBP 特征是一种灰度范围内的纹理度量，其基本思想是，图像中某一个物体应该包含有多个像素，且像素与像素之间位置关系应该是连续的，也即在空间位置上有关联的像素信息是有关联的，因此，可以考虑利用在空间位置上邻近的像素来对当前像素进行二进制编码。

LBP 最初定义于像素的 8 邻域中，以中心像素的灰度值为阈值，将周围 8 个像素的值与其比较，如果周围像素的灰度值小于中心像素的灰度值，该像素位置就被标记为 0，否则标记为 1；将阈值化后的值(0 或 1)分别与对应位置像素的权重相乘，8 个乘积的和即为该邻域的 LBP 值，LBP 的计算原理如图 5-3 所示。分别对目标区域的每个像素点提取 LBP 特征，即可在目标区域建立 LBP 特征的统计直方图。

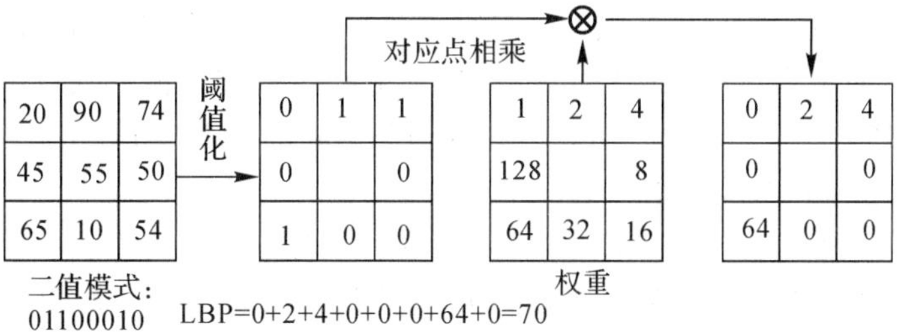

图 5-3　原始 LBP 值的定义

为了改善原始的 LBP 存在的无法提取大尺寸结构纹理特征的局限性，Ojala 等对 LBP 作了修改并形成了系统的理论。在某灰度图像中定义一个半径为 R 的圆环形邻域，P 个邻域像素均匀分布在圆周上，如图 5-4 所示。设邻域的局部纹理特征为 T，则 T 可以用该邻域中 $P+1$个像素的函数来定义，即

$$T=t(g_c,g_0,\cdots,g_{P-1}) \tag{5-2}$$

式中：g_c 为该邻域中心像素的灰度值，$g_i(i=0,1,\cdots P-1)$是 P 个邻域像素的灰度值。

在不丢失信息的情况下，使用邻域点的灰度值减去局部中心点的灰度：

$$T=t(g_c,g_0-g_c,\cdots,g_{P-1}-g_c) \tag{5-3}$$

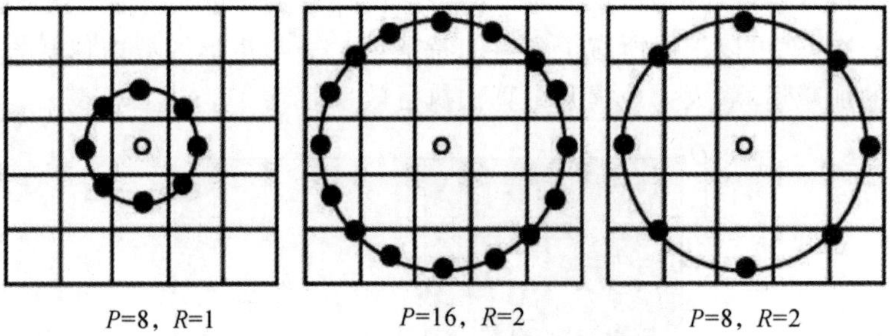

图 5－4　几种不同 P 和 R 值对应的圆环形邻域

假设各个差值与 g_c 相互独立，则式(5－3)可分解为

$$T \approx t(g_c)t(g_0-g_c,\cdots,g_{P-1}-g_c) \tag{5-4}$$

其中 $t(g_c)$ 代表图像的亮度值，且与图像局部纹理特征无关，因此式(5－4)可表示为

$$T \approx t(g_0-g_c,\cdots,g_{P-1}-g_c) \tag{5-5}$$

为了使定义的纹理不受灰度值单调变化的影响，只考虑差值的符号：

$$T \approx t(s(g_0-g_c),\cdots,s(g_{P-1}-g_c)) \tag{5-6}$$

其中 $s(x)$ 为符号函数

$$s(x)=\begin{cases}1, x \geqslant 0\\0, x<0\end{cases} \tag{5-7}$$

符号函数描述了邻域点与中心点的两种关系状态，同时降低了局部区域内灰度差值联合分布的范围，使得分布的情况能够用简单的数值来表示。给每个二值表达 $s(g_i-g_c)$ 分配一个权值 2^i 并且求和，即可得局部二值模式：

$$\mathrm{LBP}_{P,R}=\sum_{i=0}^{P-1} s(g_i-g_c)2^i \tag{5-8}$$

根据式(5－8)，使用 24 个采样点计算局部二值模式，能够得到 2^{24} 种可能的模式，其中大多数模式并不能有效地表达局部结构信息。Ojala 等在原局部二值模式算法的基础上引入了统一局部二值模式(Uniform Local Binary Pattern)的概念。定义局部二值模式编码中 0/1 或 1/0 跳变次数不大于 2 的模式为统一模式，其余的模式为非统一模式。以 8 个采样点的局部二值模式为例，LBP 编码为 1(00000001)的 0/1 或 1/0 跳变次数为 2，属于统一模式；LBP 编码为 5(00000101)的 0/1 或 1/0 跳变次数为 4，为非统一模式。统一局部二值模式使用符号 $\mathrm{LBP}_{P,R}^{u2}$ 表示。统一局部二值模式反映了图像中的角、边、点和面等局部结构，代表着纹理的基元信息。图 5－5 显示了统一局部二值模式检测的部分纹理基元。图像的统一局部二值模式特征就是用图像中角、边、点和面等局部结构出现的概率来表达整个图像的信息。

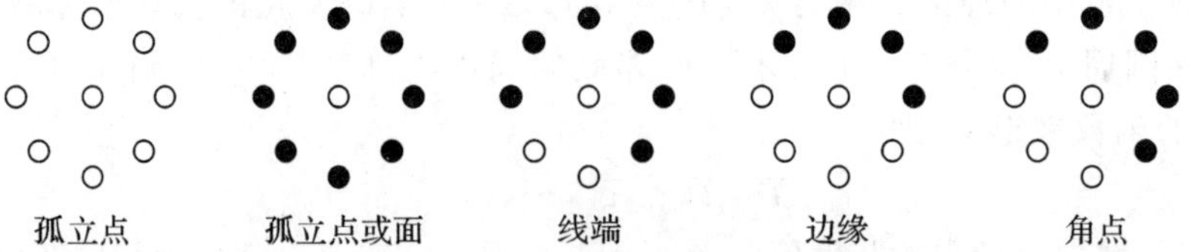

图 5－5　统一局部二值模式检测的部分纹理基元

为了达到对图像的旋转不变性，Ojala 等又提出了旋转不变性的 LBP，即不断旋转圆形邻域得到一系列初始定义的 LBP 值，取其最小值作为该邻域的 LBP 值，并与统一模式联合起来，得到旋转不变的统一模式，即

$$\mathrm{LBP}_{P,R}^{riu2}=\begin{cases}\sum_{i=0}^{P-1}s(g_i-g_c), & U(\mathrm{LBP}_{P,R})\leqslant 2\\ P+1, & \text{其他}\end{cases} \tag{5-9}$$

其中 $U(\mathrm{LBP}_{P,R})$ 用于检验某种二值模式是否为统一模式，它将该二值模式与移动一位后的二值模式按位相减所得的绝对值进行求和，即

$$U(\mathrm{LBP}_{P,R})=|s(g_{P-1}-g_c)-s(g_0-g_c)|+\sum_{i=1}^{P-1}|s(g_i-g_c)-s(g_{i-1}-g_c)| \tag{5-10}$$

5.2.3 HOG 特征

HOG 特征是一种被广泛应用的特征，这种特征最早用于行人检测领域。HOG 特征是对图像每个像素所属的梯度方向进行的统计，与图像的边缘和纹理有关，因此该特征能够体现目标的灰度、边缘和纹理等信息。HOG 特征被用于对 SIFT 关键点进行特征描述，被认为是性能最优的特征描述子。

HOG 特征的主要计算步骤如下：

(1)将局部区域划分为小块(Block)，相邻块之间可以相互重叠，将每个小块再细化为互不交叠的单元(Cell)，单元可以为矩形或环形。

(2)利用一阶或二阶差分近似计算图像每个像素的梯度及方向。

(3)在每个单元内，计算梯度方向直方图，通过对梯度方向分区处理，例如划分为 8 个区间，如此每个单元的特征成为一个 8 维的特征向量。

(4)将块内每个单元的特征向量进行级联，并对其进行归一化处理，组成该局部区域的 HOG 特征。

图 5-6 给出了 HOG 特征描述时块和单元的划分示意图。

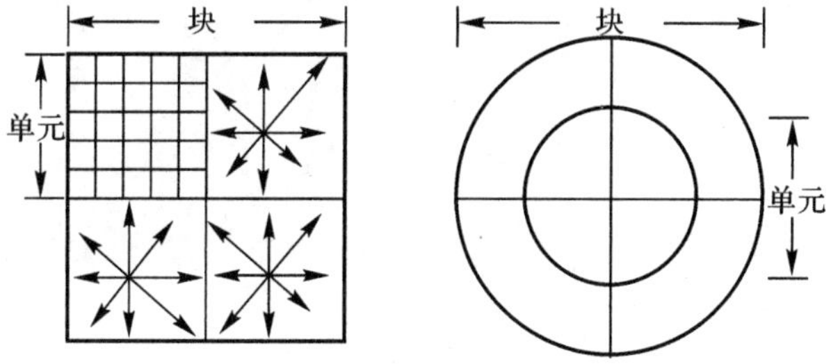

图 5-6 HOG 特征的块与单元

在计算 HOG 特征时，可以采取一些改进措施，以增加 HOG 特征向量的鲁棒性。例如，在对梯度方向进行分区处理时，区间的起始划分位置可有意避开水平和垂直等方向。由经验可知，人造目标的边缘和梯度在这些方向上具有较大的分布，如果以这些方向作为角度区间划分的边界，在目标有微小的旋转变化时，一些梯度值很大的像素在归入角度区间时存在很大的不确定性，因而会对 HOG 特征向量产生影响。

5.3 基于模板匹配的目标检测

5.3.1 模板匹配的定义

模板匹配是目标检测领域较为成功的算法，可以用于在测试图像中定位已知的物体，也可以用于确定测试样本的模式类别。其实现过程很简单，既不需要大量的训练数据，也不需要耗时的训练阶段，因此可以高效地实现。所谓模板，就是所要寻找目标模式的模型，可以用一幅图像抽取出来，通常以灰度信号或特征向量的形式表达。

当模板匹配用于确定测试样本的模式类别时，需要将测试样本与标准模板进行比较，考察它与各个模板的匹配度，从而确定测试样本的类别，通常采用最小距离法实现。模式识别中的近邻法在原理上属于该类模板匹配范畴，该方法将训练样本集的每个样本都作为模板。

当模板匹配用于在测试图像中定位已知的物体时，需要将模板与测试图像进行匹配。假设任务是要在图 5-7(b)所示的测试图像中找出图 5-7(a)的模板。首先将模板放在测试图像原点位置，与对应部分图像进行匹配得到一个相似度，该相似度反映了模板在该位置上与对应部分图像匹配的程度。然后将模板图像作为滑动窗口在图像中滑动，遍历上述过程，与图像每个位置进行匹配，寻找最佳的匹配位置。最佳匹配位置是当模板滑动到与其自身相匹配的位置时，匹配相似度在此处取得最大值。

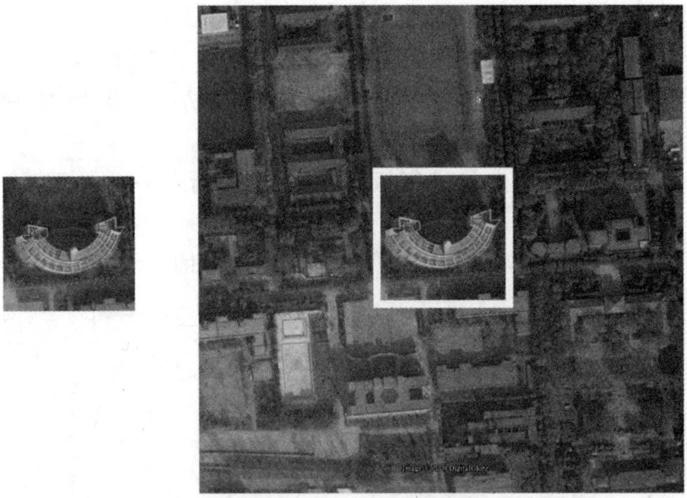

(a) (b)

图 5-7 模板匹配

(a)模板；(b)测试图像

然而，实际上模板匹配并非如此简单，应用中主要存在以下问题：

第一，所寻找目标与模式之间的差异性。如果在测试图像中出现的是模式的精确复制，匹配过程就会很容易地实现；但目标可能存在于不同视角、不同尺度、不同光照条件、被噪声污染等情况下的图像中，与标准模式存在较大差异，给匹配带来较大困难。

第二，匹配准则的选择。即如何辨别某模式存在于信号中，哪个是它最相似的原型，该结论的可靠性如何等。常用的匹配测度包括相关系数和距离测度。

模板匹配只具有平移不变性,不具有旋转不变性和尺度不变性。在模板和测试图像之间仅存在平移的情况下,模板匹配能够取得较好的匹配效果,对两幅图像之间存在旋转差异和尺度差异的情况比较困难。在这种情况下,需要将模板变换为多个变形模板,每个变换是平移、旋转和尺度变换的组合,分别计算这些模板与测试图像的相似性,从中找出最大相似度对应的模板对应的匹配位置。因此,模板匹配可以描述为在变换空间寻找最优变换,使得模板和测试图像对应窗口之间的相似性达到最大,即如下的最优化问题:

$$T_m = \underset{T \in U_T}{\operatorname{argmax}} S(T(A), B'),\ B' = \{b(u_i, v_i) \in B \mid T(x_i, y_i) = (u_i, v_i)\} \tag{5-11}$$

式中:S 代表模板 A 和测试图像上对应窗口 B' 之间的相似性;T 代表对模板进行几何变换;U_T 代表变换空间。

模板匹配常常建立在图像子区域的灰度信息的直接比较上,使用从图像中提取得到的特征进行匹配更具有图像差异不变性。因此,基于特征的模板匹配在实际中得到了广泛的应用,该类方法的共同点在于,首先对模板和测试图像进行特征提取,得到相应的特征图像,然后对两幅特征图像进行模板匹配。特征可以是边缘、颜色、纹理、局部描述子等。因此,从这个意义上讲,基于描述子的特征匹配算法也可归为模板匹配范畴。

5.3.2　灰度相关匹配

灰度相关匹配算法利用区域相关函数比较模板与子图像(图像中与模板相同大小的子图)之间的灰度相似程度。二维互相关函数如下所示:

$$C(u,v) = \sum_x \sum_y f_1(x,y) f_2(x-u, y-v) \tag{5-12}$$

互相关值越大,表明参与计算的两幅图像越匹配。采用互相关算法进行模板匹配的结果是一个相关系数矩阵,可用如图 5-8 所示的相关曲面表示,互相关函数最大值对应着相关曲面最高峰,所对应的坐标值 (u,v) 就是所求的匹配位置。

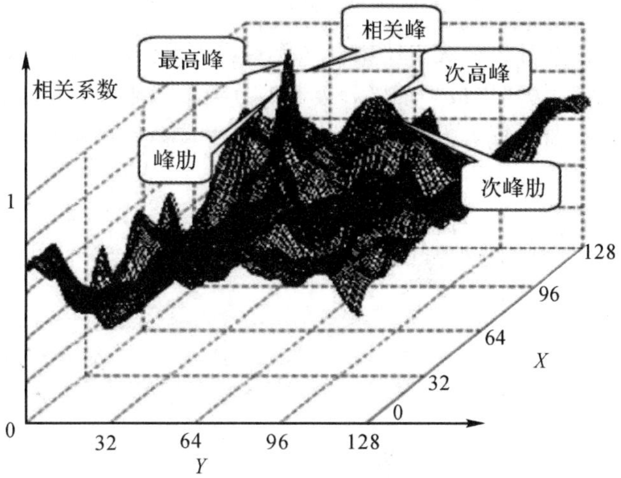

图 5-8　相关曲面

由于成像时光照的变化、曝光时间的长短、传感器参数或类型的改变等因素都会使得同一地物目标在两幅图像中的灰度差别很大，这种灰度差异会直接影响灰度相关匹配的准确性和可靠性。为了提高图像匹配对灰度畸变的适应能力，可以先将两幅待匹配的灰度图像变换为其对应的本征图像。本征图像提取的目的在于消除由光照条件、图像传感器参数或类型变化导致的图像灰度畸变，但保留图像的结构和纹理信息。一般情况下，不同的成像条件下得到的灰度图像，都可以认为是在本征图像的基础上，通过改变图像的平均灰度和方差来得到。因此，对得到的灰度图像进行去均值和方差归一化处理，可以获得其对应的本征图像。

由此可以得到工程上应用比较好的一种典型互相关算法——归一化积相关算法(Normalized production correlation，Nprod)。Nprod 算法采用去均值和归一化来尽可能消除待匹配的两幅图像之间灰度差异对匹配性能的影响，有

$$R_{\mathrm{Nprod}}(u,v)=\frac{\sum_{x}\sum_{y}(f_1(x,y)-\mu_1)(f_2(x-u,y-v)-\mu_2)}{\sqrt{\sum_{x}\sum_{y}(f_1(x,y)-\mu_1)^2}\sqrt{\sum_{x}\sum_{y}(f_2(x-u,y-v)-\mu_2)^2}} \tag{5-13}$$

式中：R_{Nprod}称为归一化积相关系数，显然有 $0\leqslant R_{\mathrm{Nprod}}\leqslant 1$，当 $R_{\mathrm{Nprod}}=1$ 时度量值取得最大值，说明两幅图像的信息完全一致，因此根据 R_{Nprod}的大小可以判断图像的相似程度。

Nprod 算法的运算量较大，在实际应用中，可以采用多种策略提高匹配速度以满足实时性要求，如采用金字塔分层搜索法，基于快速傅里叶变换(Fast Fourier Transform，FFT)的相位相关法，隔行隔列计算以减少模板匹配次数，用阈值提前终止计算以排除弱相关区域等。

5.3.3 最小距离法

最小距离法在多(高)光谱图像目标检测与分类中具有广泛的应用，其基本定义如下：已知某些类别的地物在特征空间上的平均向量坐标 μ_k，对于待分类地物 $\boldsymbol{X}$，计算它与各类间的距离 d_k，将 $\boldsymbol{X}$ 划分为距离最小的那一类别，如图 5-9 所示。可以利用的距离测度主要有欧氏距离、街区距离和马氏距离等。

在最小距离法中，每个类别的特征均值向量即为模板。最小距离法的优点是处理简单，计算速度快，可以在快速浏览分类概况中使用。当模式类均值间的间距与每一类的分开度(即类间距离与类内离差)相比很大时，最小距离分类器的分类效果较好。最小距离法的缺点在于分类精度不高，作为一种有监督分类方法，该方法需要采用较多训练样本统计每个类别的特征均值向量。

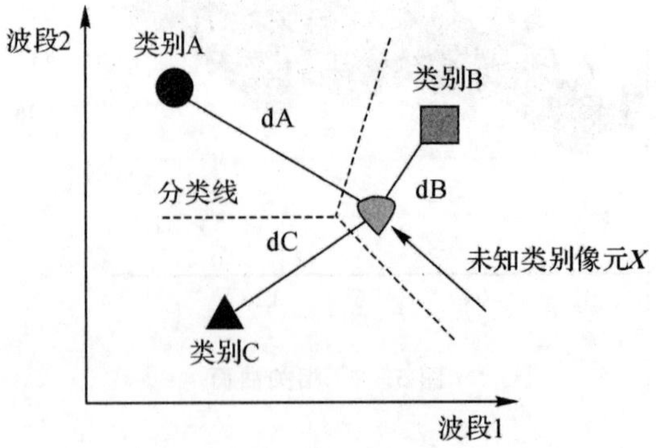

图 5-9 最小距离法

高光谱图像目标检测中常用的光谱匹配法也属于最小距离法。光谱匹配法通过对图像中的光谱曲线与目标光谱(参考光谱)曲线相似性或差异性的评估,分析对象像素的地物类别属性。参考光谱就是模板,可以是定标后的实地波谱测量或实验室光谱辐射计数据,或者采用端元分析方法得到的端元的光谱。该类方法能够有效避免前述有监督分类方法中训练样本与特征维数的关系问题。

光谱匹配法直接计算测试样本光谱矢量与每个模板(每个类别的光谱矢量)之间的相似度,对于同一类地物具有很高的相似度,对于非同一类地物则具有较低的相似度。光谱匹配法使用各种距离函数作为相似性测度,选择距离最小的模板的类别作为测试样本的类别。

为了降低光谱曲线直接匹配的计算量,还可采用基于二进制光谱编码的匹配方法。按照曲线凸凹变化特性或某一给定的阈值,将光谱曲线转换为二值编码曲线。算法如下:

$$c_i(k)=\begin{cases}0, & x(k)\leqslant T\\ 1, & x(k)>T\end{cases} \tag{5-14}$$

式中:$x(k)$是像元在第 k 波段的反射率值;T 是用户选定的阈值,一般是像元的所有光谱平均反射率值。光谱编码后,每个像元各波段对应的光谱值用 1 比特码长表示。此时像元光谱变为一个与波段数长度相同的编码序列。光谱匹配在二值编码曲线间进行,通过计算两个二进制码字之间的 Hamming 距离来对两个已经编码为二进制的光谱进行比较:

$$Dist_{\text{Ham}}(c_i,c_j)=\sum_{k=1}^{N=\text{bands}}[c_i(k)\oplus c_j(k)] \tag{5-15}$$

逐位比较两个码字,一致时输出 0,不一致时输出 1。因此,通过统计二进制数字不同的次数之和可以计算 Hamming 距离,光谱越相似,距离越小。

这种简单的编码方式对原始像元光谱进行了压缩,去除了冗余信息,但无法最大限度地保留原始像元光谱的特征,因而造成像元间光谱可分性降低,而且不能保证测量光谱与数据库里的光谱相匹配。因此该方法的分类精度不高,且严重依赖于阈值的选取。一种好的解决方案是采用多阈值编码方法。采用多个阈值进行光谱编码可以提高编码光谱的描述性能。例如,采用两个阈值 T_a 和 T_b 将光谱曲线划分为三个域:

$$c(k)=\begin{cases}00, & x(k)\leqslant T_a\\ 01, & T_a<x(k)\leqslant T_b\\ 11, & x(k)>T_b\end{cases} \tag{5-16}$$

这样像元在每个波段的反射率值编码为两位二进制数,像元的编码长度为波段数的 2 倍,能够更精确地对光谱进行描述。

5.3.4 近邻法

由上述讨论可知,最小距离分类法需要各类训练样本的均值。可以考虑将训练样本集中的每个样本都作为模板,用测试样本与每个模板做比较,将其分到不同的类别中,此即近邻法的思想。常用的近邻法包括最近邻法、K-近邻法、距离加权 K-近邻法。

1. 最近邻法

最近邻法的基本原理如下:

对一个 C 类别问题,每类有 N_i 个训练样本,$i=1,2,\cdots,C$,则第 i 类 ω_i 的判别函数为

$$g_i(\boldsymbol{X})=\min_k \| \boldsymbol{X}-\boldsymbol{X}_i^k \| ,k=1,2,\cdots,N_i \tag{5-17}$$

其中$\boldsymbol{X}_i^k$ 表示是 ω_i 类的第 k 个样本。决策规则为：

如果

$$g_j(\boldsymbol{X})=\min_i g_i(\boldsymbol{X}),\quad i=1,2,\cdots,C$$

则决策 $\boldsymbol{X}\in\omega_j$。

由此可见最近邻法在原理上最直观，方法上也十分简单，只要对所有样本进行 N 次距离运算，然后以最小距离者的类别做决策即可。

最近邻法的错误率会有偶然性，与具体的训练样本集有关，并且计算错误率的偶然性会因训练样本数量的增大而减小。因此人们将训练样本数量增至极大，来对其性能进行评价，此即为渐近平均错误率的概念。

最近邻法的渐进平均错误率为

$$P^*\leqslant P\leqslant P^*\left(2-\frac{C}{C-1}P^*\right) \tag{5-18}$$

式中：P^* 为 Bayes 分类器的错误率（最小错误率）。

2. K-近邻法

K-近邻法是在最近邻法的基础上发展起来的。在所有 N 个训练样本中找到测试样本的 K 个近邻者，其中各类别所占个数表示成 $K_i(i=1,2,\cdots,C)$，则决策规则为，如果

$$K_j(\boldsymbol{X})=\max_i K_i(\boldsymbol{X}),\quad i=1,2,\cdots,C$$

则决策 $\boldsymbol{X}\in\omega_j$。

K-近邻一般取 K 为奇数，跟投票表决一样，避免因两种票数相等而难以决策。

3. 距离加权 K-近邻法

K-近邻法存在的问题是，当样本较稀疏时，只考虑样本近邻顺序而不考虑距离远近是不适当的。因此有学者提出改进的 K-近邻法，其基本思想是：

找出 $\boldsymbol{X}$ 的 K 个近邻，用距离对其进行加权，计算 $\boldsymbol{X}$ 属于各类的程度，把 $\boldsymbol{X}$ 分到加权距离和最大的那一类。

对一个 C 类别问题，每类有 N_i 个样本，$i=1,2,\cdots C$，K_i 为 $\boldsymbol{X}$ 的 K 个近邻中属于 ω_i 的样本数，则第 i 类 ω_i 的判别函数为

$$d_i(X)=\sum_{j=1}^{K_i}\frac{1}{\| \boldsymbol{X}-\boldsymbol{X}_j \|},i=1,2,\cdots,c \tag{5-19}$$

其决策规则可表示为：

如果

$$d_j(\boldsymbol{X})=\max_{i=1,\cdots,c} d_i(\boldsymbol{X})$$

则决策 $\boldsymbol{X}\in\omega_j$。

图 5-20 给出了一个用上述三种近邻法对一组像元进行分类的实例，可以看出，三种方法分别给出了不同的分类结果。

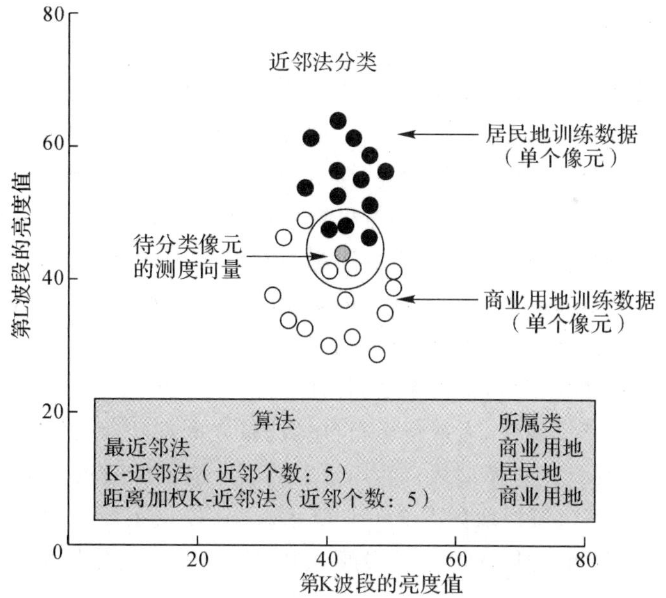

图 5－10　近邻法

5.4　基于知识模型的目标检测

典型目标的自动检测是计算机视觉和模式识别研究领域的重要研究内容。检测算法因检测目标和可利用的图像资源不同而不同。总的说来，自下而上的数据驱动型和自上而下的知识驱动型是目标检测算法所常用的两种策略。数据驱动型不考虑目标的类型，直接对图像数据进行分割、提取特征等处理。虽然适用面广，但是处理过程缺乏知识的指导，盲目性大，算法复杂，效率不高。知识驱动型在识别之前需要根据目标的模型，提出目标在图像中存在的可能特征以及目标与周围背景的关系，根据这些知识对目标进行有效的分割、特征提取等处理。由于有知识规则的限定，处理过程针对性强，所以算法的效率也高。目前大多数针对特定典型目标的检测算法都属于知识驱动型。

基于知识模型的目标检测方法是根据目标的先验知识，提取目标的可鉴别性特征，建立相应的知识模型，从而对场景中的目标进行检测识别。由于有知识规则的限定，该方法处理过程针对性强，效率高，并且降低了检测算法对数据保障的要求，因此对形状固定、特性明显的目标具有较好的适用性，但检测算法根据目标类型的不同而不同。目前该类方法主要用于检测建筑物、热电厂冷却塔、雷达站、油库、机场、桥梁等具有一定形状特性和灰度特性的典型目标。

理想情况下，上述典型目标都具有一定的形状特征，并且目标的建筑材质、功能特性与所处环境决定了它们在所处的场景中都具有非常显著的灰度特性。但是，在实际情况下，受光照强度、周围物体的热辐射、目标表面纹理等因素的影响，目标的辐射特性有时呈现为非均匀性，造成图像中目标与背景对应区域之间的边界存在不同程度的模糊。此外，背景物体的遮挡、向光部分的局部亮斑等影响，使得图像中目标几何形状发生变化，同时，场景中其他地物也可能造成干扰。因此，对目标进行基于知识模型的自动检测极具挑战性。

5.4.1 感兴趣区分割

无论是在可见光图像、红外图像还是在 SAR 图像上，典型目标的成像特性都决定了场景中典型目标与背景具有一定的差异性。因此通过检测图像中的视觉显著区域，为目标检测算法提供感兴趣区域，能够有效利用计算资源、抑制场景干扰和提高检测效率。

视觉注意模型是通过模拟人类视觉注意机制提出和发展起来的，主要用于进行场景中显著区域提取，就像人类视觉那样，将观察者的注意力有目的有选择地指向他最感兴趣的事物。自从 1985 年 Koch 和 Ullman 在 *Human Neurobiology* 上发表一篇探讨视觉选择注意与转移的文章以来，视觉注意模型不断吸引了众多学者的关注和研究。1998 年 Itti 等人首次提出了基于视觉注意的目标检测模型后，该模型受到国内外研究者的广泛关注，成为最具影响力的视觉注意模型。由于在遥感影像中，人造目标与自然场景之间在边缘、纹理、亮度等方面都存在较大差异，因此可采用视觉注意模型从自然场景中提取人造目标的感兴趣区。

基于 Itti 模型的显著区域提取如图 5-11 所示。Itti 模型主要提取人类视觉系统比较敏感的颜色特征、亮度特征和方向特征。其中颜色特征由 RGB 三分量组合而成，亮度特征为 RGB 三分量的均值，方向特征由二维 Gabor 滤波器提取得到。对提取得到的上述特征分量，分别构造高斯金字塔，通过逐层进行低通滤波处理和降采样，使每个特征通道产生 9 个尺度的金字塔。

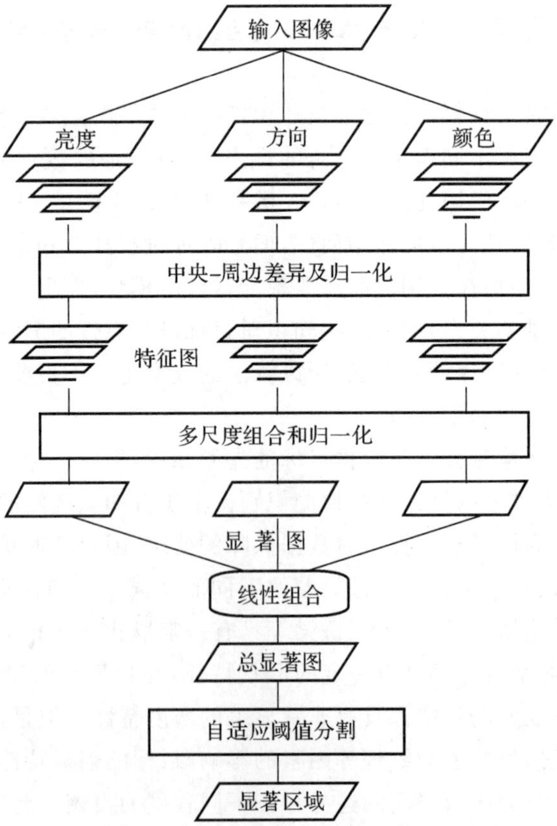

图 5-11 基于 Itti 模型的显著区域提取

Itti 模型利用中央-周边差异来计算颜色、亮度、方向各自通道的特征图。这种方法与人类视觉细胞具有对感受中心信息敏感，而对感受周边信息抑制的响应相一致。中央-周边差异是对不同尺度的两层图像进行处理，将高分辨率的图像视为中央，低分辨率的图像视为周边，通过插值使两幅图像大小相同之后进行点对点的差值从而得到相应的特征图。

原始的 Itti 模型提取图像的颜色信息，当遥感影像为单张灰度图像时，缺乏颜色信息，因此不能直接使用 Itti 模型，可将颜色信息模块替换为图像的局部熵特征。局部熵反映了图像能量在空间分布的统计特征，局部熵越大，像素灰度分布的无序程度就越高，信息量越多；局部熵越小，其像素灰度分布的有序程度就越高，信息量就越少。局部熵定义为

$$H_{D,R_X} = -\sum_{i} P_{D,R_X}(d_i)\log_2 P_{D,R_X}(d_i) \tag{5-20}$$

式中：$P_{D,R_X}(d_i)$ 表示灰度值等于 d_i 的像素数与 R_X 局部区域总像素数之比，$d_i \in [0,255]$，$D=\{d_1,d_2,\cdots,d_r\}$ 。

最终的显著图是所有特征图的一个综合，由于特征图是由不同的方法提取的不同特征，并且具有不同的尺度空间和动态范围，同一位置处的显著性可能在个别特征图有强烈的响应，而在其他特征图只有微弱的反应，要将这些特征图综合到一张显著图中，就需要采用归一化函数对多幅特征图进行归一化，使所有的特征图归一到一个固定的范围，以去除各个通道的不同动态范围。最后采用跨尺度的组合和线性融合得到最终的显著图。图 5-12 显示了采用基于局部熵的 Itti 模型对一幅红外图像进行处理后得到的局部熵和显著图。

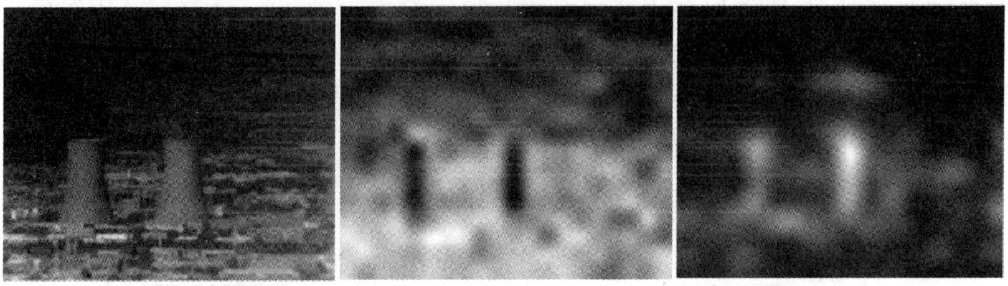

原始红外图像　　局部熵　　显著图

图 5-12　基于 Itti 模型的红外图像显著图

得到显著图以后，对显著图进行自适应阈值分割，即可得到图像中的显著区域。图 5-13 显示了采用 Itti 模型对一幅 SAR 图像进行显著区域提取的结果，可以看出，提取得到的显著区域比较符合人类视觉的注意区域。

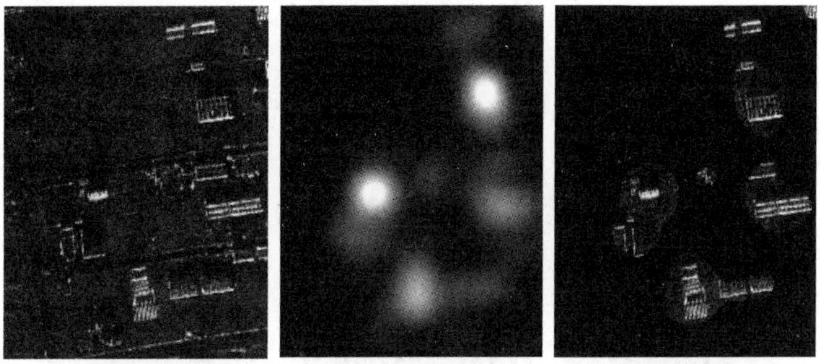

原始SAR图像　　显著图　　显著区域

图 5-13　基于 Itti 模型的 SAR 图像显著区域提取

5.4.2 建筑物检测

在城市遥感图像中，80%以上的目标为建筑物（狭义的建筑物，特指楼房），建筑物在遥感图像目标检测中被予以了充分的重视。本节主要对 SAR 图像和红外图像中的建筑物检测进行介绍。

1. SAR 图像中的建筑物检测

在 SAR 图像中，建筑物在图像上的表现形式主要受建筑物自身形状轮廓、屋顶类型、波束入射角度、后向散射方向等因素的影响。常规建筑物形状为规则的矩形，屋顶类型主要分为平顶和倾斜屋顶，雷达波束入射角一定的情况下根据不同的波束反射情况，建筑物会产生叠掩、阴影、二面角效应。

建筑物散射模型如图 5-14 所示。图中传感器波束方向位于左侧，对平顶建筑和三角屋顶建筑物进行观察，图像底部不同的灰色区域表示不同的后向散射类型造成的回波值。具体类型分类如下：

a 区域表示没有被遮挡或折射的直接来自地面反射的回波。

acd 和 *ac* 区域表示叠掩，是由地面、正对波束方向的墙面、部分屋顶等与传感器距离相等的区域的后向散射造成的，同时也受屋顶的材质和反射面粗糙程度的影响。该区域在 SAR 图像上表现为灰色区域。

b 区域表示二面角效应，由入射的电磁波经过地面第一次反射，在建筑物墙体经过二次反射返回的电磁波造成，一般发生在建筑物墙体和地面的交界处，该区域在 SAR 图像表现为高亮的线条。

e 区域表示阴影，由于建筑物存在一定高度，建筑物的遮挡导致该区域没回波信号造成，该区域在 SAR 图像表现为黑色的阴影区域。

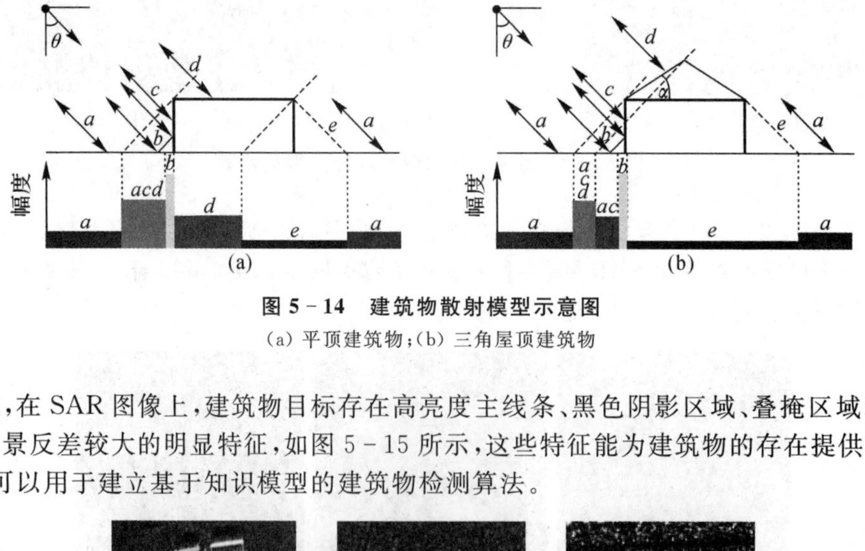

图 5-14 建筑物散射模型示意图

(a) 平顶建筑物；(b) 三角屋顶建筑物

因此，在 SAR 图像上，建筑物目标存在高亮度主线条、黑色阴影区域、叠掩区域和亮斑区域等与背景反差较大的明显特征，如图 5-15 所示，这些特征能为建筑物的存在提供有力的证据支持，可以用于建立基于知识模型的建筑物检测算法。

图 5-15 SAR 图像中的建筑物

基于知识模型的 SAR 图像建筑物检测思路一般如图 5－16 所示，即首先根据建筑物的知识模型提取特征基元，如区域、边缘和角点等；然后对特征基元进行组合，从而检测出图像上可能为建筑物的目标，即生成关于候选目标的假设；最后根据其他信息（如目标尺寸、阴影等）对候选目标进行鉴别，即假设检验，实现对建筑物目标的判定。

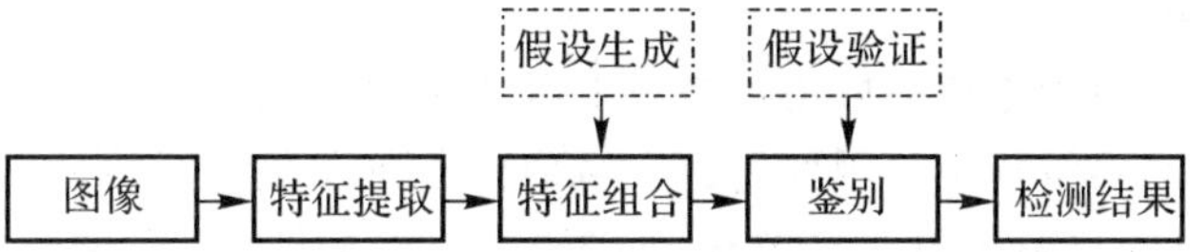

图 5－16　基于知识模型的 SAR 图像建筑物检测思路

2. 红外图像中的建筑物检测

如前所述，典型目标的红外辐射特性与目标和场景的材质特性、温度特性密切相关。考虑到目标的材质特性、空间位置特性和阳光照射情况，建筑物目标可大致分为以下部位类别：一天中大部分时段接受阳光照射的南面墙体、其他各面墙体以及楼顶等。墙体的材质类别包括钢筋框架、砖混墙体和玻璃窗户等。

假设建筑物所处的自然场景由路面、草地、树木构成，根据阳光照射导致场景产生亮暗变化的情况，场景也可大致分为以下类别：被阳光照亮的沥青路面和砖地、暗影中的沥青路面和砖地、被阳光照亮的草地和树木以及暗影中的草地和树木等。

当建筑物位于城区场景时，可能存在以下情况：图像中建筑物可能比较密集，相邻建筑物比较接近，甚至发生重叠；建筑物之间可能形状大小不一，也可能比较相似；远处建筑物边缘轮廓不清晰，区分度不高等。

上述不同部位、材质和场景类型具有不同的温度和红外辐射特性，在红外图像中体现为不同的灰度值，导致红外图像中建筑物目标具有复杂的灰度特性。图 5－17 是建筑物目标的侧视红外图像，可以看出，红外图像中的建筑物共性特征不如 SAR 图像中那么清晰明了，需要针对具体情况进行分析，设计相应的检测算法。

图 5－17　红外图像中的建筑物

5.4.3　机场检测

一个完整的机场包含跑道、滑行道、停机坪、指挥系统设施与后勤保障设施等。在机场的这些设施中，跑道的直线状特征最明显、最具有规则、最能反映机场目标的性质。无论在机场区域的 SAR 图像、热红外图像还是可见光图像中，机场跑道区域都具备非常明显的视觉识别特征。基于此，多数算法均把机场跑道作为机场的实体特征，通过检测机场跑道实现对机场的检测。

基于可见光图像的机场跑道提取一般建立在边缘检测和直线提取的基础上，或者根据特定领域知识和遥感图像分割的方法进行目标提取，或者采用基于纹理和边缘特征的有监督分类的方法进行目标检测。

在热红外图像中，由于跑道一般由沥青或混凝土铺设而成，热容量较大，周围背景一般是稀疏的草地或土地，热容量较小。因此跑道区域内的红外灰度值较为均匀，变化比较平稳，并且与两侧背景的红外灰度值具有明显差异，如图 5-18(a)所示。白天跑道受太阳光照射，热辐射能力强，呈浅灰色至灰白色；夜间跑道散热快，热辐射能力弱，色调较暗。

在 SAR 图像中，由于机场跑道的表面比较光滑，具有较弱的后向散射回波，表现为颜色较暗的区域，呈黑色条带状，这与其他地物目标的散射特征形成了鲜明的对比，如图 5-18(b)所示。

因此，SAR 图像或热红外图像中的机场跑道提取均可以首先采取阈值分割的方法，把机场跑道的感兴趣区分割出来，在此基础上采用边缘检测和平行线提取的方法实现跑道轮廓的精确提取。

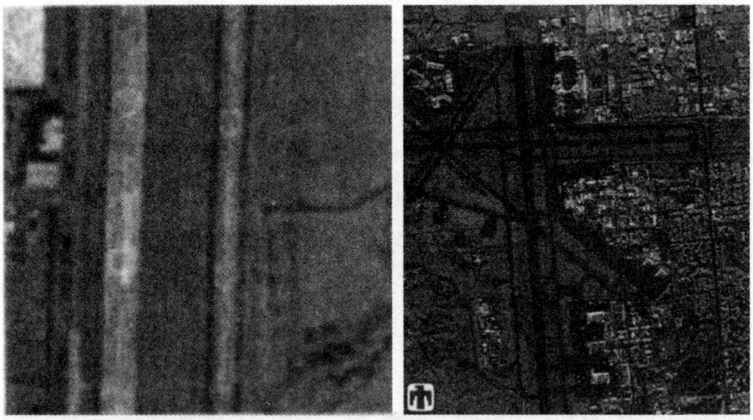

(a) (b)

图 5-18 机场跑道图像

(a)跑道的红外图像；(b)跑道的 SAR 图像

5.4.4 桥梁检测

自然场景中的桥梁是重要的人造目标和交通要道，因此桥梁目标的分割与识别对军事领域和民用领域都有重要的意义。图像中的水上桥梁目标两端和陆地相连接，桥梁和陆域形成弱对比关系，与水域形成强对比关系；桥梁是横跨于河流之上的几个像素宽的长条状目标。河流和桥梁的先验知识可归纳为：

(1)从几何结构来看，桥梁的几何外形一般是长矩形，其长度相对于宽度而言较长；有一对与河流边缘相交的平行边，但不一定垂直河流边缘；桥梁横跨在河流上，并将河流分割成两个平均灰度相近的均质区。

(2)如图 5-19(a)所示，在热红外图像上，由于水体的温度较低，河流在红外图像上的灰度值较低，表现为暗色区域，与桥梁的灰度有较大的反差，并且水体区域的灰度值比较均匀；由于桥梁一般由金属或水泥材质构成，在红外图像上表现为亮色区域，且与陆地区域的灰度十分接近。

(3)在 SAR 图像上，河流在遥感图像上常表现为暗区，并且内部灰度值比较均匀，桥梁与河流附近的居民区灰度值相近，与河流内部的灰度有较大反差，如图 5-19(b)所示。

根据这些知识规则，可以有针对性地选取桥梁检测算法。一般的做法是，先分割河流水体，获得河流范围，然后利用河流和桥梁的关系，对河流上的桥梁进行二次分割，最后通过提取桥梁目标区域的形状特征和河流中心线对虚警目标进行去除。

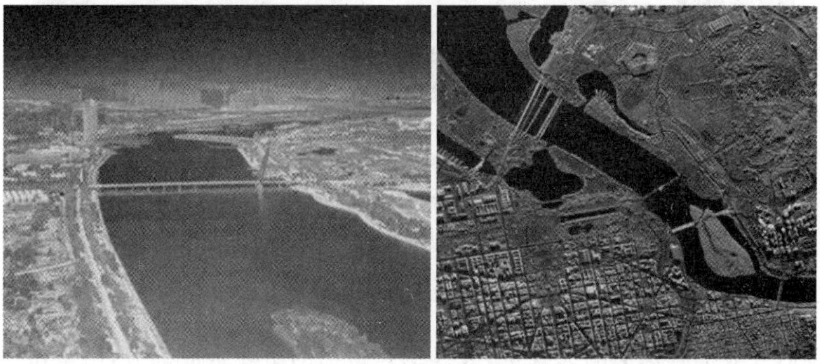

(a)　　　　(b)

图 5-19　桥梁图像

(a)桥梁的红外图像；(b)桥梁的 SAR 图像

5.4.5　油库检测

一个大型油库可能由许多油罐分布区域构成，每个分布区域之间有一定距离；分布区域内油罐大小和面积大致相同，分布非常整齐，各个油罐之间的距离 d 与油罐半径 r 之间的关系大致为 $d\in[r/2,2r]$，每个独立的油库区域中一般含有多个油罐，通常在 3 个以上。并且，无论在可见光图像、热红外图像还是 SAR 图像中，油罐特征都十分明显，通常呈现颜色均一的稳定的圆形。

因此，遥感影像中油库的主要特性可以归纳如下：

(1)几何特性：油罐一般呈圆形形状。

(2)空间特性：每个独立油库一般包含多个油罐，且分布有规律。

(3)电磁特性：油罐一般是金属材质，在 SAR 图像上，油罐表面较强的后向散射使得油库呈亮色调，与背景具有显著的区别，如图 5-20(a)所示。

(4)热红外特性：油罐储油后，石油等液体比热大，使得油罐散热慢，即储油量越多的油罐，保温性能也越好。因此，在热红外图像上，储油量较多的油罐比储油量较少的油罐辐射亮度值要大。在白天热红外图像中，由于油罐一般是金属材质，油罐表面温度受太阳辐射较大，温度较高；在夜间热红外图像中，油罐表面金属体温度较低，亮度值受外界环境影响相对较小，油罐表面热红外辐射特性主要由内部储油状况决定。如图 5-20(b)所示，这是一张夜间油库热红外图像，暗色的圆形物为空油罐，亮色的圆形物为装有油的油罐。

上述电磁特性和热红外特性分别在 SAR 图像和热红外图像中直接表现为灰度特性，同样，在可见光图像中，油罐也具有显著的灰度特性，其灰度值明显有别于周围地物的灰度值。

因此，在油库检测中，根据油库的上述特性，可以对油库和油罐进行分割定位。通常采取的油库检测方案是：首先采用图像分割的方法把油库的感兴趣区分割出来，然后在感兴趣区中采用 Hough 变换等方法检测圆形目标，最后利用检测出的圆的空间特性确认油库区域和油罐，进而对单个油罐进行分割和定位。

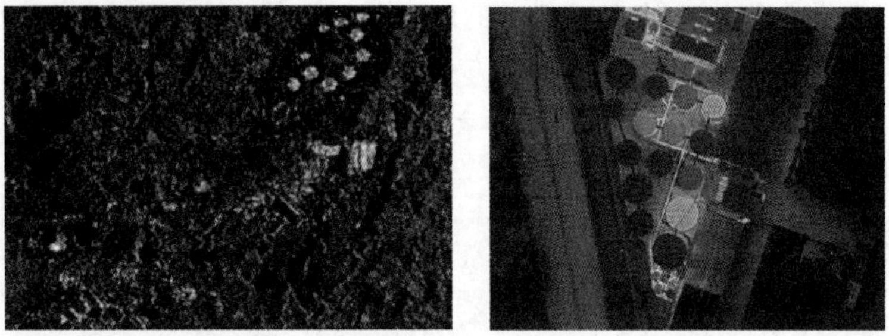

(a) (b)

图 5－20　油库图像

(a)油库的 SAR 图像；(b)油库的红外图像

5.4.6　雷达天线罩检测

大型的雷达一般都有球形的天线罩，天线罩是雷达的重要组成部分，由于雷达的主体部分是置于地下室内的，所以一般看到的雷达只是它的天线罩。雷达天线罩属于郊野类目标，一般处于山顶、半山腰或海边，周围环境基本是植被。如图 5－21 所示，天线罩一般采用玻璃钢等红外辐射较强的材质建造，因此与周围环境形成了较大的红外辐射差异，与背景存在灰度的差异，目标内部区域的灰度比较均匀，其形状具有明显的圆形特征。由于光照和雷达基座反射等因素的影响，雷达天线罩的成像有时并不呈圆形，而是局部的圆弧或光斑，从而给天线罩的检测带来困难。

可以采用以下步骤对红外图像中的天线罩进行检测：

(1)对红外图像进行显著区域提取，得到多个红外特性和形状特性等特性显著的感兴趣区域；

(2)在感兴趣区内进行边缘提取，提取具有稳定曲率的边缘，因为天线罩目标一般由圆或圆弧构成，而圆和圆弧均具有稳定的曲率；

(3)在感兴趣区内，对提取得到的稳定曲率边缘点，采用 Hough 变换等方法进行圆形目标的检测，从而实现雷达天线罩目标的检测。

图 5－21　雷达罩的红外图像

5.4.7　冷却塔检测

火力发电是比较常用的一种发电方式，冷却塔是火力发电厂的主要功能部件，其主要功能是将挟带废热的冷却水在塔内与空气进行热交换。与发电厂其他建筑相比，冷却塔由于具有明显的双曲线形状，相对容易分辨。通过对大量冷却塔目标图像的判读，可以构建冷却塔目标的知识模型如下：

1. 红外特性

热电厂冷却塔的主要功能是将挟带废热的冷却水在塔内与空气进行热交换，使废热从塔筒出口排入大气，冷却过的水由水泵再送回锅炉循环使用。因此，与背景相比，冷却塔内具有较高的温度，在根据温差成像的红外图像中表现为高亮目标，并且由于塔内温度差异不大，因此塔身内部灰度分布比较均匀，与其所处的背景的复杂多样的灰度分布形成强烈的对比，容易引起人眼视觉的注意，该特性有助于将冷却塔目标从复杂的地面和天空背景下分割出来。

2. 形状特性

通过对大量冷却塔目标图像判读可知，热电厂冷却塔一般成组出现，电厂冷却塔外部轮廓呈现为双曲线的形状，如图 5－22 所示，双曲线定义为到两定点(焦点)的距离之差为常数的动点 M 的轨迹。塔身最小半径处称为喉部，以喉部横向为 x 轴，以喉部中心纵向为 y 轴，可建立直角坐标系下的塔身双曲线标准方程。

因此，在建立的冷却塔知识模型的引导下，首先根据目标的红外特性，采用视觉注意模型提取出图像中的显著区域，该区域为包含疑似目标的感兴趣区域，这一阶段为目标的粗定位；然后根据目标的形状特性，提取结构特征边缘，进行双曲线拟合，构建相关判决准则，从疑似目标区域中检测真实目标，实现目标的精定位。

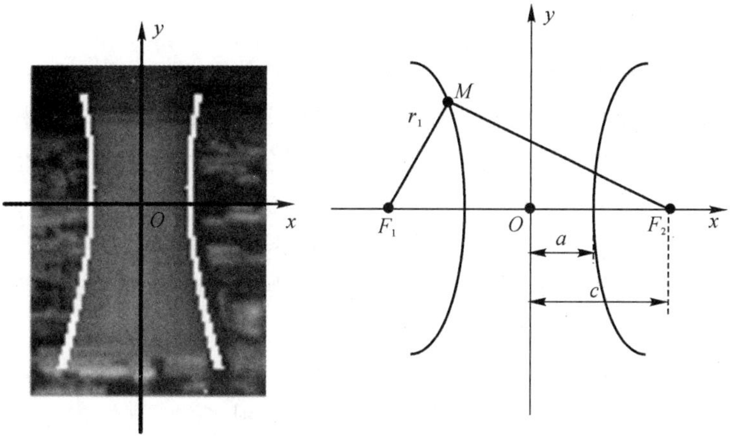

图 5－22　冷却塔的形状模型

5.5　基于图像分类的目标检测

为了在复杂的场景中进行目标检测，学者们提出了基于图像分类的目标检测方法，如图 5－23所示，基于图像分类的目标检测方法包括以下步骤：预处理、窗口滑动、特征提取与选择、特征分类和后处理。在图像预处理步骤，对检测图像进行图像去噪、图像增强等操作。然后，在检测图像中滑动一个固定大小的窗口，将窗口中的子图像作为候选区，并在候选区进行特征提取与选择。最后，利用特定的分类器对特征进行分类，判定候选区的类别，完成目标检测。基于图像分类的目标检测方法的重点在于如何提取具有更好表达能力和抗形变能力的特征，以及如何提高分类器的准确度和实时性。

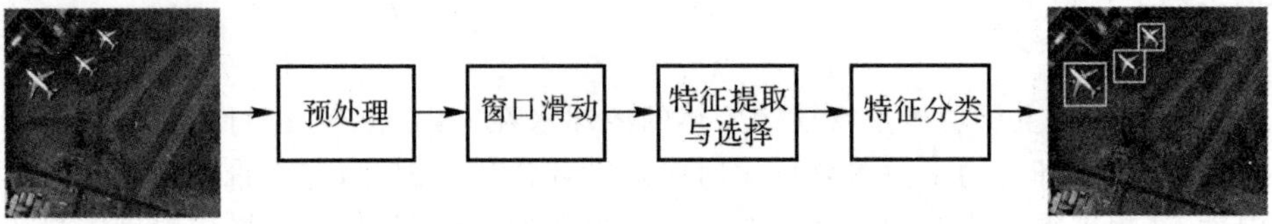

图 5-23　基于图像分类的目标检测方法流程

采用这种滑动窗口的目标检测方法，如果需要检测不同大小的目标，最直观的方法就是采用“图像金字塔＋各种不同长宽比的候选框＋穷尽搜索法”，从左到右，从上到下地滑动窗口，然后采用特征分类方法对候选框进行识别，这种方法在使用过程中会产生大量无效窗口。

在统计模式识别中，分类方法分为有监督分类和无监督分类两大类。有监督分类首先收集大量有类别标签的训练样本图像来训练分类器，然后利用分类器逐个判断检测图像中每个候选区域的类别。当出于某种原因无法得到训练集或无法得到有类别标签的模式时，可以采用无监督分类，无监督分类通过分析发现数据之间的内部结构和关系，将输入数据分为若干数据集，这些数据集具有类内差别小、类间差别大的特点。这种将数据划分到不同集合的行为也称为聚类。

5.5.1　支持向量机

支持向量机是统计模式识别中一种广泛应用的有监督分类方法，也是早期机器学习的代表性算法之一。支持向量机的核心思想就是把学习样本非线性映射到高维核空间，在高维核空间创建具有低 VC 维的最优分类超平面。它通过综合考虑经验风险和置信范围的大小，根据结构风险最小化原则取其折中，从而得到风险上界最小的分类函数。

在支持向量分类方法中，可区分的二分类问题的最优分类器可以通过最大化两类的空白区域的宽度得到。间隔宽度的定义是 n 维特征空间的判别超平面和最近的训练模式(即支持向量)之间的距离。因此，支持向量确定了判别函数。

支持向量机最早是为线性可分的两类问题提出的，后来逐渐扩展到非线性可分类的类别问题、不可分的类别问题、多个二分类分类器集成从而得到多类问题的分类等。

1. 线性可分条件下的支持向量机最优分界面

首先考虑两类线性可分的情况，假定一组训练数据

$$(\boldsymbol{x}_1, y_1), (\boldsymbol{x}_2, y_2), \cdots, (\boldsymbol{x}_n, y_n), \quad \boldsymbol{x} \in R^d, y \in \{+1, -1\}$$

可以被一个分界面

$$H = \{\boldsymbol{x} \mid (\boldsymbol{\omega} \cdot \boldsymbol{x}_i) + b = 0\}$$

按各自正确的类别分开。线性判别函数由参数 $\boldsymbol{\omega}$ 和 b 确定，其中 $\boldsymbol{\omega}$ 是判别函数的权向量，b 是阈值。

由于两类别训练样本线性可分，因此在两个类别的样本集之间存在一个隔离带。如图5-24所示，分别用方形和圆形表示第一类和第二类训练样本，H 是将两类分开的分界面，H_1，H_2 与 H 平行，H 是其平分面，H_1 上的点是第一类样本到 H 最近距离的点，H_2 上的点则是第二类样本距 H 最近距离的点，由于这两种样本点处在隔离带的边缘上，被称为支持向量，它们决定了这个隔离带。如图所示，改变 H 的方向，则 H_1 与 H_2 之间的间隔会发生改变。显然使 H_1 与 H_2 之间间隔最大的分界面 H 是最合理的选择，因此最大间隔准则就是支持向量机的最佳准则。

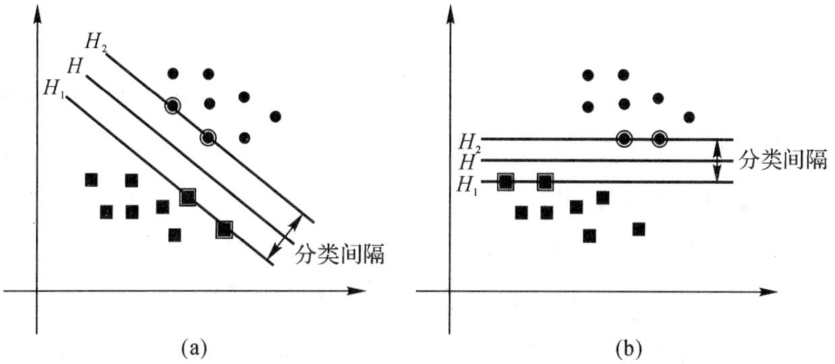

图 5-24　线性可分条件下的支持向量机最优分界面

(a)分界面一；(b)分界面二

为了讨论需要，将判别函数归一化，使得对任意的样本点$\boldsymbol{x}_i$，都有$|(\boldsymbol{\omega}\cdot\boldsymbol{x}_i)+b|\geqslant 1$，即

$$y_i[(\boldsymbol{\omega}\cdot\boldsymbol{x}_i)+b]-1\geqslant 0 \tag{5-21}$$

同时，支持向量满足$|(\boldsymbol{\omega}\cdot\boldsymbol{x}_i)+b|=1$，即超平面 H_1 与 H_2 可表示为

$$H_1=\{\boldsymbol{x}\,|\,(\boldsymbol{\omega}\cdot\boldsymbol{x}_i)+b=1\}，H_2=\{\boldsymbol{x}\,|\,(\boldsymbol{\omega}\cdot\boldsymbol{x}_i)+b=-1\}$$

因此这两个超平面之间的距离是 $2/\|\boldsymbol{\omega}\|$。为了最大化间隔 $2/\|\boldsymbol{\omega}\|$，需要最小化$\|\boldsymbol{\omega}\|$（为了方便采用$\frac{1}{2}\|\boldsymbol{\omega}\|^2$），并满足式(5-21)给定的约束条件。为了消除不等式的约束，应用拉格朗日原理表述这个最小化问题，即

$$L(\boldsymbol{\omega},b;\alpha)=\frac{1}{2}\|\boldsymbol{\omega}\|^2-\sum_{i=1}^{n}\alpha_i\{y_i[(\boldsymbol{\omega}\cdot\boldsymbol{x}_i)+b]-1\} \tag{5-22}$$

其中：α_i 为拉格朗日乘子。由于目标函数是二次函数，而约束条件为线性函数，因此该问题存在唯一最优解。相对于 $\boldsymbol{\omega}$ 和 b，计算拉格朗日函数的偏导数，并令其为零，可得

$$\begin{aligned}\frac{\partial L(\boldsymbol{\omega},b;\alpha)}{\partial\boldsymbol{\omega}}=0 \quad &\Rightarrow \quad \boldsymbol{\omega}=\sum_{i=1}^{n}\alpha_i y_i\boldsymbol{x}_i\\ \frac{\partial L(\boldsymbol{\omega},b;\alpha)}{\partial b}=0 \quad &\Rightarrow \quad \sum_{i=1}^{n}\alpha_i y_i=0\end{aligned} \tag{5-23}$$

其中，$\alpha_i\geqslant 0,i=1,2,\cdots,n$。

从式(5-23)可以看出，最优超平面的权向量 $\boldsymbol{\omega}$ 是训练集中样本向量的线性组合。另外，根据约束优化理论中的 Kahn-Tucker 条件(K-T 条件)，要得到式(5-22)中最优解对应的超平面，需满足的充分必要条件是

$$\alpha_i\{y_i[(\boldsymbol{\omega}\cdot\boldsymbol{x}_i)+b]-1\}=0,\quad i=1,2,\cdots,n \tag{5-24}$$

由式(5－24)的结论可以看出，只有使得式(5－21)中等号成立的样本向量(即支持向量)的拉格朗日系数 α_i 才有可能不等于零。因此，最优超平面的权向量 $\boldsymbol{\omega}$ 实际上是所有支持向量样本的线性组合。定义所有支持向量的集合是 SV，则有

$$\boldsymbol{\omega} = \sum_{\boldsymbol{x}_i \in SV} \alpha_i y_i \boldsymbol{x}_i \tag{5-25}$$

考虑 K-T 条件式(5－24)，同时将 $\boldsymbol{\omega}$ 代入式(5－22)中，得到原约束优化问题的对偶问题，即

$$L_D = \sum_{i=1}^{n} \alpha_i - \frac{1}{2} \sum_{i,j=1}^{n} \alpha_i \alpha_j y_i y_j (\boldsymbol{x}_i \cdot \boldsymbol{x}_j) \tag{5-26}$$

需要在满足 $\alpha_i \geqslant 0$ 和 $\sum_{i=1}^{n} \alpha_i y_i = 0$ 的条件下求取式(5－26)的最大值。拉格朗日理论证明：寻找式(5－26)极大值的解就是式(5－22)的条件极小值，因此由式(5－26)可求得各个最佳值 α_i^*，代入式(5－25)即可得到 $\boldsymbol{\omega}$，然后将两类样本中的支持向量代入式(5－24)即可求得 b。

综上，模式 $\boldsymbol{x}$ 的线性可分二分类问题可以由以下的判别函数得到：

$$f(\boldsymbol{x}) = \mathrm{sgn}\left(\sum_{i \in SV} \alpha_i y_i (\boldsymbol{x}_i \cdot \boldsymbol{x}) + b\right) \tag{5-27}$$

式(5－27)表明，判别超平面可以通过待分类样本和支持向量之间的点积实现，因此，即使训练集较大，也可以在支持向量的小集合上进行，因此降低了计算复杂度。

2. 线性不可分条件下的广义最优线性分界面

上节最优分类超平面是在两类样本完全线性可分的情况下讨论的。实际情况中，考虑到噪声或其他干扰因素，可能造成某些训练样本不满足式(5－21)，即形成不完全可分的情况。对于线性不可分的情况下，如果仍要使用线性分界面，则必然有部分训练样本向量被错分。在线性分界面条件下，被错分的样本从本类别训练样本占主导的决策域，进入了对方的决策域。在这种条件下，严格意义上的隔离带已不存在，但仍然可以保留求最宽隔离带的框架，但允许有些数据能进入隔离带，甚至到对方的决策域中，但对这部分数据的数量要严加控制。

为此，可考虑在式(5－21)中增加一个非负的松弛变量 $\xi_i > 0$，使得所有的样本满足

$$y_i[(\boldsymbol{\omega} \cdot \boldsymbol{x}_i) + b] - 1 + \xi_i \geqslant 0, \quad i = 1, 2, \cdots n \tag{5-28}$$

对于线性不可分的情况，使样本分类错误最小、同时具有最大分类间隙的分类超平面被称为广义的最优分类超平面，如图 5－25 所示。

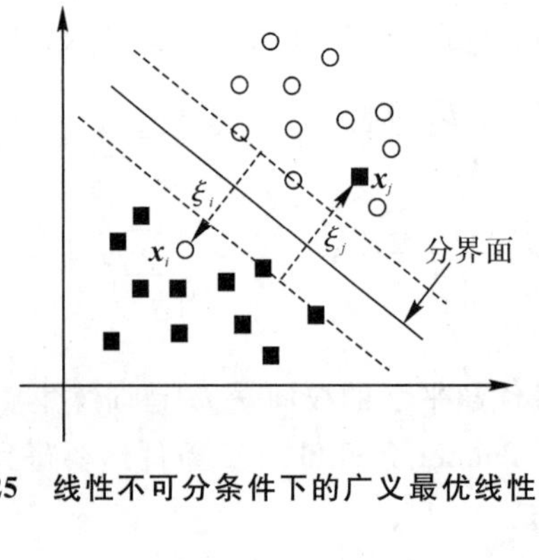

图 5－25　线性不可分条件下的广义最优线性分界面

由于 $\sum_{i=1}^{n}\xi_i$ 最小就可以保证错分样本的数目最少，因此，广义的最优分类超平面可以在条件式(5－28)的约束下通过最小化下面的函数得到

$$\Phi(\boldsymbol{\omega},\xi)=\frac{1}{2}\|\boldsymbol{\omega}\|^2+c\sum_{i=1}^{n}\xi_i \tag{5-29}$$

其中，c 是指定的某个常数，其作用是控制对错分样本的惩罚程度，合理地选择 c 值，可以在使 $\frac{1}{2}\|\boldsymbol{\omega}\|^2$ 小与 $\sum_{i=1}^{n}\xi_i$ 小这两者之间取得比较合适的平衡。

对应的拉格朗日函数为

$$L(\boldsymbol{\omega},b;\alpha,\mu)=\frac{1}{2}\|\boldsymbol{\omega}\|^2+c\sum_{i=1}^{n}\xi_i-\sum_{i=0}^{n}\alpha_i\{y_i[(\boldsymbol{\omega}\cdot\boldsymbol{x}_i)+b]-1+\xi_i\}-\sum_{i=1}^{n}\mu_i\xi_i \tag{5-30}$$

相对于 $\boldsymbol{\omega}$、b、ξ，计算拉格朗日函数的偏导数，并令其为零，可得

$$\left.\begin{aligned}
&\frac{\partial L(\boldsymbol{\omega},b,\xi;\alpha,\mu)}{\partial\boldsymbol{\omega}}=0 \quad\Rightarrow\quad \boldsymbol{\omega}=\sum_{i=1}^{n}\alpha_i y_i\boldsymbol{x}_i\\
&\frac{\partial L(\boldsymbol{\omega},b,\xi;\alpha,\mu)}{\partial b}=0 \quad\Rightarrow\quad \sum_{i=1}^{n}\alpha_i y_i=0\\
&\frac{\partial L(\boldsymbol{\omega},b,\xi;\alpha,\mu)}{\partial\xi}=0 \quad\Rightarrow\quad \alpha_i=c-\mu_i
\end{aligned}\right\} \tag{5-31}$$

由于 $\alpha_i\geqslant 0,\mu_i\geqslant 0$，所以有

$$0\leqslant\alpha_i\leqslant c,\quad i=1,2,\cdots,n \tag{5-32}$$

同样，考虑 K-T 条件，最优解满足下面的充分必要条件

$$\begin{gathered}\mu_i\xi_i=0\\ \alpha_i\{y_i[(\boldsymbol{\omega}\cdot\boldsymbol{x}_i)+b]-1+\xi_i\}=0,\quad i=1,2,\cdots,n\end{gathered} \tag{5-33}$$

由此可以得到原问题的对偶问题，即在条件式(5－31)和式(5－32)的约束下，最大化函数

$$L_D=\sum_{i=1}^{n}\alpha_i-\frac{1}{2}\sum_{i,j=1}^{n}\alpha_i\alpha_j y_i y_j(\boldsymbol{x}_i\cdot\boldsymbol{x}_j) \tag{5-34}$$

式(5－34)的解对应的最优超平面的分类判别函数为

$$f(\boldsymbol{x})=\mathrm{sgn}\Big(\sum_{i=1}^{n}\alpha_i y_i(\boldsymbol{x}_i\cdot\boldsymbol{x})+b\Big) \tag{5-35}$$

这个判别函数是由所有拉格朗日系数 $0<\alpha_i\leqslant c$ 的样本向量决定的，这些向量被称为广义分类超平面情况下的支持向量。进一步划分，在 $0<\alpha_i<c$ 时，根据式(5－31)和式(5－33)，有 $\xi_i=0$，这些样本是一般意义上的支持向量；在 $c=0$ 时，有 $\xi_i>0$，这些样本被称为有界支持向量。

3. 高维空间的最优分类面

对于非线性可分的样本分类问题，模式识别方法中提出了一种广义的线性判别方法。其基本思想是通过某种非线性变换的方法将原来处在低维特征空间中数据映射到高维空间中，使得在高维空间中的样本是线性可分的，因此可以使用某种简单的线性分类器将不同类别的样本区分开来。但是，映射后的空间维数可能会很高，导致计算量太大，实现起来比较困难。

前两节讨论的线性分类超平面及广义形式，得到的最优分类判别函数实际上只包含待分类样本和支持向量间的内积运算。因此，对于一个低维空间中的非线性问题，可以通过某种非线性变换的形式将其映射到一个高维的特征空间中，使得问题线性可分，而在这个高维的特征空间中，求最优分类超平面只需知道特征向量之间的内积运算即可。如果有一种方法使得高维空间中的内积结果能以原空间中的变量直接计算得到，即使变换后的特征空间维数很高，也不会带来计算量上的负担。

支持向量机的设计思想就是通过一个事先选择的非线性映射 Φ 将处于低维空间中的向量映射到一个高维的特征空间中，然后在高维特征空间中构建具有较低 VC 维的最优分类超平面，如图 5－26 所示。

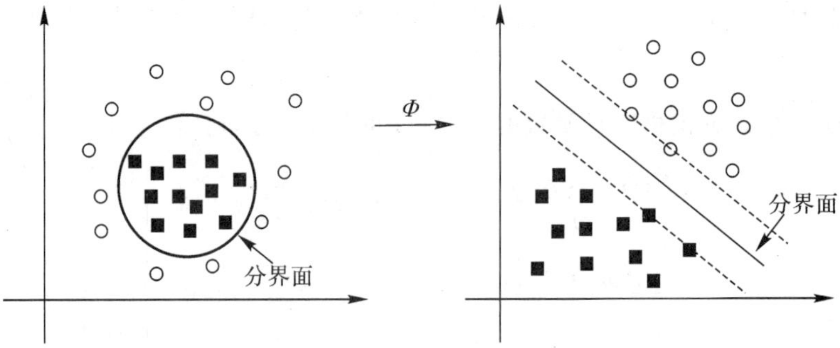

图 5－26　支持向量机的非线性分类

高维空间中的内积可以定义为

$$K(\boldsymbol{x}_i,\boldsymbol{x}_j)=\Phi(\boldsymbol{x}_i)\cdot\Phi(\boldsymbol{x}_j) \tag{5-36}$$

如果用函数 $K(\boldsymbol{x}_i,\boldsymbol{x}_j)$ 代替最优超平面中的点积运算，就相当于把样本从原来所在的空间变换到了一个新的特征空间中，此时式(5－34)中的优化函数就变成了

$$L_D=\sum_{i=1}^{n}\alpha_i-\frac{1}{2}\sum_{i,j=1}^{n}\alpha_i\alpha_j y_i y_j K(\boldsymbol{x}_i,\boldsymbol{x}_j) \tag{5-37}$$

式(5－35)中对应的最优分类函数是

$$f(\boldsymbol{x})=\mathrm{sgn}\Big(\sum_{i=1}^{n}\alpha_i y_i K(\boldsymbol{x}_i\cdot\boldsymbol{x})+b\Big) \tag{5-38}$$

如上所述，如果选择了一种函数 $K(x,y)$，只要这种函数能够反映特征映射后数据的内积，线性分类器的框架就可以直接使用，因此选择合适的函数就成为设计中的重要问题。统计学定理指出，只要一种运算满足 Mercer 条件，它就能作为内积运算。

定理 1 (Mercer 条件)：对于任意的对称函数 $K(x,y)$，它是某个空间的内积运算的充分必要条件是，对于任意的 $\varphi(x)\neq 0$，且 $\int\varphi^2(x)\mathrm{d}x<\infty$，有

$$\iint K(x,y)\varphi(x)\varphi(y)\mathrm{d}x\mathrm{d}y>0$$

$K(x,y)$ 被称为核函数。

常见的内积核函数有以下几类：

(1)线性型核函数

$$K(\boldsymbol{x},\boldsymbol{x}_i)=(\boldsymbol{x}\cdot\boldsymbol{x}_i) \tag{5-39}$$

(2)多项式型核函数

$$K(\boldsymbol{x},\boldsymbol{x}_i)=[(\boldsymbol{x}\cdot\boldsymbol{x}_i)+1]^q \tag{5-40}$$

(3)径向基函数型核函数

$$K(\boldsymbol{x},\boldsymbol{x}_i)=\exp\left(-\frac{\|\boldsymbol{x}-\boldsymbol{x}_i\|^2}{2\sigma^2}\right) \tag{5-41}$$

(4)Sigmoid 核函数

$$K(\boldsymbol{x},\boldsymbol{x}_i)=\tanh(\upsilon(\boldsymbol{x}\cdot\boldsymbol{x}_i)+c) \tag{5-42}$$

4. 支持向量机的训练和分类

支持向量机的结构如图 5-27 所示，在形式上类同于一个神经网络，其输出结果是中间节点的线性组合，而每一个中间节点对应的是输入向量和一个支持向量的内积运算，因此也可以被称为支持神经网络。

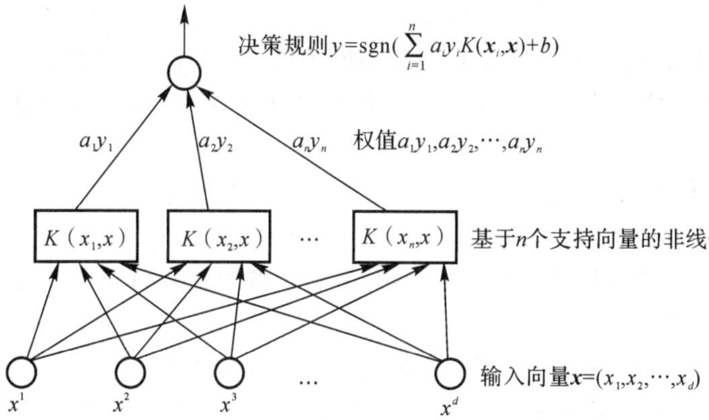

图 5-27　支持向量机结构示意图

下面给出支持向量机训练和分类的步骤：

训练过程：

(1)选取合适的核函数；

(2)满足式(5-33)给出的限制，最大化式(5-37)；

(3)只存储非零的 α_i 和相应的训练向量$\boldsymbol{x}_i$(即支持向量)；

分类过程：

对于模式 $\boldsymbol{x}$，用支持向量$\boldsymbol{x}_i$ 和相应的权重 α_i 计算判别函数式(5-38)，这个函数的符号决定了 $\boldsymbol{x}$ 的类别。

5.5.2　聚类分析

无监督分类的基本思路是，当不知道分类对象区域会有什么样的类别存在时，则必须依靠图像本身的特性进行分类，按照同类样本特性相差小，异类样本特性相差大的原则，根据像元间相似度将图像数据分成若干种类别，然后利用这些类别的统计分布特性对其赋予相应的类别标签。因此，无监督分类不需要人工选择训练样本，仅需极少的人工初始输入，计算机按照一定的规则自动地进行归类合并，需要对聚类结果进行分析。

因此，无监督分类的处理步骤如下：

(1)确定图像上地物类别数；

(2)选择相似性测度；

(3)利用集群算法将像素分割为若干具有相同特征的集合；

(4)对集群分割后的集合进行统计分布特性评估。

1. K 均值算法

K 均值算法是典型的聚类方法之一，其基本思想是，通过多次迭代，逐次移动各类的中心，直至得到最好的聚类结果。

假设待分类的图像数据集为 Φ，像元向量为 $\boldsymbol{X}_i$，Φ 被分为 K 个互不相交的子集 $\Gamma_k(k=1,2,\cdots,K)$，N_k 是第 k 聚类 Γ_k 中的样本数目，$\boldsymbol{M}_k$ 是这些样本的均值。计算 Γ_k 中的各样本 $\boldsymbol{Y}$ 与均值 $\boldsymbol{M}_k$ 之间的距离并求和，对所有类进行如上操作，并将距离和相加可得：

$$J_e=\sum_{k=1}^{K}\sum_{\boldsymbol{Y}\in\Gamma_k}\|\boldsymbol{Y}-\boldsymbol{M}_k\|^2 \tag{5-43}$$

式中：J_e 为聚类产生的总的误差二次方和。在不同的聚类下，J_e 会得到不同的值，K 均值算法的目的是使 J_e 最小，即 K 均值算法是最小误差二次方和准则下的聚类算法，因此又被称为最小方差划分。

K 均值算法的具体步骤如下：

步骤一，给定 n 个初始类的中心位置；

步骤二，计算每一像素到所有类中心的距离，并将该像素重新划分到最近的类中；

步骤三，更新各类中心；

步骤四，重复步骤二和步骤三，直到中心位置未发生较大变化。

图 5-28 给出了一个 K 均值聚类的实例，数据集为一组包含三个彼此分开的类别的理想数据，经过两次迭代后实现了类别的划分。图中三角标记和方块标记分别为每次迭代前后的类别中心。可以看出，K 均值算法是一种动态聚类方法。每次迭代过程中，样本类别都会发生调整，聚类中心也会相应地进行调整。

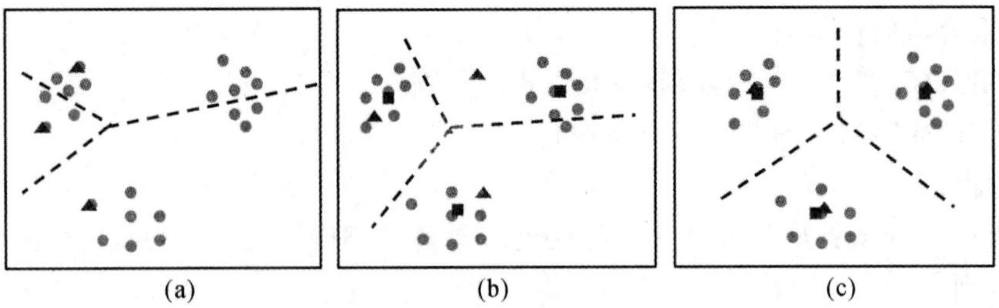

图 5-28　K 均值聚类

(a)初始划分；(b)一次迭代；(c)二次迭代

K 均值算法具有以下特点：

(1)K 均值算法需要事先给出类别数，这在很多情况下都只能凭经验或主观获得，或者利用先验知识对不同的聚类结果进行分析比较得出。

(2)K 均值算法的聚类结果为局部最优解，不是全局最优解，依赖于事先选取的初始类中心。因此，为了使结果更容易迭代至全局最优解，可以采用以下方法确定初始类中心：

1)根据经验找出直观上看来比较合适的代表点；

2)全部数据随机分为 K 类，计算每类的中心；

3)样本密度法，选取某一半径(超)球内样本数较多的区域；

4)采用其他简单聚类法的结果。

2. 模糊 c-均值算法

模糊 c-均值聚类算法是由 K 均值聚类算法演化而来的，该方法的目标函数是基于类内最小均方误差函数构造的。按照模糊 c 划分的概念，把硬聚类的目标函数推广到模糊聚类的情况，即对每个样本与每类原型间的距离用其隶属二次方加权，从而把类内误差二次方和目标函数扩展为类内加权误差二次方和目标函数，得到了基于目标函数模糊聚类的更一般的描述。

设有待分类的样本集为 $X=\{X_1,X_2,\cdots,X_n\}\subset R^{n\times q}$，$n$ 是样本集合中的元素个数，q 是特征空间维数。如果要将样本集 X 划分为 c 个类别，那么 n 个样本分别属于 c 个类别的隶属度矩阵记为 $\boldsymbol{U}=[u_{ik}]_{c\times n}$(模糊划分矩阵)：其中 u_{ik} $(1\leqslant i\leqslant c, 1\leqslant k\leqslant n)$ 表示第 k 个样本 X_k 属于第 i 个类别的隶属度，u_{ik} 应满足以下二个约束条件：

$$\sum_{i=1}^{c} u_{ik}=1,\quad 1\leqslant k\leqslant n \tag{5-44}$$

$$0\leqslant u_{ik}\leqslant 1,\quad 1\leqslant i\leqslant c,\quad 1\leqslant k\leqslant n \tag{5-45}$$

Bezdek 定义了模糊 c-均值聚类算法的一般描述：

$$J_m(U,P)=\sum_{k=1}^{n}\sum_{i=1}^{c}(u_{ik})^m(d_{ik})^2, m\in[1,\infty)\quad 使得 U\in M_{fc} \tag{5-46}$$

式中：m 为模糊加权指数，又称为平滑参数，控制分类矩阵 $\boldsymbol{U}$ 的模糊程度。尽管从数学角度看，m 的出现不自然，但如果不对隶属度加权，从硬聚类目标函数到模糊聚类的目标函数的推广将是无效的。在上述目标函数中，样本 X_k 与第 i 类的聚类原型之间的距离度量的一般表达式定义为

$$(d_{ik})^2=\| X_k-p_i \|_M=(X_k-p_i)^{\mathrm{T}}\boldsymbol{M}(X_k-p_i) \tag{5-47}$$

式中：$\boldsymbol{M}$ 为 $q\times q$ 阶的对称正定矩阵。聚类的准则为取 $J_m(\boldsymbol{U},\boldsymbol{P})$ 的极小值 $\min\{J_m(\boldsymbol{U},\boldsymbol{P})\}$。$\boldsymbol{P}=(p_1,p_2,\cdots,p_c)$ 为 $q\times c$ 矩阵，表示聚类中心矩阵，$p_i\ (i=1,2,\cdots,c)\in R^q$ 为第 i 类的聚类中心。FCM 算法就是一个使目标函数 $J_m(\boldsymbol{X},\boldsymbol{U},\boldsymbol{P})$ 最小化的迭代求解过程。

由于矩阵 $\boldsymbol{U}$ 中各列都是独立的，因此：

$$\min\{J_m(\boldsymbol{U},\boldsymbol{P})\}=\min\left\{\sum_{k=1}^{n}\sum_{i=1}^{c}(u_{ik})^m(d_{ik})^2\right\}=\sum_{k=1}^{n}\min\left\{\sum_{i=1}^{c}(u_{ik})^m(d_{ik})^2\right\} \tag{5-48}$$

上式极值在约束条件 $\sum_{i=1}^{c}u_{ik}=1$ 下，可用拉格朗日乘数法来求解：

$$F=\sum_{i=1}^{c}(u_{ik})^m(d_{ik})^2+\lambda\left(\sum_{i=1}^{c}u_{ik}-1\right) \tag{5-49}$$

对于 $\forall k$，定义集合 I_k 和 $\bar{I}_k$ 为

$$I_k=\{i\,|\,1\leqslant i\leqslant c, d_{ik}=0\};\quad \bar{I}_k=\{1,2,\cdots,c\}-I_k \tag{5-50}$$

可以推导出使得 $J_m(\boldsymbol{U},\boldsymbol{P})$ 为最小的 u_{ik} 及 $J_m(\boldsymbol{U},\boldsymbol{P})$ 为最小值时的 p_i：

$$\left.\begin{aligned} u_{ik} &= \frac{1}{\sum_{j=1}^{c}\left(\frac{d_{ik}}{d_{jk}}\right)^{\frac{2}{m-1}}}, \quad I_k = \Phi \\ u_{ik} &= 0, \forall i \in \bar{I}_k, \text{以及} \sum_{i \in I_k} u_{ik} = 1, I_k \neq \Phi \end{aligned}\right\} \tag{5-51}$$

$$p_i = \frac{1}{\sum_{k=1}^{n}(u_{ik})^m}\sum_{k=1}^{n}(u_{ik})^m x_k \tag{5-52}$$

若数据集 X、聚类类别数 c 和模糊权重值 m 已知，就能由 $\min\{J_m(\boldsymbol{U},\boldsymbol{P})\}$ 采用迭代算法来求解最佳模糊分类矩阵 $\boldsymbol{U}$ 和聚类中心 $\boldsymbol{P}$。

3. ISODATA 算法

ISODATA(Iterative Self-Organizing Data Analysis Technique Algorithm)算法即迭代自组织数据分析算法，是一种最常用的无监督分类法，在大多数遥感图像处理软件中都有这一算法，如 ERDAS 系统和 ENVI 系统等。

ISODATA 算法与 K 均值算法有两点不同：第一，它不是每调整一个样本的类别就重新计算一次各类样本的均值，而是在把所有样本都调整完毕之后才重新计算，前者称为逐个样本修正法，后者称为成批样本修正法；第二，ISODATA 算法不仅可以通过调整样本所属类别完成样本的聚类分析，而且可以自动地进行类别撤销、分裂和合并(见图 5－29)，从而得到类别数比较合理的聚类结果。

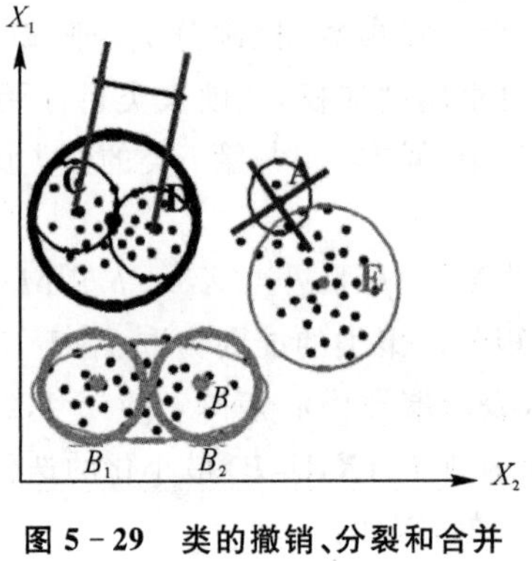

图 5－29　类的撤销、分裂和合并

ISODATA 算法的步骤如下：

(1)对于有 N 个样本的 $\{X_1, X_2, \cdots, X_N\}$，适当选取初始类数 N_C 以及初始类中心 $\{Z_1, Z_2, \cdots, Z_{N_C}\}$，并设置以下参数：

K：期望得到的类数；

θ_K：一个类内的最少样本数；

θ_S：关于类内离散程度的参数(例如，标准差的阈值)；

θ_C：关于类间离散程度的参数(例如，最短距离阈值)；

L：每次迭代最多允许可以进行合并操作的次数；

I：允许迭代的最多次数。

(2)分配样本，按照准则：

若 $\| X-Z_j \| < \| X-Z_i \|$，$i=1,2,\cdots,N_C, i\neq j$，　则 $X\in S_j$

把所有样本分配到以 Z_j 为中心的类 S_j 中去($j=1,2,\cdots,N_C$)。

(3)若类 S_j 中的样本数 $N_j<\theta_K$，则取消类 S_j。

(4)按照下式更新各类中心

$$Z_j=\frac{1}{N_j}\sum_{X\in S_j}X,\ j=1,2,\cdots,N_C \tag{5-53}$$

(5)计算各类 S_j 中所有样本离开各自类中心 Z_j 的平均距离

$$\overline{D}_j=\frac{1}{N_j}\sum_{X\in S_j}\| X-Z_j \|,\ j=1,2,\cdots,N_C \tag{5-54}$$

(6)计算全体样本离各自类中心距离的平均值

$$\overline{D}=\frac{1}{N}\sum_{j=1}^{N_C}N_j\overline{D}_j,\ 总样本数\ N=\sum_{j=1}^{N_C}N_j \tag{5-55}$$

(7)分流(停止、分裂或合并)

1)若为最后一次迭代(根据参数 I)，则令 $\theta_c=0$，转向(11)，检查类间距离，判断是否合并；

2)若 $N_C<K/2$，则转向(8)，检查每类中各分量标准差，判断是否分裂；

3)若 $N_C\geqslant 2K$，则转向(11)；否则继续，即转向(8)；

4)若 $K/2<N_c<2K$，当迭代次数为偶数次时转向(11)，否则继续，即转向(8)。

(8)计算各类 S_j 中样本的标准差

$$\boldsymbol{\sigma}_j=(\sigma_{j1},\sigma_{j2},\cdots,\sigma_{jn})^{\mathrm{T}} \tag{5-56}$$

其中向量 $\boldsymbol{\sigma}_j$ 的各个分量为

$$\sigma_{ji}=\sqrt{\frac{1}{N_j}\sum_{X_k\in S_j}(x_{ki}-z_{ji})^2} \tag{5-57}$$

式中：维数 $i=1,2,\cdots,n$；聚类数 $j=1,2,\cdots,N_c$；$k=1,2,\cdots,N_j$。

(9)对于各类 S_j，求出 n 个标准差中最大的标准差

$$\sigma_{j\max}=\max\{\sigma_{j1},\sigma_{j2},\cdots,\sigma_{jn}\},\ j=1,2,\cdots,N_C \tag{5-58}$$

(10)若存在 $\sigma_{j\max}>\theta_s$，$j=1,2,\cdots,N_C$，且满足

1)$\overline{D}_j>\overline{D}$，且 $N_j>2(\theta_k+1)$　或

2)$N_C\leqslant K/2$

则把类 S_j 分裂成两个类，其中心分别为 Z_j^+ 和 Z_j^-，取消原来的类 S_j，并令 $N_C=N_C+1$。若分裂，则转向(2)；否则继续。

(11)计算所有类中心两两之间的距离

$$D_{ij}=\| Z_i-Z_j \|,i=1,2,\cdots,N_C-1,\ j=i+1,\cdots,N_C \tag{5-59}$$

(12)对于所有的 $D_{ij}<\theta_c$，按照 D_{ij} 递增顺序排列

$$D_{i1j1}\leqslant D_{i2j2}\leqslant\cdots\leqslant D_{iLjL}$$

(13)按照 $l=1,2,\cdots,L$ 的顺序，将本次迭代中尚未被合并的、与 D_{iljl} 相对应的类中心 Z_{il} 和 Z_{jl} 合并为一个：

$$Z_l=\frac{1}{N_{il}+N_{jl}}[N_{il}Z_{il}+N_{jl}Z_{jl}],\ N_C=N_C-1 \tag{5-60}$$

每个类中心每次迭代中最多被合并一次，合并总次数最大为 L。

(14)若这是最后一次迭代(根据参数 I),或各类中心无任何改变,则终止。否则转向(2)分配样本,或转向(1)修改参数,且令迭代次数加1。

ISODATA 算法的特点如下:

初始类别数可调整到希望类别数,可以把人们在实验中获取的经验反映到算法中,在迭代过程中根据原始数据的特点调整进程参数,通过迭代使聚类结果逐步接近所需参数,因而分类结果较好。但是,ISODATA 算法的聚类结果对所设参数依存性强,实际工作中常用"试错法"不断调整参数观察聚类结果。

思 考 题

1. 分析遥感影像空间分辨率域与地面目标识别的关系。
2. 列举典型目标类型在可见光影像、热红外影像和 SAR 影像上对应的特征。
3. 如何评估目标检测精度? 如何辩证地理解查全率和查准率?
4. 什么是训练样本? 选择训练样本应注意哪些问题?
5. 简述有监督分类与无监督分类的区别。
6. 简述 SVM 的基本思想。
7. 在目标识别中,特征匹配是较常使用的方法,请给出基于 SIFT 特征匹配的目标识别方法步骤。
8. 举例阐述特征提取在目标检测中的重要性。
9. 举例说明基于知识模型的目标检测算法的特点和适用范围。
10. 基于模板匹配的目标检测算法在实际应用中存在的问题是什么?

第 6 章　基于深度学习的目标检测

6.1 引　言

传统的遥感图像目标检测方法由于使用人工设计特征，即使运用分类能力较强的非线性分类器，目标检测的准确度也会有瓶颈限制。这是因为人工设计特征存在以下缺点：①人工设计特征属于低层特征，对目标的表达能力有限；②人工设计特征具有针对性，很难选择单一特征应用于多目标检测或多场景检测。

随着对特征提取研究的深入，研究者发现卷积神经网络可以从大规模数据中学习更好的特征，克服人工设计特征的缺点。由于卷积神经网络通常对输入图像交替进行卷积操作和池化操作，特征经过多次非线性变换，逐步从低层特征抽象为高层特征，所以特征对目标具有较强的表达能力。因为训练卷积神经网络的数据集包含了多个目标类别的样本，所以特征并不针对某个特定的目标类别。综上所述，由于卷积神经网络所提取的特征克服了人工设计特征的缺点，使基于卷积神经网络的目标检测方法受到广泛关注，成为当前计算机视觉领域的研究热点之一。

基于深度学习的目标检测主要利用图像处理和深度学习的方法定位图像中感兴趣的目标，准确地判别每个目标的类别(Classification)，并且给出每个目标在图像中的边界框(Localization)。在传统的基于滑动窗口分类的目标检测算法中，通过在一个像素处选择不同长宽比不同尺寸的候选窗口进行分类检测，在使用过程中会产生大量无效窗口，造成计算效率低下，因此限制了该类方法的发展。基于深度学习的目标检测算法在此方面有了突破，促使算法在实际应用中得到了进一步的发展。

根据目标检测阶段的不同，可以将基于深度学习的目标检测算法分为双阶段检测算法和单阶段检测算法两大类：

1)双阶段目标检测网络。如 R-CNN(Region-Convolutional Neural Network)、Fast R-CNN、Faster R-CNN 等系列算法，这些方法将检测分为两步，首先是在待检测图像上进行候选框的生成；然后对候选框中的目标类别进行判别和窗口回归，最终得到准确的目标框。因此也被称为基于候选框的目标检测框架。

2)单阶段目标检测网络。如 YOLO(You Only Look Once)、SSD(Single Shot MultiBox Detector)等系列算法，这些方法不需要产生候选窗口，直接对输入图像进行边框回归，得到目标物体的类别和所在的位置，也称为基于回归的目标检测框架。

6.2　卷积神经网络

随着计算机硬件技术和深度学习的不断发展，基于深度学习的目标检测技术已经成为当前目标检测领域的主流方向。通过对海量的样本数据的训练学习，可以得到技术人员想要的用于检测的网络模型。常用的深度学习网络包括自动编码器(Auto Encoder，AE)、限制玻尔兹曼机(Restricted Boltzmann Machine，RBM)以及卷积神经网络(Convolutional Neural Networks，CNN)等。这些神经网络在深度学习模型的横向领域具有同等的理论地位，但是随着神经网络层数不断加深，参数呈现指数型的增长，卷积神经网络中的一些自带的计算属性在应对大量参数运算更新方面有天然的抑制优势，其模型复杂度相比于其他网络大大减小。因此，卷积神经网络被广泛用于处理图像识别和分类问题，在目标检测方面也有着出色的表现，这种网络结构对平移、比例缩放、旋转或者其他形式的变形具有一定的不变性。

6.2.1　卷积神经网络的基本结构

卷积神经网络由三部分构成。如图 6-1 所示，第一部分是输入层，第二部分由 n 个卷积层和池化层的组合组成，第三部分由一个全连接的多层感知分类器构成。原始图像经过多层卷积层和池化层的传递进行特征的提取，随着网络层数增加，提取的图像特征趋向于能够更有效地描述图像本质的高级语义特征，并将深度特征图与多层感知分类器相连接，在全连接层实现目标的分类和定位。

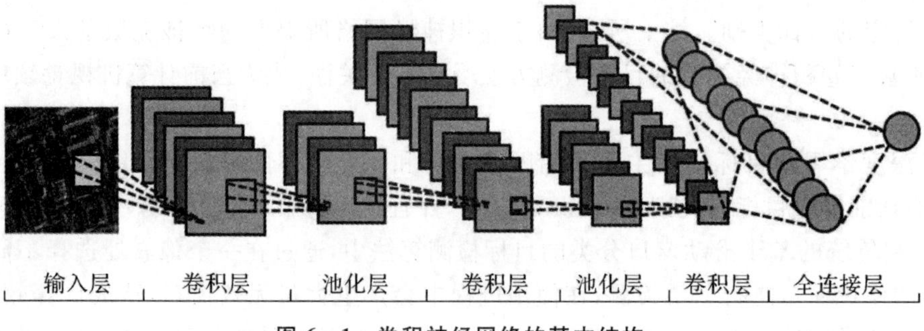

图 6-1　卷积神经网络的基本结构

1. *卷积层*

卷积神经网络专门针对图像而设计，主要特点在于卷积层的特征是由前一层的局部特征通过卷积共享的权重得到的。因此，卷积是卷积神经网络的核心，不同的卷积核作用于输入图像，可以自动实现对输入图像的多种特征提取。每个卷积核中的各个数字就是参数，可以通过大量的训练数据，让机器自己去学习这些参数。

从神经网络的角度来理解卷积层，可以认为，局部连接和权值共享是卷积神经网络卷积层的主要特点，使得卷积神经网络的参数量大幅降低，使运算变得简洁、高效，能够在超大规模数据集上运算。

在传统 BP 神经网络中，前后层的神经元是全连接的，即每个神经元都与前一层的所有神经元相连，如图 6-2(a)所示。事实上，人对外界的认知是从局部到全局的，大脑皮层中不同位置的视觉细胞只对局部区域有响应，图像的空间联系也是局部的像素联系较为紧密，而距离较远的像素相关性则较弱。每个神经元没有必要对全局图像进行感知，只需要对局部进行感知，然后在更高层将局部的信息综合起来就得到了全局的信息。因此，在卷积神经网络中，前后层之间采用了局部连接的方式构建网络，每个隐含层的节点只与前一层的一部分连续输入点相连接，如图 6-2(b)所示。这种局部连接以卷积的方法来实现。

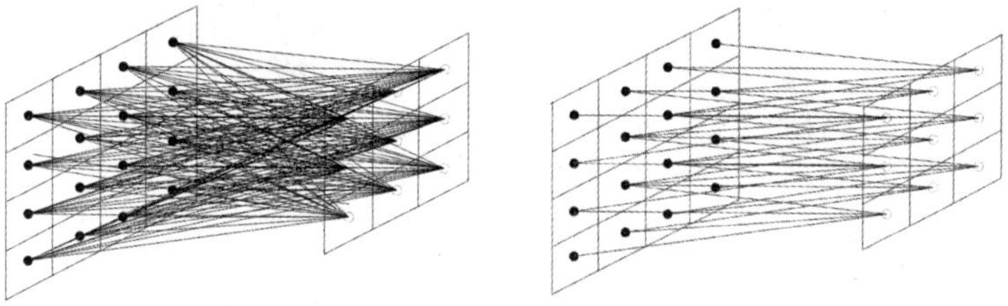

(a)　　　　　　　　(b)

图 6-2　神经元的连接

(a)全连接；(b)局部连接

在局部连接的基础上可以引出权值共享的概念，将在一个局部区域学习到的信息应用到其他区域。其基本思想是，图像的底层特征是与其在图像中的位置无关的。比如边缘无论是在图像中间的边缘特征，还是在图像边角处的边缘特征，都可以用同一个梯度算子进行提取，即通过在不同位置共享相同的神经元权值实现。因此，输出层的每一个像素，是由输入层对应位置的局部图片，与一个具有相同参数的卷积核进行卷积，再经过非线性单元计算而来的。所以，无论输入层图像的尺寸大小，只需要一个卷积核的参数就可以得到一张相应的输出层特征图像。

从图像处理的角度来理解卷积层，就是将一张图像与一个具有特定特征提取功能的卷积核进行卷积处理，得到一张特征响应图。操作时将卷积核在输入图像进行从左至右、从上到下的移动，当移动到某个位置时，卷积核和输入图像的对应位置元素进行相乘再求和，最后再加上卷积核的偏置项，就可以得到该位置处的特征响应。如果用大量样本作为训练集，可以训练学习出所需的卷积核，这些卷积核如果和输入图像进行卷积操作，则可以得到目标检测所需的低层特征；如果和低层特征图像进行卷积操作，则可以得到更高层次上的特征。

卷积操作时需要考虑以下要素：

(1)卷积核在输入图像上滑动时间隔的像素个数称为步长(stride)，通过设置步长的值(如 stride 大于 1)，可以达到压缩部分信息，或者降低特征图像维数的目的。

(2)卷积核的元素不能滑动到输入图像之外，在不对输入图像进行扩充(padding)的情况下，生成的特征响应图的尺寸小于输入图像的尺寸。假如输入图像尺寸为 $M\times N$，卷积核尺寸为 $m\times n$，则输出特征图尺寸为 $(M-m+1)\times(N-n+1)$。

(3)卷积滤波器的深度必须和输入图像的深度相同。深度即为图像的通道数，当输入图像是多通道时，如 R、G、B 三个通道，卷积滤波器也是三个通道的，每个通道的卷积核具有相同的尺寸和不同的参数。将图像与滤波器对应的每一个通道进行卷积运算，然后相加，再加上偏置项后，就生成一个单通道输出图像。

(4)输出图像的深度等于卷积滤波器的个数。每个卷积滤波器侧重于某一种特征的提取，生成一张特征响应图，当需要提取多种特征时，就需要采用多个卷积滤波器。

下面用一个例子加以说明。如图 6-3 所示，输入为 32×32×3 的三通道图像，卷积滤波器为 5×5×3。设定 stride=1，padding=0，因此采用一个滤波器时，输出特征图尺寸为 28×28，通道数为 1；采用两个滤波器时，就能获得两张输出特征图，即输出特征图为 28×28×2。

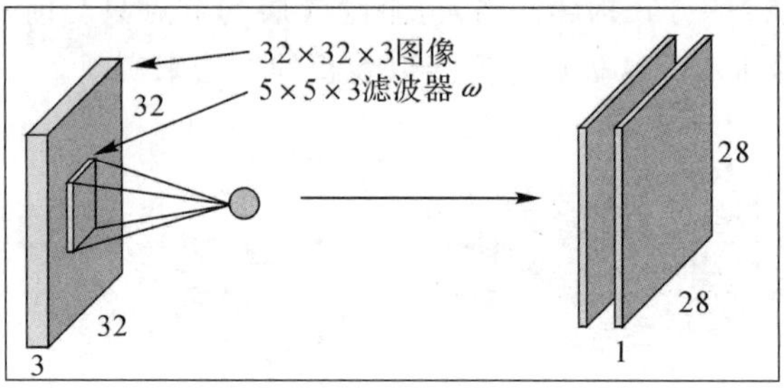

图 6-3　卷积的尺寸和通道

2. *激活层*

所谓激活，实际上是对卷积层的输出结果做一次非线性映射。在每个卷积层后加一个激活层，如此循环往复，这些非线性函数的反复作用，使得神经网络具有了非线性拟合能力，网络模型的表达能力也得到了提升，能够处理复杂的线性不可分的问题。

如果不用激活函数(激活函数 $f(x)=x$)，或者使用线性函数(激活函数 $f(x)=\omega\cdot x$)，那么每一层的输出都是输入的线性函数。无论有多少神经网络层，输出都是输入的线性组合，与没有隐藏层的效果是一样的。因此激活函数必须使用非线性函数。

常用的激活函数有：

(1)Sigmoid 函数。Sigmoid 函数的函数表达式为

$$f(x)=\frac{1}{1+e^{-x}} \tag{6-1}$$

Sigmoid 函数及其导数如图 6-4 所示。

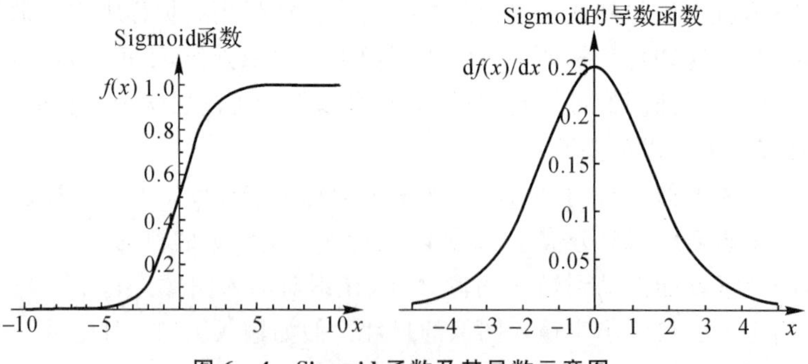

图 6-4　Sigmoid 函数及其导数示意图

Sigmoid 函数的特点是将变量映射为 0 到 1，接近人脑神经元的输入输出特性，导数很容易用函数本身表示。但是存在以下缺点：①采用幂运算，计算量大，对于规模比较大的深度网络，会较大地增加训练时间；②函数输出不是以 0 为均值，即 Sigmoid 函数的输出值恒大于 0，导致模型训练的收敛速度变慢；③Sigmoid 函数的导数最大值为 0.25，梯度向后传递时，每传

递一层梯度值都会减小为原来的 0.25 倍甚至更小。随着层数的增加，梯度迅速接近于 0，出现梯度消失现象。

(2)Tanh 函数。Tanh 函数的函数表达式为

$$f(x)=\frac{e^{x}-e^{-x}}{e^{x}+e^{-x}} \tag{6-2}$$

Tanh 函数及其导数如图 6-5 所示。

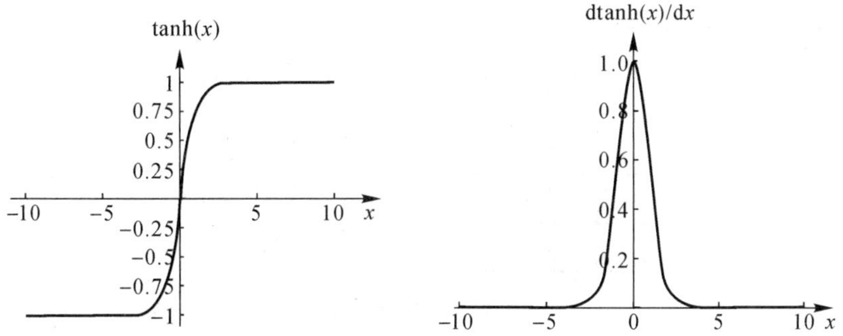

图 6-5　Tanh 函数及其导数示意图

可以看出，Tanh 函数输出区间在(−1,1)之间，且以 0 为中心，解决了 Sigmoid 函数不是零均值输出的问题。然而，梯度消失和幂运算的问题仍然存在。在输入很大或很小的时候，输出几乎是平滑的，当梯度很小时，不利于权重更新。

(3)ReLU。ReLU 函数的函数表达式为

$$f(x)=\max(0,x) \tag{6-3}$$

ReLU 函数及其导数如图 6-6 所示。

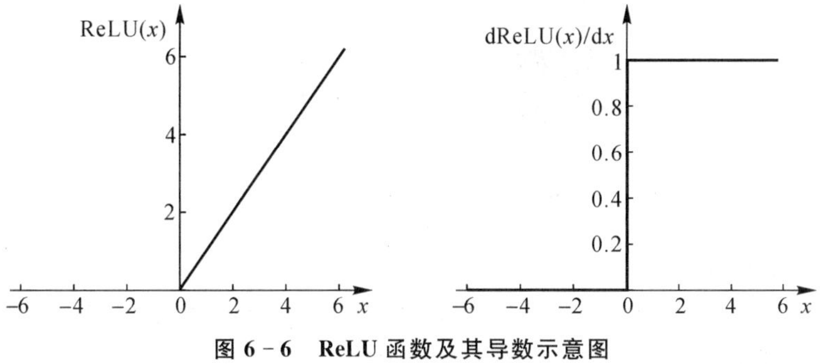

图 6-6　ReLU 函数及其导数示意图

ReLU 函数是深度学习中较为流行的一种激活函数，相比于 Sigmoid 函数和 Tanh 函数，它具有如下优点：①在正区间解决了梯度消失问题，对于需要一直从梯度传递的信息，激活函数的导数总是为 1，即使连续相乘也不会变小；②ReLU 函数中只存在线性关系，计算速度很快，收敛速度远快于 Sigmoid 和 Tanh；③ReLU 单边激活，更符合生物神经元的特征。

ReLU 函数也有需要特别注意的问题：①ReLU 的输出不是以 0 为均值；②当输入为负时，ReLU完全失效，某些神经元可能永远不会被激活，导致相应的参数永远不能被更新。

3.池化层

池化(pooling)思想来自于视觉机制，是对信息进行抽象的过程，从字面看就是把东西放在一起的意思。池化处理就是对一个局部区域内的特征进行聚合统计，求出一个能代表这个区域特点的数值，实际上就是对特征图像进行下采样，包括平均池化(mean pooling)或者最大池化(max pooling)两种。如图 6-7 所示，定义一个局部区域(如 2×2 的窗口)，并从窗口内修正后特征图中取出最大值，或计算出平均值，作为输出。平均池化能够保留数据的整体特征，最大池化能够突出数据的细节特征。

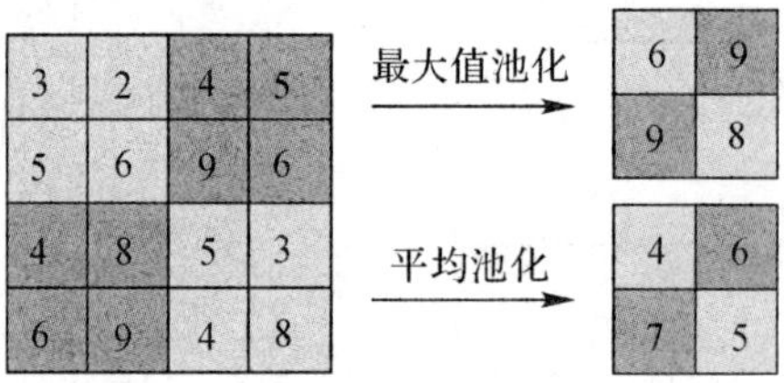

图 6-7　池化处理

池化是在修正后特征图像的不同通道上是分开执行的，不会改变特征图像的深度，如图 6-8所示，如果通道数为 64，需要进行 64 次池化操作，产生 64 个池化后的输出图，输出图像尺寸是输入图像尺寸的 1/4。

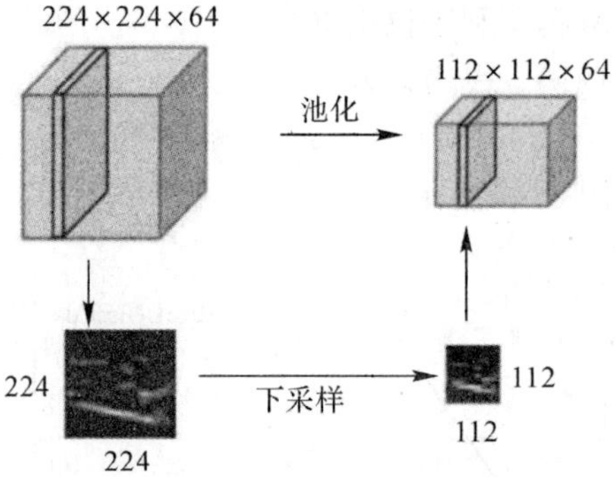

图 6-8　池化后特征维数的改变

池化层具有以下作用：

(1)降低特征维度。卷积核一般都比较小，经过卷积层和激励层后，特征图的尺寸(即特征维数)仍然很大。池化层可以降低特征维数，从而减少最后输送到全连接层的参数的数量，在加快运算速度的同时避免出现过拟合。

(2)增强局部感受野。感受野是卷积神经网络中特征图像上的一个点所对应的输入图上的区域。如图 6-9 所示，池化后左上角一个像素，是由卷积层的 2×2 区域计算而来，而这个2×2区域是由原始图像上的 4×4 区域计算而来，如果卷积核为 3×3(stride=1)，则这个像素的感受野扩大为 4×4。感受野越大，得到的全局信息越多。从仿生的角度来理解，输入图感受野内任何一点出现了响应，这个响应都能传播到池化后的特征图上。

(3)提高平移不变性。以最大值池化为例，因为输出一个区域的最大值，所以在该池化区域内的任何位移都不会对输出产生影响，无论这个最大值出现在任何位置，都不会改变池化的输出，相当于对微小位移具有不变性。

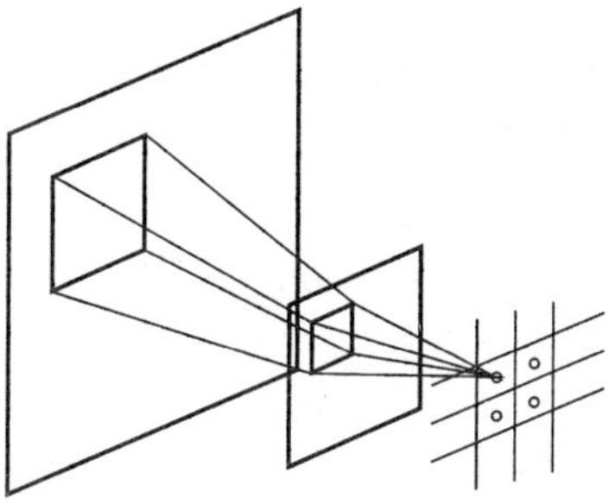

图 6-9　池化的感受野

4. 全连接层

经过前面若干次卷积、激励、池化后，网络提取到了足以用来进行目标检测的特征，接下来就是如何进行分类。通常卷积神经网络会将末端得到的长方体特征图平摊成一个长长的特征向量，送入全连接层，最后相当于一个普通的多分类神经网络(如 BP 神经网络)，通过 softmax 函数得到最终的分类输出。因此，全连接层在卷积神经网络尾部，可以用来将最后的输出映射到线性可分的空间。之所以采用全连接层，是因为最后所得的高层特征与位置有关，而不同位置需要不同的神经元权重。

6.2.2　经典卷积神经网络

本节介绍五种经典的、有代表性的卷积神经网络，包括 LeNet、AlexNet、VGG、GoogLeNet 和 ResNet，这些经典网络代表了卷积神经网络的发展历程。LeNet 是第一个现代意义上的卷积神经网络；AlexNet 引领了深度学习的热潮；VGG 是在 ResNet 出现之前使用最广的卷积神经网络；GoogleNet 提出了全新的卷积网络结构 Inception；ResNet 被证明是目前最通用、效率最高的目标检测基础网络。

1. LeNet

LeNet 由 Yan LeCun 在 1998 年发表的论文“Gradient-Based Learning Applied to Document Recognition”中提出，主要用来进行手写字符的识别与分类。LeNet 的实现确立了 CNN 的结构，现在神经网络中的许多内容在 LeNet 的网络结构中都能看到，例如卷积层、池化层、全连接层。

LeNet 网络结构如图 6-10 所示，下面对各层进行具体分析。

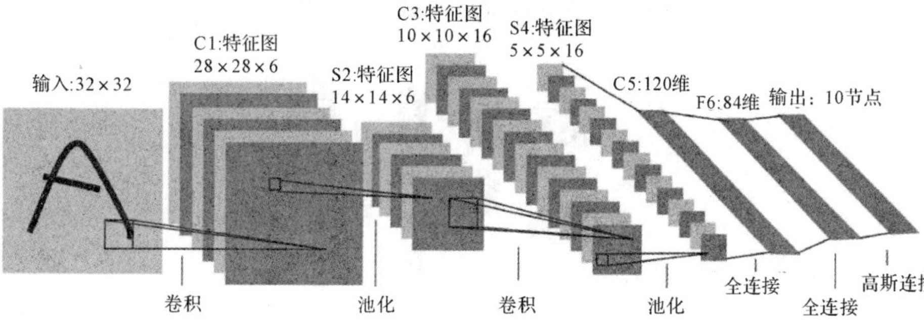

图 6-10　LeNet 网络结构

(1)C1:卷积层。采用 6 个 5×5 的卷积核对 32×32 的单通道输入图像进行卷积,生成 28×28×6 的特征图。需要训练的参数个数为(5×5+1)×6=156。

(2)S2:池化层。采用 2×2 窗口对卷积层输出图进行池化处理,生成 14×14×6 的降维后特征图。

(3)C3:卷积层。采用 16 个 5×5 的卷积核对 14×14 的 6 通道特征图进行卷积,生成 10×10×16 的特征图。卷积时采用跨通道组合的方式,如图 6-11 所示,C3 的前 6 个特征图以 S2 的 3 个相邻的特征图为输入,接下来 6 个特征图以 S2 的 4 个相邻的特征图为输入,然后 3 个以 S2 的 4 个不相邻的特征图为输入,最后 1 个以 S2 中所有特征图为输入。需要训练的参数个数为(5×5×3+1)×6+(5×5×4+1)×9+(5×5×6+1)=1 516。

	0	1	2	3	4	5	6	7	8	9	10	11	12	13	14	15
0	X				X	X	X			X	X	X	X		X	X
1	X	X				X	X	X			X	X	X	X		X
2	X	X	X				X	X	X			X		X	X	X
3		X	X	X			X	X	X	X			X		X	X
4			X	X	X			X	X	X	X		X	X		X
5				X	X	X			X	X	X	X		X	X	X

|—— 3 ——|—— 4 ——|6|

图 6-11 C3 层与 S2 层的连接组合

(4)S4:池化层。采用 2×2 窗口对卷积层输出图进行池化处理,生成 5×5×16 的降维后特征图。

(5)C5:卷积层。采用 120 个 5×5 的卷积核对 5×5 的 16 通道特征图进行卷积,生成 1×1×120 的特征图,即 120 维的特征向量,需要训练的参数个数为(5×5×16+1)×120=48 120。

(6)F6:全连接层。采用一个全连接网络,将 120 维的输入向量变换为 84 维的输出向量。F6 层的 84 个节点对应于一个 7×12 的比特图,用于识别完整的 ASCII 字符集。F6 是一个典型的神经网络层,每个单元都计算输入向量与权值参数的点积并加上偏置参数,需要训练的参数个数为(120+1)×84=10 164。

(7)OUTPUT:输出层。Output 层是全连接层,共有 10 个节点,分别代表数字 0 到 9,采用的是径向基函数的网络连接方式。如果节点 i 的输出值为 0,则网络识别的结果是数字 i。需要训练的参数个数为 84×10=840。

图 6-12 给出了一个识别实例,可以看到每层的输出结果。

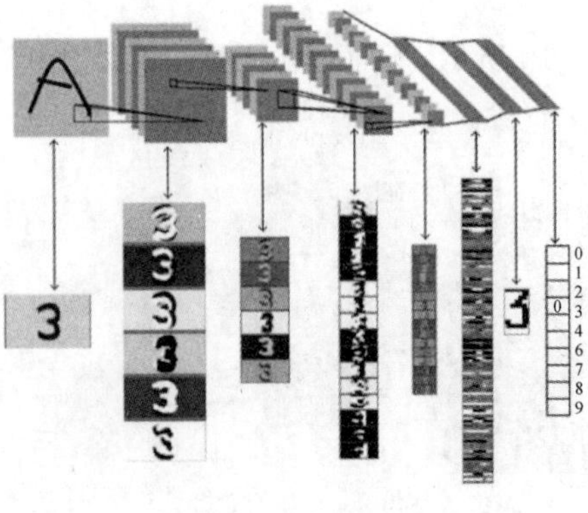

图 6-12 LeNet 识别数字 3 的过程

2. AlexNet

AlexNet 是 2012 年 ImageNet 图像分类竞赛的冠军，模型来源于 Alex 和 Hinton 的论文“ImageNet Classification with Deep Convolutional Neural Networks”。AlexNet 使得卷积神经网络成为图像分类问题的核心算法模型，引发了神经网络的应用热潮。

AlexNet 网络结构如图 6－13 所示。网络有 8 层结构，其中前 5 层为卷积层，后面 3 层为全连接层。第 1、2、5 层后面有重叠最大池化层。ReLU 在每个卷积层和全连接层后面。AlexNet 在两个 GPU 上运行，第 2、4、5 层是前一层自己 GPU 内连接，第 3 层、全连接层是 2 个 GPU 全连接。图 6－13 中上下两层分别代表一块 GPU。

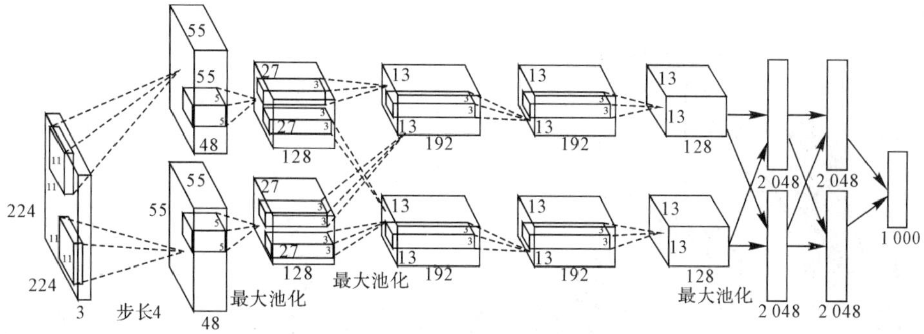

图 6－13　AlexNet 网络结构

相比于 LeNet，AlexNet 进行了以下创新：

(1)ReLU。采用 ReLU 激活函数，取代了之前经常使用的 Sigmoid 函数和 Tanh 函数，成功解决了梯度消失和计算量过大的问题。

(2)Dropout。AlexNet 在全连接层引入了 drop out 的功能，防止过拟合情况发生。在前向传播的时候，让某个神经元的激活值以一定的概率 p 为零(停止工作)，这样可以减少特征检测器(隐层节点)间的相互作用，使模型泛化性更强。

(3)局部响应归一化。提出了局部响应归一化(Local Response Normalization，LRN)，对局部神经元的活动创建竞争机制，使得其中响应比较大的值变得相对更大，并抑制其他反馈较小的神经元，增强了模型的泛化能力。LRN 只对数据相邻区域做归一化处理，不改变数据的大小和维度。

(4)数据增广。通过图像的几何变换，使用以下一种或多种组合数据增强变换来增加输入数据的量。如果没有数据增强，仅靠原始的数据量，参数众多的 CNN 会陷入过拟合中，使用了数据增强后可以大大减轻过拟合，提升泛化能力。例如，AlexNet 随机地从 256×256 的原始图像中截取 224×224 大小的区域(以及水平翻转的镜像)，相当于增加了 $2\times(256-224)^2=2\ 048$ 倍的数据量。

3. VGG

VGG 是牛津大学的 Visual Geometry Group 提出的，他们获得了 2014 年 ImageNet 图像分类竞赛的亚军。这个模型被提出时，由于它的简洁性和实用性，很快成为了当时最流行的卷积神经网络模型，它在图像分类和目标检测任务中都表现出非常好的结果。

VGG 有两种结构，分别是 VGG16 和 VGG19，两者并没有本质上的区别，只是网络深度不一样。VGG16 网络结构如图 6－14 所示。可以看出，VGG 网络结构简洁，由相同模块堆积而成，包括 5 个卷积层、3 个全连接层和 1 个 softmax 层，采用最大值池化和 ReLU 激活函数。

相比于 AlexNet，VGG16 的改进之处在于，采用连续的几个 3×3 的卷积核代替 AlexNet 中的较大卷积核（11×11 和 5×5）。两个 3×3 的卷积核与一个 5×5 的卷积核的感受野相同，三个 3×3 的卷积核与一个 7×7 的卷积核感受野相同。对于给定的感受野，采用堆积的小卷积核优于采用大的卷积核，因为多层非线性层可以增加网络深度，保证学习到更复杂的非线性模式，而且参数更少。

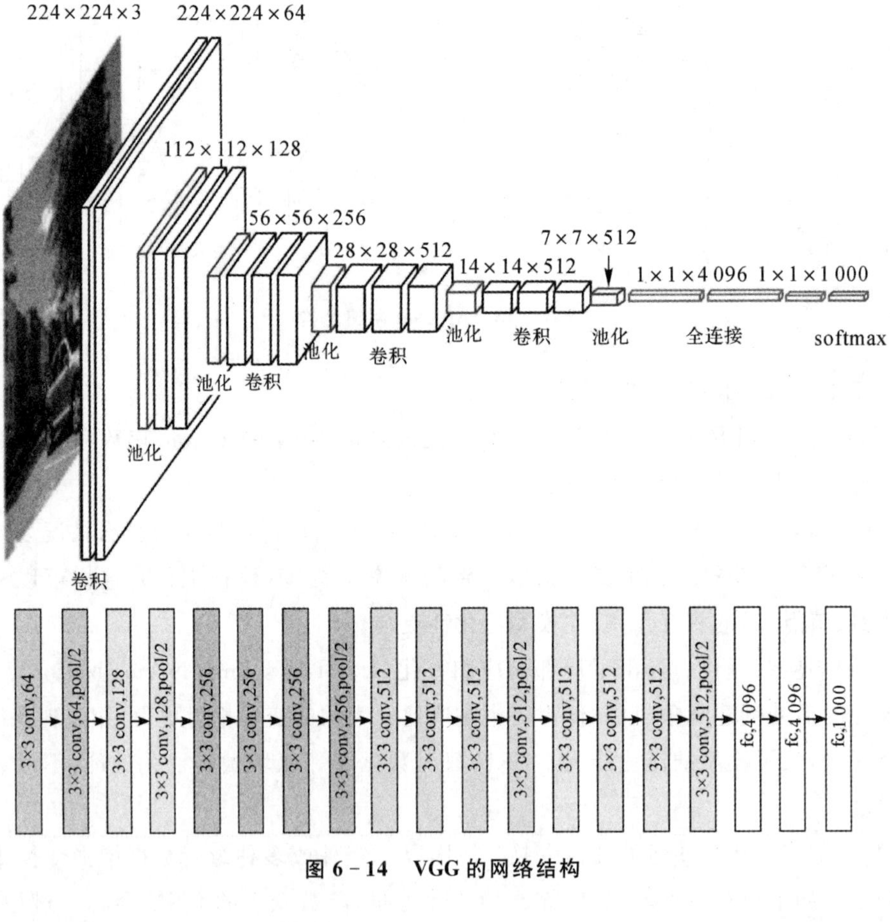

图 6－14　VGG 的网络结构

4. GoogLeNet

GoogLeNet 是 google 团队在论文“Going deeper with convolutions”中提出的基于 Inception 模块的深度神经网络模型，在 2014 年 ImageNet 图像分类竞赛中夺得了冠军，在随后的两年中一直在改进，形成了 Inception V2、Inception V3、Inception V4 等版本。

GoogLeNet 网络结构如图 6－15 所示。GoogLeNet 引入了 Inception 结构（图 6－15 中圈内结构），使得参数量和计算量大大减少；同时，主干网络部分全部使用卷积网络，仅仅在最终分类部分使用全连接层。

Inception V1 的网络结构如图 6－16 所示。如图所示，每个分支都使用 1×1 的卷积来进行升降维和非线性处理，将不同分支的特征图通道数调整为一致，便于后续操作（相加或拼接，升维或降维取决于与 1×1 卷积的通道数。在多个尺寸上同时进行卷积再聚合，实质上是多个特征图的线性组合，实现跨通道的信息整合。

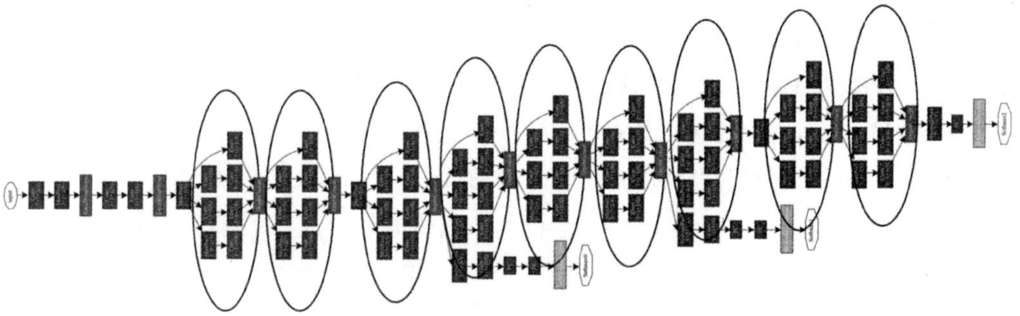

图 6－15　GoogleNet 的网络结构

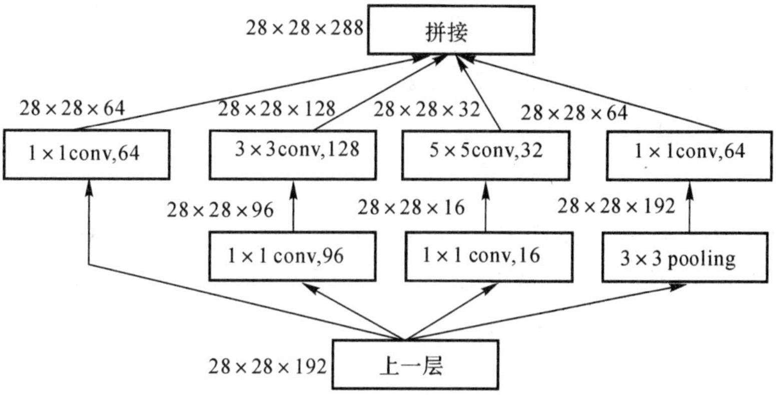

图 6－16　Inception V1 的网络结构

如图 6－16 所示，Inception V1 在 3×3 和 5×5 卷积层前加上 1×1 卷积层，对特征图进行了降维，使得所需卷积核参数量大大减少，见表 6－1。

表 6－1　Inception V1 的参数量比较

	3×3 卷积层	5×5 卷积层
未加 1×1 卷积层	3×3×192×128＝221 184	5×5×192×32＝153 600
加 1×1 卷积层	1×1×192×96＋3×3×96×128＝129 024	1×1×192×16＋5×5×16×32＝15 872

5. ResNet

ResNet 是微软何恺明团队在论文“Deep Residual Learning for Image Recognition”中提出的深度残差学习框架，以 top1 误差 3.6%获得了 2015 年 ImageNet 图像分类竞赛的冠军。ResNet 为解决神经网络中因为网络深度导致的梯度消失问题提供了一个非常好的思路，使得卷积神经网络有了真正的深度。ResNet 网络深度有 34、50、101、152 等多种层数。

从 AlexNet、VGGNet、GoogleNet 可以看出，更深层次的网络可以带来更好的识别效果。但是，并不是网络结构越深，卷积层数越多，识别效果就越好。ResNet 团队验证了深层网络的退化问题：随着网络的加深，模型的精确性会有所提升，但达到饱和后，模型的精确性会迅速下降。如图 6-17 所示，更深的网络具有更大的训练和测试错误率。由于在训练集上的错误率同样增加，说明这种网络退化并不是过拟合造成的，而是由于梯度消失造成的。

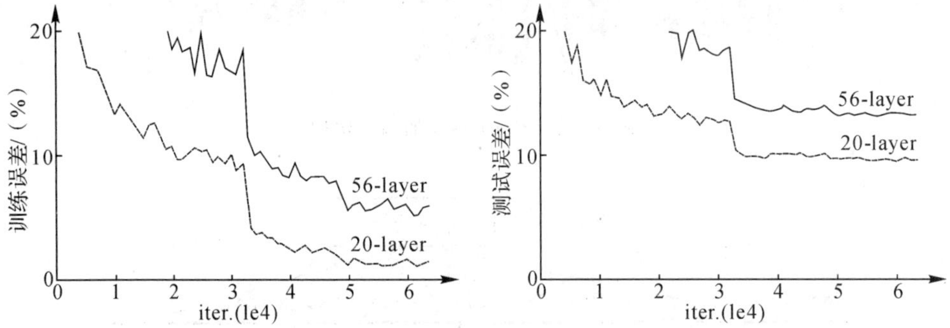

图 6-17　CIFAR-10 数据集上的训练误差与测试误差

为解决这一问题，ResNet 采用 shortcut 结构，构建残差学习单元，如图 6-18 所示。假定原来网络需学习得到函数 $H(X)$，不妨让原始信号 X 接到输出部分，并修改需学习的函数为 $F(X)=H(X)-X$，便可得到同样的效果。并且，就算网络结构很深，梯度也不会消失。

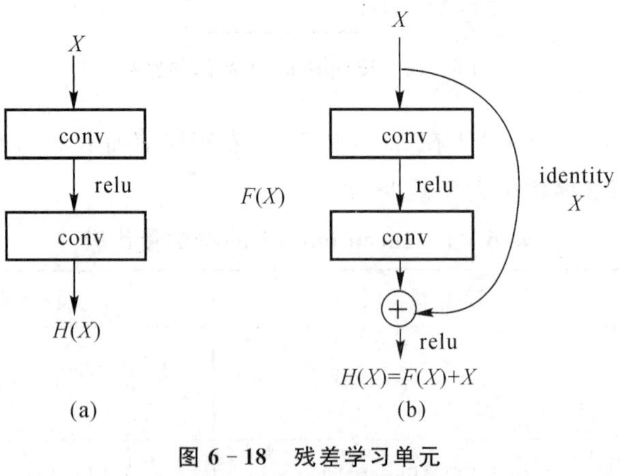

图 6-18　残差学习单元

(a)普通模块；(b)残差模块

ResNet 网络结构如图 6-19 第一行所示。可以看出，ResNet 采用了堆叠式残差结构，每个残差模块由多个小尺度卷积核组成，整个网络除了最后用于分类的全连接层以外都是全卷积的，大大提升了计算速度。

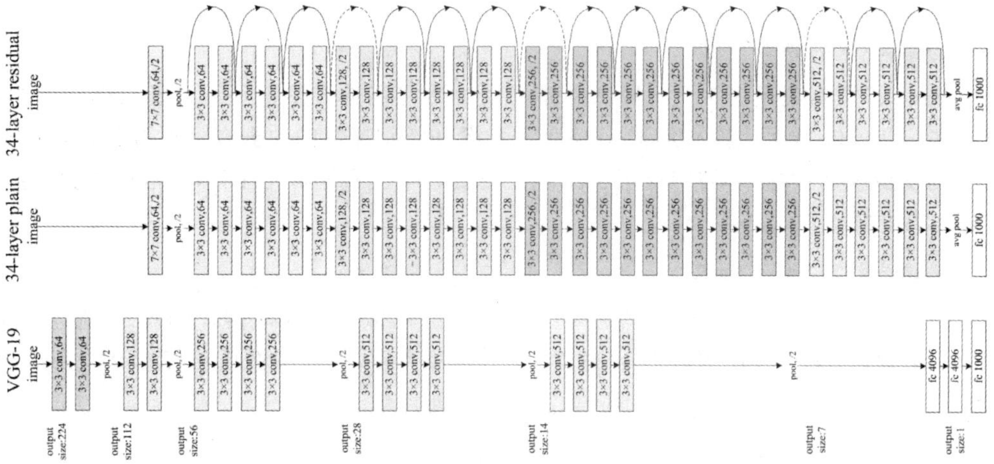

图 6－19　ResNet 的网络结构

6.3　深度学习目标检测数据集

近年来深度学习在目标分类、目标检测、语义分割等领域取得突破进展，主要得益于图形处理器(Graphics Processing Unit，GPU)等硬件设备的应用和大量公开数据集的发布。在深度学习领域，数据集是指经过人工标注的用于训练、测试、验证网络模型性能的数据集合。本节在介绍遥感目标检测数据集前，首先介绍一下深度学习通用数据集。

6.3.1　通用数据集

本节介绍五个最常用的通用数据集，它们对深度学习网络的发展起到了重要的作用，常用来作为模型性能评估的标准数据集。

1. MINST 数据集

MINST 数据集是用于训练图像分类模型的手写数字数据集。该数据集以二进制存储，图像尺寸大小为 28×28，含有 70 000 张图片，10 个目标类别，其中训练集包含 60 000 个样本，测试集包含 10 000 个样本，常被作为深度学习入门研究的基础数据集。

2. cifar－10 和 cifar－100 数据集

cifar－10 数据集包括 60 000 张 32×32 的彩色图像，其中训练集50 000张，测试集 10 000 张。cifar－10 一共标注 10 类，每类6 000张图像。这 10 类分别是 airplane，automobile，bird，cat，deer，dog，frog，horse，ship 和 truck，其中没有任何的重叠情况。

cifar－100 数据集包含 20 大类，每个大类包含 5 个小类，总共 100 个小类，每个小类包含 600 张图像，其中 500 张用于训练，100 张用于测试。每个图像带有 1 个小类的 fine 标签和 1 个大类的 coarse 标签。

3. COCO(Common Objects in Context)数据集

COCO 是 Microsoft 发布的用于图像检测和分割的大型数据集，包含 330 000 张图像，80

个目标类别，每张图像有 5 个描述标签。该数据集被作为图像语义理解算法性能评价的标准数据集。

4. ImageNet 数据集

ImageNet 数据集是由李飞飞团队制作的用于研究视觉对象识别的大型数据集。图像总数1 500多万张，包含两万多个类别，其中带有位置和类别标签的数据有上百万张，是目前世界上最大的图像识别数据库，被广泛用于图像分类、识别、检测等研究任务，也常作为验证算法性能的标准数据集。

5. PASCAL VOC 数据集

PASCAL VOC 数据集用于图像分类、目标检测、图像分割的评估。VOC2007 包含 9 963 张图像，训练集和测试集比例接近 1:1，共 20 个目标类别，因为图像质量好，标注信息完整易于读取，常作为基础数据集应用于不同算法进行性能评估。

6.3.2 遥感数据集

在遥感图像处理领域，随着遥感数据集的构建，深度学习算法的引入为目标检测、识别、分类等任务开阔了新思路。和通用数据集相比，遥感数据集一般具有目标判读难、目标比例差异大、样本不平衡、目标方向差异大等特点。常用的遥感数据集如下文所列。

1. DOTA 数据集

DOTA 数据集由武汉大学于 2017 年发布，是用于可见光遥感图像目标检测的大规模数据集。该数据集包含 2 806 张不同传感器和平台的遥感图像，来源包括 Google Earth、JL－1 卫星影像，GF－2 卫星影像等。每幅图像在大约 800×800 到 4 000×4 000 像素的范围内，并且包含各种比例、方向和形状的 188 282 个实例对象。该数据集包含 15 个地面目标类别：飞机、轮船、存储罐、棒球场、网球场、篮球场、地面跑道、港口、桥梁、大型车辆、小型车辆、直升机、环形交叉路口、足球场和篮球场。

2. LEVIR 数据集

LEVIR 数据集由大量 800×600 像素和 0.2～1.0 m 分辨率的 Google Earth 图像组成。该数据集涵盖了人类居住环境的大多数类型地面特征，例如城市、乡村、山区和海洋，未考虑冰川、沙漠和戈壁等极端陆地环境。数据集中包含有 3 种目标类型：飞机、轮船（包括近海轮船和向海轮船）和油罐。所有图像总共标记了 11k 个独立边界框，包括 4 724 架飞机、3 025 艘船和 3 279 个油罐。每幅图像的平均目标数量为 0.5。

3. xView 数据集

xView 是最大的公开可用的图像集之一。它包含来自世界各地复杂场景的图像，并用超过一百万个边界框进行注释，这些边界框代表 60 种对象类别的不同范围。与其他图像数据集相比，xView 图像具有高分辨率、多光谱等特性，并带有更多种类的对象标记。

4. HRRSD 数据集

HRRSD 数据集是 2019 年中国科学院大学发布的数据集，HRRSD 包含从 Google Earth 和百度地图获取的 21 761 幅图像，空间分辨率从 0.15m 到 1.2m。HRRSD 包含 13 类目标：飞机、棒球场、篮球场、桥梁、十字路口、田径场、港口、停车场、船、存储罐、丁字路口、网球场、汽车。该数据库包含 55 740 个目标实例，类别之间样本量较均衡，每个类别大约有 4 000 个样本。

5. SSDD(SAR Ship Detection Dataset)数据集

SSDD 数据集的数据来源为 RadarSat－2、Sentinel－1 和 TerraSAR-X 等，模仿 PASCAL VOC 数据集构造，包含了多种成像条件下的 SAR 舰船图像，极化方式有 HH、VV、VH 和 HV。该数据集共有 1 160 幅 SAR 图像，含有 2 456 艘舰船，是目前国内舰船检测的常用数据集。SSDD＋数据集相对于 SSDD 数据集将垂直边框变成了旋转边框，旋转边框可在完成检测任务的同时实现对目标的方向估计。

6. AIR-SARShip－1.0 数据集

AIR-SARShip－1.0 数据集的数据来源为高分三号，图像分辨率包括 1 m 和 3 m，图像尺寸约为 3 000×3 000 像素，图像格式为 Tiff，成像模式包括聚束式和条带式，极化方式为单极化，场景类型包含港口、岛礁、不同等级海况的海面，目标覆盖运输船、油船、渔船等十余类近千艘舰船。图像样本贴近实际舰船检测应用场景，标注文件提供相应图像的长宽尺寸、标注目标的类别以及标注矩形框的位置。

7. HRSID 数据集

HRSID 数据集是电子科技大学于 2020 年 1 月发布的 SAR 图像舰船数据集。该数据集共包含 5 604 张高分辨率 SAR 图像和 16 951 个舰船目标，平均每张图像包含了 3.02 个目标。HRSID 数据集借鉴了 COCO 数据集的构建过程，包括不同分辨率(0.5 m、1 m、3 m)、不同极化、不同海况、海域和沿海港口的情况。该数据集中的每个舰船样本包含的标注信息包括样本类别、外接矩形框和分割掩模，适用于目标检测和实例分割等图像处理任务。

6.3.3　专用数据集的制作

实际应用中，可以根据具体需要制作专用数据集。下面以 SAR 建筑物数据集为例，介绍数据集的制作过程。

SAR 建筑物数据集的制作过程如图 6－20 所示，可分为数据处理和目标标注两部分。

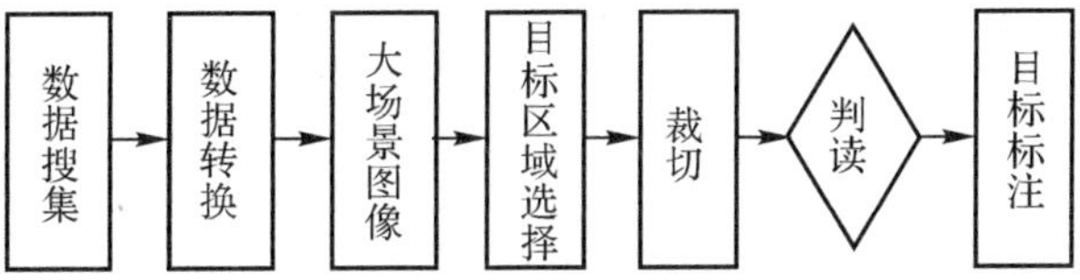

图 6－20　数据集制作流程

数据处理过程如下：

(1)进行数据搜集。为增加数据多样性，需要尽量搜集不同尺寸、不同形状的建筑物图像。

(2)将原始 SAR 复数数据转化为可视化的 SAR 幅度数据，并进行几何校正处理。

(3) 通过固定大小的滑动窗在原始 SAR 图像上移动，对图像中建筑物所在区域进行裁剪，滑动窗大小设定为 416×416 和 512×512 像素，窗口重合率为 30％到 70％。裁剪时应遵循以下原则：裁剪区域中总目标像素占滑窗比例至少为 30％；对建筑物区域的判读必须准确，建筑物要清晰可辨，且建筑物之间的间隙要便于标注；保持目标的完整性，避免出现目标被边界框截断的情况。

利用标注软件 labelImg 对得到的含有建筑物的图像切片进行标注。labelImg 软件是基于 Python 语言编写的用于深度学习数据集制作的图片标注工具，主要用于记录目标的类别名称和位置信息。它的标注结果以 PASCAL VOC 格式保存为 XML 文件，这是 ImageNet 等任务使用的格式。

目标标注过程如下：

(1)对图像中的建筑物进行人工判读，确定其为建筑物目标；

(2)用最小外接矩形框将建筑物目标依次选中，同时设置类别标签为 building；

(3)将矩形框的标记信息(x，y，h，w)储存在标签 XML 文件中，其中(x，y)为矩形框的左上角坐标，(h，w)分别为矩形框的高度和宽度。

数据标注示例图如图 6－21 所示。

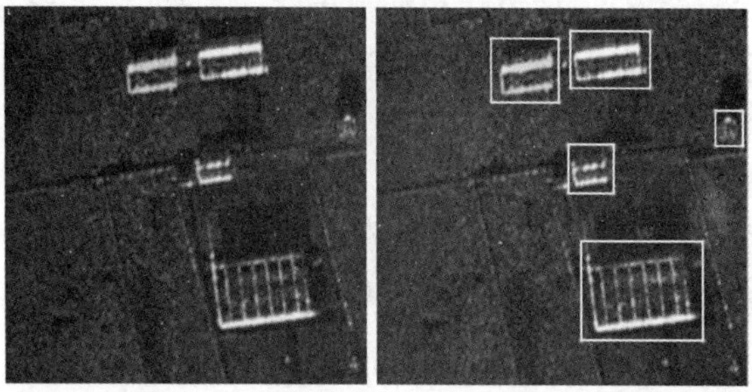

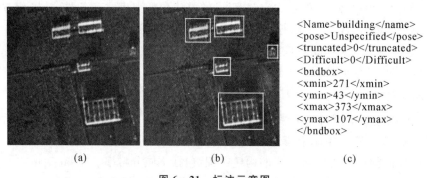

<Name>building</name>
<pose>Unspecified</pose>
<truncated>0</truncated>
<Difficult>0</Difficult>
<bndbox>
<xmin>271</xmin>
<ymin>43</ymin>
<xmax>373</xmax>
<ymax>107</ymax>
</bndbox>

(a) (b) (c)

图 6－21 标注示意图

(a)原始数据；(b)数据标注示例；(c)标注信息

如果要进行建筑物目标的旋转框检测，则需要制作旋转建筑物数据集。旋转矩形框通常有两种表示形式：①以中心点坐标、矩形框宽度和高度、旋转角度(cx，cy，w，h，α)来表示，共五个参数，常采用 XML 格式的文件保存；②以矩形框四个顶点的坐标来表示，共 8 个参数(x_1，y_1，x_2，y_2，x_3，y_3，x_4，y_4)，常采用 TXT 文件保存。图 6－22 给出了第一种旋转矩形框的表示方法，矩形框中心点的坐标为(cx，cy)，矩形框的宽长为 w，高度为 h，α 是标注过程中的旋转角度，以顺时针旋转为正，$\alpha\in[0,\pi)$，矩形框呈水平方向时 $\alpha=0$。

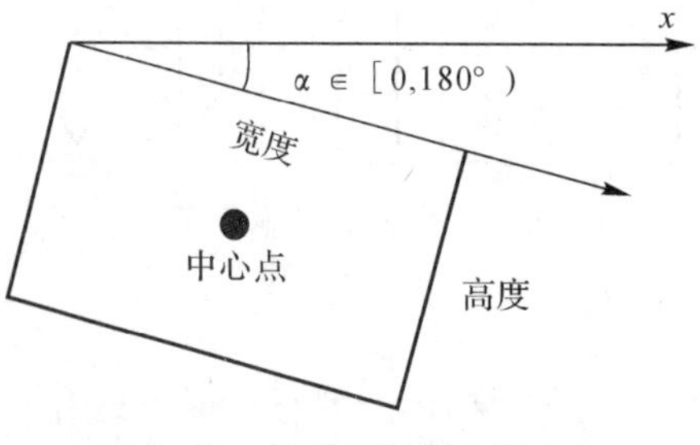

图 6－22 旋转矩形框表示方法

采用五参数表示方法，利用基于 Python 语言编译的软件 rolabelImg 对上述判读得到的建筑物进行标注。rolabelImg 软件是在 labelImg 的基础上进行改进的，可以记录目标在图像中的位置信息、姿态信息和类别信息，两者的区别在于 labelImg 是使用水平矩形框进行标注的，而 rolabelImg 添加了旋转角度信息，实现了对旋转目标的标注功能，最后将目标的信息存储在 XML 格式的文件中。数据标注示例图如图 6－23 所示。

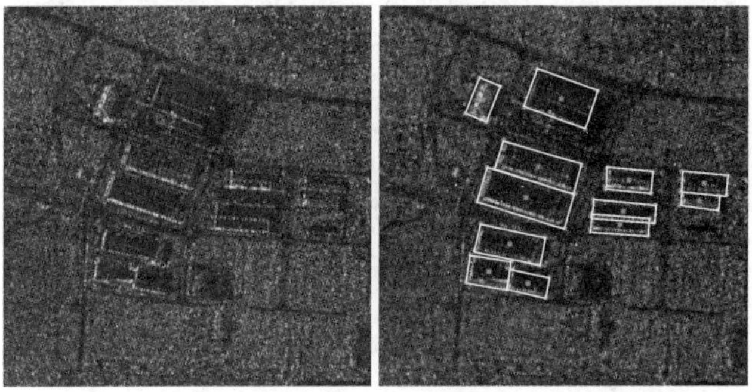

<object>
<type>robndbox</type>
<name>building</name>
<pose>Unspecified</pose>
<truncated>0</truncated>
<difficult>0</difficult>
<robndbox>
<cx>116.881</cx>
<cy>104.0714</cy>
<w>25.2335</w>
<h>41.6085</h>
<angle>0.38</angle>
</robndbox>
</object>

图 6－23　标注示意图

(a)原始数据；(b)数据标注示例；(c)标注信息

上述裁剪和标注工作完成后按照 PASCAL VOC 数据集格式创建 SAR 图像建筑物数据集。将制作好的标签放置于 Annotations 文件夹中，将裁剪后的图像(416×416 像素和 512×512 像素)放置于 JPEGImages 文件夹中，且名字与对应图像一致。数据集随机按照一定比例分为训练集和测试集，对应的图像路径信息存放于 ImageSets 文件夹中的 Main 文件夹中。

6.4　双阶段目标检测方法

双阶段目标检测网络将检测分为两个阶段，首先做建议框粗修与背景剔除，然后执行建议框分类和边界框回归。代表算法为 R-CNN、Fast R-CNN、Faster R-CNN 等系列算法，其中 R-CNN和 Fast R-CNN 为非端对端检测算法，Faster R-CNN 为端对端检测算法，即通过一个神经网络完成从特征提取到边界框回归和分类的整个过程。

6.4.1　R-CNN 算法

2012 年 AlexNet 在 ImageNet 举办的 ILSVRC 中大放异彩，R-CNN 作者受此启发，尝试将 AlexNet 在图像分类上的能力迁移到 PASCAL VOC 的目标检测上。这就要解决两个问题：①如何利用卷积网络进行目标定位？②如何在小规模的数据集上训练出较好的网络模型？对于第一个问题，R-CNN 利用候选区域的方法(Region Proposal)，这也是该网络被称为 R-CNN的原因(Regions with CNN Features)。对于第二个问题，R-CNN 使用了微调的方法，利用 AlexNet 在 ImageNet 上预训练好的模型。

1、R-CNN 的训练过程

如图 6－24 所示，R-CNN 的训练过程如下：

(1)使用选择性搜索算法，生成 2 000 个候选区域。选择性搜索是用于目标检测的区域提议算法，它计算速度快，具有很高的召回率，基于颜色、纹理、大小和形状对相似区域进行分组。该算法将图像分割成小区域，按规则合并区域，直到合成整张图，输出所有候选区域。合并规则为：合并颜色或纹理相近的区域、优先合成小区域、保证合成后的形状规则等。

(2)对生成的 2 000 个候选区域，使用预训练好的 AlexNet 网络进行特征提取。将候选区域尺寸调整到 AlexNet 网络需要的尺寸(227×227)，调整的方法包括：包含上下文的尺寸调整、不包含上下文的尺寸调整、尺度缩放等。改造预训练好的 AlexNet 网络，将最后的全连接层去掉，并将类别数设置为 21(20 个类别，另外一个类别代表背景类)。

(3)利用提取得到的候选区域的特征，对每个类别训练一个 SVM 分类器(二分类)来判断候选框里物体的类别，是该类别就是正样本，不是该类别就是负样本。

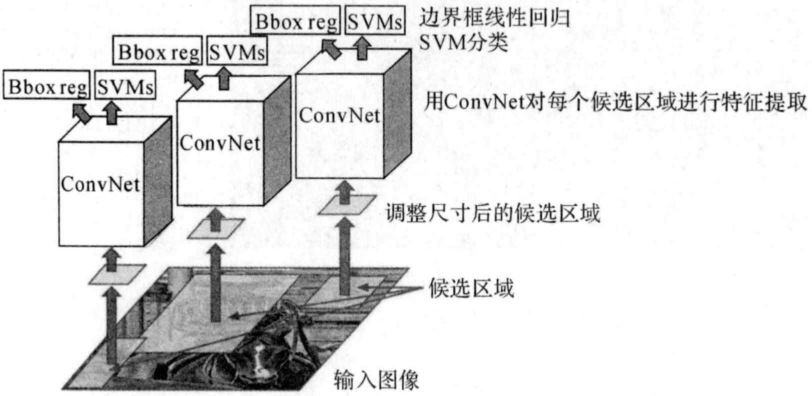

图 6-24　R-CNN 的训练过程

在 R-CNN 中，用 IoU(Intersection over Union)来判断样本类别。IoU 是一个用来衡量两个矩形交叠情况的指标，定义为两个矩形面积的交集除以并集，如图 6-25 所示。设定一个阈值(例如 0.5)，如果该区域与 Ground truth 的 IoU 低于该阈值，就将该区域设置为负样本。

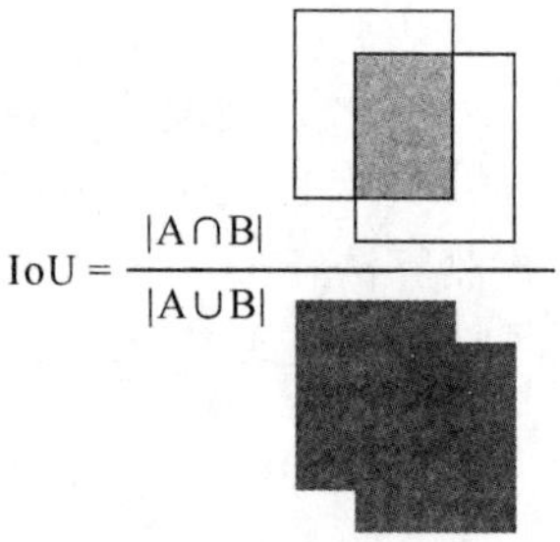

图 6-25　IoU 图示

(4)为每个类别训练一个回归模型，用来微调候选框与真实矩形框位置和大小的偏差。

下面介绍边界框的回归预测。

以图 6-26 为例，框 P 代表原始的 Proposal，框 G 代表目标的 Ground Truth，目标是寻找一种映射关系，能将框 P 映射成一个跟框 G 更接近的回归边界框 $\hat{G}$。

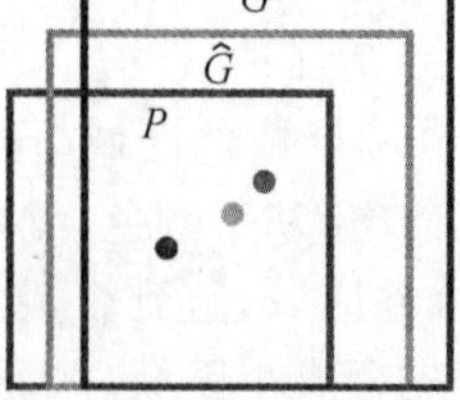

图 6-26　边界框回归预测

矩形框一般使用 x,y,w,h 四个参数表示，分别表示矩形框的中心点坐标和宽高。这种映射可以通过平移变换和尺度变换来实现，即

$$\left.\begin{aligned}\hat{G}_x &= P_w d_x(P) + P_x \\ \hat{G}_y &= P_h d_y(P) + P_y \\ \hat{G}_w &= P_w e^{d_w(P)} \\ \hat{G}_h &= P_h e^{d_h(P)}\end{aligned}\right\} \tag{6-4}$$

边框回归就是学习四个变换 $d_*(P)(*=x,y,w,h)$。这四个函数通过建议框在最高层特征图上建模，可表示为 $d_*(P)=\boldsymbol{\omega}_*^{\mathrm{T}}\Phi_5(P)$。其中 $\boldsymbol{\omega}_*^{\mathrm{T}}$ 是参数向量，$\Phi_5(P)$ 是建议框 P 的最高层特征图，可以利用最小二乘法或者梯度下降算法进行求解：

$$\boldsymbol{\omega}_* = \underset{\hat{\boldsymbol{\omega}}_*}{\arg\min}\sum_i^N (t_*^i - \hat{\boldsymbol{\omega}}_*^{\mathrm{T}}\Phi_5(P^i))^2 + \lambda \parallel \hat{\boldsymbol{\omega}}_* \parallel^2 \tag{6-5}$$

其中 t_* 是经过真值边界框和建议框计算得到的平移量 (t_x,t_y) 和尺寸缩放量 (t_w,t_h)：

$$\left.\begin{aligned}t_x &= (G_x - P_x)/P_w \\ t_y &= (G_y - P_y)/P_h \\ t_w &= \log_2(G_w/P_w) \\ t_h &= \log_2(G_h/P_h)\end{aligned}\right\} \tag{6-6}$$

其损失函数为

$$\mathrm{Loss} = \sum_i^N (t_*^i - \hat{\boldsymbol{\omega}}_*^{\mathrm{T}}\Phi_5(P^i))^2 \tag{6-7}$$

在模型训练完成后，就能通过建议框在 $\Phi_5(P)$ 中预测出 $d_*(P)$，进而得到需要的平移变换和尺寸缩放参数，最终实现精确的目标定位。

2、R-CNN 的预测过程

R-CNN 的预测过程如下：

(1)对于给定的图像，从中选取出 2 000 个独立的候选区域；

(2)将每个候选区域输入到预先训练好的 AlexNet 中，提取一个固定长度(4 096 维)的特征向量；

(3)将提取得到的特征向量输入到预先训练好的 SVM 分类器，识别该区域是否包含目标；

(4)用预先训练好的回归器对候选区域中目标位置进行修正；

(5)使用非极大值抑制方法对同一个类别的候选框进行合并，以最高分的区域为基础，删掉重叠的区域，得到最终检测结果。

3. 算法特点

R-CNN 算法的创新之处在于：

(1)R-CNN 采用选择性搜索算法预先提取出可能包含目标的候选区域，替代传统算法的滑动窗口法，提高了运算速度。

(2)使用 CNN 提取候选区域的特征。从经验驱动特征(如 HOG、LBP 等)到数据驱动特

征(CNN 特征),提高了特征对样本的表示能力。

(3)采用大数据集下(ImageNet ILSVC 2012)有监督预训练和小数据集下(PASCAL VOC 2007)微调的方法解决小样本难以训练甚至过拟合等问题。

R-CNN 算法存在以下问题:

(1)不管是训练还是预测,都需要对选取出的 2 000 个候选区域全部通过 CNN 网络来提取特征,这个过程比较耗时。

(2)训练分为多个步骤,操作繁琐且分裂。需要微调 CNN 网络提取特征,训练 SVM 进行正负样本分类,训练边框回归器得到正确的预测位置。

(3)SVM 分类器和边框回归器的训练过程,和 CNN 提取特征的过程是分开的,并不能进行特征的随时更新。

6.4.2 Fast R-CNN 算法

Fast R-CNN 主要是为解决上述 R-CNN 的问题而提出的。它由 Ross Girshick 于 2015 年推出,构思精巧,流程紧凑,大幅提升了目标检测的速度。同样使用最大规模的网络,Fast R-CNN 和 R-CNN 相比,训练时间从 84 h 减少为 9.5 h,测试时间从 47 s 减少为 0.32 s。

图 6-27 给出了 Fast R-CNN 的网络结构图。可以看出,Fast R-CNN 将整张图和提取得到的候选区域(Regions of Interest,RoIs)直接输入到 CNN 中,提取得到特征层,并在特征层上找到候选区域对应的位置并取出,对取出的 RoI 进行池化处理。池化后的 2 000 个候选区域特征图通过全连接层,最后进行 softmax 分类和边框回归。

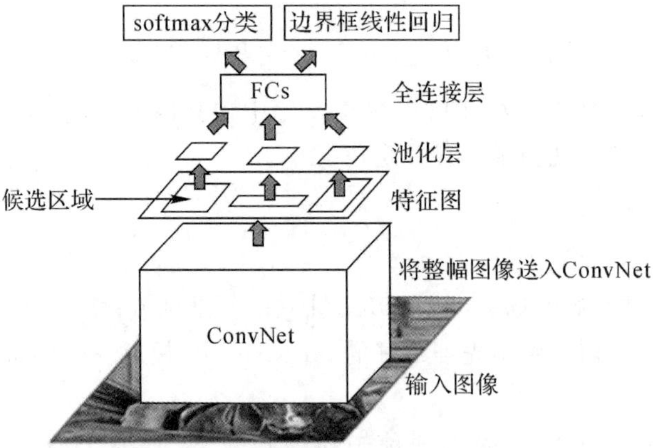

图 6-27　Fast R-CNN 的网络结构

相对于 R-CNN,Fast R-CNN 主要有以下改进:

第一,R-CNN 训练和检测速度慢,主要是由于提取候选区域的特征较慢。需要从输入图中提取 2 000 个候选区域,分别输入到预训练好的 CNN 中提取特征。由于候选区域有大量的重叠,因此导致重复地计算重叠区域的特征。Fast R-CNN 将整张图输入到 CNN 中提取特征,然后映射到每一个候选区域,只需要在网络末端少数层单独处理每个候选框,因此极大地提升了目标检测训练和测试的速度。

第二,用 ROI pooling 进行特征的尺寸变换,对不同大小的候选区域,从最后卷积层输出的特征图提取大小固定的特征图。因为全连接层的输入需要尺寸大小一样,所以不能直接将不同大小的候选区域映射到特征图作为输出，需要做尺寸变换。

第三，R-CNN 中需要为每个类训练单独的 SVM 分类器和边框回归器，Fast R-CNN 用 Softmax 代替原来的 SVM 分类器，将类别判断和边框回归合并到一起，统一使用 CNN 实现，将整个流程串联起来，形成一个包含类别分类和边框回归两个任务的多任务模型。

因此，Fast R-CNN 的总损失函数是目标分类损失和边框回归损失的损加权和：

$$L(p,u,t^u,v)=L_{cls}(p,u)+\lambda[u\geqslant 1]L_{loc}(t^u,v) \tag{6-8}$$

其中：λ 用于控制两个任务的损失之间的平衡；p 是每个候选框在 $K+1$ 个类别上的离散概率分布，通常是由 softmax 函数在全连接层的 $K+1$ 个输出上得到的；t^u 是对类别 u 进行预测的边界框回归参数。每个参与训练的候选框都有标定的真值类别 u 和真值边界框回归参数 v。v_x,v_y,v_w,v_h 是真值边界框相对于建议框计算得到的相对平移量和尺寸缩放量，其表达式和式(6-6)完全相同。

$L_{cls}(p,u)$是分类损失函数，是一个对数损失：

$$L_{cls}(p,u)=-\log_2 p_u \tag{6-9}$$

$L_{loc}(t^u,v)$是边框回归损失函数，定义为：

$$L_{loc}(t^u,v)=\sum_{i\in\{x,y,w,h\}}\mathrm{smooth}_{L_1}(t_i^u-v_i) \tag{6-10}$$

其中

$$\mathrm{smooth}_{L_1}(x)=\begin{cases}0.5x^2, & |x|<1\\ |x|-0.5, & 其他\end{cases} \tag{6-11}$$

Fast R-CNN 在速度和精度上都有较好的结果，其主要缺点在于候选区域的提取使用选择性搜索，耗时较长，目标检测时间大多消耗在这个环节上，而且和目标检测网络是分离的，使得 Fast R-CNN 不能成为一个端对端网络。

6.4.3 Faster R-CNN 算法

Ren 等人在 2015 年提出了 Faster R-CNN 算法，创新性地提出了区域建议网络(Region Proposal Network，RPN)，通过共享卷积层将区域建议网络和 Fast R-CNN 统一至一个网络中，形成一个端对端的目标检测网络，解决了 R-CNN 和 Fast R-CNN 算法中候选框生成耗时问题，很大程度上提升了双阶段检测算法的效率。

如图 6-28 所示，Faster R-CNN 的工作流程如下：

(1)将样本图像整个输入到 CNN 网络中，用于提取输入图像的特征图。

(2)将提取得到的特征图输入到 RPN 网络中，提取到一系列的候选区域。

(3)由 RoI 池化层提取每个候选区域的特征图，将特征图中每一个 RoI 对应的区域转换为固定大小的特征图。

(4)将候选区域的特征图输入到用于分类的 softmax 层以及用于边框回归的全连接层，通过 softmax 判断每个 RoI 的类别，并对边框进行修正。

可以看出，RPN 是 Faster R-CNN 的关键之处，其余流程和 Fast R-CNN 基本一致。RPN 的核心思想是构建一个小的全卷积网络，对于任意大小的图像，输出一组矩形的候选区域，并且给每个候选区域打上一个分数，如图 6-29 所示。

Faster R-CNN 的网络结构如图 6-30 所示。下面结合图 6-29 和图 6-30，对其中的

RPN 模块进行分析。

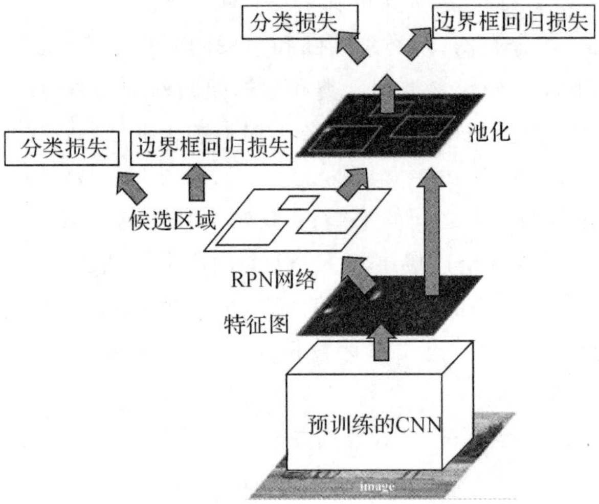

图 6-28 Faster R-CNN 的训练过程

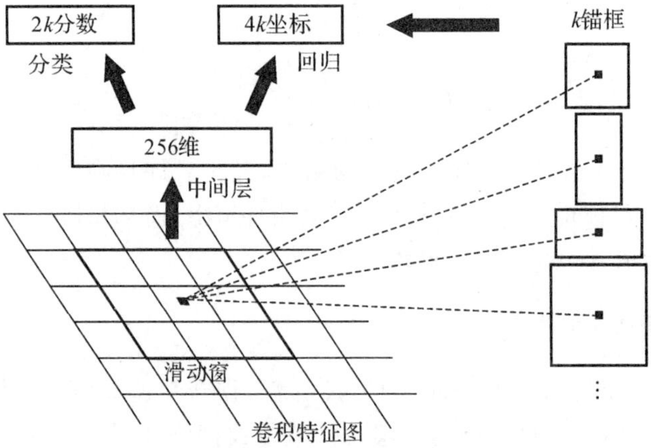

图 6-29 RPN 原理

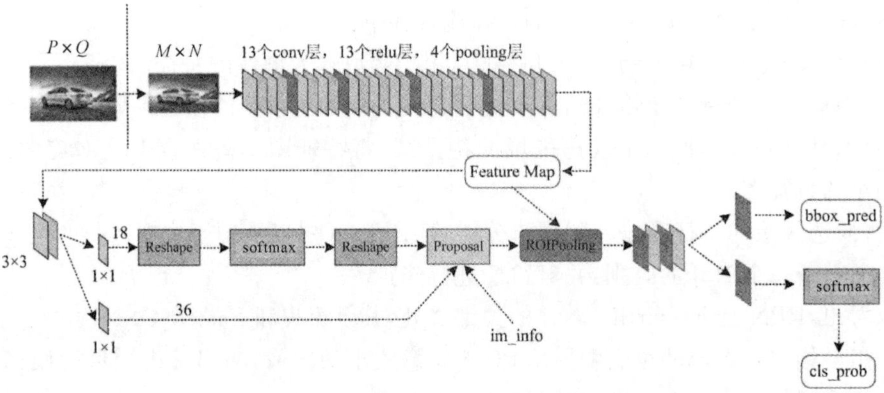

图 6-30 Faster R-CNN 的网络结构

RPN 模块的输入为 CNN 网络输出的特征图像，CNN 网络由 conv+relu+pooling 构成，包括 13 个 conv 层，13 个 relu 层，4 个 pooling 层，conv 层（采用 same 卷积）和 relu 层不改变图像大小，pooling 层的输出图的行列数分别是输入图行列数的 1/2。以 Faster R-CNN 论文采用的 ZF 网络为例，当输入图尺寸为 $M\times N$ 时，CNN 网络输出的特征图尺寸为 $(M/16)\times(N/16)\times256$。

特征图进入 RPN 后，先经过一次 3×3 的卷积，尺寸和通道数不变，特征信息得到进一步的集中，每个位置处的特征向量为 256 维。然后进入两个分支的全连接层，通过 1×1 的卷积实现。上面一条分支通过 softmax 分类对每个位置处的锚点框获得目标与背景的二分类，采用 18 个 256 通道的 1×1 卷积产生 $(M/16)\times(N/16)\times9\times2$ 个特征向量（2 代表目标与背景两个类别，9 代表锚点框的个数）。下面一条分支用于计算对于锚点的边框偏移量，采用 36 个 256 通道的 1×1 卷积产生 $(M/16)\times(N/16)\times9\times4$ 个特征向量（4 代表锚点框的 4 个坐标信息）。最后的建议层则负责综合正锚点和对应边框偏移量获取建议，同时剔除太小和超出边界的建议。

Faster R-CNN 将每个特征图中的点映射到原图上，并以映射后的位置为中心，在原图取不同形状和不同尺寸的矩形区域，作为候选区域。论文中提出了 Anchor 的概念来表示这种取候选区域的方法：一个 Anchor 就是特征图中的一个点，并有一个相关的尺度和长宽比。因此，Anchor 就是一个候选区域的参数化表示，有了中心点坐标、尺度和长宽比，就可以通过缩放比例在原图上找到对应的区域。Faster R-CNN 论文为每个锚点设计了 3 种尺度（128×128，256×256，512×512）和 3 种长宽比（1∶1，1∶2，2∶1），这样可以组合得到 9 个不同形状不同尺度的锚点框，即图 6-29 中 $k=9$。特征图大小为 $(M/16)\times(N/16)$，所以共生成 $(M/16)\times(N/16)\times9$ 个锚点框。图 6-31 给出了这 9 个 Anchor 对应的候选区域。

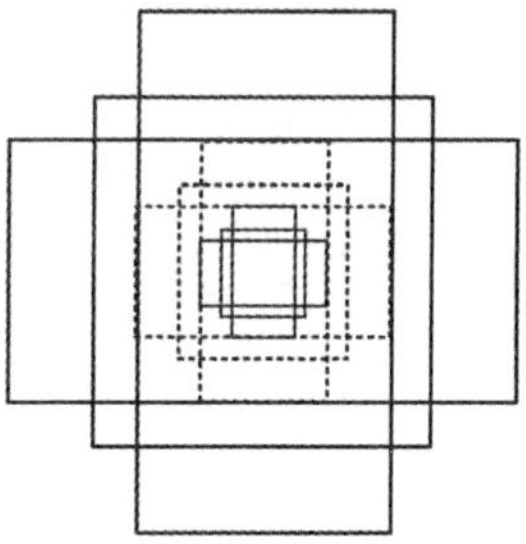

图 6-31　9 种锚点

6.4.4　Faster R-CNN 检测实例

本节以 SAR 图像中飞机检测为例，使用 Faster R-CNN 检测框架，完成目标检测的全部流程。

1. 研究背景

飞机作为一种典型的人造目标，军事价值极其重要，高效、准确地获取机场、空域等位置的飞机目标信息，对实时监测战场态势具有重要意义。SAR 所具有的全天时全天候成像特点使其更适合用于机场动态监测，因此 SAR 图像飞机目标检测技术研究成为 SAR 图像应用领域的研究热点。传统的 SAR 图像飞机目标检测算法大多基于结构特征和散射特征等人工设计特征，在特定场景下具有较好的检测效果，但复杂场景下的算法鲁棒性有待提高。SAR 图像固有的相干斑使得飞机目标的轮廓和纹理变得不清晰，机场周围存在建筑物和车辆等人造目标干扰，易造成对飞机目标的漏检和误检。

基于上述问题，本节将基于深度学习的目标检测算法迁移应用于 SAR 图像飞机检测中，实现特征自动提取，提高复杂场景中飞机目标的检测精度。经典的 Faster R-CNN 针对多类目标，模型参数多、计算量大，训练时占用计算机内存资源多，通过搭建较深网络用于挖掘图像特征，在 VOC 等光学图像数据集中检测效果较好。相比而言，光学图像分辨率更高，图像中轮廓、纹理等细节信息更加丰富，而 SAR 图像包含的信息没有光学图像丰富，迁移应用于 SAR 图像检测存在数据源差异性、不平衡等问题，模型存在较大的计算冗余。针对此问题，本节使用深度可分离逆残差网络提取图像特征，通过减少参数和通道压缩提升对 SAR 飞机目标的检测效率，同时引入空间-通道双注意力机制进一步提升检测效果。

2. 算法描述

(1)网络结构。本节提出了一种基于深度可分离逆残差网络与双注意力机制的 SAR 飞机检测算法，使用深度可分离卷积网络提取特征，同时为提高检测精度引入空间和通道注意力模块，具体做法如下：在 Faster R-CNN 算法的基础上，特征提取网络采用结合 FPN 的残差网络 ResNet50，使用深度可分离卷积替换传统卷积运算，降低运算复杂度，提高检测效率。同时为挖掘特征之间的语义相关性，增强网络的特征表达能力，引入注意力模块。改进后的网络结构示意图如图 6－32 所示，图中 MDC－SA 为改进的空间注意力模块，GC 为通道注意力模块。

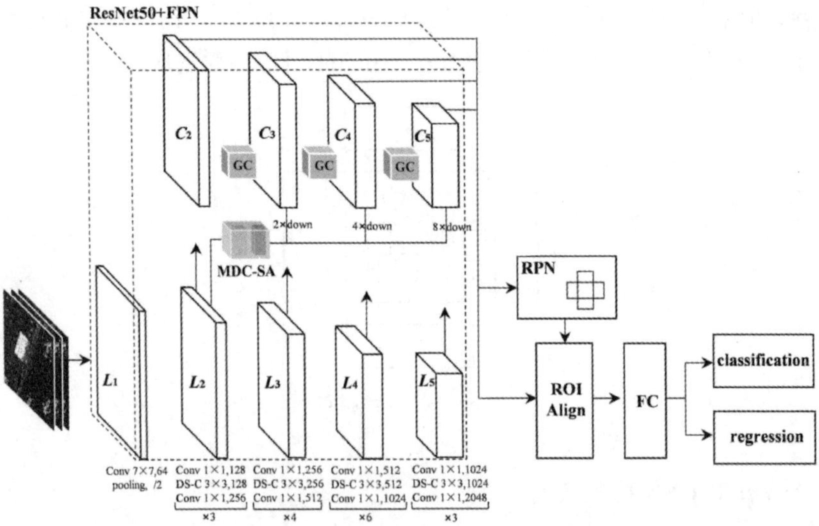

图 6－32　基于深度可分离逆残差网络与双注意力机制的 SAR 飞机检测算法

(2)深度可分离卷积。深度可分离卷积(Depthwise Separable Convolution，DS-Conv)是传统卷积(Traditional Convolution，T-Conv)的一种变体，在参数减少的情况下可以实现与传统卷积近似的效果。为进一步减少计算冗余、轻量化网络参数以提升检测效率，考虑使用参数量少和计算复杂度低的深度可分离卷积替代 ResNet50 中卷积核尺寸为 3×3 的传统卷积。传统卷积的结构如图 6－33(a)所示，M 个卷积核与输入数据的所有通道进行卷积操作，所有卷积结果融合后输出，输出共有 M 个通道。深度可分离卷积的结构如图 6－32(b)所示，由深度卷积(Depthwise Convolution，D-Conv)和逐点卷积(Pointwise Convolution，P-Conv)组成，深度可分离卷积对输入数据的各通道进行深度卷积操作，然后利用逐点卷积将中间输出结果线性连接起来，得到 M 通道数的输出结果。

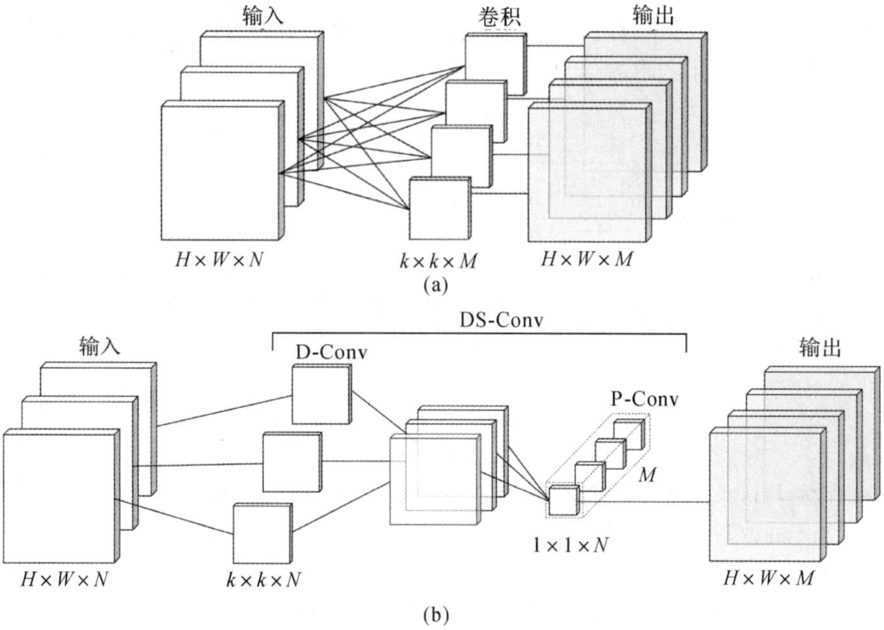

图 6－33　传统卷积和深度可分离卷积示意图

(a)传统卷积；(b)深度可分离卷积

当输入数据为 $H\times W\times N$ 时，共有 M 个核大小为 $k\times k$、滑动步长为 1 的卷积核，传统卷积的参数量为

$$P_{\text{T-Conv}}=k\times k\times N\times M \tag{6-12}$$

深度可分离卷积的参数量

$$P_{\text{DS-Conv}}=k\times k\times N+N\times M \tag{6-13}$$

深度可分离卷积与传统卷积参数量之比为：

$$R_{\text{P}}=\frac{P_{\text{DS-Conv}}}{P_{\text{T-Conv}}}=\frac{1}{M}+\frac{1}{k^2} \tag{6-14}$$

由上可知，当输出向量的通道数很大时，深度可分离卷积的参数量大约为传统卷积的 $1/k^2$，一般 $k>1$。这从理论上证明了深度可分离卷积比传统卷积有着更少的计算量，对提升 SAR 图像飞机目标的检测速度具有促进作用。

(3)注意力机制。近年来为提高卷积神经网络的特征表达能力，一些注意力机制模型被提出，如 CBMA、SENet、GCNet 等。SAR 图像中飞机目标常表现为高亮区域，为选择出显著特征区域，提升网络特征表达能力，借鉴空间注意力模块思想提出一种多尺度空洞卷积-空间注意力模块(Multi-scale Dilated Convolution Spatial Attention Module，MDC-SA)，以进一步提升检测精度，更好地完成检测任务。MDC-SA 的公式表达如下：

$$f_s=\text{sigmoid}\{c^{7\times7}[\text{GAP}(f'),\text{GMP}(f')]\} \tag{6-15}$$

$$f'=F[f,\text{d\_conv2}(f),\text{d\_conv4}(f)] \tag{6-16}$$

式中：f_s 为输出特征图；$c^{7\times7}$ 表示 7×7 卷积；GAP 表示全局平均池化；GMP 表示全局最大池化；d_conv2 和 d_conv4 分别表示空洞因子为 2 和 4 的空洞卷积；$F[*]$表示上采样融合操作，其具体结构如图 6-34 所示。

为兼顾检测速度，仅在特征提取网络 L2 层加入多尺度空洞卷积-空间注意力模块模块。L2 层特征经过卷积层数少、特征图分辨率较大，在该层中加入空间注意力模块可以更好利用浅层细节信息，同时使用引导流进行{2,4,8}倍下采样后融合至$\{C_3, C_4, C_5\}$中，跳层连接融合可以增加浅层与深层特征之间的信息流动，利于网络关注有效的空间信息。

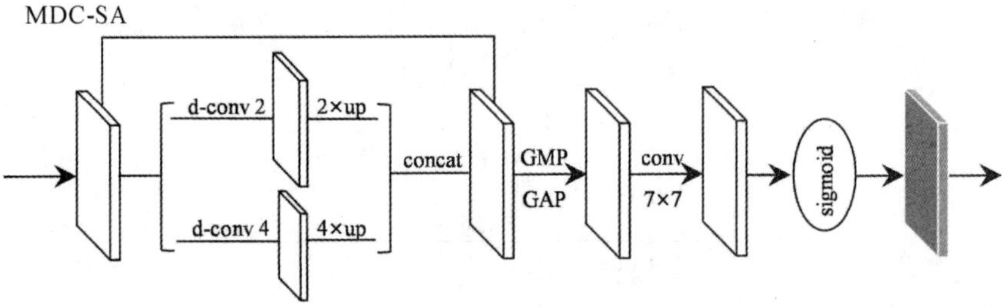

图 6-34　多尺度空洞卷积-空间注意力模块

SENet 作为 ImageNet 2017 竞赛分类任务的冠军模型，具有易扩展、轻量化等优点。GC-Net 作为 SENet 的改进版本，在网络中融合了 Non-local，有效实现对全局上下文信息的建模，又保持了 SENet 网络的轻量特点，因此借鉴 GCNet 思想在特征提取网络中引入全局上下文(Global Context，GC)模块。全局上下文模块主要用于捕获通道间依赖关系，并实现全局上下文的建模，是一种通道注意力机制，该模块的公式表达如下：

$$z_i = F[x_i, \delta(*)] \tag{6-17}$$

$$\delta(*) = W_{t3} \cdot \mathrm{ReLU}\{\mathrm{LN}[W_{t2} \cdot \sum_{j=1}^{N_P} \alpha_j \cdot x_j]\} \tag{6-18}$$

$$\alpha_j = \frac{e^{W_c \cdot x_j}}{\sum_{m=1}^{N_p} e^{W_c \cdot x_m}} \tag{6-19}$$

式中：$\sum \alpha_j \cdot x_j$ 表示 Context 模块；α_j 为全局 attention pooling 的权值；$\delta(*)$表示 Transform 模块，用于捕获通道间依赖关系；LN 表示 LayerNorm 操作。

全局上下文模块的具体结构如图 6-35 所示，由特征获取、特征转换和特征融合三部分组成：①特征获取。通过 1×1 卷积 W_c 和 softmax 函数得到注意力权值 α_j，并使用 attention pooling 捕获全局上特征，实现上下文建模；②特征转换。利用 1×1 卷积 W_t 实现特征转换，并加入 LayerNorm 层，使模型训练更加容易优化，提高泛化性；③特征融合。使用加法或乘法对上下文特征进行融合。

3. 实验结果与分析

数据集为自行标注的 SAR 飞机数据集(SAR Aircraft Dataset，SAD)，并使用留出法按照 7∶3的比例随机划分出训练集和测试集。为客观描述算法的检测性能，使用平均检测精度、F-score 值、平均交并比(mIoU)和检测速度为评价指标，具体表达式如下：

$$F=(1+\beta^2)\frac{R\cdot P}{R+(\beta^2 P)} \tag{6-20}$$

$$\mathrm{mIoU}=\frac{1}{N}\sum_{i=1}^{N} IoU_i \tag{6-21}$$

$$\mathrm{IoU}=\frac{b_{pt}\cap b_{gt}}{b_{pt}\cup b_{gt}} \tag{6-22}$$

式中：F 为 F-score 值；R 和 P 分别代表召回率和准确率；β 为调和因子，一般取值为 1；b_{pt} 为预测框，b_{gt} 为真实框。

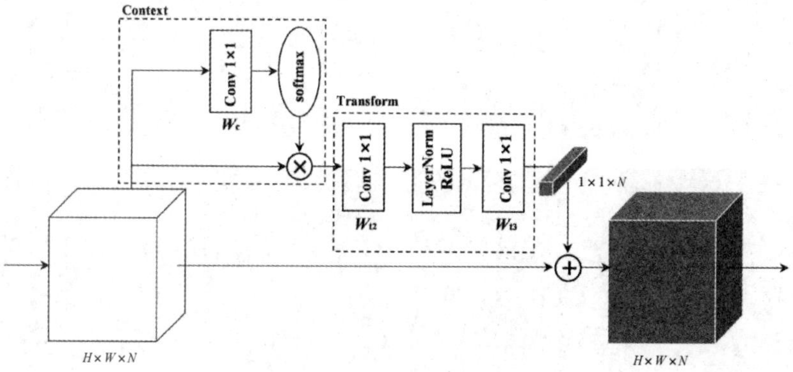

图 6－35　全局上下文模块

表 6－2 为不同方法检测结果对比，方法中 1、2、3 分别代表 VGG16、ResNet50 和 ResNet101 网络。表 6－3 为检测模型比，考虑 VGG 和 ResNet 网络搭建方式不同，所以仅对 ResNet 网络的检测算法进行模型对比。由表 6－2 和表 6－3 可以看出，相比于原始 Faster R-CNN，本节算法无论在检测性能还是检测速度方面都有所提升。

表 6－2　检测结果对比

检测算法	AP/(%)	R/(%)	P/(%)	F-score/(%)	mIoU/(%)	FPS
Faster R-CNN-1	79.8	79.9	73.1	76.3	71.3	16.8
Faster R-CNN-2	81.7	82.9	75.8	79.2	71.9	16.2
Faster R-CNN-3	82.8	83.8	76.7	80.1	72.5	13.7
本节算法	86.3	88.6	81.0	84.6	74.4	22.4

表 6－3　检测模型对比

检测算法	参数量/$\times 10^6$	模型大小/MB	训练时长/h
Faster R-CNN-1	—	1 092.5	—
Faster R-CNN-2	61.31	409.8	5.74
Faster R-CNN-3	80.30	561.9	7.07
本节算法	38.55	225.0	4.45

图 6－36 给出了几种典型场景下的飞机检测结果，可以看出，本节算法引入多尺度空洞卷积-空间注意力模块和全局上下文通道注意力模块，关注有效的空间信息和调整各通道权值分配，对上下文信息的建模有助于网络把握飞机目标的整体性，使得模型更加准确、全面地检测到飞机目标。

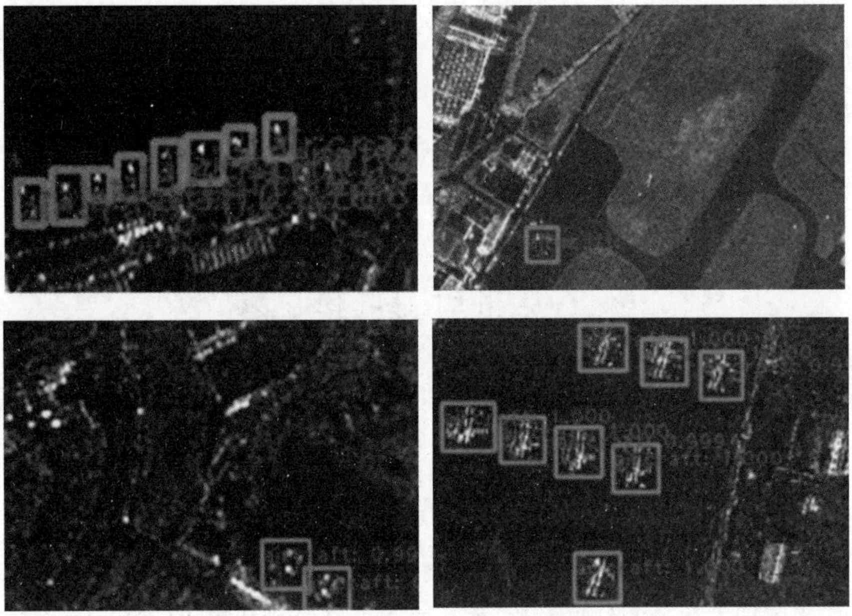

图 6－36　典型场景下的飞机检测实例

6.5　单阶段目标检测方法

6.5.1　SSD 算法

在基于深度学习的目标检测算法中，SSD 算法不仅实现了检测速度的提高，更是在检测精度上不输于双阶段检测算法，且在行人检测、人脸识别等领域都取得了非常好的效果。SSD 有 SSD300 和 SSD512 两种结构，可以用于输入不同尺寸的样本检测，是一种有监督的深度学习模型，利用边框回归的原理实现了端对端的目标检测任务。

SSD 的基本原理是基于前馈卷积网络，首先产生固定大小的默认框集合，然后利用不同层次的特征图，基于所产生的默认框进行位置的回归和类别的预测，最后利用非极大值抑制算法对每个类别预测到的所有先验框集合进行筛选，去除多余的和概率较低的边框，生成最终的检测结果。相比于双阶段检测算法，SSD 消除了双阶段检测算法对每一个候选边框的特征重采样阶段，使得算法速度得到了较大的提高，检测准确度也得到了保证。

SSD 网络结构如图 6－37 所示。SSD300 的网络框架由两部分构成，第一部分为基础网络架构(Base Network)，第二部分为附加网络架构(Extra Feature Layers)。基础网络使用的是 VGG16，附加网络为尺度不断减小的卷积层，具体为用 3×3 的卷积层 Conv6 和 1×1 的卷积层 Conv7 来代替 VGG16 的全连接层 fc6 和 fc7，并将第五个步长为 2 的 2×2 的池化层改为步长为 1 的 3×3 的池化层，为了配合池化层的变化，第五个池化层后使用了空洞卷积。之后移除 Dropout 层和 fc8 层，新增 Conv8、Conv9、Conv10、Conv11 卷积层。在 Conv4_3、Conv7、Conv8_2、Conv9_2、Conv10_2、Cov11_2 六个层提取特征图用来进行多尺度预测，特征图尺寸分别为 38×38、19×19、10×10、5×5、3×3、1×1。

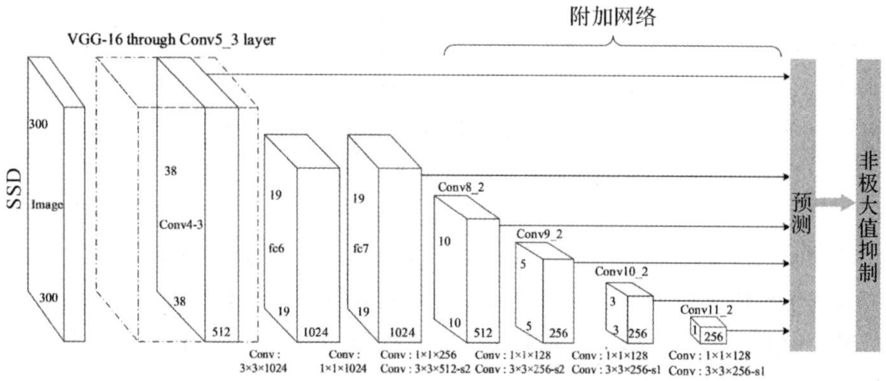

图 6-37　SSD 网络结构图

1. 卷积预测

卷积预测是 SSD 目标检测算法的重要组成部分，假设在尺寸为 $m\times m$，通道数为 q 的特征图上进行卷积预测，则预测过程可以分为以下四个阶段。

阶段 1：将特征图均分为 $m\times m$ 个小单元，借鉴 Faster R-CNN 的思想，在每一个小单元中预先设置 k 个默认框，默认框的尺寸随特征图大小线性递增：

$$s_k = s_{\min} + \frac{s_{\max} - s_{\min}}{t-1}(k-1), k \in [1,t] \tag{6-23}$$

式中：t 是特征图的层数；$s_{\min}$ 表示默认框占特征图的最小比例，一般取 0.2；$s_{\max}$ 表示默认框占特征图的最大比例，一般取 0.9。在同一特征层上设置多个长宽比的默认框，长宽比 r_n 一般选取$\{1,2,3,4,5\}$，当长宽比为 1 时，添加缩放为 $s_k{}'=\sqrt{s_k s_{k+1}}$ 的默认框，使得每个特征图位置有 6 个默认框，先验框的长 l_k^n 和宽 h_k^n 分别表示为

$$l_k^n = s_k\sqrt{r_n},\quad h_k^n = \frac{s_k}{\sqrt{r_n}}(n=1,2,3,4,5) \tag{6-24}$$

$$l_k^n = h_k^n = \sqrt{s_k s_k}(n=6) \tag{6-25}$$

同时设定每个框的中心坐标为$\left(\frac{c+0.5}{|w_k|},\frac{f+0.5}{|w_k|}\right)$，$w_k$ 为第 k 个特征图的大小，$c,f\in[0,|w_k|)$，随后截取默认框坐标使其始终在$[0,1]$内。

阶段 2：将阶段 1 中产生的 $m\times m\times k$ 个默认框一一对应到原图像中的相应位置，并且与原输入图像的真值框（ground truth）进行匹配，通过计算真值框与默认框之间的 IoU 实现。一般情况下需要设置一个阈值来确定正负样本，阈值一般取 0.5，当 IoU 大于 0.5 时，默认框视为正样本，当小于 0.5 时，默认框视为负样本。匹配过程中采用了难例样本挖掘技术，保证正负样本比例接近 1∶3。

阶段 3：使用 3×3 的卷积核在特征预测图上滑动卷积，提取特征预测图上每个小单元的

默认框的深层特征。

阶段 4:将阶段 3 提取到的特征信息分别输入到边框回归层和 softmax 分类层,获得最终的位置预测值和每个目标类别的预测结果。

如图 6-38 所示,特征图中的每一个小格都对应一系列默认框,对于尺寸为 $m\times m$,通道数为 q 的卷积特征图,每张特征图上每一小格都会有一个 $3\times3\times q$ 的卷积核与其进行卷积操作生成位置预测值与类别预测值,即预测目标的边界框相对默认框的 4 个坐标偏移量和目标类别与对应的置信度得分,其中 $3\times3\times q$ 是一个三维参数矩阵,在训练时采用随机初始化的方式。对于每一个小格的 K 个默认框,当目标类别数为 M_1 时,则目标总类数为 $M_2=M_1+1$,则会产生$(M_2+4)\times K\times m\times m$ 个输出,对于特征预测图而言,需要$(M_2+4)\times K\times m\times m$ 个卷积核来处理,其中 $M_2\times K\times m\times m$ 个卷积核的输出特征输送至 softmax 分类层获取目标类别的预测值,$4\times K\times m\times m$ 个卷积核的输出特征输送至边框回归层获取目标的边界框信息。由于默认框较多,从卷积预测层输出的检测结果中可能包含较多的目标预测框,存在边框冗余的现象,因此使用非极大值抑制算法对其预测结果进行处理,消除没有目标的边界框和重复框,剩余的预测框就是检测结果。

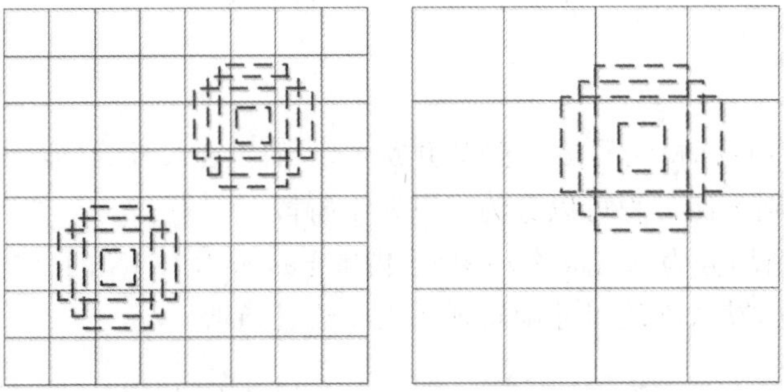

图 6-38　默认框示意图

2. 损失函数

SSD 训练来自 MultiBox,损失函数定义为置信度误差(confidence loss,conf)与位置误差(locatization loss,loc)的加权和:

$$L(x,c,l,g)=\frac{1}{N}(L_{\mathrm{conf}}(x,c)+\alpha L_{\mathrm{loc}}(x,l,g)) \tag{6-26}$$

式中:N 表示训练中默认框的正样本数量;c 为类别度置信预测值;l 是位置预测值真值框参数;g 是真值框的预测参数;α 是位置误差与置信度误差的权重系数,一般情况下 $\alpha=1$。位置损失是预测框 l 和真实标签值框 g 参数之间的平滑 L_1 损失,置信损失为多类别置信度上的 softmax 损失,具体表达式分别为:

$$L_{loc}(x,l,g)=\sum_{i\in P}^{N}\sum_{m\in\{cx,cy,w,h\}}x_{ij}^{v}\,\mathrm{smooth}_{L1}(l_i^m-\hat{g}_j^m) \tag{6-27}$$

$$L_{\mathrm{conf}}(x,c)=-\sum_{i\in P}^{N}x_{ij}^{v}\log(\mathrm{softmax}(c_i^v))-\sum_{i\in N}\log(\mathrm{softmax}(c_i^0)) \tag{6-28}$$

式中:$i\in P$ 表示第 i 个默认框属于正样本,$i\in N$ 表示第 i 个默认框属于负样本,x_{ij}^{v}表示第 j 个类别标签为 v 的真值框是否与第 i 个默认框相匹配成功,当 $x_{ij}^{v}=1$ 时,匹配成功,默认框为正样本，当 $x_{ij}^{v}=0$ 时，匹配未成功，默认框为负样本。c_i^v 表示第 i 个为正样本的默认框被预测为类别 v 的置信度分数，c_i^0 表示第 i 个为负样本的默认框被预测为背景的置信度分数。$m\in\{cx,cy,w,h\}$ 表示边框回归的4个参数，(cx,cy) 表示边界框的中心坐标，w 和 h 分别表示框的宽度和高度。l_i^m 为预测的第 i 个正样本的预测框相对于默认框的偏移量，需要经过转换才能得到预测框的真正位置。设默认框为 $d=\{d^{cx},d^{cy},d^{w},d^{h}\}$，预测框为 $b=\{b^{cx},b^{cy},b^{w},b^{h}\}$，网络输出的回归参数为 $l=\{l^{cx},l^{cy},l^{w},l^{h}\}$，它们之间的转换关系如下：

$$l^{cx}=(b^{cx}-d^{cx})/d^{w},\ l^{cy}=(b^{cy}-d^{cy})/d^{h},\ l^{w}=\log(b^{w}/d^{w}),\ l^{h}=\log(b^{h}/d^{h})$$

$\hat{g}_j^m$ 表示第 j 个真值框的四个参数相对于其匹配的第 i 个正样本的默认框的偏移量，计算方法如下：

$$\hat{g}_j^{cx}=(g_j^{cx}-d_i^{cx})/d_i^{w},\quad \hat{g}_j^{cy}=(g_j^{cy}-d_i^{cy})/d_i^{h},\quad \hat{g}_j^{w}=\log(g_j^{w}/d_i^{w}),\quad \hat{g}_j^{h}=\log(g_j^{h}/d_i^{h})$$

回归部分的损失函数设计为希望预测框和默认框的差距尽可能与真值框和默认框的差距接近，这样预测框就能尽量和真值框一样。训练的过程中，通过不断迭代，减小预测框与真值框之间偏移量参数的回归误差，通过不断调整预测框的大小和位置使其与真值框更加匹配。从公式可以看出，边框回归的位置误差只作用于正样本的默认框，忽略掉负样本。

SSD300在VOC2007测试集上取得了很好的效果，检测平均准确率达到77.2%，与Faster R-CNN不相上下，在同样的GPU运行环境下速度比Faster R-CNN快39FPS，展现了深度卷积神经网络在目标检测领域良好的性能和巨大的潜力。

6.5.2　SSD检测实例

本节以SAR图像中舰船检测为例，使用SSD检测框架，完成目标检测的全部流程。

1. 研究背景

随着船舶海洋技术的发展，SAR图像舰船目标的检测在军用和民用领域发挥着越来越关键的作用，研究SAR图像舰船目标的检测算法具有重要的意义。传统的SAR图像舰船检测算法大多针对特定场景，算法鲁棒性较差，对复杂港口下的舰船目标容易产生虚警和漏检，且处理步骤烦琐。当SAR图像分辨率较低或舰船目标实际尺寸较小时，舰船在SAR图像中可能仅显示为一个亮斑，对其进行特征提取时易丢失重要信息，容易产生漏检。因此，SAR图像小目标舰船的精确检测是该领域一个具有挑战性的研究课题。

本节针对SAR图像小目标舰船检测问题，提出了一种改进SSD算法。在SSD目标检测算法的基础上，提出了迁移学习、特征增强和数据增广三个方面的改进。利用性能更好、网络更深的ResNet50作为特征提取结构，在浅层特征增强网络结构中采用了Inception模块的分支结构，同时使用了空洞卷积扩大特征图的视觉感受野，增强了网络对小尺寸舰船目标的适应性。

2. 算法描述

(1)迁移学习。原始的SSD目标检测算法使用在ImageNet上预训练好的VGG16作为基础的特征提取结构，该网络层数较浅，对特征的提取存在一定的局限性。在深度学习中通过增加网络的深度可以提取到目标深层次的语义信息，但随着网络层数的加深，容易产生梯度弥散和退化等问题。本节权衡精度与效率的兼顾，借鉴迁移学习的思想，使用在ImageNet上预训练好的包含Batch Normalization(BN)的残差网络模型ResNet50进行特征提取，旨在通过增加网络深度提取目标深层次的语义信息，增强SAR图像小舰船目标的特征表达能力。

ResNet50 的网络结构由图 6-39 所示的卷积残差单元组成，可以发现，在网络结构中使用了前馈神经网络的 shortcut 连接，同时使用了 1×1 的卷积降低了参数数目，提高了运算效率，在 shortcut 连接维度不匹配时，通过 1×1 的卷积进行同等维度的映射后再相加。卷积残差单元用下式表示为：

$$y = F(x, W_i) + W_j x \tag{6-29}$$

式中：x 和 y 分别表示层的输入和输出；$F(x, W_i)$ 表示学到的残差映射；W_j 表示维度匹配映射，在图中表示为对于 shortcut 连接，当 W_j 为单位向量时，需要进行 1×1 的卷积来匹配维度。

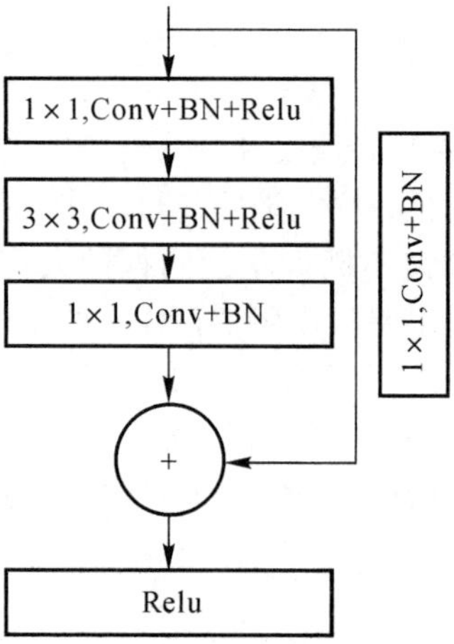

图 6-39　残差结构单元

ResNet50 相比于 VGG16 拥有更深的网络深度，通过残差网络结构也增加了网络的宽度，在 SAR 舰船小目标检测中，旨在能够提取到小目标更深层次的特征信息，因此本节使用在 ImageNet 上预训练好的网络模型 ResNet50 作为基本网络，在 SAR 舰船数据集上进行训练学习。

(2)浅层特征增强。对于 SAR 图像小目标舰船检测而言，在卷积神经网络中对其检测作用较大的是位于神经网络中浅层的特征图，但往往浅层的特征图含有较少的语义信息，导致其对小目标检测效果不佳，因此本节考虑对浅层特征图进行增强，提高网络对 SAR 图像小目标舰船的适应能力，所使用的网络结构如图 6-40 所示。

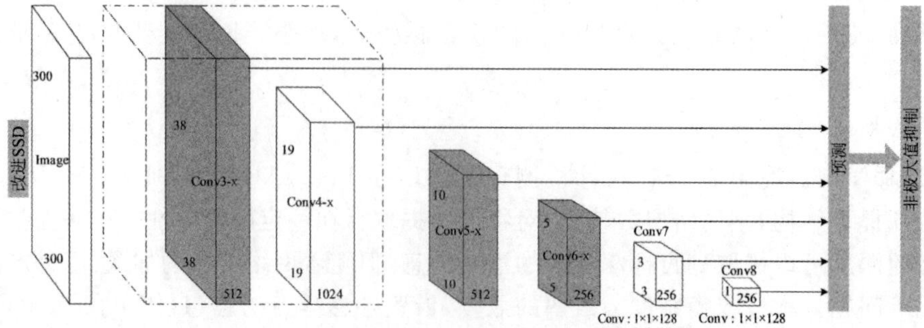

图 6-40　改进的 SSD 结构

在 ResNet50 的基础上去除原始第四个残差块以及最后的平均池化层与全连接层，添加如图 6－41 所示的两层浅层特征增强结构以及两组 3×3 的卷积与 1×1 的卷积组合，在 Conv3_x、Conv4_x、Conv5_x、Conv6_x、Conv7_2、Conv8_2 层提取特征图进行预测，特征图的尺寸大小依次为 38×38、19×19、10×10、5×5、3×3、1×1，维度依次为 512、1024、512、256、256、256，同时对 Conv3_x 层提取的特征图进行如图 6－42 所示的特征增强生成新的特征预测图。

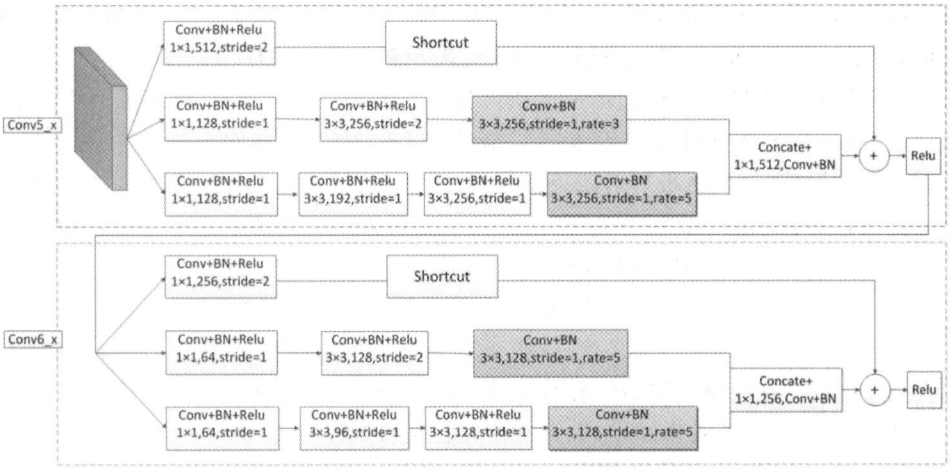

图 6－41　浅层特征增强结构

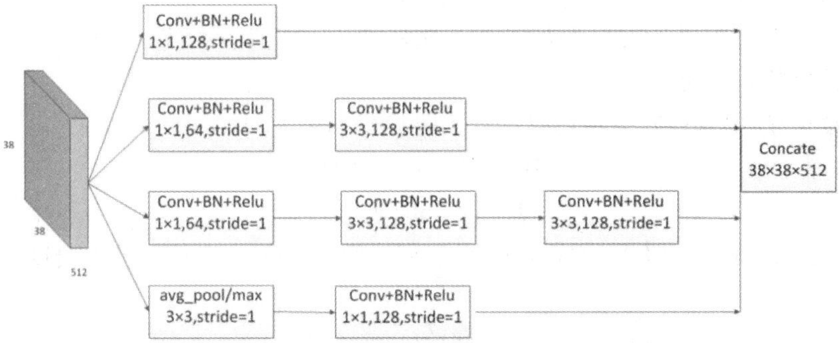

图 6－42　Conv3_x 层特征图增强结构

本节针对用来检测小目标的浅层特征图语义信息较少的缺点，吸收 Inception 模块增加网络宽度的经验，通过增加多个支路来提取特征聚合以增加特征图的语义信息，在每一个支路上采用不同尺寸卷积核的卷积来提取上一层的特征信息，在支路中用两个 3×3 的卷积级联代替一个 5×5 的卷积，在保证相同感受野的情况下减少了参数量，同时引入了更多的非线性变换，增强了网络对特征的学习能力。从图中可以看出在每一个支路里面加入了 Batch Normalization(BN) 处理，作为一种有效的正则化方法，在应用于神经网络的内部时，会对每一个 batch-size 的内部数据进行归一化处理，使输出的数据规范到 $N(0,1)$ 的正态分布，减少了内部神经元分布的改变，能够加快模型的收敛。

Conv5_x 与 Conv6_x 层采用的特征增强结构操作一致，只是在维度上有所差异，共分为三个支路，其中一个支路为残差网络结构中的 shortcut 连接，另外两个支路上分别为1×1、

3×3的卷积级联。在 3×3 的卷积后加入空洞卷积，在保持参数量和同样感受野的条件下能够增强网络的特征提取，获得 SAR 图像舰船目标更高分辨率的特征。计算表示为

$$Q_1=\zeta_i[\mathrm{Conv}_{1\times1}(X_j)],\quad i=1,2 \tag{6-30}$$

$$W_i=R_i(Q_i) \tag{6-31}$$

$$Z_j=\varphi(W_1+W_2) \tag{6-32}$$

式中：X_j 表示输入的特征图；ζ_i 表示进行 i 次 3×3 的卷积操作；Q_i 表示 i 次 3×3 的卷积操作后得到的特征图；R_i 表示空洞卷积，$i=1$ 时空洞卷积的膨胀因子值为 3，$i=2$ 时空洞卷积的膨胀因子值为 5；φ_i 表示 concate 特征融合操作；Z_j 表示融合后的特征图。

Conv3_x 层特征图进行的特征增强操作借鉴 Inception v2 的原理，增加了网络的宽度，共四条支路，在前三个支路中通过加入不同数量的 3×3 的卷积，第四个支路中使用池化层加1×1的卷积来提取特征信息，最后对四条支路所产生的特征图进行融合以提高特征图的语义信息。具体的计算表示如下：

$$P_j=[\mathrm{Conv}_{3\times3}]_j\mathrm{Conv}_{1\times1}(Y_i),j=1,2 \tag{6-33}$$

$$T=\mathrm{Conv}_{1\times1}[f_p(Y_i)] \tag{6-34}$$

$$Z_i=\varphi_i(P_1+P_2+P_3+T) \tag{6-35}$$

式中：Y_i 表示 Conv3_x 层特征图；P_j 表示经过 1 次 1×1 的卷积与 j 次 3×3 的卷积之后的特征图；f_P 表示核为 3×3 的池化操作；T 表示池化支路得到的特征图；φ_i 表示 concate 特征融合操作；Z_i 表示融合后的新的特征预测图。

(3)数据增广。使用原始 SSD 随机采样和水平翻转的数据增广方式，每个采样片段取原始图像大小的[0.1,1]，长宽比取[0.5,2]，随机采样最小的 jaccard overlap 取 0.5，采样后的图片等比缩放至 300×300。同时新增加了样本旋转扩充与样本平移扩充的数据增广方式来增加网络对小目标的适应能力。

样本旋转扩充：图像旋转前后的坐标映射可以表示为

$$W'=W\cos\theta-Q\sin\theta \tag{6-36}$$

$$Q'=W\sin\theta+Q\cos\theta \tag{6-37}$$

式中：(W,Q)表示旋转前的坐标；(W',Q')表示旋转后的坐标；θ 表示旋转的角度，取值为{36°，72°，108°}。

样本平移扩充：图像平移前后的坐标映射可以表示为

$$G'_{i',j'}=G_{i+x,j+y} \tag{6-38}$$

式中：G 表示要平移的图像；(i,j)表示平移前的坐标；(i',j')表示平移后的坐标；(x,y)表示平移的尺度，选择对每张训练样本分别向上、向下、向左、向右各平移 30 和 50 个像素。

3. 实验结果与分析

(1)数据集。本节制作了一个用于 SAR 图像小目标舰船检测的数据集，根据 COCO 数据集中定义的小目标(小于等于 32×32 像素)进行数据划分，数据集模仿 PASCAL VOC 数据集构建，包含大片海域和靠岸港口等多种条件下的 SAR 舰船目标，数据来源包括 SSDD(SAR Ship Detection Dataset)数据集中部分小目标舰船，高分三号和 TerraSAR-X 卫星拍摄的部分图像，分辨率在 1～10 m 之间，极化方式包括 HH、HV、VH、VV。每张图片裁成 500×500 的尺寸并使用开源软件 labelimg 进行舰船标注，按照 7∶3的比例分为训练集和测试集。

(2)模型训练。参数设置：使用在 ImageNet 数据集上预先训练好的 ResNet50 模型，训练

的 batch_size 取 8，初始学习率为 0.00 1，学习率衰减权重为 0.000 1，训练代数 epoch 取300，参数更新方法为引入动量的梯度下降法(Momentum SGD)，动量因子(momentum)取 0.9。

(3)测试结果分析。为了验证本节提出的改进 SSD 算法在 SAR 图像小尺寸舰船目标上的检测性能，在 SAR 图像小目标舰船数据集上进行训练与测试。从表 6－4 中可以看出，使用在 ImageNet 上预训练好的 ResNet50 为基础网络的 SSD 模型时，平均准确率相比于原始的 SSD 提高了 0.7%，本节算法的平均准确率最高，达到了 88.1%，同时不难发现，本节算法的检测效率相比于其他算法有所降低，主要原因是本节算法不仅增加了网络深度，同时添加了多层浅层特征增强结构，导致计算量增加。

表 6－4　实验结果对比

Method	Backbone	Input size	AP	Time/FPS
SSD	VGG16	300×300	82.7%	45
SSD	ResNet50	300×300	83.4%	40
FSSD	VGG16	300×300	83.9%	36
FSSD	ResNet50	300×300	84.8%	29
Proposed method	ResNet50	300×300	88.1%	33

图 6－43 所示为可视化的部分检测结果，可以看出，本节算法对小目标舰船具有较好的检测效果。

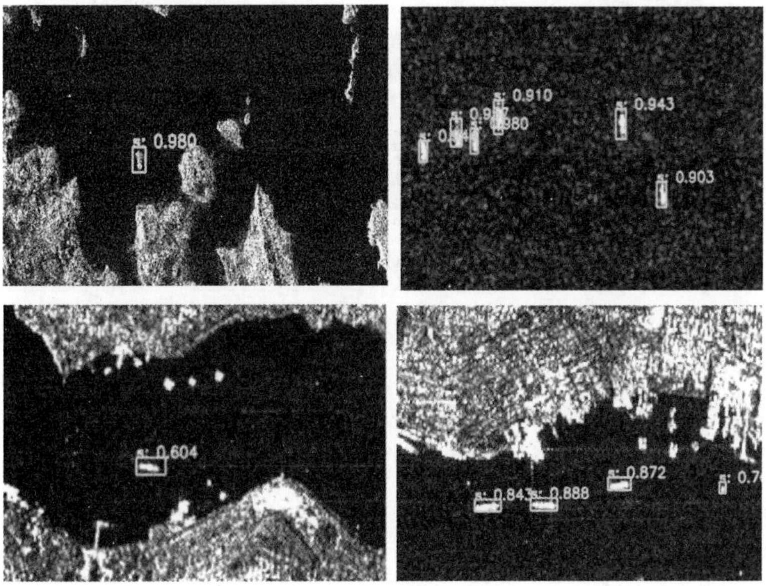

图 6－43　部分检测结果

6.5.3　YOLO 算法

YOLO 是最早出现的单阶段目标检测方法，也是第一个实现了实时目标检测的方法。R-CNN系列检测算法需要生成大量的建议框，在建议框上进行分类与回归，但建议框之间有重叠，会带来很多重复工作。YOLO 改变了基于建议框的预测思路，将候选区和对象识别这两个阶段合二为一，没有显式地求取建议框的过程，将物体检测作为回归问题求解，基于一个单独的端对端网络,完成从原始图像的输入到物体位置和类别的输出。

YOLO 从 2015 年提出至今,已经发展出了 YOLO v1(2015)、YOLO v2(2016)、YOLO v3(2018)、YOLO v4(2020)、YOLO v5(2020)、YOLO v6(2022),YOLO v7(2022)。前三个版本由 YOLO 之父 Jeseph Redmon 提出,YOLO v4 和 YOLO v7 由 Alexey Bochkovskiy 发布。

1. YOLO v1

(1)基本思想。YOLO v1 版本是 YOLO 系列的开山之作,其核心思想是把目标检测定义为一个回归问题。如图 6-44 所示,它首先将图像划分为 $S\times S$ 个网格,物体真实框中心落在哪个网格上,就由该网格对应的锚框负责检测该物体。对于每个网格,网络都会预测一个边界框和与每个类别相对应的概率。

每个边界框可以使用四个描述符进行描述:边界框的中心、高度、宽度、置信度。每个网格中将有多个边界框,在训练时,我们希望每个对象只有一个边界框,因此根据哪个边界框与真值框的重叠度最高,就分配其负责预测对象,最后对每个类的对象应用非最大抑制(Non Max Suppression)方法过滤出置信度小于阈值的边界框。

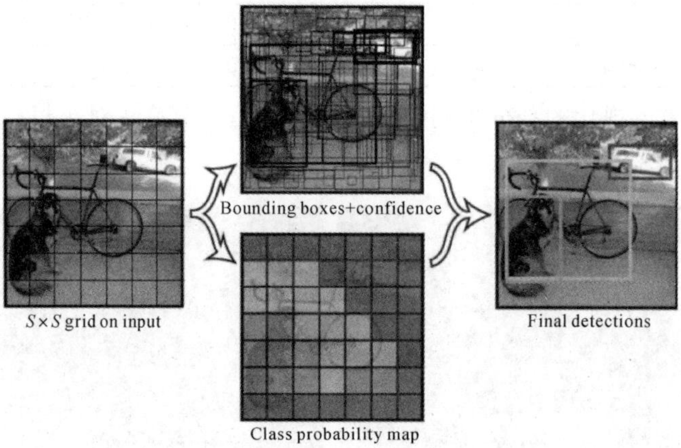

图 6-44 YOLO 的回归检测过程

(2)网络结构。YOLO 采用卷积网络提取特征,然后使用全连接层得到预测值。网络结构参考 GooLeNet 模型,包含 24 个卷积层和 2 个全连接层,如图 6-45 所示。对于卷积层,主要使用 1×1 卷积来做通道压缩,然后紧跟 3×3 卷积。对于卷积层和全连接层,采用 Leaky ReLU 激活函数 max(0,0.1x) ,最后一层采用线性激活函数。

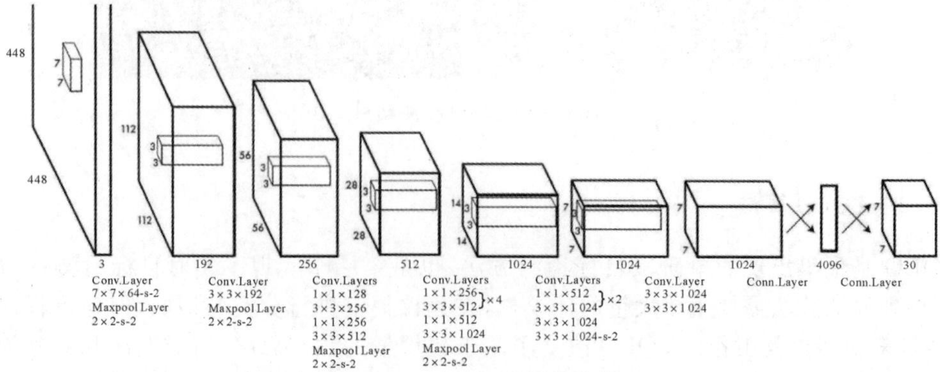

图 6-45 YOLO 的网络结构

(3)网络训练。在训练之前，先在 ImageNet 上进行预训练，预训练的分类模型采用图 6－46中前 20 个卷积层，然后添加一个平均池化层和全连接层。预训练之后，在预训练得到的 20 层卷积层之上加上随机初始化的 4 个卷积层和 2 个全连接层。由于检测任务一般需要更高清的图片，所以将网络输入从 224×224 增加到 448×448。整个网络的流程如图 6－46 所示。

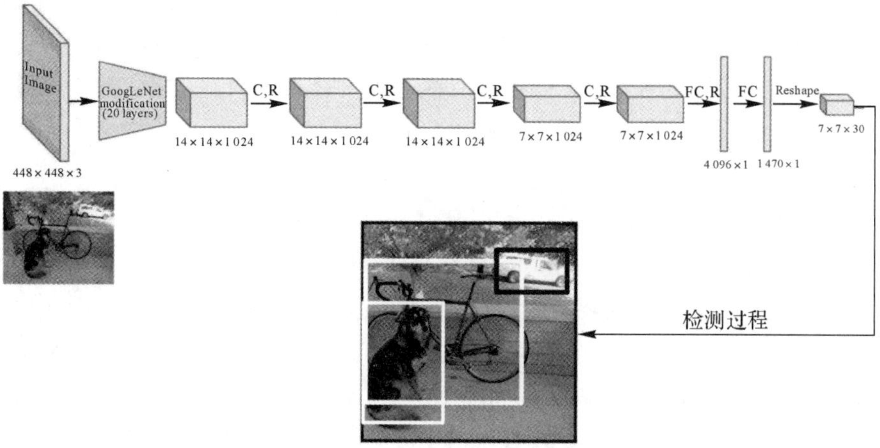

图 6－46　YOLO 的网络流程

(4)损失函数。YOLO v1 算法的检测结果为 7×7×30 的形式，这 30 个值包括两个候选框的位置(x,y,w,h)、有无包含物体的置信度(confidence)以及网格中包含 20 个物体类别的概率(classification)。因此 YOLO 的损失相应包括位置误差、置信度误差和分类误差，损失函数的设计目标就是让这三方面达到很好的平衡。

在图 6－46 中也能清晰地看出来，整个算法的损失是由预测框的坐标误差，有无包含物体的置信度误差以及网格预测类别的误差三部分组成，三部分的损失都使用了均方误差的方式来实现。

最终的损失函数计算如下：

$$
\begin{aligned}
&\lambda_{\text{coord}}\sum_{i=0}^{S^2}\sum_{j=0}^{B}\mathbb{I}_{ij}^{\text{obj}}\left[(x_i-\hat{x}_i)^2+(y_i-\hat{y}_i)^2\right]\\
&+\lambda_{\text{coord}}\sum_{i=0}^{S^2}\sum_{j=0}^{B}\mathbb{I}_{ij}^{\text{obj}}\left[\left(\sqrt{w_i}-\sqrt{\hat{w}_i}\right)^2+\left(\sqrt{h_i}-\sqrt{\hat{h}_i}\right)^2\right]\\
&+\sum_{i=0}^{S^2}\sum_{j=0}^{B}\mathbb{I}_{ij}^{\text{obj}}(C_i-\hat{C}_i)^2+\lambda_{\text{noobj}}\sum_{i=0}^{S^2}\sum_{j=0}^{B}\mathbb{I}_{ij}^{\text{noobj}}(C_i-\hat{C}_i)^2+\\
&\sum_{i=0}^{S^2}\mathbb{I}_{i}^{\text{obj}}\sum_{c\in\text{classes}}(p_i(c)-\hat{p}_i(c))^2
\end{aligned}
\tag{6-39}
$$

其中第一项是边界框中心坐标的误差项，$\mathbb{I}_{ij}^{\text{obj}}$ 指的是第 i 个单元格存在目标，且该单元格中的第 j 个边界框负责预测该目标。第二项是边界框的高与宽的误差项。第三项是包含目标的边界框的置信度误差项。第四项是不包含目标的边界框的置信度误差项。最后一项是包含目标的单元格的分类误差项，$\mathbb{I}_i^{obj}$ 指的是第 i 个单元格存在目标。

算法中用了权重系数来进行平衡，对于不同的损失用不同的权重。对于定位误差，即边界框坐标预测误差，采用较大的权重 $\lambda_{coord}=5$；对于分类误差，对于不包含目标的边界框的置信度，采用较小的权重 $\lambda_{onobj}=0.5$；对于含有目标的边界框的置信度和分类误差，权重值均为 1。

作为一种单阶段目标检测算法，YOLO v1 具有较多优点，比如检测速度更快，对物体的检测更加准确，不容易出现错误背景信息等。但 YOLO v1 也存在以下缺点：①定位精度低。原始图像只划分为 7×7 的网格，边框回归时易发生偏离，导致目标定位不够准确。②检测精度低。每个网格只能检测一个物体，当网格内有多个小物体时，会出现漏检；每个网格只对应两个边界框，当物体的长宽比不常见时，检测效果不好。

2. YOLO v2

YOLO v2 由 YOLO 原作者于 2016 年在论文“YOLO9000：Better，Faster，Stronger”中提出，它在 YOLO v1 基础上做了优化，目的是使检测模型更准，更快，鲁棒性更强。

(1)Better。YOLO v1 虽然检测速度快，但在定位方面不够准确，并且召回率较低。为了提升定位准确度，改善召回率，YOLO v2 在 YOLO v1 的基础上提出了几种改进策略，见表 6-5，可以看到，一些改进方法能有效提高模型的 mAP。

表 6-5　YOLO v2 的改进

	YOLO								YOLOv2
batch norm?		√	√	√	√	√	√	√	√
hi-res classifier?			√	√	√	√	√	√	√
convolutional?				√	√	√	√	√	√
anchor boxes?				√	√				
new network?					√	√	√	√	√
dimension priors?						√	√	√	√
location prediction?						√	√	√	√
passthrough?							√	√	√
multi-scale?								√	√
hi-res detector?									√
VOC2007 mAP	63.4	65.8	69.5	69.2	69.6	74.4	75.4	76.8	78.6

YOLO v2 借鉴 SSD 使用多尺度特征图做检测，提出 pass through 层将高分辨率的特征图与低分辨率的特征图联系在一起，从而实现多尺度检测。YOLO v2 提取 Darknet-19 最后一个 max pool 层的输入，得到 26×26×512 的特征图。经过 1×1×64 的卷积以降低特征图的维度，得到 26×26×64 的特征图，然后经过 pass through 层的处理变成 13×13×256 的特征图(抽取原特征图每个 2×2 的局部区域组成新的通道，即原特征图大小降低 4 倍，通道增加 4 倍)，再与 13×13×1 024 大小的特征图连接，变成 13×13×1 280 的特征图，最后在这些特征图上做预测。使用 Fine-Grained Features，YOLO v2 的性能提升了 1%。

(2)Faster。YOLO 使用的是 GoogleNet 架构，比 VGG 16 快，YOLO 完成一次前向过程只用 8.52 billion 运算，而 VGG 16 要 30.69 billion，但是 YOLO 精度稍低于 VGG 16。YOLO v2 在多种检测数据集中都要快过其他检测系统，并可以在速度与精确度上进行权衡。

(3)Stronger。目前的大部分检测模型都会使用主流分类网络(如 VGG、ResNet)在 ImageNet

上的预训练模型作为特征提取器，而这些分类网络大部分都是以小于 256×256 的图片作为输入进行训练的，低分辨率会影响模型检测能力。YOLO v2 将输入图片的分辨率提升至 448×448，为了使网络适应新的分辨率，YOLO v2 先在 ImageNet 上以 448×448 的分辨率对网络进行 10 个 epoch 的微调，让网络适应高分辨率的输入。通过使用高分辨率的输入，YOLO v2 的 mAP 提升了约 4%。

YOLO v2 通过缩减网络，使用 416×416 的输入，模型下采样的总步长为 32，最后得到 13×13的特征图，然后对 13×13 的特征图的每个单元预测 5 个锚框，对每个锚框预测边界框的位置信息、置信度和一套分类概率值。使用锚框之后，YOLO v2 可以预测 13×13×5＝845 个边界框，模型的召回率提升了，准确率有所下降。

3. YOLO v3

YOLO v3 是 YOLO v1 和 YOLO v2 的改进版本，同时吸收了其他检测网络的优势特点。YOLO v3 基于 Darknet 框架实现，Darknet 是基于 C 与 CUDA 的开源深度学习框架，具有结构清晰、可移植性强、轻量化、不依靠依赖项的特点。

YOLO v3 采用全卷积神经网络(FCN)，在以残差结构为主体的 Darknet 53 的骨架网络(见图 6－47)基础上，增加了跳过连接层和上采样层，共 75 个卷积层。在特征提取过程中，输入图像大小默认为 416×416 时，借鉴特征金字塔网络(Feature Pyramid Networks，FPN)的思想，在三个尺度大小的特征图(13×13、26×26 和 52×52)上，给每个尺度分配三个不同大小的预选框，然后基于图像的全局信息进行目标预测，从而实现端到端的检测。在下采样中，YOLO v3 使用步幅为 2 的卷积层对特征图进行卷积，减少池化步骤导致的小目标信息丢失。

	Type	Filters	Size	Output
	Conv	32	3×3	416×416
	Conv	64	3×3/2	208×208
1×	Conv	32	1×1	
	Conv	64	3×3	
	Residual			208×208
	Conv	128	3×3/2	104×104
2×	Conv	64	1×1	
	Conv	128	3×3	
	Residual			104
	Conv	256	3×3/2	52
8×	Conv	128	1×1	
	Conv	256	3×3	
	Residual			52×52
	Conv	512	3×3/2	26×26
8×	Conv	256	1×1	
	Conv	512	3×3	
	Residual			26×26
	Conv	1 024	3×3/2	13×13
4×	Conv	512	1×1	
	Conv	1 024	3×3	
	Residual			13×13

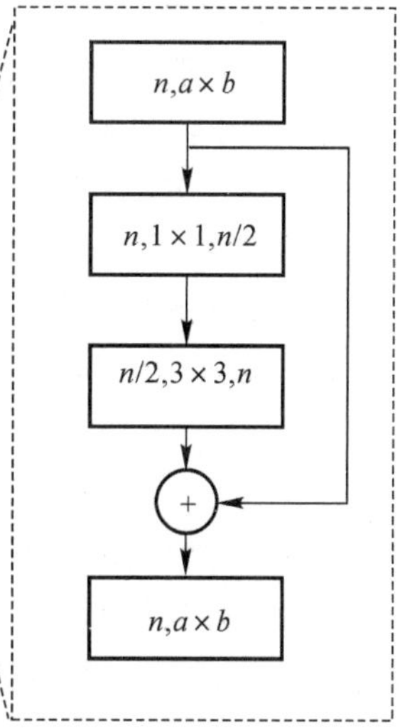

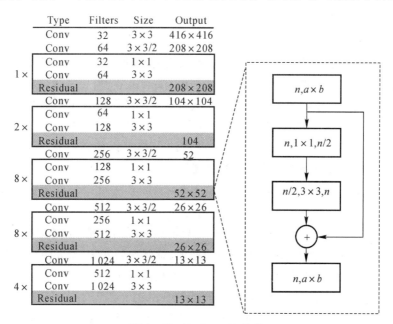

图 6－47　Darknet 53 结构

检测流程如图 6－48 所示，其中 residual 为残差模块；concat 为张量拼接模块，其作用是将 darknet 网络中间特征层与上采样后的特征图进行拼接，拼接后张量维度也随之叠加增大；predict 为预测层。

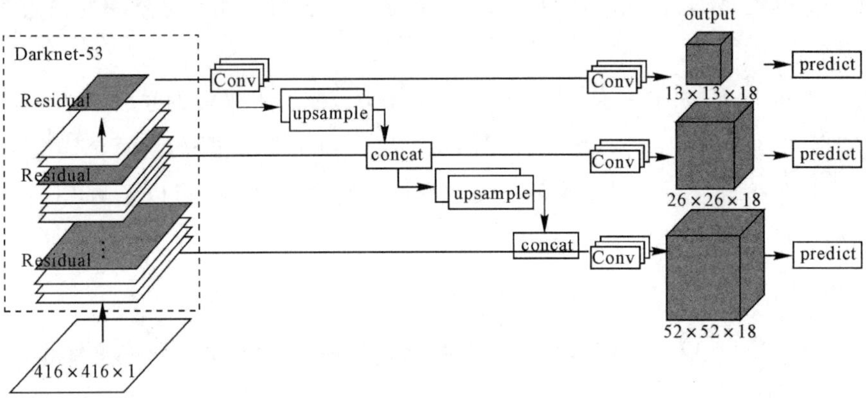

图 6－48　YOLO v3 检测流程图

YOLO v3 的损失函数由三部分组成：位置误差（中心坐标预测误差、边界框预测误差）、分类误差和置信度误差，如下所示：

$$\text{Loss} = 5 \times (xy_{\text{loss}} + wh_{\text{loss}}) + 1 \times \text{object\_confidence}_{\text{loss}} + 1 \times \text{class}_{\text{loss}} + 0.5 \times \text{no\_object\_confidence}_{\text{loss}} \quad (6-40)$$

式中：x 和 y 为目标中心相对所在网格左上角的偏移量；w 和 h 为锚点框长宽，位置误差权重为 5；分类误差使用二维交叉熵作为损失函数，权重为 1；置信度误差分为目标置信度和非目标置信度，权重分别为 1 和 0.5。

4. YOLO v4

YOLO v4 算法是在原有 YOLO 目标检测架构的基础上，采用了近年来 CNN 领域中最优秀的优化策略，在数据处理、主干网络、网络训练、激活函数、损失函数等各方面都有着不同程度的优化，是目前深度学习检测网络中检测效果最佳的单阶段检测网络之一。

YOLO v4 算法原论文主要有以下三点贡献：

(1)开发了一个高效而强大的模型，使得任何人都可以使用一个 1080Ti 或者 2080Ti GPU 去训练一个超级快速和精确的目标检测器。

(2)分析验证了 Bag of Freebies 和 Bag of Specials 方法对检测框架训练和测试能力的影响。

Bag of freebies 指仅仅改变训练策略，并且只增加训练的开销，不增加测试开销的改进方法，包括数据增广、网络正则化、类别不平衡的处理、难例挖掘方法、损失函数的设计等。

Bag of specials 为插件模块和后处理方法，它们仅仅增加一点推理成本，但是可以极大地提升目标检测的精度，包括增大模型感受野的 SPP、ASPP、RFB；引入注意力机制 Squeeze-and-Excitation (SE)、Spatial Attention Module (SAM)等；特征集成方法 SFAM、ASFF、BiF-PN 等；改进的激活函数 Swish、Mish 等；后处理方法如 soft NMS、DIoU NMS 等。

(3)修改了 state-of-the-art 方法，在使用单个 GPU 进行训练时更加有效和适配，包括

CBN、PAN、SAM 等。

相比于 YOLO v3，YOLO v4 做出了以下改进：

(1)YOLO v4 将主干特征提取网络由 Darknet53 改进为 CSPDarknet53；

(2)添加了特征金字塔 SPP 模块、跳跃连接 PANet 模块和注意力 SAM 模块；

(3)在训练阶段使用了 Mosaic 数据增强、标签平滑、CIoU 损失函数、学习率余弦退火衰减等优化方法。

YOLO v4 的网络框架如图 6-49 所示。

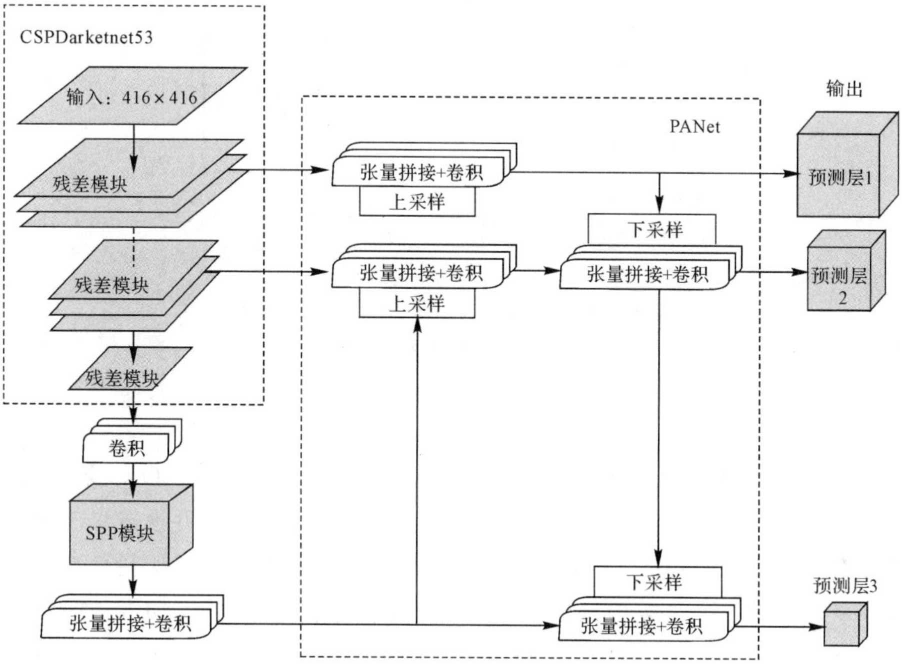

图 6-49　YOLO v4 网络架构

YOLO v3 使用 Darknet53 作为主干网络，由若干 resblock-body 模块组合而成，其中每一个 resblock-body 模块都是经过一次下采样和多次残差结构堆叠构成。YOLOv4 则是采用 CSPnet 取代了 resblock-body 模块，CSPnet 的结构如图 6-50(b)所示。CSPnet 将原 resblock-body 中的残差模块进行拆分，在主干部分进行残差堆叠的同时，另一部分进行一个残差边的处理，而后将两部分进行连接。

YOLO v4 在位置损失函数上采用了 CIoU 的交并比计算方法，将边框重合度、中心距离和宽高比的尺度信息纳入考虑，使得目标框位置的回归更加稳定，不会出现发散的现象。CIoU的计算如下所示：

$$P_{\mathrm{CIoU}} = P_{\mathrm{IoU}} - \frac{d^2}{c^2} - \alpha v \tag{6-41}$$

其中：P_{IoU} 表示两个矩形框之间的交并比；d 代表了预测框和真实框的中心点的欧氏距离；c 代表能够同时包含预测框和真实框的最小闭包区域的对角线距离。v 是衡量长宽比一致性的参数，α 是用作权衡的参数，表示如下：

$$\alpha=\frac{\upsilon}{1-P_{\text{IoU}}+\upsilon},\quad \upsilon=\frac{4}{\pi^2}\left(\arctan\frac{w^{gt}}{h^{gt}}-\arctan\frac{w}{h}\right)^2$$

因此,位置损失函数可以表示如下:

$$\text{Loss}_{\text{CIoU}}=1-P_{\text{IoU}}+\frac{d^2}{c^2}+\alpha\upsilon \tag{6-42}$$

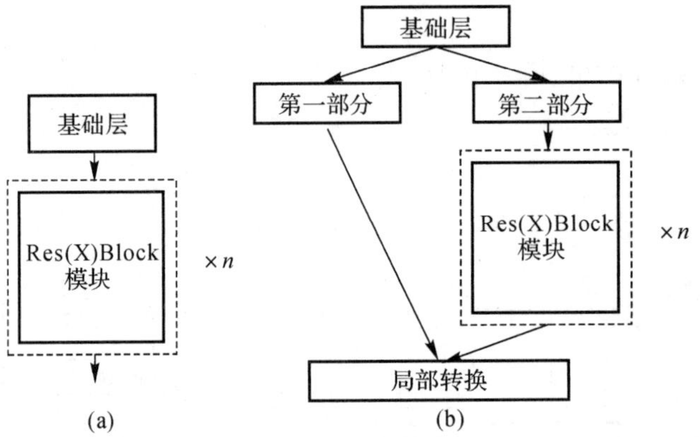

图 6-50 resblock-body 结构和 CSPnet 结构

(a) resblock-body 模块;(b) CSPnet 模块

5. YOLO v5

YOLO v4 出现之后不久,YOLO v5 横空出世。YOLO v5 在 YOLO v4 算法的基础上做了进一步的改进,检测性能得到进一步的提升。虽然 YOLO v5 算法并没有与 YOLO v4 算法进行性能比较与分析,但是 YOLO v5 在 COCO 数据集上的测试效果得到众多学者的认可。在 YOLO v5 官方发布的代码中,检测网络共有四个版本,依次为 YOLO v5x、YOLO v5l、YOLO v5m 以及 YOLO v5s。其中 YOLO v5s 是深度和特征图宽度均最小的网络,另外三种可以认为是在其基础上,进行了加深和加宽。

(1)YOLO v5 的网络结构。YOLO v5s 由输入端(Input)、主干网络(Backbone)、Neck 网络和预测层等部分组成。其网络结构设计很深,用残差缓解梯度消失或爆炸问题,融合多层特征图,通过上采样与浅层特征进行通道拼接,使浅层特征也具有深层特性信息,可以对不同尺度的目标进行检测,也可以实现对多个种类的预测,且精度较高。YOLO v5 的网络结构如图 6-51 所示。可以看出,YOLO v5 的网络结构与 YOLO v4 相似,均采用 CSPDarknet53 的主干网络和 PAN 的 Neck 网络;改进点包括 Focus 模块与 CSP 结构,如图中虚线框所示。

(2)Focus 模块。Focus 模块在 YOLO v5 中位于图像进入主干网络之前,具体操作类似于邻近下采样,即在一张图像中每隔一个像素提取一个像素值,将一张图像扩展为四张图像,图像的宽高信息就集中到了通道空间,输入通道扩充了 4 倍,因此拼接起来的图片由原先的 RGB 三通道模式变成了 12 个通道,最后将得到的新图像再经过卷积操作,得到了没有信息丢失情况下的二倍下采样特征图。Focus 模块的结构图如图 6-52(a)所示。

Focus 模块中的图像切片操作如图 6-52(b)所示,图中将 4×4×3 的图像切片后变成 2×2×12 的特征图。以 YOLO v5 的结构为例,将尺寸为 608×608×3 的原始图像输入 Focus 模块，采用切片操作，先变成 304×304×12 的特征图，再经过一次 32 个卷积核的卷积操作，最终变成 304×304×32 的特征图。YOLO v5s 的 Focus 模块使用了 32 个卷积核，其他三种结构使用的卷积核数量有所增加。

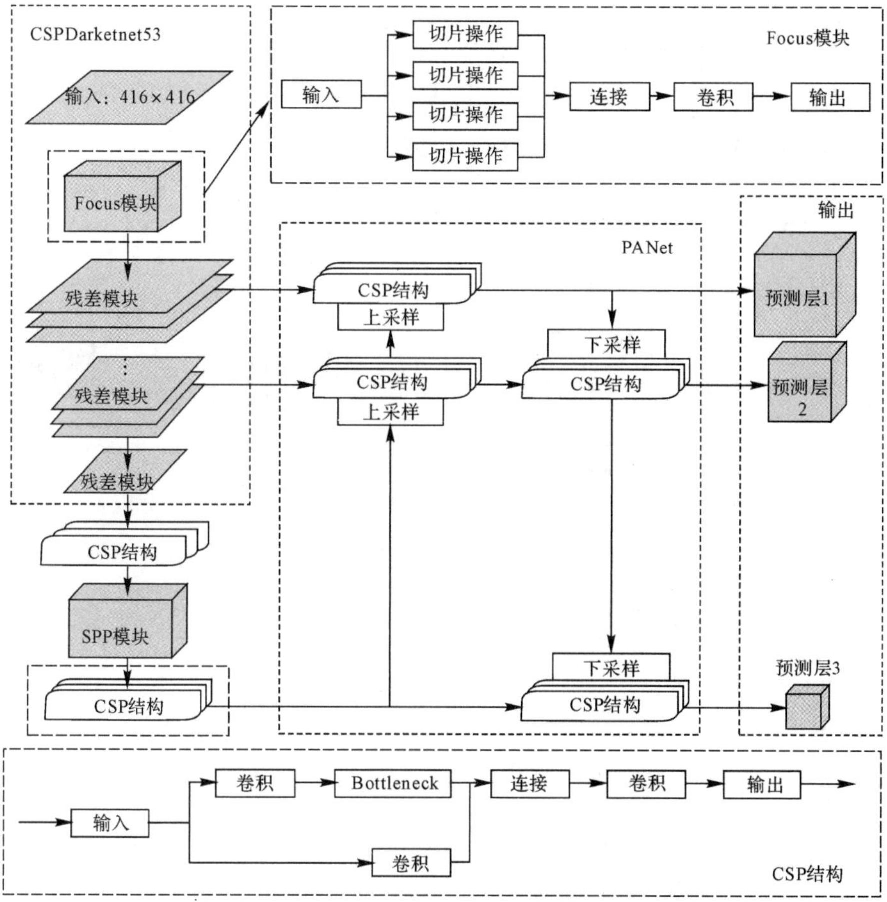

图 6-51　YOLO v5 网络架构

(3)CSP 结构。CSPNet(Cross Stage Partial Network)为跨阶段局部网络，该网络缓解以前需要大量推理计算的问题，主要有以下特点：①增强了卷积神经网络的学习能力，能够在轻量化的同时保持准确性；②降低计算瓶颈；③降低内存成本。CSPNet 通过将梯度的变化从头到尾地集成到特征图中，在减少计算量的同时可以保证准确率。CSPNet 和 PRN 都是一个思想，将特征图拆成两部分，一部分进行卷积操作，另一部分和上一部分卷积操作的结果进行连接生成新的特征图。YOLO v5 中 CSP 网络结构如图 6-53 所示。

YOLO v4 算法仅在主干网络中使用了 CSP 结构，而 YOLO v5 算法在主干网络和 Neck 网络中都使用了 CSP 结构。YOLO v4 与 YOLO v5 在 Neck 网络中都使用了路径聚合(PAN)结构，两者的区别是 YOLO v4 在 Neck 中采用的都是普通的卷积操作，而 YOLO v5 的 Neck 网络中采用了 CSP 结构，从而加强网络的特征融合能力。YOLO v4 与 YOL Ov5 的 Neck 结构分别如图 6-54(a)(b)所示。

对比图 6-54(a)和(b)可知,CBL 为常规的卷积+标准化+激活函数的组合操作,而 CSP 表示 CSP 结构,其中两个 Neck 网络结构中虚线框框出部分为 YOLO v5 的改进部分。

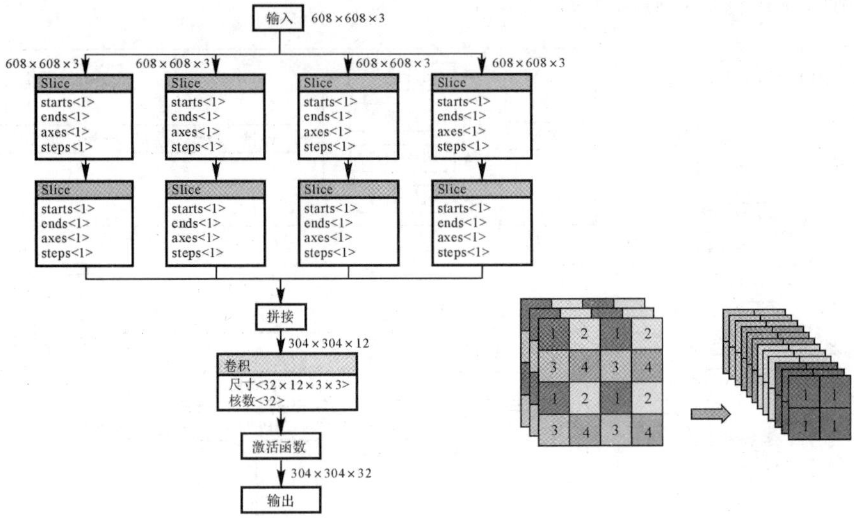

图 6-52　Focus 模块结构

(a)Focus 结构图;(b)切片操作

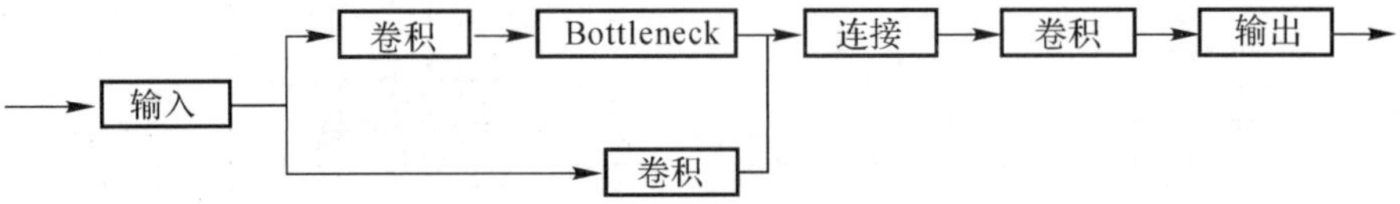

图 6-53　CSP 结构

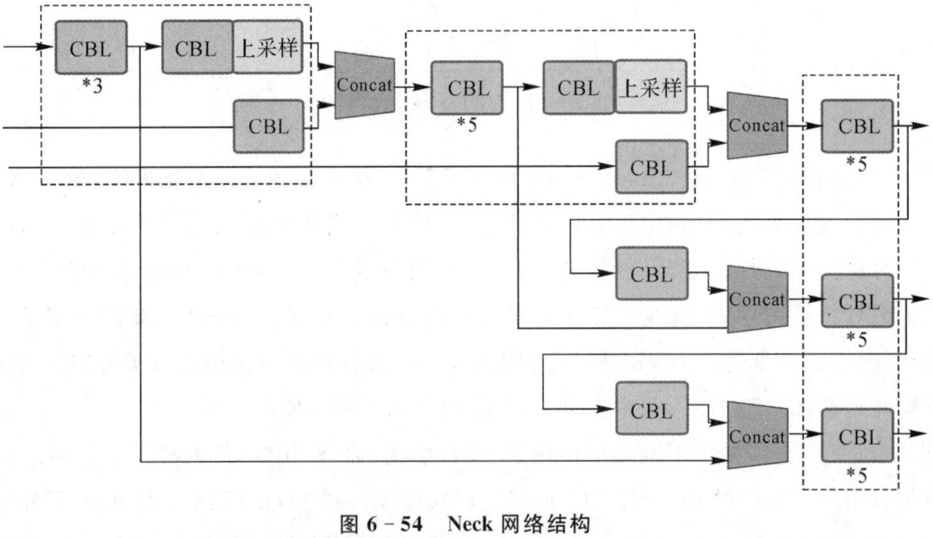

图 6-54　Neck 网络结构

(a)YOLOv4 的 Neck 网络结构

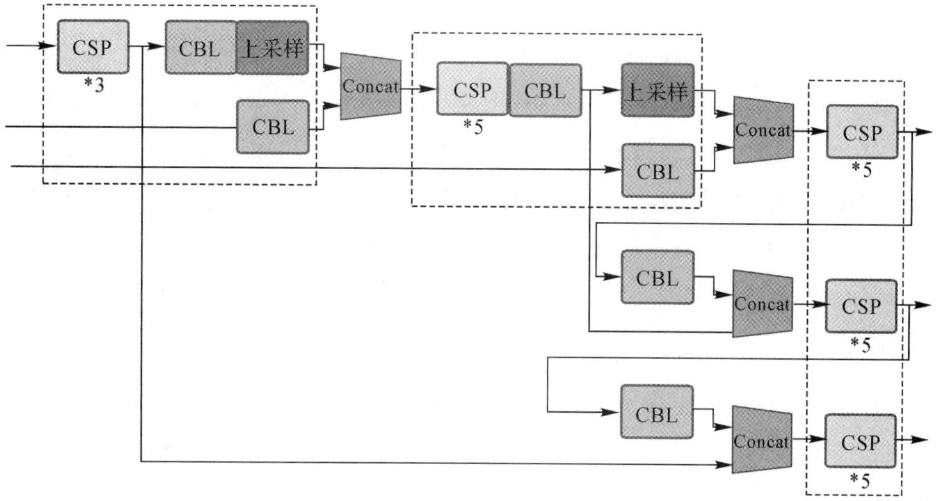

续图 6-54　Neck 网络结构

(b) YOLOv5 的 Neck 网络结构

(4)GIoU 损失函数。YOLO v5 中采用的是 GIoU 作为预测框的损失函数。GIoU 损失函数的表示方式如图 6-55 所示，GIoU 的计算方法如见下式：

$$\mathrm{GIoU} = \mathrm{IoU} - \frac{|A_c - U|}{A_c} \tag{6-43}$$

式中：GIoU 表示损失函数值；IoU 表示真值框与预测框之间的交并比；A_c 为真值框与预测框的最小闭包区域面积，即同时包含了预测框和真实框的最小外接矩形的面积；U 为真值框与预测框的并区域面积。

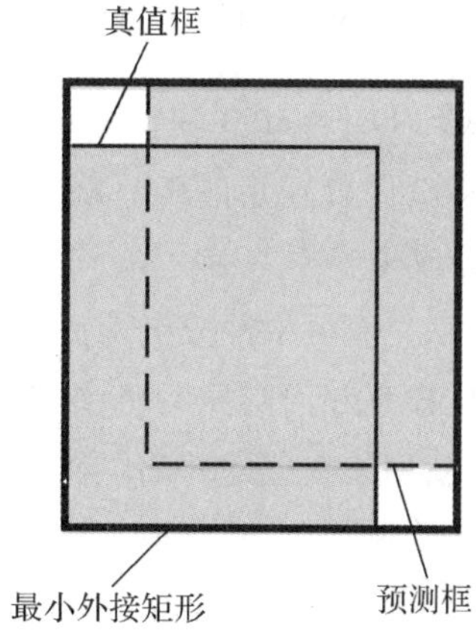

图 6-55　GIoU 计算方法示意图

6.5.4　YOLO 检测实例

本节以 SAR 图像中建筑物检测为例，使用 YOLO v4 检测框架，完成目标检测的全部流程。

1. 研究背景

建筑物是重要的人造目标，遥感图像中的建筑物检测在城市规划、灾情评估、军事侦察等方面具有重大意义。在遥感图像处理领域，因 SAR 图像具有高分辨率、全天时全天候成像的特性，故 SAR 图像中的建筑物检测技术一直受到广泛关注和研究。与传统基于人工设计特征的 SAR 图像建筑物检测算法相比，以深度学习算法为基础的目标检测器凭借检测效率高、鲁棒性好、泛化性好等特点更能满足现实需求。本节对 YOLOv4 的检测网络进行改进，使其实现对旋转目标的检测。

2. 算法描述

本节提出的 R-YOLOv4 旋转目标检测算法网络框架如图 6－56 所示，主要包括 6 个部分：主干网络 CSPDarknet53、跳跃连接 PANet、旋转先验框生成、独立热量编码、损失函数计算和预测模块。

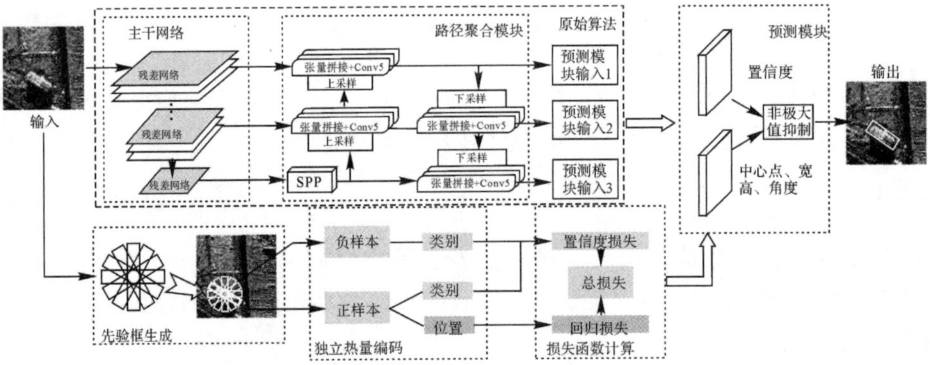

图 6－56　R-YOLOv4 旋转目标检测算法网络框架

在训练阶段，首先算法通过 CSPDarknet53 和 PANet 提取输入图像的不同尺度的特征（13×13 像素、26×26 像素和 52×52 像素），并将其作为预测的基础；其次，根据输入图像预设的宽高和角度生成旋转的先验框，该先验框共有 0°，30°，60°，…，150°六个角度；然后，计算先验框与目标标注框之间的交并比，从先验框中区分出正负样本，用独立热量编码对正样本进行编码；最后，分别计算目标的置信度损失和回归损失，并结合得到总损失，应用梯度下降算法降低损失，以此作为反向传播算法更新网络权值的基础。在测试阶段，根据网络推断出图像中所有先验框的置信度、中心点、宽高和角度信息，然后通过预设阈值选择置信度大于阈值的先验框。最后，采用非极大值抑制去除重复的预测结果。

本节算法主要有以下改进：

(1)交并比及损失函数计算方法。YOLO v4 在位置损失函数上采用了 CIoU 的交并比计算方法，综合考虑边框重合度、中心距离和宽高比的尺度信息，使得目标框位置的回归更加稳定，不会出现发散的现象。CIoU 的计算如式(6－41)和(6－42)所示。

然而，针对旋转矩形框而言，CIoU 的计算方法是明显不适用的，因此本节采用 SKEWIO 进行交并比计算。如图 6－57 所示，两个旋转矩形框相交，相交部分可能呈现三角形、四边形、六边形和八边形等情况，且相交部分的多边形顶点均由两个矩形的交点和顶点组成。

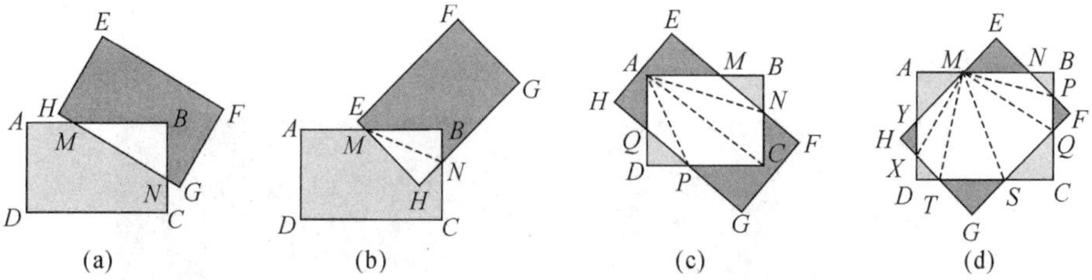

图 6-57　旋转矩形相交呈现形式

(a)三角形相交区域；(b)四边形相交区域；(c)六边形相交区域；(d)八边形相交区域

对于两个给定的带有角度差的矩形 R_1 和 R_2，它们之间的 SKEWIOU 的计算步骤如下：

步骤 1：设置点集 $D=\varnothing$，而后搜寻两个矩形的交点并保存至点集 D。

步骤 2：搜寻矩形 R_1 处于矩形 R_2 范围内的顶点，并将之保存至点集 D；同理，搜寻矩形 R_2 处于矩形 R_1 范围内的顶点，并将之保存在点集 D。

步骤 3：将点集 D 中的点按顺时针排列，选取任一点与其他点连接，将多边形分割成若干三角形，则两个矩形之间的相交区域面积为所有三角形面积的和。以图 6-57(c)为例，相交面积如下所示：

$$S_I=S_{\triangle\mathrm{AMN}}+S_{\triangle\mathrm{ANC}}+S_{\triangle\mathrm{ACP}}+S_{\triangle\mathrm{APQ}} \tag{6-44}$$

步骤 4：两个矩形的交并比根据下式得出：

$$\mathrm{IoU}(R_1,R_2)=\frac{S_I}{S_{R_1}+S_{R_2}-S_I} \tag{6-45}$$

R-YOLO v4 使用多任务损失函数，计算方法如下所示：

$$\mathrm{Loss}=\lambda_{xy}\times L_{xy}+\lambda_{wh}\times L_{wh}+\lambda_{\mathrm{ang}}\times L_{\mathrm{ang}}+L_{\mathrm{class}}+L_{oc}+0.5\times L_{nc} \tag{6-46}$$

式中：L_{xy}、L_{wh} 和 L_{ang} 分别为目标中心点的坐标偏移误差、宽高误差和角度误差，权重分别为 λ_{xy}、λ_{wh}、λ_{ang}，在损失函数的计算过程中，各类型误差的权重通常取值为 1，为提高检测器的预测精度，使旋转矩形框能够完美包围目标，本节将权重取值提高至 5；L_{class} 为分类误差，权重为 1；L_{oc} 表示目标置信度误差，L_{nc} 表示非目标置信度误差，权重分别为 1 和 0.5。

(2)旋转锚框的设计。在旋转先验框的生成过程中，旋转角度的选择对检测结果的影响很大，本节采取了图 6-58 所示的角度选取方法。

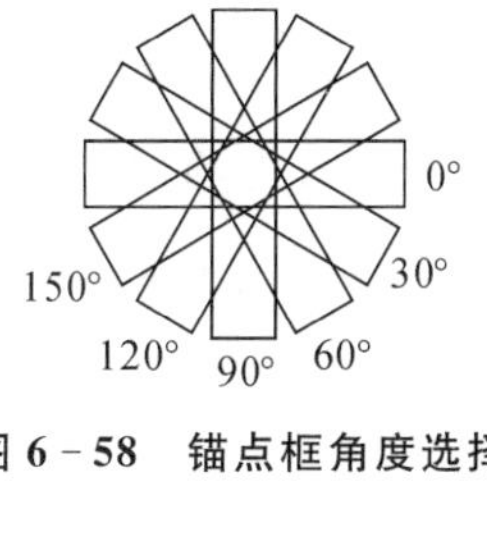

图 6-58　锚点框角度选择

由于建筑物的旋转并不涉及指向问题，因此建筑物的旋转角度范围从 0°到180°。本节30°为间隔选取旋转角度，共有 0°、30°、60°、…150°六个方向。如图 6－59 所示，对于不同的目标选择不同的角度来设计旋转锚框。

图 6－59　不同目标的旋转角度

YOLO v4 在用水平矩形框检测目标时，其预设的水平锚框的宽高信息是运用 K 均值聚类法对 COCO 数据集进行聚类得到的。其聚类过程如下：首先设置聚类中心数为 9，并随机选取 9 个中心；然后计算标注信息中每个标注框与聚类中心点的距离，该距离使用交并比表示，计算方法见下式；最后将标注框归类为距离最近的聚类中心集合，初次聚类结束后在每个集合中重新计算聚类中心点，迭代运算直至聚类中心保持不变。

$$D(B_{\text{box}},B_{\text{object}})=1-\text{IoU}(B_{\text{box}},B_{\text{object}}) \tag{6-47}$$

$$\text{IoU}(B_{\text{box}},B_{\text{object}})=\frac{B_{\text{box}}\cap B_{\text{object}}}{B_{\text{box}}\cup B_{\text{object}}} \tag{6-48}$$

式中：$D(B_{\text{box}},B_{\text{object}})$为标注信息中的目标框 B_{object} 和聚类中心 B_{box} 之间的距离，$\text{IoU}(B_{\text{box}},B_{\text{object}})$为两者之间的交并比。

YOLO v4 通过 K 均值聚类法得到 9 个锚框：((116,90)、(156,198)、(373,326))；((30,61)、(62,45)、(59,119))；((10,13)、(16,30)、(33,23))。由于 COCO 数据集包含了 80 类目标，与 SAR 图像建筑物的差异较大，而且均使用水平矩形框进行目标标注，因此原始设定的预设锚框不适用于单类建筑物目标的旋转检测。本节使用 K 均值聚类法对数据集进行重新聚类，得到适合的旋转锚框宽高信息。聚类过程如下：

步骤 1：读取数据集中的每个目标框的中心点和宽高信息，并保存至集合 P；

步骤 2：随机选取 9 个聚类中心，采用 SKEWIOU 交并比计算公式，计算每个目标框与这 9 个聚类中心的距离，将目标框归类为距离最近的聚类中心集合；

步骤 3：在每个聚类集合中重新计算聚类中心进行迭代计算，若聚类中心保持不变，则输出结果。

本节通过 10 次聚类，求得聚类结果为((59,24)、(78,35)、(108,82))；((37,34)、(41,20)、(52,57))；((21,11)、(24,19)、(33,13))。图 6－60 表示锚框对建筑物目标的作用范围示意

图，可以发现 YOLOv4 的原始水平矩形锚框无法有效表示 SAR 图像建筑物目标，重新聚类后的旋转锚框能够很好地适用于 SAR 图像建筑物的旋转检测。

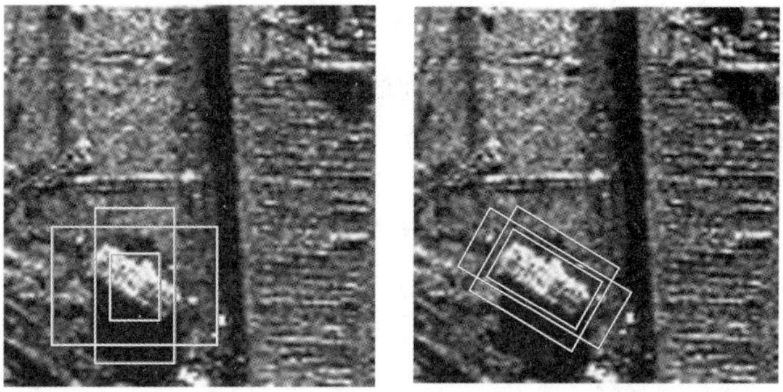

(a)　　　　(b)

图 6-60　锚框对建筑物目标的作用范围示例

(a)原始预设水平锚框；(b)重新聚类后的旋转锚框

3. 实验结果与分析

本节使用的数据集为用旋转矩形框标注的 RSBD 数据集和用水平矩形框标注的 SBD 数据集，两者选取相同的图像，且目标一致，训练集和测试集按照 8∶2的大小进行随机分配。本节中各检测算法的 IoU 阈值均设置为 0.5，置信度阈值均为 0.45，NMS 阈值均设定为 0.3。预设训练参数如下：动量为 0.9，权重衰减系数为 0.000 5，前 1 000 次迭代的学习率为 0.001，迭代到 40 000 次时学习率变化比例是 0.1，最大迭代次数为 500 200。类别数为 1，预测层的前一层卷积核数 30。

为了验证 RSBD 数据集在 SAR 建筑物旋转目标检测任务中的适用性，本节选取不同类型的目标检测算法对 RSBD 数据集进行验证，对比不同的检测算法在 SAR 图像建筑物检测中的表现。本节设置实验对两种水平矩形框检测器（YOLOv3、SAR-YOLOv3）在 SBD 数据集上的检测性能进行比较，同时使用两种旋转目标检测器（DRBox-v2、R-YOLOv4）对 RSBD 数据进行测试分析，表 6-6 为实验结果。

表 6-6　各检测器对比实验结果

方法	检测器	AP/(%)	FPS	数据集
水平矩形框	YOLO v3	67.7	45	SBD
	SAR-YOLO v3	73.7	49	
旋转矩形框	DRBox-v2	55.7	12	RSBD
	R-YOLO v4	74.2	61	

可以看出，R-YOLO v4 无论在平均准确率，还是检测速度，都比表中其余三种算法好，并且能给出建筑物目标的方向信息。

思 考 题

1.简述卷积神经网络的基本结构。

2.简述深度学习、机器学习、人工智能之间的关系。

3.基于深度学习的目标检测算法与基于 SVM 的目标检测算法的主要区别是什么?

4.遥感图像目标检测发展趋势是什么?

5.简述 R-CNN,Fast R-CNN、Faster R-CNN 的发展过程与算法特点。

6.简述 SSD 的算法特点。

7.介绍 YOLO 系列算法的发展过程与算法特点。

8.简述 LeNet、AlexNet、VGG、GoogLeNet 和 ResNet 等经典卷积神经网络的网络结构特点。

9.激活函数的作用是什么?介绍 Sigmoid 函数、Tanh 函数和 ReLU 函数的特点。

10.目前公开的遥感目标数据集有哪些?查阅相关资料,对其进行总结、介绍和下载。

第7章 遥感图像的变化检测

7.1 引 言

基于多时相遥感图像的变化检测的目的就是通过对两幅甚至多幅成像于不同时相、同一地区的遥感图像的比较和分析，提取出不同时相间地物的变化。随着遥感技术的迅猛发展，遥感卫星的短时复轨观测能力、稳定一致的图像质量和系列化运行计划，为对地监测提供了海量的时间序列观测资料，使得基于多时相遥感图像的变化检测在各个领域得到了极其广泛的应用。

从哲学的观点看来，变化与非变化是一个相对的概念，在不同的应用场合有着不同的判断准则。两幅图像内容的变化可能包括不同成像时相导致的辐射变化，自然地物随季节更替导致的变化，土地使用功能在不同时相间的变化，人工地物在不同时相间的变化，等等。上述各种变化可以分为“感兴趣的变化”和“不感兴趣的变化”，根据变化检测任务的具体应用背景的不同，人们关心的“感兴趣的变化”有着不同的含义。因此，变化检测的目的与具体的应用背景密切相关，着眼于提取具体应用背景下人们关心的“感兴趣的变化”。

变化检测在民用领域的应用主要包括两个方面：城市发展的动态监测和灾害毁伤的检测评估。随着城市改建和扩张进程的发展，利用不同时期的遥感影像进行城市发展的动态监测已成为适时更新城市地理信息系统的一种有效方法，担负着为决策和规划人员提供及时有效的决策和规划依据的任务，对城市规划、建设管理和发展城市经济起到了重要作用。同样，地震、飓风、海啸等自然灾害会导致人工地物的毁伤，通过对灾害前后的遥感影像进行变化检测，能够快速准确地判断灾情分布和确定灾情级别，从而为救灾工作和灾后重建提供决策依据。

变化检测在军用领域的应用主要包括两个方面：军事目标的动态监视和打击效果评估。前者贯穿战争始终，甚至包括和平时期，后者则主要针对战时，为指挥决策服务。正如《孙子兵法》所言，“知己知彼，百战不殆”，现代战争对情报获取提出了更高的要求，快速而准确的军事侦察成为确保战争胜利的重要前提和保证，战争前要知道“往哪里打”，战争后要知道“打到哪儿了”和“打得怎么样”。因此，军事指挥员不仅关心军事目标的静态信息，而且更关心军事目标的新建、改变及摧毁等变化信息，在瞬息万变的战场上，目标的变化信息对增强部队的应急作战能力和快速反应能力极其重要。

早期遥感图像变换检测主要是通过人工目视解译实现的，要求判读人员具有丰富的目视判读经验，通常效率低下，判读结果易受主观影响。因此，人们长期以来希望利用计算机实现自动或者半自动的变化检测，从而把自己从这种烦琐的工作中解放出来。自从1961年

Rosenfeld 发表第一篇关于基于侦察数据的变化检测的学术论文以来，变化检测问题在遥感领域得到了广泛的关注。针对不同的应用目的和数据条件，许多学者从不同的角度对变化检测问题进行了定义和解释。Rosenfeld 认为变化检测的基本任务是数据配准、变化检测、定位和变化判别；较早从事基于遥感图像的变化检测研究的印度学者 Singh 对变化检测给出了如下的定义：“所谓的变化检测就是根据不同时间的多次观测来确定一个物体的状态变化或确定某现象的变化的过程”，这是目前学术界公认的关于变化检测的比较权威的定义。

基于多时相遥感图像的变化检测问题可以描述为如下的数学模型：假设两个映射 $I_1:R^l->R^p$ 和 $I_2:R^l->R^q$ 分别表示在不同时相 t_1 和 t_2 获取的覆盖同一地区的两幅遥感图像，其中 R^l 为研究区域(即源空间)，l 为源空间坐标系统的维数，对遥感图像而言通常为 2，p 和 q 分别为两个映射的像空间的维数，在遥感图像中指图像的光谱波段数或特征维数。因此，遥感图像 I 可以理解为从地理空间到特征空间的一种映射。变化检测就是以不同时相的两幅图像 I_1 和 I_2 作为输入数据，生成一幅称为变化掩膜(change mask)的二值图像 $B:R^l\to[0,1]$来标识图像中的变化区域，所依据的决策规则为

$$B(X)=\begin{cases}1, & \text{像元 } X \text{ 在两时相间发生了显著变化}\\0, & \text{像元 } X \text{ 在两时相间没有发生显著变化}\end{cases} \tag{7-1}$$

变化检测的基本流程如图 7-1 所示，包括数据的搜集获取、数据预处理、变化信息获取以及性能评估等。

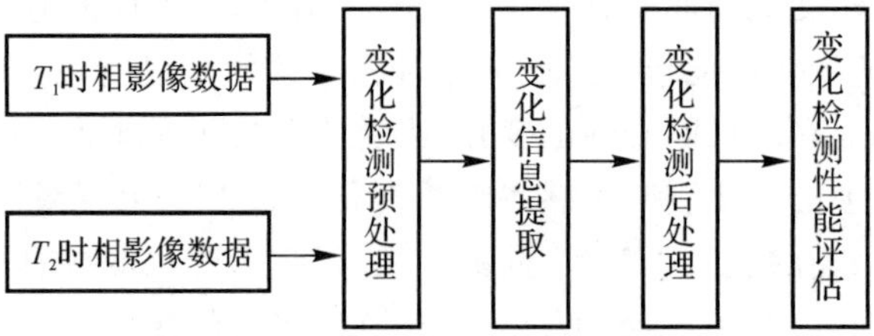

图 7-1 变化检测的基本流程

经过多年的发展，研究人员提出和开发了许多遥感图像变化检测方法，并应用于解决各种不同的问题中。根据遥感图像分析和变化信息获取的不同层次，可以将变化检测方法分为三个层次：像素级变化检测、特征级变化检测和目标级变化检测。变化检测的层次决定了对原始多时相遥感图像需要进行何种程度的预处理，同时也决定了变化检测系统的体系结构。

7.2 图像预处理

辐射校正和图像配准是变化检测两个非常重要的预处理步骤。辐射校正的目的是消除不同时相遥感图像之间的辐射亮度差异，图像配准是使不同时相遥感图像之间实现严格的几何位置一一对应。高精度的辐射校正和图像配准可以提高变化检测精度，避免出现虚警和漏警。

7.2.1 多时相图像辐射校正

辐射校正通过调整待校正图像的辐射值使多时相图像具有相同的辐射特性，即在不同时相的遥感图像上，同一地物具有相同的辐射亮度，即“光谱不变”。在不同时相遥感图像获取期

间，地物目标有可能发生变化，因此需要选取伪不变特征（Pseudo-Invariant Features，PIFs），通常称为辐射校正地面控制点。与几何校正的思想类似，辐射校正假定采样像元的光谱反射特性在两时相间没有发生变化，通过建立基准图像与其他时相图像的 PIF 光谱特性之间的联系，实现对整幅图像的辐射亮度处理。

因此，辐射校正算法的关键是选择高质量的伪不变特征。伪不变特征应选择那些反射率基本不随外界条件变化的地面目标。它们的反射系数独立于成像季节或生物气候条件，并具有固定的空间位置。建筑物、道路、裸土和较深的水域等地物都是不错的选择，而植被的反射率受环境因素和物候周期的影响较大，因此应尽可能排除。辐射校正地面控制点可以选取不同影像的不同像元，只需保证是同种地物的像元即可。

假定待校正图像与参考图像的灰度值之间存在线性关系：

$$DN_2 = a \cdot DN_1 + b \tag{7-2}$$

式中：DN_2 是参考图像中不变目标区域的灰度值；DN_1 是待校正图像中同一不变目标区域的灰度值；a 和 b 分别表示增益和偏移。用提取的伪不变特征在参考图像和校正图像中的平均辐射值来估计线性函数的增益和偏移，可采用最小二乘法进行参数估计，然后通过估计得到的线性函数实现待校正图像辐射亮度值的校正。

这种基于伪不变特征的辐射校正算法不受地物变化的影响，并且不会削弱图像之间的地物变化，但伪不变特征的选取比较复杂。

另一种简单实用的方法是直方图匹配法。如果在几何配准后的多时相遥感图像上，发生变化的地物目标占全部地物的比例较小，那么经过相对辐射校正的多时相图像应该具有相似的灰度直方图分布。该方法操作简单，能够自动快速地完成图像间的相对辐射校正，但在一定程度上会破坏了待校正图像中地物的辐射特性，并且在消除图像之间辐射差异的同时，不可避免地会削弱地物的变化，在以变化检测为最终目的的应用场合，不能取得理想效果。

7.2.2　图像配准

图像配准是对来自同一场景的两幅或多幅图像，匹配其中对应于相同物理位置的像素点，消除图像间存在的几何畸变，这些图像可能来自不同时相或不同传感器。图像配准技术作为模式识别和图像处理的一种基本手段，在遥感图像处理领域有着广泛的应用，是多源图像融合、多时相图像变化检测和多源图像目标识别等的前提，其精度对后续处理有着直接的影响。

与其他应用背景下的图像配准相比，变化检测应用下的图像配准具有自身的特点和要求。待配准图像成像于不同时相和不同成像条件，不同时相间人造目标可能出现新增或消失的情况，季节更替可能使得自然地物发生变化，辐射差异可能使得原本没有发生任何变化的地物具有较大的灰度差异，上述情况增加了图像配准的难度。同时，变化检测对图像配准的精度要求更高，如果配准误差大于 1 个像素，变化检测结果中将会包含大量的虚警。

图像配准问题可以定义为两幅图像之间空间上和灰度上的一种对应关系。用数学语言可以描述为：设 I_1 为参考图像，I_2 为待配准图像（也称传感图像），$I_1(x_1, y_1)$ 和 $I_2(x_2, y_2)$ 分别为两图中描述地面同一物理位置的像素，图像配准就是寻找空间变换 f 和灰度变换 g，使得

$$I_1(x_1, y_1) = g(I_2(f(x_2, y_2))) \tag{7-3}$$

图像配准问题包括寻找最优的空间变换和灰度变换，使待配准图像得到很好的匹配。灰度变换关系的求解通常采用已有算法，因此图像配准问题的研究重点在于寻找空间变换关系，

而空间变换关系则通过提取和匹配两图中物理位置对应的像素点而实现，这些像素点被称为控制点。

1. 空间变换模型

常用的空间变换模型主要包括线性变换和非线性变换。线性变换有刚体变换、相似变换、仿射变换、投影变换等。

(1)刚体变换。刚体变换的特点是，第一幅图像中的两点间距离经变换到第二幅图像中后仍保持不变，两幅图像中的三角形能够保持相似性，可分解为平移变换和旋转变换。变换公式为

$$\begin{bmatrix} x' \\ y' \end{bmatrix} = \begin{bmatrix} \cos\varphi & -\sin\varphi \\ \sin\varphi & \cos\varphi \end{bmatrix} \begin{bmatrix} x \\ y \end{bmatrix} + \begin{bmatrix} t_x \\ t_y \end{bmatrix} \tag{7-4}$$

刚体变换是一种等距变换，其典型特例为纯平移和纯旋转。一个平面上的刚体变换有 3 个自由度(待定的独立参数)，可根据 2 组控制点的对应性来计算。

(2)相似变换。相似变换的特点是，第一幅图像中的两条曲线在交点处的角度经变换到第二幅图像中后仍保持不变，即具有保形状性或保角性。变换公式为

$$\begin{bmatrix} x' \\ y' \end{bmatrix} = \begin{bmatrix} s\cos\varphi & -s\sin\varphi \\ s\sin\varphi & s\cos\varphi \end{bmatrix} \begin{bmatrix} x \\ y \end{bmatrix} + \begin{bmatrix} t_x \\ t_y \end{bmatrix} \tag{7-5}$$

其中：$\begin{bmatrix} s\cos\varphi & -s\sin\varphi \\ s\sin\varphi & s\cos\varphi \end{bmatrix}$为对应旋转变换的特殊正交矩阵；$s$ 为表示各向同性缩放因子；t_x，t_y 为平移向量。典型特例为纯缩放、纯平移和纯旋转。一个平面上的相似变换有 4 个自由度，可根据 2 组控制点的对应性来计算。

(3)仿射变换。仿射变换的特点是，第一幅图像上的直线映射到第二幅图像中后仍为直线，并保持平行关系。仿射变换可分解为旋转、非各向同性缩放、剪切和平移等变换，因此可写为

$$\begin{bmatrix} x' \\ y' \\ 1 \end{bmatrix} = \begin{bmatrix} S_x & 0 & 0 \\ 0 & S_y & 0 \\ 0 & 0 & 1 \end{bmatrix} \begin{bmatrix} \cos\varphi & -\sin\varphi & 0 \\ \sin\varphi & \cos\varphi & 0 \\ 0 & 0 & 1 \end{bmatrix} \begin{bmatrix} 1 & H_y & 0 \\ H_x & 1 & 0 \\ 0 & 0 & 1 \end{bmatrix} \begin{bmatrix} 1 & 0 & T_x \\ 0 & 1 & T_y \\ 0 & 0 & 1 \end{bmatrix} \times \begin{bmatrix} x \\ y \\ 1 \end{bmatrix}$$

即

$$\begin{bmatrix} x' \\ y' \\ 1 \end{bmatrix} = \begin{bmatrix} m_1 & m_2 & m_3 \\ m_4 & m_5 & m_6 \\ 0 & 0 & 1 \end{bmatrix} \times \begin{bmatrix} x \\ y \\ 1 \end{bmatrix} \tag{7-6}$$

或

$$\begin{bmatrix} x' \\ y' \end{bmatrix} = \begin{bmatrix} a_{11} & a_{12} \\ a_{21} & a_{22} \end{bmatrix} \begin{bmatrix} x \\ y \end{bmatrix} + \begin{bmatrix} t_x \\ t_y \end{bmatrix} \tag{7-7}$$

可以看出，一个平面上的仿射变换有 6 个自由度，可根据 3 组控制点的对应性来计算。

(4)投影变换。投影变换的特点是，第一幅图像上的直线映射到第二幅图像中后仍为直线，但平行关系基本不保持。变换公式为

$$\begin{bmatrix} x' \\ y' \\ 1 \end{bmatrix} = \begin{bmatrix} a_1 & a_2 & a_3 \\ b_1 & b_2 & b_3 \\ c_1 & c_2 & 1 \end{bmatrix} \times \begin{bmatrix} x \\ y \\ 1 \end{bmatrix} \tag{7-8}$$

或

$$\left.\begin{aligned} x' &= \frac{a_1 x + a_2 y + a_3}{c_1 x + c_2 y + 1} \\ y' &= \frac{b_1 x + b_2 y + b_3}{c_1 x + c_2 y + 1} \end{aligned}\right\} \tag{7-9}$$

一个平面上的投影变换有8个自由度，可根据4组控制点的对应性来计算。

图7-2给出了各种图像线性变换的模型。

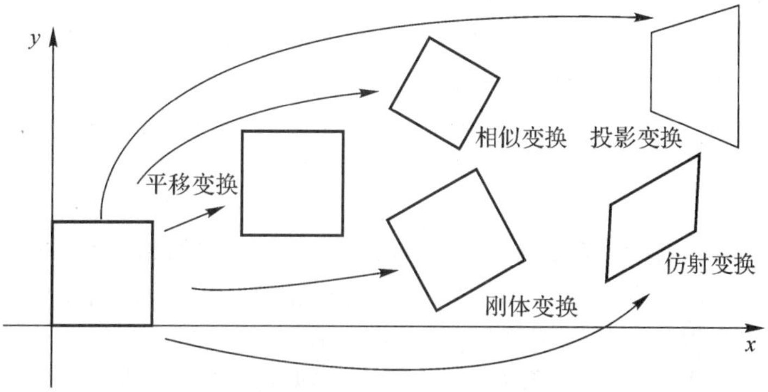

图7-2　图像线性变换模型图

(5)非线性变换。非线性变换可把直线变换为曲线。变换公式为

$$(x', y') = F(x, y) \tag{7-10}$$

其中 F 表示把第一幅图像映射到第二幅图像上的任意一种函数形式。典型的非线性变换为高阶多项式变换：

$$\left.\begin{aligned} x' &= a_0 + (a_1 x + a_2 y) + (a_3 x^2 + a_4 xy + a_5 y^2) + \cdots \\ y' &= b_0 + (b_1 x + b_2 y) + (b_3 x^2 + b_4 xy + b_5 y^2) + \cdots \end{aligned}\right\} \tag{7-11}$$

图7-3给出了上述几种图像变换的示例。

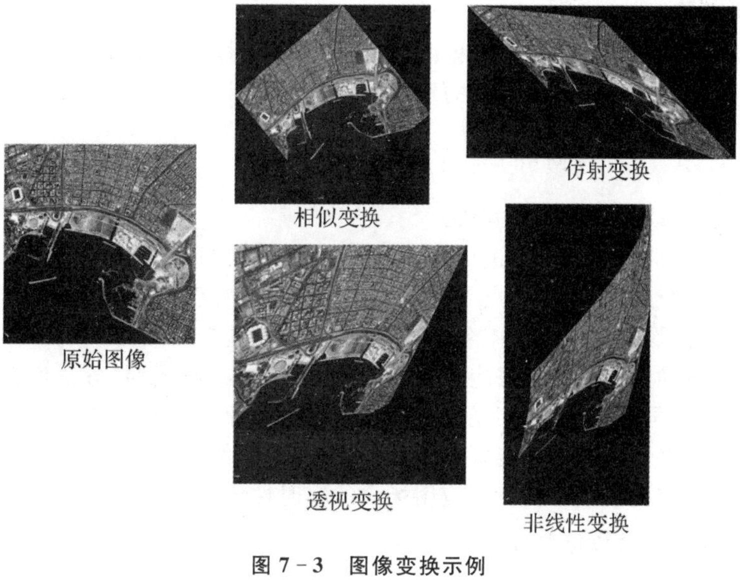

图7-3　图像变换示例

2.图像配准的要素

图像配准的主要过程为:首先从待配准图像和参考图像中提取一个或多个特征构成特征空间,然后确定某种相似性度量准则来比较待配准图像和参考图像的特征,之后对特征进行搜索匹配,使用最终得到的变换模型参数对待配准图像进行校正,实现与参考图像的匹配。因此,整个配准过程包括四个要素:特征空间、相似性度量、搜索空间、搜索策略。各种图像配准算法都是这四个要素的不同选择的组合。

(1)特征空间。图像配准的第一步就是确定用什么进行匹配,即确定用于匹配的特征。用于匹配的特征可以直接使用像元灰度,如灰度互相关算法。用于匹配的特征还可以是边缘、轮廓、角点、线的交叉点等突出特征;也可以是统计特征,如不变矩特征、重心;还可以是一些高级特征和语义描述等,如拓扑结构、空间关系特征、基于奇异值分解或主成分分析的特征等。通常选择对各种图像差异或畸变具有不变性的特征,此外,所选择的特征还要能减少搜索空间,便于降低计算成本。

(2)相似性度量。相似性度量用于衡量匹配图像特征之间的相似性。对于灰度相关算法,一般采用相关作为相似性度量,如互相关、相关系数、相位相关等;而对于特征匹配算法,一般采用各种距离函数作为特征的相似性度量,如欧氏距离、街区距离、Hausdorff 距离等。相似性度量同特征空间一样,决定了图像的什么因素参与匹配,什么因素不参与,从而可以减弱未校正畸变对匹配性能的影响。

(3)搜索空间。图像配准问题是一个参数的最优估计问题,待估计参数组成的空间即搜索空间。成像畸变的类型和强度决定了搜索空间的组成和范围。每种匹配算法的图像变换模型决定搜索空间的特性,变换模型包括几何畸变和图像差异的所有假设。例如,当匹配必须对图像做平移操作时,搜索范围就是在一定距离范围内所有的平移操作。

(4)搜索策略。在大多数情况下,搜索空间是所有可能变换的集合,搜索策略就是如何在搜索空间上进行搜索。搜索策略包括分层搜索、多精度技术、松弛技术、Hough 变换、树和图匹配、动态规划和启发式搜索等,这些搜索策略各有优点和不足。搜索策略的选择是由搜索范围以及寻找最优解的难度所决定的。

3.图像配准算法的性能评价

图像配准算法性能通常由准确性、鲁棒性、高效性等指标进行评价。

(1)准确性。配准误差用同名点对的均方根距离衡量,计算公式如下:

$$\mathrm{RMSE}=\sqrt{\frac{1}{N}\sum_{i=1}^{N}\| P_i - T(P'_i)\|^2} \tag{7-12}$$

配准误差一般有以下两种计算方法:

1)用最终参与配准的控制点对进行计算,这种方法比较简单,但不够准确;

2)用配准后控制点之外的同名点对进行计算,考察同名点在两幅图像中的位置差异,这种方法需要在配准后图像上重新选取同名点,得出的配准误差更加准确。

(2)鲁棒性。自动图像配准算法应对各种图像变换和视角、光照、分辨率以及图像内容等变化因素保持一定的可靠性,能够实现差异较大的两幅图像之间的配准。

(3)高效性。在保证前两个性能要求的前提下,自动图像配准算法还应该具有尽可能快的速度,以满足大幅图像配准或某些特殊应用场合的实时性要求。

4.基于特征描述子的图像配准

基于灰度的图像配准算法直接完全地利用了所有的灰度信息,但对光照变化过于敏感。

基于特征的图像配准算法对光照条件变化呈现很好的鲁棒性，具有更高的可靠性，尤其适合不同传感器图像和成像条件变化较大情况下的图像配准。常用的特征包括点特征（如角点、高曲率点等）、线特征（如直线段、边缘等）、区域特征（如轮廓、闭合区域等）。点特征可以直接用于图像配准，线特征和区域特征需要经过某种变换或处理得到可以用于匹配的关键点。

基于特征描述子的图像配准算法首先检测图像的关键点，并对其建立具有尺度不变性和旋转不变性的特征描述子，然后对两幅图像进行关键点的匹配，最后利用匹配的关键点计算相应的空间变换模型。其步骤如图 7－4 所示，无论采用何种关键点，都需要经过关键点提取、关键点描述和关键点匹配三个主要步骤，最终匹配的关键点即可作为图像配准所需的控制点。

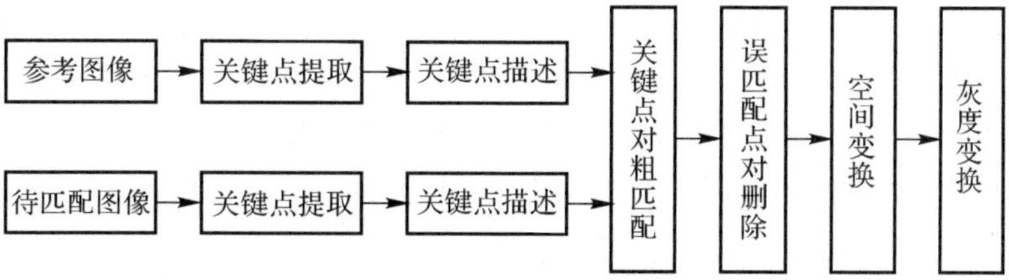

图 7－4　图像配准的一般过程

SIFT（Scale Invariant Feature Transform）特征是一种代表性的关键点特征，由 David G. Lowe 于 2004 年提出，这种特征对图像的尺度变化和旋转变化具有不变性，而且对光照变化和图像变化具有较强的适应性。这种关键点可以是灰度变化的局部极值点，含有显著的结构性信息，也可以没有实际的直观视觉意义，但却在某种角度、某个尺度上含有丰富的易于匹配的信息。

（1）SIFT 特征点的检测。SIFT 关键点检测是在图像的多尺度空间完成的。图像 $I(x,y)$ 在不同尺度下的尺度空间表示可由图像与高斯核卷积得到：

$$L(x,y,\sigma)=G(x,y,\sigma)\otimes I(x,y) \tag{7-13}$$

符号$\otimes$代表卷积运算，$G(x,y,\sigma)$代表二维高斯函数

$$G(x,y,\sigma)=\frac{1}{2\pi\sigma^2}\exp\left(\frac{-(x^2+y^2)}{2\sigma^2}\right) \tag{7-14}$$

式中：σ^2 代表高斯函数的方差，称为尺度空间因子，其值越小则表征该图像被平滑得越少，相应的尺度也就越小。大尺度对应于图像的概貌特征，小尺度对应于图像的细节特征。

在高斯尺度空间的基础上，可以定义 DoG（Difference-of-Gaussian）尺度空间，即两个不同尺度的高斯核的差分：

$$\begin{aligned}D(x,y,\sigma)&=(G(x,y,k\sigma)-G(x,y,\sigma))*I(x,y)\\&=L(x,y,k\sigma)-L(x,y,\sigma)\end{aligned} \tag{7-15}$$

Mikolajczyk 等经试验对比发现，归一化的高斯拉普拉斯（Laplacian of Gaussian，LoG）的极值的稳定性比其他图像函数（例如梯度、Hessian 矩阵或者 Harris 角点）都要好。归一化的 LoG 算子为

$$\mathrm{LoG}=\sigma^2(G_{xx}(x,y,\sigma)+G_{yy}(x,y,\sigma))=\sigma^2\Delta^2 G \tag{7-16}$$

Lowe 证明得到：

$$\mathrm{DoG}=G(x,y,k\sigma)-G(x,y,\sigma)\approx(k-1)\sigma^2\ \nabla^2 G \tag{7-17}$$

可以看出，归一化的 LoG 算子与 DoG 算子仅有一个系数上的差别，在所有尺度上 $k-1$

是个常数系数，不会影响函数极值的位置，所以 DoG 核是 LoG 核的理想逼近，可以用 DoG 来代替归一化的 LoG 算子。

图 7-5 给出了 $D(x,y,\sigma)$的构建过程，左列是用高斯核去卷积图像产生采样尺度为 k 倍的尺度空间函数。将每个倍频程(Octave)的尺度空间分成 s 个间隔，则 $k=2^{1/s}$，譬如倍频程$[\sigma,2\sigma]$则被分割成$[\sigma,k\sigma,k^2\sigma,\cdots,k^{s-1}\sigma,2\sigma]$，每个倍频程必须产生 $s+3$ 个卷积图像才能保证最后的极值检测能够覆盖整个倍频程的 s 个间隔。在一个倍频程处理完后，下一个倍频程的第一幅图像由上一个倍频程的倒数第二幅图像经采样得到，其他操作和上一个倍频程相同。

在产生了卷积图像后，就可以利用卷积图像按照式(7-15)求解高斯差分函数，如图 7-5 右列所示，每个倍频程产生 $s+2$ 个 DoG 图像。得到 DoG 图像序列以后，通过检测 DoG 图像序列的局部极大值或者极小值来确定 SIFT 特征点的位置。每个点都和它周围的 8 个相邻点以及上下相邻尺度的 DoG 图像的分别 9 个邻域点相比较，如图 7-6 所示。如果该点比它的 26 个邻域点的值都大或者都小，那么该点就选做 SIFT 特征的候选点。

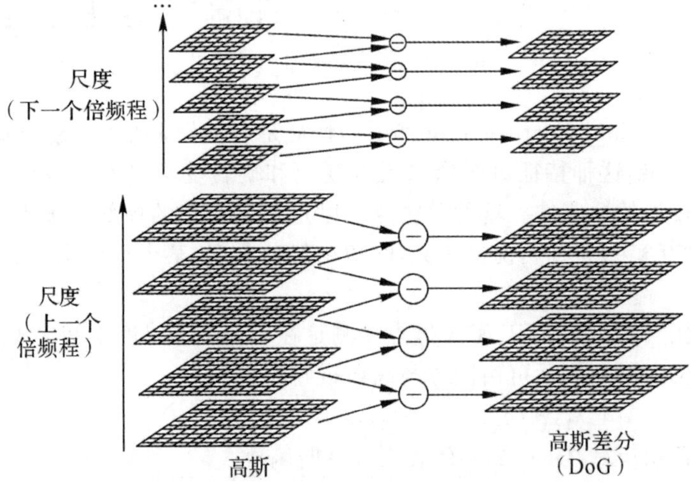

图 7-5　高斯差分图像的构建

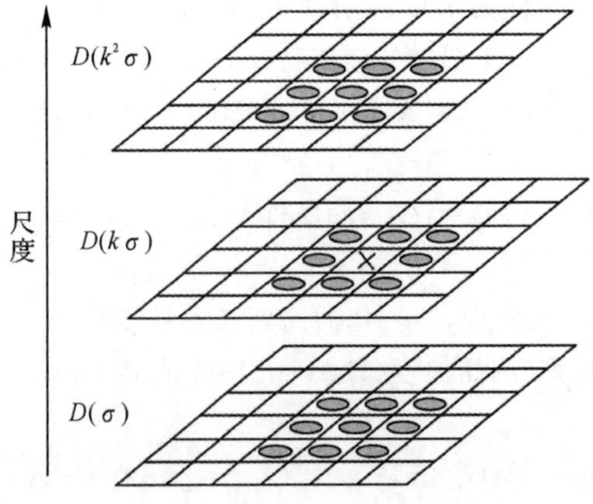

图 7-6　DoG 图像的极值点检测

在一个特征候选点被确定后，下一步就需要对该点周围数据进行拟合来求得精确的位置、尺度和曲率比。邻域对比度较低(易于受到噪声干扰)或者在边缘上(定位不准确)的候选点将被抛弃。SIFT 算法通过拟合三维二次函数的方法来精确定位极值点的位置和尺度,以增强匹配稳定性、提高抗噪声能力。

最后,利用关键点邻域像素的梯度方向分布特性为每个关键点指定方向参数,使算子具备旋转不变性。梯度方向直方图由关键点邻域内采样点的梯度方向组成,直方图共有 10 个柱,覆盖360°的方向范围。每个采样点梯度幅值都乘以一个以关键点为中心的高斯权重,然后添加到对应的方向柱里面。直方图的波峰代表该关键点局部邻域梯度的主方向,该主方向就作为关键点的主方向。若梯度直方图中还存在一个超过主波峰 80%的次波峰,则将该方向作为关键点的另外一个主方向。一个关键点可能有多个主方向,从而产生多个特征描述矢量。另外,通过抛物线拟合可以插值确定波峰的精确位置。

至此,图像的 SIFT 关键点已检测完毕,每个关键点包含三个信息:位置、尺度和主方向。

(2)SIFT 特征点的描述。SIFT 关键点被检测定位以后,需要对其进行特征描述。首先将坐标轴旋转为关键点的方向,以确保旋转不变性,然后以关键点为中心,选取 8×8 的窗口。如图 7-7 所示,图的中心为当前关键点的位置,每个小格代表关键点邻域所在尺度空间的一个像素,箭头方向代表该像素的梯度方向,箭头长度代表梯度模值,圆圈代表高斯加权的范围(越靠近关键点的像素梯度方向信息贡献越大)。然后在每 4×4 的小块上计算 8 个方向的梯度方向直方图,绘制每个梯度方向的累加值,即可形成一个种子点,如图右部分所示。此图中一个关键点由 2×2 共 4 个种子点组成,每个种子点有 8 个方向向量信息。这种邻域方向性信息联合的思想增强了算法抗噪声的能力,同时对于含有定位误差的特征匹配也提供了较好的容错性。

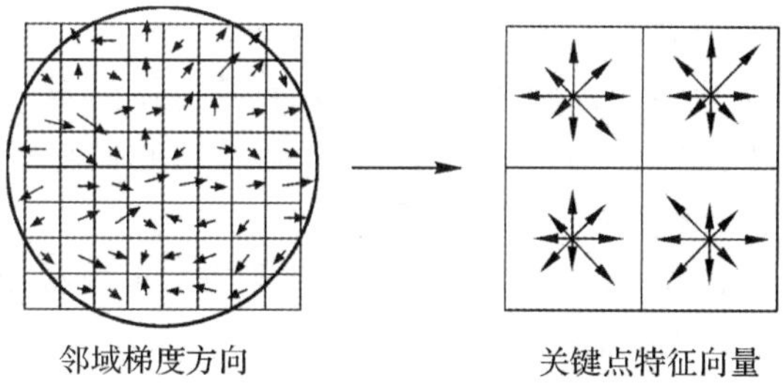

图 7-7　关键点邻域梯度信息生成特征向量

实际计算过程中,为了增强匹配的稳健性,Lowe 建议对每个关键点选取 16×16 的窗口,使用 4×4 共 16 个种子点来描述,这样对于一个关键点就可以产生 128 个数据,最终形成 128 维的 SIFT 特征向量。此时 SIFT 特征向量已经去除了尺度变化、旋转等几何变形因素的影响,将特征向量归一化为单位向量,以进一步去除光照变化的影响。

(3)SIFT 特征点的匹配。两幅图像分别提取了 SIFT 特征以后,需要对这些特征进行匹配从而确定两幅图像间特征的对应关系。SIFT 特征匹配中较常使用的方法为基于距离的粗匹配和基于 RANSAC 的精匹配。

1)基于距离的粗匹配。查找一个特征点在另一幅图像的特征点集合中对应的特征点,一般就是在特征点集合中搜索与该特征点距离最近的特征点，即搜索最近邻特征点。特征矢量之间距离的度量一般用欧氏距离，欧氏距离最小的特征就是最近邻。使用最近邻的方法来进行特征匹配，需要设置一个全局阈值，距离小于这个阈值的就认为是正确的匹配对，距离大于这个阈值的就认为是错误的匹配对。由于不同特征间的鉴别性不同，使用全局阈值的方法效果往往不好。

Lowe 提出利用最近邻和次近邻比值作为判断的度量标准。该方法认为正确的匹配对的距离要比错误的匹配的距离要小很多，如果某点与其最近邻是正确的匹配对，那么最近邻与次近邻之比较小；反之，如果最近邻和次近邻都是错误的匹配点，那么该点与最近邻和次近邻的距离都差不多，则最近邻与次近邻之比就比较大一些。通常最近邻和次近邻之比的阈值为 0.8。降低这个比例阈值，SIFT 关键点的匹配数目会减少，但更加稳定。由于正确的匹配应该比错误的匹配有着明显的最短的最近距离，最近距离法可以将 SIFT 特征点匹配的搜索空间大大减小。

2）基于 RANSAC 的精匹配。采用最近距离法对 SIFT 关键点进行粗匹配以后，图像中粗匹配关键点的数目大大减少，但仍然有大量的误匹配点对存在。SIFT 特征匹配的目的是要从大量的粗匹配点对中找出少量真正匹配的、具有较高匹配精度的关键点对，作为估计图像配准模型所需的控制点对。

RANSAC 是一种稳健的参数估计方法，该方法通过反复随机提取最小点集估计变换函数中参数的初值，利用这些初始值把所有的数据分为所谓的内点（Inliers，即满足估计参数的点）和外点（Outliers，即不满足估计参数的点），最后用得到的内点重新计算和估计函数的参数。RANSAC 算法介绍如下：

给定 N 个数据点组成的数据集合 P，模型参数至少需要 m 个数据点求出（$m<N$）。将下述过程运行最小抽样数 M 次：

步骤一：从 P 中随机选取含有 m 个数据点的子集 S_1；

步骤二：由所选取的 m 个数据点利用最小二乘法计算出模型 H；

步骤三：对数据集合中其余的（$N-m$）个数据点，计算出它们与模型 H 之间的距离，记录满足某个误差允许范围的数据点的个数 c。

在重复上述步骤 M 次之后，对应最大 c 值的模型即为所求模型，数据集合 P 中的这 c 个数据即为内点，其余的 $N-c$ 个数据点即为外点。

采用 RANSAC 方法对粗匹配所得的 SIFT 关键点对估计匹配点对满足的几何约束模型，进一步提取出稳定可靠的控制点对，用于估计最终的变换模型参数。

7.3 像素级变化检测

像素级变化检测方法直接在原始图像上进行检测，是一种最低层次的变化检测。如图 7-8所示，该类方法对已经过辐射校正和图像配准的不同时相的遥感图像在像素级上进行分析和比较，判断在每个像素上是否有变化发生及所发生变化的类型。作为最经典的和应用最广泛的变化检测方法，该类方法在中低分辨率的遥感图像数据条件下已有大量的成功应用案例，例如土地利用率或覆盖率的动态监测、森林火灾评估、资源环境监测和洪水灾害评估等。部分遥感图像处理软件（如 ER Mapper、ENVI、ERDAS Imagine 等）中都包含了像素级变化检测的基础模块。

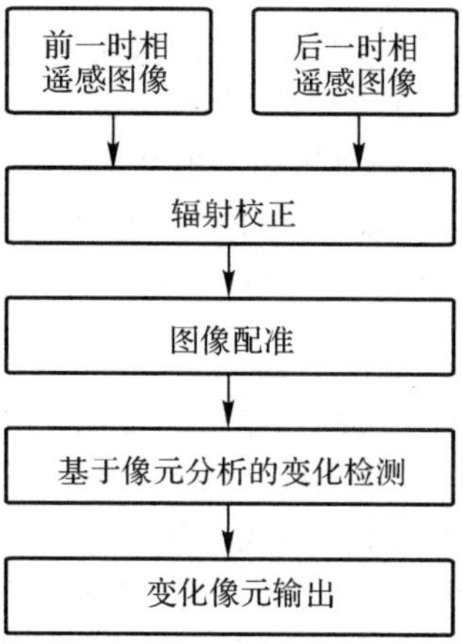

图 7－8　像素级变化检测

7.3.1　差异图像生成

在像素级变化检测算法中，主要采用直接对多时相影像进行代数运算的方法获得差异图像，主要包括图像差值法、图像比值法和变化向量法等。

1. 图像差值法

图像差值法通过计算多时相已配准图像相应像素的差值，从而产生一个差值图像。设 $I_{ij}^{k}(t_1)$ 和 $I_{ij}^{k}(t_2)$ 分别为对同一区域进行前后时相观测所得影像在第 k 个波段第 i 行第 j 列的灰度值，则差值图像生成如下：

$$D_{ij}^{k}=\left|I_{ij}^{k}(t_2)-I_{ij}^{k}(t_1)\right| \tag{7-18}$$

如果两幅图像具有相同的辐射特性(已经过辐射校正)，相减后取绝对值的结果是在有变化的区域不为 0，而在没有变化的区域为 0。差值图像表征了场景在两个时相内所发生的变化。有显著幅值变化的像素一般分布在差值图像统计直方图的尾端，而其他像素集中于均值附近。通过设置相应的阈值对差值图像进行分割，即可对变化像素进行定位。

2. 图像比值法

图像比值法需要计算多时相已配准图像相应像素的比值。设 $I_{ij}^{k}(t_1)$ 和 $I_{ij}^{k}(t_2)$ 分别为对同一区域进行前后时相观测所得影像在第 k 个波段第 i 行第 j 列的灰度值，则比值图像生成如下：

$$R_{ij}^{k}=I_{ij}^{k}(t_2)/I_{ij}^{k}(t_1),\ I_{ij}^{k}(t_1)\neq 0 \tag{7-19}$$

如果没有发生变化，相应波段中的相应像素的期望比值接近于 1。如果某些像素位置发生了变化，这个比值将会显著地大于或小于 1。在变化信息的提取上，一般采取双阈值进行分割。定义两个分割阈值 $T_1\in[0,1.0)$ 和 $T_2\in(1.0,255]$，变化部分为灰度值分布于 $[0,T_1)\cup[T_2,255)$ 区间对应的像素。

由于比值图像灰度值动态范围较广，对后续阈值选取造成一定程度上的影响，学者们提出了对数比值法进行差异影像的提取，通过对传统比值法求对数，从而实现了差异影像动态范围的压缩。对数比值法的表达式为

$$R_{ij}^{k}=\log\left(\frac{I_{ij}^{k}(t_2)}{I_{ij}^{k}(t_1)}\right) \tag{7-20}$$

由于 SAR 影像固有乘性噪声的特性，比值法相对于差值法，在一定程度上能够降低影像中相干斑噪声的影响，因此图像比值法更适用于 SAR 图像变化检测。对于 SAR 图像，当 $I_{ij}^{k}(t_2)\gg I_{ij}^{k}(t_1)$ 时，比值 $R\to\infty$，表示相对于前一时相，后一时相目标地物后向散射系数增加，在后一时相影像中表现为“增加”的现象。当 $I_{ij}^{k}(t_2)\ll I_{ij}^{k}(t_1)$ 时，比值 $R\to 0$，表示相对于前一时相，后一时相目标地物后向散射系数减小，在后一时相影像中表现为“消失”的现象。

3. 变化向量法

变化向量法特指对多时相多光谱遥感图像进行变化检测。多光谱遥感图像数据可以用一个具有与图像光谱分量相同维数的向量空间来表达，像素可以表示为此向量空间中的一个点，向量空间的坐标与相应光谱分量的亮度值有关。因此，与每个像素有关的那些数据值在多维空间中定义了一个向量。如果一个像素在两个不同时相间发生了变化，向量描述的变化可以用前一时相的向量与后一时相的向量的差来定义，这个差向量就称为光谱变化向量，如图7－9所示。

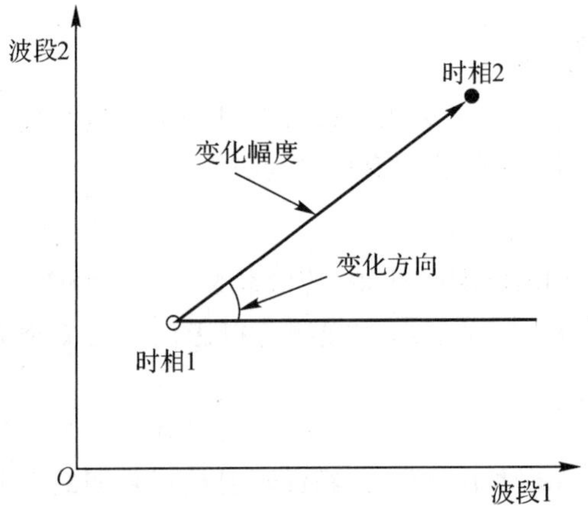

图 7－9　变化向量

假设不同时相的多光谱图像在同一像素位置的向量分别为 $\boldsymbol{X}=[x_1,x_2,\cdots,x_n]^{\mathrm{T}}$ 和 $\boldsymbol{Y}=[y_1,y_2,\cdots,y_n]^{\mathrm{T}}$，则变化向量表示如下：

$$\boldsymbol{CV}=\boldsymbol{X}-\boldsymbol{Y}=\begin{bmatrix}x_1-y_1\\x_2-y_2\\\vdots\\x_n-y_n\end{bmatrix} \tag{7-21}$$

$\boldsymbol{CV}$ 代表两个时相相同区域的变化向量。变化向量的幅度代表变化的强度，反映了前后时相影像的差异，如果超过了某个特定的阈值，就认为发生了变化。变化向量的方向则包含了变化类型信息。

7.3.2　差异图像分割

采用上述算法形成的差异图像对背景进行了抑制，对变化区域进行了增强，接下来需要对差异图像进行分割处理，将差异图像中的像元区分为“变化像元”与“非变化像元”两大类。阈值分割是常用的分割方法，它以差异图像的灰度直方图为基础，通过设定阈值，对不同灰度值的像元进行分类。因此，鲁棒可靠的差异图像阈值自动选取方法对于提高像素级变化检测性能有着重要的作用。数学期望最大(Expectation Maximization，EM)算法是像素级变化检测中较常使用的阈值确定方法。

EM 算法是对不完全数据问题进行最大似然估计的一种常用算法，它不需要任何外来数据和先验知识，即不需要地面的实况数据，从观测数据本身就可以获得参数的估计值。所谓不完全数据一般指两种情况：一是由于观测过程本身的限制或者错误，造成观测数据成为有错漏的不完全数据；二是参数的似然函数直接优化十分困难，而引入额外的参数(隐含的或丢失的)后就比较容易优化。在模式识别相关领域，后一种情况更为常见。

EM 算法由求期望值和期望最大化两个步骤组成，前者根据待估计参数的当前值，从观测数据中直接估计概率密度的期望值，后者通过最大化这一期望来更新参数的估计量，这两步在整个迭代过程中依次交替进行，直至迭代过程收敛。具体如下：

设 ω_u 和 ω_c 分别表示差异图像 X_D 中的未变化和变化类，它们各自分布的先验概率分别为$P(\omega_u)$和 $P(\omega_c)$，灰度值 x 在 ω_u 和 ω_c 中的条件概率分别为 $P(x/\omega_u)$和 $P(x/\omega_c)$。X_D 的直方图 $H(X)$近似认为是 x 概率分布函数 $P(x)$的估计，则有

$$P(x)=P(x/\omega_u)P(\omega_u)+P(x/\omega_c)P(\omega_c) \tag{7-22}$$

利用贝叶斯公式有

$$P(\omega_k/x)=[P(x/\omega_k)P(\omega_k)]/P(x),k=(u,c) \tag{7-23}$$

式(7-23)称为 x 的后验概率。贝叶斯公式的实质是通过观测值 x，把状态的先验概率 $P(\omega_i)$转化为状态的后验概率 $P(\omega_i/x)$。这样，基于最小错误率的贝叶斯决策规则为：如果 $P(\omega_u/x)>P(\omega_c/x)$，就把 x 归类为没发生变化；如果 $P(\omega_u/x)<P(\omega_c/x)$，就认为 x 发生了变化。当阈值 T 满足式(7-24)时，就认为是最佳阈值：

$$P(\omega_u)P(T/\omega_u)=P(\omega_c)P(T/\omega_c) \tag{7-24}$$

假设差值图像 X_D 服从高斯分布，即 ω_u 和 ω_c 的概率密度函数 $P(x/\omega_u)$、$P(x/\omega_c)$服从高斯密度函数分布，其表达式如下：

$$P(x/\omega_k)=\frac{1}{\sqrt{2\pi\sigma_k^2}}\exp\left[-\frac{(x-\mu_k)^2}{2\sigma_k^2}\right],\quad k\in\{u,c\} \tag{7-25}$$

其中：μ_u、μ_c、σ_u^2 和 σ_c^2 分别表示未变化的像元类 ω_u 和变化的像元类 ω_c 的均值和方差，则有四个未知参数需要从差值影像 X_D 中得到估计。采用 EM 算法来估计统计分布参数的计算公式如下：

$$P^{t+1}(\omega_k)=\frac{\sum\limits_{X(i,j)\in X_D}\frac{P^t(\omega_k)P^t(X(i,j)\mid\omega_k)}{P^t(X(i,j))}}{I\times J} \tag{7-26}$$

$$\mu^{t+1}(\omega_k)=\frac{\sum\limits_{X(i,j)\in X_D}\frac{P^t(\omega_k)P^t(X(i,j)\mid\omega_k)}{P^t(X(i,j))}X(i,j)}{\sum\limits_{X(i,j)\in X_D}\frac{P^t(\omega_k)P^t(X(i,j)\mid\omega_k)}{P^t(X(i,j))}} \tag{7-27}$$

$$(\sigma^2)^{t+1}(\omega_k)=\frac{\sum\limits_{X(i,j)\in X_D}\frac{P^t(\omega_k)P^t(X(i,j)\mid\omega_k)}{P^t(X(i,j))}\left[X(i,j)-\mu_k^t\right]^2}{\sum\limits_{X(i,j)\in X_D}\frac{P^t(\omega_k)P^t(X(i,j)\mid\omega_k)}{P^t(X(i,j))}} \tag{7-28}$$

以上三式分别用来估计先验概率、均值和方差。其中 $k=u,c$，上标 t 和 $t+1$ 分别表示当前和下一次迭代所用的参数值，I 和 J 分别表示差值影像 X_D 的行数和列数，$X(i,j)$ 表示 X_D 中第 i 行 j 列的像元值。通过对统计项由初始值开始迭代直到收敛为止得到估计值，每次迭代中待估函数的对数似然函数都有一个增量 $L(\theta)=\ln P(X_D/\theta)$，其中 θ 为待估计的参数集合，即 $\theta=\{P(\omega_u),P(\omega_c),\mu_u,\mu_c,\sigma_u^2,\sigma_c^2\}$。

EM 算法的一个关键问题是如何确定初始值，它们可以通过差值图像 X_D 来确定。假设发生变化的类在直方图 $H(X)$ 的右边，没发生变化的在直方图的左边。在直方图上选取左右各一个阈值 T_u 和 T_c，如图 7-10 所示，计算公式如下：

$$\left.\begin{aligned}T_u&=(1-\alpha)M_d\\T_c&=(1+\alpha)M_d\\M_d&=[\max(X_D)-\min(X_D)]/2\end{aligned}\right\}\tag{7-29}$$

其中 $\alpha\in(0,1)$ 为权因子。两个像元子集 $S_u=\{X(i,j)\mid X(i,j)<T_u\}$ 和 $S_c=\{X(i,j)\mid X(i,j)>T_c\}$ 分别作为未变化和变化两类像元的初始样本集，没有被这两个子集所包含的像元则被记为无标识样本，记为 $S=\{X(i,j)\mid T_u\leqslant X(i,j)\leqslant T_c\}$。然后分别在这两个子集上计算先验概率、均值和方差的初始值：

$$\left.\begin{aligned}P(\omega_k)&=\frac{\|S_k\|}{I\times J}\\\mu_k&=\frac{\sum\limits_{X(i,j)\in S_k}X(i,j)}{\|S_k\|}\\\sigma_k^2&=\frac{\sum\limits_{X(i,j)\in S_k}[X(i,j)-\mu_k]^2}{\|S_k\|}\end{aligned}\right\}\tag{7-30}$$

其中 $k=u,c$。通过式(7-24)解关于阈值 T 的方程，就可以获得最佳阈值 T。把式(7-25)代入式(7-24)，并简化可得：

$$(\sigma_u^2-\sigma_c^2)T^2+2(\mu_u\sigma_c^2-\mu_c\sigma_u^2)T+\mu_c^2\sigma_u^2-\mu_u^2\sigma_c^2+2\sigma_u^2\sigma_c^2\ln\left[\frac{\sigma_cP(\omega_u)}{\sigma_uP(\omega_c)}\right]=0\tag{7-31}$$

阈值 T 一旦确定，就可以根据下面的准则来获得变化图：如果 $X_D\leqslant T$，则 $X_D\in\omega_u$，否则 $X_D\in\omega_c$。

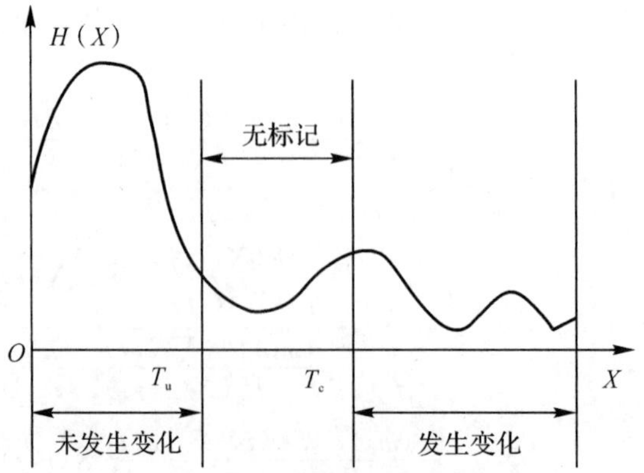

图 7-10　单阈值初始值确定示意图

7.3.3　特点分析

像素级变化检测方法主要存在以下局限：

(1)缺乏可靠的差异图像门限自动选取方法，因此难以准确提取变化区域与像元；

(2)辐射校正和图像配准是像素级变化检测算法中必不可少的预处理模块，其处理精度对变化检测的性能有着严重的影响；

(3)变化检测结果过于破碎，难以对其进行解释和描述，其中通常包括许多不感兴趣的变化类型和变化信息。

但是，因为像素级变化检测方法具有简单直观，易于理解的特点，依然是人们经常使用的方法，但该类方法的研究热点目前主要集中在差异图像门限的自动选取和如何消除配准误差对检测性能的影响上。

随着遥感数据获取技术的提高，变化检测的对象逐渐由中低分辨率遥感图像向大幅高分辨率遥感图像转变，在新的数据条件下进行像素级变化检测是一个富有挑战性的问题。像素级变化检测算法不能应对高分辨率图像中地物内部的异质性、纹理丰富和细节太多等问题，并且高分辨率图像视角范围变化大，复杂光照条件造成同一人工地表反射多变、像点位移显著、景物遮挡严重和阴影随时相变化而变化等现象，因此像素级变化检测方法的局限在这种情况下尤其突出，该类方法的检测性能受差异图像门限选取、配准误差和辐射差异的影响将更为严重。

7.4　特征级变化检测

特征级变化检测对从不同时相的原始图像中提取出的特征信息进行分析和检测，以确定不同时相间地物的变化，是一种中间层次的变化检测。如图 7-11 所示，该类方法首先借助于模式识别、数字图像处理和计算机视觉等领域的方法和技术，从多时相遥感图像中分别提取出特征，再对同一位置上不同时相的特征进行对比分析，确定是否发生变化以及变化的类型。所提取的特征信息通常是指几何特征和光谱统计特征，因此该类方法主要用于具有特殊几何特征和光谱统计特征的地物的变化检测。

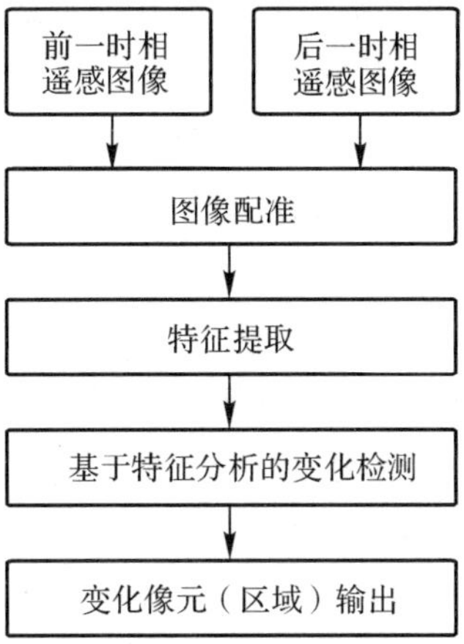

图 7-11　特征级变化检测

7.4.1 基于特征图像的变化检测

该类方法首先对多时相遥感影像进行特征提取，将原始图像转换为特征图像，然后对特征图像进行差值处理。目前该类方法采用的特征主要包括纹理特征和光谱特征等。

纹理表现为所观察到的图像子区域的灰度变化规律，而地物目标的纹理特征可反映出地物目标内在的纹理结构。地物目标的出现或消失，或者局部变化会引起所在区域纹理的显著变化，因此可用于对地物目标进行变化检测。

光谱特征主要针对多波段图像的变化检测而言。例如，首先对两个时相影像分别计算归一化植被指数(NDVI)，然后对两个时相的 NDVI 影像进行相减以确定变化区域。此外，缨帽变换所得的特征(如亮度、绿度和湿度等)也可用于检测特定地物的变化。

该类方法存在的主要局限是，由于最终要采用差值方法进行处理，因此仍然不能克服像素级变化检测方法的局限性。

7.4.2 基于结构特征的变化检测

该类方法主要针对具有特殊结构特征的地物目标，通过分析目标在不同时相图像中的结构变化实现其变化信息的检测。在高分辨率遥感图像中，几何结构是表征人造目标的主要特征，几何结构特征的变化是人造目标变化的主要表现形式，因此该类方法在高分辨率图像上具有较明显的优势，采用的结构特征主要是以边缘为基础而构造的。

因此，该类算法主要通过检测边缘的变化来检测图像内容的变化。在检测变化边缘时，一类方法是首先通过比较梯度幅值和方向提取变化边缘点，然后通过对变化边缘点进行编组、拟合得到变化直线段；另一类方法是分别对两时相影像直接提取边缘，然后进行边缘匹配，将不能匹配的边缘作为变化边缘输出。上述算法的共同点是，变化检测性能会不可避免地受到图像配准精度、边缘提取精度以及边缘匹配精度的严重影响，并且由于结构噪声变化、视角变化和阴影变化也会导致虚假变化边缘，必须对其进行排除，以得到真正感兴趣的变化边缘。

随着新一代遥感平台(高分辨率、高光谱、合成孔径雷达等)的出现和发展，特征级变化检测得到了日益广泛的应用，具体应用时，需要根据所研究和检测的具体目标的性质，从多时相遥感影像中提取对配准误差和辐射差异鲁棒的特征，结合模式识别、神经网络、人工智能与计算机视觉等领域的方法技术，实现对多时相遥感影像的变化检测。

7.4.3 基于机器学习的变化检测

从模式识别的角度看，可以把变化检测理解为一个两类分类问题，从待检测的地物目标特性出发，从两个不同时相的图像中提取构造差值意义上的分类特征，设计分类器，把图像中的像元分为变化和非变化两类，并生成分类结果图。

基于机器学习的变化检测流程如下。

1. 特征提取

由于地物目标的变化可由目标所在局部区域的边缘变化和纹理变化进行可靠的描述，而区域内边缘和纹理的变化会直接导致基于梯度的特征发生变化，因此可以采用灰度特征、几何结构特征、梯度特征以及纹理特征等构建差值意义上的特征，作为模式分类所需的特征。由于不同特征具有不同的值域，在分类之前需要进行归一化处理，将各种特征的值域归一到同一区间。

2. 训练样本选择

在该类算法中，训练样本的选择是一个很关键的问题，训练样本需要包含场景中所有变化类型。一般采用以下方法进行选取变化区域和非变化区域，作为模式分类所需的两类训练样本：

(1)采用人机交互方式，在两时相影像上直接选取典型的变化区域和非变化区域；

(2)从采用简单变化检测方法得到的检测结果中选取典型的变化区域和非变化区域；

(3)从历史数据库包含相似场景和目标的多时相影像中，选取类别确定的变化区域和非变化区域。这种方式是最适用的。

训练样本可以是像素级，也可以是区域级。相应的，对训练样本提取的特征也是在这两种层级上提取得到。

3. 分类器训练

利用训练样本提取得到的差值意义上的特征，对分类器进行训练。

由于变化检测训练样本数量较少，因此可以采用支持向量机作为分类器。第 5.5.1 节已对支持向量机进行了详细介绍，支持向量机是在统计学习理论基础上发展起来的一种机器学习方法，是适用于小样本情况的一种强分类器，其核心思想是把学习样本非线性映射到高维核空间，在高维核空间创建具有低 *VC* 维的最优分类超平面。

随着深度学习理论的发展，已有学者将深度学习算法用于变化检测中，一旦解决深度学习所需的训练样本数目问题，基于模式分类的变化检测必将取得更大的突破。

4. 变化判决

在两时相影像图中，对训练样本之外的其他区域进行特征提取，构成测试样本集，用训练好的分类器进行模式分类，获得最终的变化检测结果。

7.5　目标级变化检测

目标级变化检测又称对象级变化检测，是在信息表示的最高层次上进行变化信息的检测与提取，是一种基于目标模型的最高层次的变化检测方法。如图 7-12 所示，该类方法对不同时相的遥感影像分别进行特征提取与目标识别，获得所观察目标的特征属性信息，然后通过目标的比较获得检测结果，从而直接为决策提供依据。目标级变化检测主要检测具有一定概念意义的对象的变化情况，是在图像理解和图像识别的基础上进行的变化检测。

高分辨影像结构信息和纹理信息非常丰富，目标级变化检测方法以目标作为处理单元，通过比较目标的灰度、纹理和结构等特征信息进行变化检测，对高分辨率遥感影像非常适用，比像素级变化检测方法具有更多的优势。

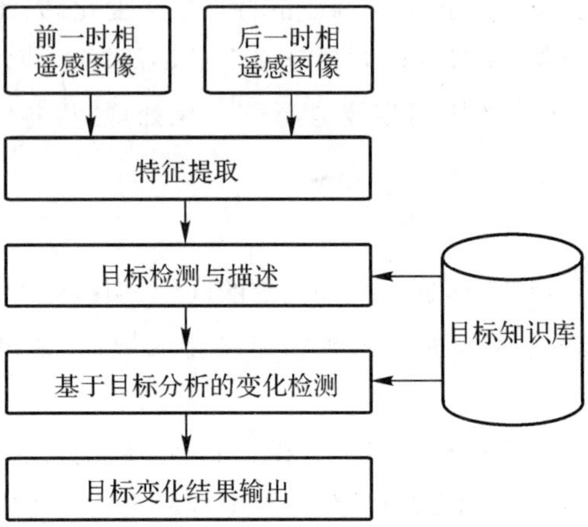

图 7-12　目标级变化检测

7.5.1　分类后比较变化检测

广义上讲，在资源环境监测中广泛使用的分类后比较方法应归属于目标级变化检测方法。分类后比较方法首先对每个图像独立进行分类，然后根据相应像素类别的差异来识别发生变化的区域或像素，分类方法可以采用基于像元的分类方法或面向对象的分类方法。这一思想与目标级变化检测方法首先提取目标，然后在目标的分割图上进行检测的思想是一致的。

该方法可以最小化地减少非地物变化因素的影响，能够提供变化的类别信息。不足之处在于需要进行分类处理，而分类的精度会直接影响变化检测的性能，单时相影像中的任何分类误差都会在最终的变化检测图中表现出来，并且分类误差会产生组合影响，由两个独立分类产生的变化图的精度近似于各自分类精度的乘积。因此，用于分类后比较变化检测方法的单时相影像分类结果应尽可能准确。

分类后比较法应用广泛且易于理解，对熟练的影像分析人员而言，它是生产变化检测产品的一种可行技术。该方法可以提取详细的“从地物 A 到地物 B”的变化信息，例如从非城区到城区的转变，从森林到农田的转变，以及一般土地的使用变化情况等。

7.5.2　基于目标检测的变化检测

该类基于目标检测的高层分析方法，在高分辨率遥感影像的数据条件下具有较广泛的应用前景，主要用于人造目标等具有一定概念意义的对象的变化检测，其检测性能受图像配准误差和辐射差异影响较小。该类方法的研究重点是目标检测与目标匹配算法，研究目标和可利用的数据源不同，则采用的具体方法不同。随着空间分辨率的不断提高，遥感图像所含的空间信息更加丰富，地物目标的几何结构也更加复杂多样，这使得原本具有“特征一致性”的简单区域变成“特征不一致”的复杂区域，因此，如何准确完整地提取高分辨率遥感图像中的典型目标、选取何种有效的目标匹配方式是此类方法亟待研究与解决的问题。

对于已经过严格几何配准的多时相遥感影像 I_1 和 I_2，从 I_1 中提取出人造目标 R 后，为了简单起见，图像 I_2 中与其对应的对象 R' 由与 R 中相同位置上的像素组成。在目标检测的基础上，可通过提取与匹配目标对象在两时相影像中的特征来进行目标变化信息提取。在进行人造目标变化检测时，一般采取以下几种常用特征：

(1)灰度特征。灰度信息是简单而重要的信息，目标在两个时相间的变化必然引起目标对应区域灰度信息的变化。变化检测中最常使用的灰度特征是均值和方差。

阴影也是和灰度相关的特征，高大建筑等目标高度和结构发生变化，会导致阴影发生变化，因此阴影可以用来分析目标在两个时相之间的变化。但是，值得注意的是，阴影的形成与成像条件有关，例如，SAR 图像中的阴影与微波入射方向有关，可见光图像中的阴影和太阳光照有关，不同的成像条件和成像时间可能导致多时相图像中同一目标对应的阴影的不同，这种虚假变化最后有可能被检测为变化，成为变化检测结果中虚警的一个大的来源。因此，在进行变化检测时，应尽量选取成像条件比较一致的数据源，或者在预处理阶段对多时相影像分别进行阴影检测与补偿。

(2)纹理特征。纹理特征可以反映图像中各个区域灰度的变化规律。目标在两个时相间的变化必然引起目标对应区域纹理信息的变化，比如平滑和粗糙程度发生变化。变化检测中经常使用的纹理特征包括 Gabor 纹理特征、灰度共生矩阵特征和分数维特征等。

(3)边缘能量特征。边缘可看作是图像形状信息和细节信息的重要组成部分，是遥感图像中人造目标的主要表现特征。目标在两个时相间的变化必然引起目标对应区域边缘信息的变化。边缘具有方向性，可以通过各向异性的滤波器来提取，进而可以通过相加求取目标区域的边缘能量特征。

(4)梯度特征。HOG 特征是一种常用的梯度特征，通过提取局部区域的边缘或梯度的分布，可以很好地表征局部区域内目标的边缘或梯度结构，进而表征目标的形状，并且局部区域内目标边缘或纹理的变化会导致梯度的变化。由于在局部区域统计求取，HOG 特征对辐射差异和配准误差有较强的鲁棒性。

(5)几何特征。目标区域的几何特征对变化检测会具有很重要的作用，它反映了目标在外观上的几何大小，例如变化区域的边界周长、面积、形心、质心和主轴、外接矩形、区域的 max-min 半径、形状的圆形度、偏心率、紧凑度、形状的复杂度、边界的凹率等。实际应用中较常使用的几何特征是目标区域面积，通过统计变化面积，可以对目标在两时相间的变化程度进行定量分析。

典型目标通常具有一定的几何结构和外部形状，如机场、港口、油罐等目标就具有各自特色的形状特征。此外，某些目标群组还具有非常典型的空间几何特征，例如，整齐排列的建筑物群，空间分布具有一定规律的油罐群等。通过对目标区域两个时相间上述几何特征的比较，可以分析目标的变化情况。

(6)高度特征。对于具有一定高度的典型目标而言，不同时相间的目标高度也是一个评估变化情况的重要指标。传统变化检测采用星载下视影像，能够直接检测目标的顶部变化，但不能获取目标的高度变化。实用中可以通过立体像对、激光雷达数据或干涉 *SAR* 等数据分别获取目标在两个时相的高度信息，从而将传统的二维变化检测拓展到三维空间，检测全面的目标变化信息。随着传感器类型和精度的发展，立体目标的高程信息提取手段越来越多，三维变化检测也将越来越受到重视。

7.5.3　典型目标的毁伤评估

典型目标的毁伤评估包括物理毁伤评估和功能毁伤评估。如图 7-13 所示，任务下达后，根据打击目标信息从数据库中调取打击前的目标影像,与打击后的影像共同作为输入数据源,经过辐射校正和图像配准等预处理工作后,选用变化检测算法,进行目标毁伤区域的检测。在此基础上,对目标毁伤区域的特征进行快速提取,获得定量的目标物理毁伤信息。然后结合武器类型特性、目标功能特性和目标物理毁伤信息,采用定性与定量相结合的方法,进行目标功能毁伤评估。

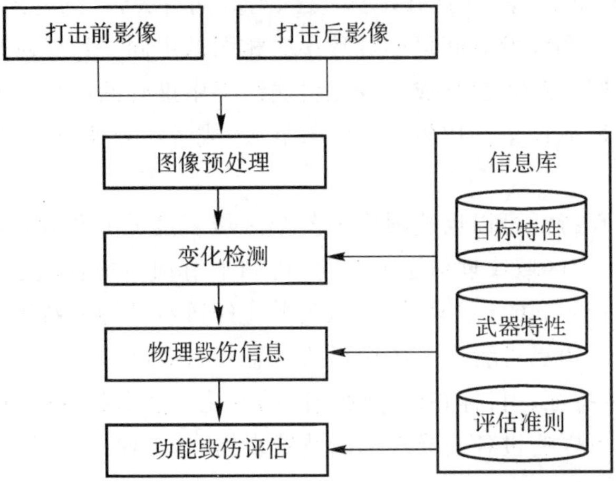

图 7－13　目标毁伤评估流程

下面以三类典型目标为例进行详细分析。

1. 建筑物

建筑物目标遭受打击后,会存在不同程度的毁伤,毁伤部分多呈瓦砾状,整体结构破坏,边缘信息损失,导致形状、纹理和灰度特征存在不同程度的变化。毁伤识别主要在变化检测的基础上利用毁伤区域的形状、纹理和灰度特征进行识别。图 7－14 和图 7－15 所示为两个建筑物目标毁伤前后的可见光图像。可以看出,毁伤后建筑物的形状特征和纹理规律遭到破坏,毁伤部分在图像上呈黑色或暗色,原来规则的色调发生变化,表现为无规则的、不同色调的杂乱斑点组合。图 7－14 所示建筑物部分倒塌,呈废墟状,图 7－15 所示建筑物未倒塌,但顶部毁伤较重。

图 7－14　毁伤前后建筑物 1

图 7－15　毁伤前后建筑物 2

下面以 SAR 图像为例进行具体分析。建筑物目标遭受毁伤后，可能出现以下几种情况：

情况一，建筑物倒塌，呈废墟状。

物理毁伤：这种情况下，由于墙壁与地面形成的二面角不复存在，不能产生强烈的雷达后向散射回波强度，毁伤前 SAR 图像中表征建筑物存在的亮线也就不复存在，因此目标的轮廓发生变化，导致目标所在局部区域的几何结构特征发生变化。同时，由于建筑物变成一片废墟，粗糙的表面导致强烈的雷达后向散射回波强度，在 SAR 图像上产生亮斑，导致目标所在局部区域的灰度特征和纹理特征发生变化。由于建筑物倒塌，其高度也发生变化。

功能毁伤：这种情况下，建筑物目标的功能完全散失。

情况二，建筑物未倒塌，但顶部或侧面毁伤较重。

物理毁伤：这种情况下，由于建筑物尚未倒塌，墙壁与地面形成的二面角依然存在，因此毁伤前后 SAR 图像中建筑物的轮廓变化很小，导致目标所在局部区域的几何结构特征的变化很小。但是，由于建筑物顶部遭受毁伤，表面粗糙度发生变化，建筑物屋顶在毁伤前后 SAR 图像中的亮度会发生变化，从而导致目标所在局部区域的灰度特征和纹理特征发生变化。值得注意的是，部分图像只能显示目标的顶部图像，无法准确地检测出侧面的毁伤信息，但并不代表侧面没有被毁伤。

功能毁伤：建筑物高度并未发生变化，但不排除建筑物内部空间遭到毁伤，这种情况下，需要结合该建筑物的内部功能特性进行分析。

情况三，建筑物外形变化很小，甚至无变化。

物理毁伤：这种情况说明建筑物未遭受大的打击，目标所在局部区域的几何结构特征和纹理特征在毁伤前后 SAR 图像中的变化很小，甚至无变化。

功能毁伤：这种情况下，建筑物目标的功能特性未受到影响。

综上所述，为了全面评估建筑物的毁伤情况，应充分收集毁伤前后的目标多方面数据（包括影像数据和高程数据），从高度、顶部和侧面分别进行变化信息提取，在三维空间进行变化检测。

2. 机场跑道

机场的标志性建筑是飞行场地，包括机场跑道、滑行道、端联络道、停机坪等，其建筑材质可能是水泥或沥青。无论是灰白色的水泥跑道或暗黑色的沥青跑道，其表面都比较光滑，其后向散射回波较弱，在 *SAR* 图像中表现为颜色较暗的区域。如果机场跑道遭受打击，则弹坑所在局部区域的表面粗糙度会发生变化，光滑表面变成了粗糙表面，其后向散射回波强度也随之变化，在 *SAR* 图像上相应区域会由暗色变为亮色。

在可见光图像上，弹坑形状则与传感器类型、分辨率和弹头毁伤特点等有关。图 7－16 给出了一些真实弹坑的可见光图像，图 7－17 是两张真实的机场跑道遭受打击前后的可见光图像，可以据此反演分析其在 *SAR* 图像中的毁伤特性。

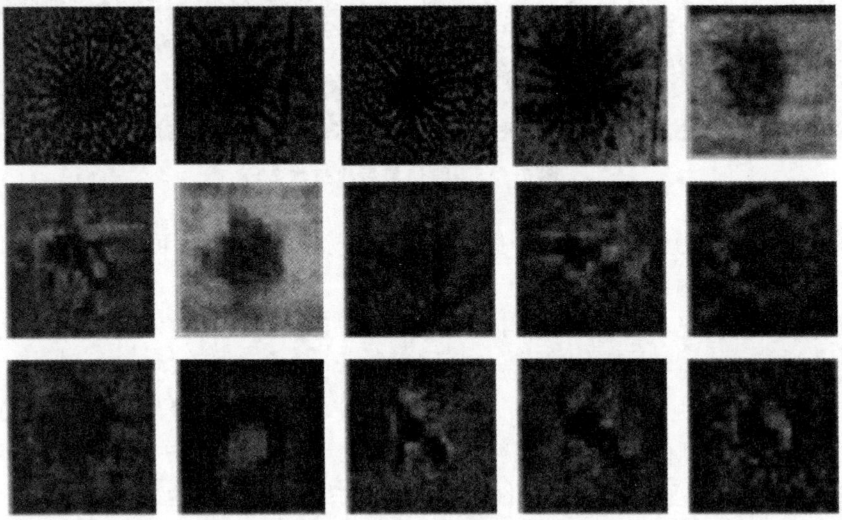

图 7－16　弹坑的可见光图像

图 7－17　毁伤前后机场跑道

机场跑道毁伤要点的判定，是飞机不能利用该跑道进行起飞和降落。也就是说，跑道被毁伤后，在整个跑道上不能找到任何大于飞机起降窗口的局部跑道。不同种类的飞机对应着不同的起降窗口，通常轰炸机和运输机的起降窗口较大，歼击机和战斗机的起降窗口较小，而对于垂直起降的作战飞机，则封锁跑道不起作用。

3. 油库

油库由多个排列规则的油罐组成，是大型炼油厂的主要打击目标，油库的灰度特性、形状特性和空间特性已在第 5.4.5 节进行了详细的分析。油罐遭受打击后，其灰度一般比打击前更暗，呈黑色或暗色，轮廓保持为圆形或近圆形，如图 7－18 所示。因此，根据打击前后影像的灰度变化可以确定目标毁伤的区域，根据毁伤区域的面积可以对毁伤等级进行判定。

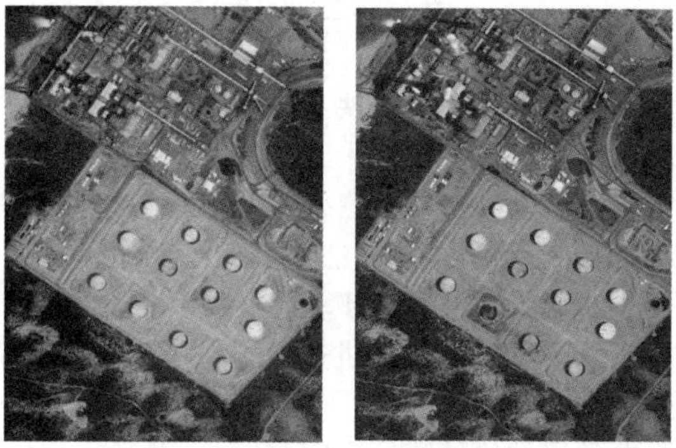

图 7-18　毁伤前后油罐

7.6　变化检测性能评估

对变化检测的精度进行确切而有效的量化分析，是评价某种变化检测方法性能的客观依据。根据变化信息检测的不同层次，可将变化检测的性能评估分为三个层次：

(1)像元级的检测评估，即判断是否检测出该像元处发生的变化；

(2)特征级的检测评估，即判断是否检测出该特征发生的变化；

(3)目标级的检测评估，即判断是否检测出该目标发生的变化。

目前变化检测的性能评估主要集中是评估算法对变化区域(即面积)的检测性能，评估方法主要源自遥感图像分类的精度评估，从图像分类的分类误差矩阵演化来的变化误差矩阵作为一种定量的变化检测性能评估方法，是目前变化检测性能评估的主要方式，可用于对变化检测的总体有效性进行定量化的评价。

变化误差矩阵见表 7-1，其中 C_{td} 表示检测出的变化像元(*hit*)，C_{fa} 表示由于检测误差导致的误检像元(*false*)，C_{tr} 表示由于检测误差导致的漏检像元(*miss*)。

参考目标检测中评价检测性能的指标——查全率与查准率，即

$$
\begin{aligned}
\text{查全率}(recall) &= \frac{\text{击中数}(hit)}{\text{击中数}(hit)+\text{漏检数}(miss)} \\
\text{查准率}(precision) &= \frac{\text{击中数}(hit)}{\text{击中数}(hit)+\text{误检数}(false)}
\end{aligned}
\tag{7-32}
$$

可相应计算出变化检测算法的查全率与查准率。

变化检测性能评估所用的验证数据(即 *Ground truth*)来自实地测量结果，或两个时相部分区域的已知分类结果，主要用于对变化检测算法进行评估，继而将这种算法推广至不具备先验知识的其他区域数据。

表 7-1　变化误差矩阵

变化检测结果	验证数据	
	实际的变化像元 C_t	实际的非变化像元 C_f
检测出的变化像元 C_0	C_{td}	C_{fa}
检测出的非变化像元 C_1	C_{tr}	C_{fr}

思 考 题

1. 什么是遥感图像的变化检测？主要方法有哪些？
2. 特征级变化检测的基本流程和关键技术是什么？
3. 如何提高像素级变化检测的准确性？影像空间分辨率的提高对检测精度有什么影响？
4. 以城区建设变化检测为例，简述遥感动态监测的工作流程。
5. 像素级变化检测的必不可少的预处理步骤是什么？为什么？
6. 变化检测应用中的辐射校正和第三章讲述的辐射校正有何本质的区别？
7. 简述目标毁伤评估的主要流程。
8. 人造目标变化检测中常用的比较特征有哪些？
9. 基于机器学习的变化检测算法在研究和使用中的瓶颈问题是什么？
10. 实际应用中，如何对变化检测算法进行性能评估？

第8章 景象匹配

8.1 引　言

精确制导武器是未来高技术条件下信息化战争的主要兵器，能否拥有高性能远程精确制导武器已成为决定现代战争结果的重要标志。如何在复杂战场环境下实现武器系统的智能化精确导航与制导一直是精确制导研究的热点与重点，先进的导航与制导系统成为保障武器远程作战或精确投放及打击的关键。

从当前国内外导弹的主要导航模式来看，几乎全部使用了“惯性导航＋辅助导航”的组合模式，辅助导航包括卫星导航、地形匹配导航、景象匹配导航、地磁匹配导航等，其中惯性导航是基础，辅助导航用以修正惯性器件的累积误差，从而实现较高精度的导航。近年来，随着传感器技术、计算机技术和图像处理技术等领域的飞速发展，景象匹配导航技术以其所具有的自主性强、智能化程度高等优点得到了国内外研究人员的格外重视，成为一种重要的辅助导航方式。景象匹配导航实质上是一种模拟人类视觉定位定向功能的导航模式，通过实时图与基准图的匹配实现导弹的定位定向，可在卫星导航受干扰、地形环境受限、地磁特征不明显等条件下辅助惯性导航。

景象匹配导航的工作过程如图 8-1 所示。首先通过卫星或高空侦察机拍摄目标区地面图或获取目标其他知识信息，结合各种约束条件制备基准图，并预先将基准图存入飞行器载基准图存储器中。飞行过程中，利用飞行器载图像传感器采集实时图，并与预先存储的基准图进行实时匹配运算，进而获得精确的导航定位信息或目标的相关信息，利用这些信息实现导弹的精确导航与制导。

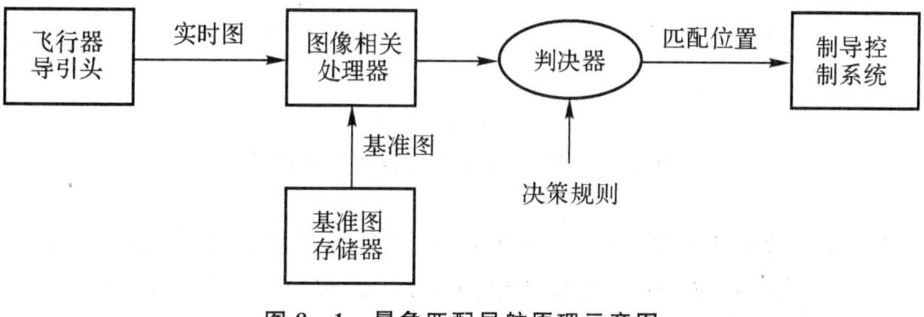

图 8-1　景象匹配导航原理示意图

景象匹配有两种常用形式：下视景象匹配与前视景象匹配。下视景象匹配的主要特点是，基准图为规划弹道中段或末段匹配区图像，实时图像为飞行器正下方区域图像，匹配的目的是确定实时图在基准图中的相对位置，通常用于中制导或接近目标时的末区制导。如图 8－2 所示，理想情况下，实时图中心所对应的匹配位置应位于基准图预定航线上某一位置，实际情况下，匹配位置与预定位置可能存在一定的偏移。因此需要根据此偏移量生成制导指令，使飞行器回到正确的航线上来。

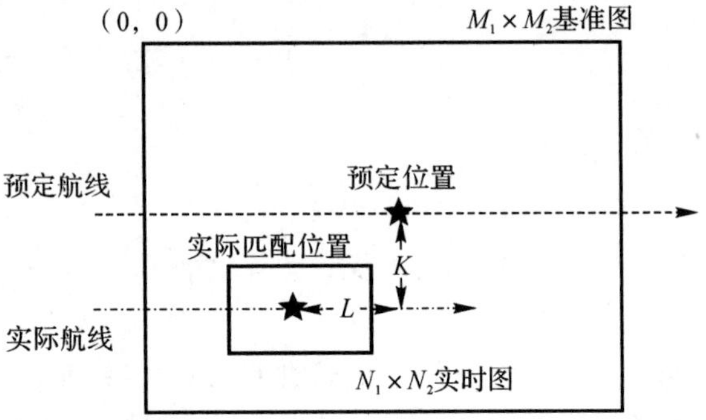

图 8－2　景象匹配位置与偏移量

前视景象匹配的主要特点是，基准图为目标在某一视点和角度下的模板图像，实时图为飞行器前下方目标区图像(包含目标)，匹配的目的是确定目标模板图像在实时图中的位置，获得飞行器与目标的相对关系，通常用于弹道末段的寻的制导。如图 8－3 所示，理想情况下，目标应位于探测器视场中心，匹配位置应位于实时图中心。实际情况下，匹配位置可能并不位于实时图中心，而是存在一定的偏移量，因此需要根据此偏移量计算使探测器光轴指向目标的航向偏移角 $\Delta\varphi$ 和俯仰偏移角 $\Delta\psi$。

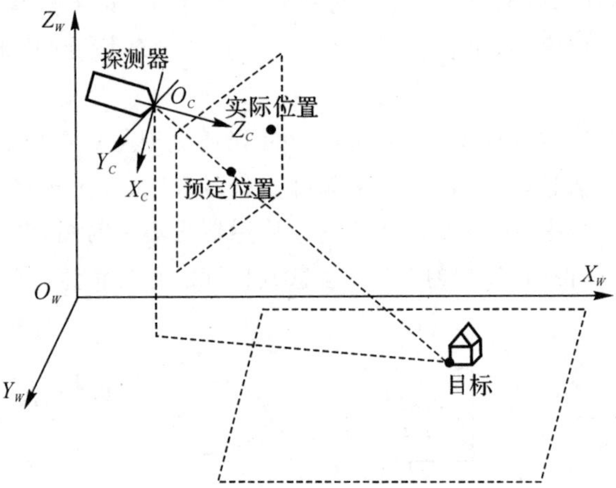

图 8－3　前视景象匹配位置与偏移量

遥感成像所用的波段主要集中在可见光波段、红外波段和微波波段，相应地产生了以下成像制导方式：可见光成像制导、红外成像制导、SAR 成像制导。根据导航任务和导引头成像角度的不同，上述制导方式均可有前视和下视两种类型，一般习惯称下视成像制导为景象匹配制导，前视成像制导为前视寻的制导。

8.2　SAR 成像制导

SAR 景象匹配制导将制导技术与 SAR 技术结合起来，使得飞行器不但可以全天时全天候地飞行，而且能击中隐蔽和伪装的目标，提高打击效果。近年来，随着 SAR 信号处理技术的不断突破及处理器件性能的迅速提高，SAR 成像制导已成为当前精确制导方式研究的热点。

SAR 景象匹配导航系统原理示意图如图 8－4 所示。该类导航系统以区域地貌为目标特征，利用飞行器载高分辨率成像雷达实时获取飞行器飞向目标的沿途景象图，并与飞行器载计算机中预先存储的基准图(主要为星载 SAR 影像或星载可见光影像)相比较，用于确定飞行器位置，得到飞行器相对于预定弹道的纵向和横向偏差，从而将飞行器引向目标。由于图像匹配定位的精度很高，因此可以利用这种精确的位置信息来消除惯导系统长时间工作的累计误差，以提高导航定位的精度和自主性。在前侧视的情形下，SAR 景象匹配辅助导航系统还具有提供目标信息的能力，从而可以实现自主的精确打击。

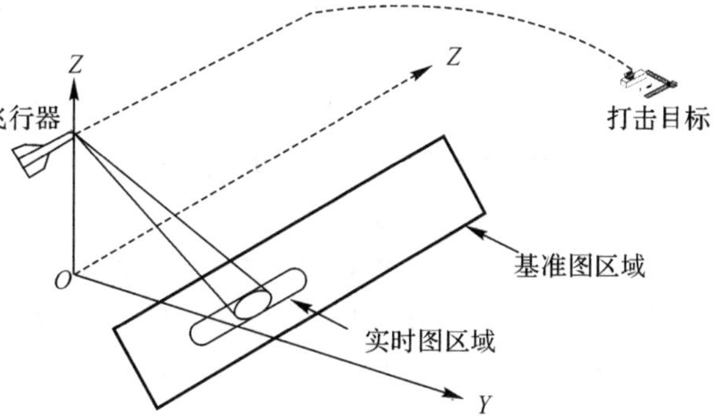

图 8－4　SAR 景象匹配导航原理

SAR 景象匹配制导流程如图 8－5 所示。SAR 信号处理机接收到回波信号以后，利用测高信息和惯导信息对 SAR 回波信号进行 SAR 成像处理和几何校正，得到 SAR 实时图。将 SAR 实时图和 SAR 基准图进行匹配处理，并根据匹配结果，利用 SAR 实时图成像参数反推 SAR 平台位置。在此基础上，融合惯性导航参数，确定惯性导航的位置、速度等参数偏差，生成制导信息。

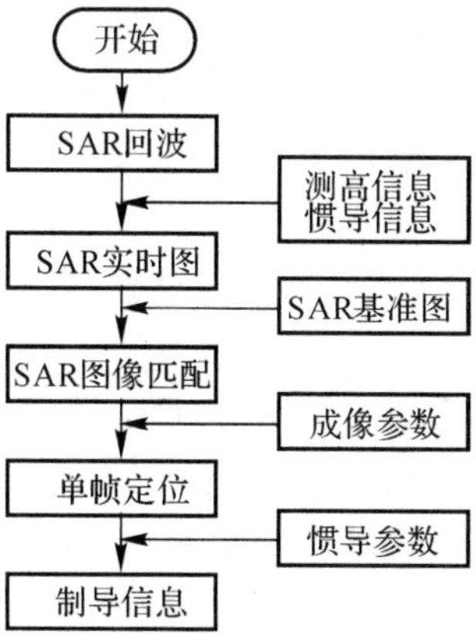

图 8－5　SAR 景象匹配制导流程

SAR景象匹配制导利用目标区的图像信息进行制导，制导精度取决于实时图质量、基准图精度和匹配方法性能等，这些因素相辅相成、缺一不可。尽管一些研究成果已经验证了SAR技术对提高飞行器命中精度的有效性，但对处于复杂地形下的SAR景象匹配，还存在以下技术难点：

(1)复杂地形下SAR实时图几何畸变较大；

(2)复杂地形下SAR基准图制备难度较大；

(3)制导的特殊应用场合对景象匹配方法性能要求较高。

SAR实时图与基准图的精确匹配是进行后续导航的前提，也是图像匹配辅助导航的关键环节。景象匹配与图像配准相比较，都是将同一场景的不同时间、不同条件、不同传感器获得的图像进行匹配，从本质上讲，两者所面临的问题相同，但是由于其任务和应用的特殊性，景象匹配更侧重于匹配实时性和匹配可靠性。由于不同的传感器、不同的分辨率、不同的入射角以及不同的天气条件等因素，用来匹配的SAR实时图与SAR基准图可能存在较大的差异。当基准图选用异源图像(如星载可见光影像)时，这种差异会更加明显。为满足远距离、高精度的导航要求，匹配方法的选取非常重要。

8.3 红外成像制导

现代化战争要求精确制导武器能实时发现战场中一切感兴趣的高价值目标，能够在复杂场景中对目标进行探测、识别与跟踪，并且能从多个目标中选择攻击对象并实现高精度地命中。由于成像探测可获取目标外形或基本结构等信息，抑制背景干扰，识别目标及目标的要害部位，所以成为精确制导武器的重要发展方向。

红外成像制导利用目标和背景的热辐射温差，根据目标和背景的红外图像来实现自动导引，不但分辨率高、动态范围大、抗干扰能力强，而且具有自主捕获目标、自动决策和全天时工作的能力。另外，红外成像制导系统采用被动探测的工作方式，无需红外辐射源，所以隐蔽性也较好。因此，与可见光成像制导与雷达成像制导相比，红外成像制导是一种优势明显的制导手段。

红外成像制导的工作原理如图8-6所示，红外成像制导的工作过程分为目标识别、目标截获、目标跟踪等过程。红外探测器装载在飞行器前端，成像角度主要是“向前看”。飞行器在飞行末段开启红外探测器，获取前下方目标区域的红外实时图，通过对中段导航精度进行控制，并选择合适的探测器视场范围，使前视红外成像装置开始工作时目标就在视场之内。根据需要采取自动目标识别方案或人在回路目标指示方案，对目标进行识别，然后转入目标跟踪阶段，并将目标信息传送给武器制导系统，引导飞行器向目标方向飞行，从而实现“看着打”的目的。

目标识别是红外成像制导的关键技术，在末制导寻的阶段起着决定性作用。由图8-6可知，目标识别方式主要有自动目标识别(Automatical Target Recognition，ATR)和人工目标识别两种方式。自动目标识别是通过基准图(目标在某一视点和角度下的模板图像)和实时图的匹配，确定目标模板图像在实时图中的位置，或者通过构建目标知识模型，通过特征提取和模式识别的方法确定目标在实时图中的位置。人工目标识别是将实时图通过卫星中继数据链传回地面捕控平台，通过人工的方法在实时图上寻找目标，并将目标在图像中的相对坐标通过卫星中继数据链传输到飞行器上，供飞行器导引控制使用，该方法又称为"人在回路"（Man In Loop，MIL）制导模式。自动目标识别与人在回路是目前精确制导技术的两大方向，在提高精导武器的突防能力、命中精度、对抗能力，增加打击与毁伤效果等方面发挥了重要作用，引起了各军事大国的重视。

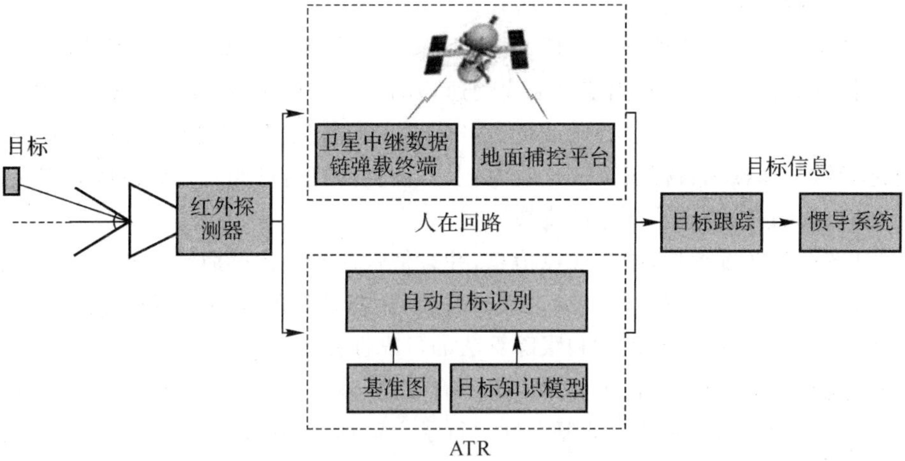

图 8－6　红外寻的制导的工作原理

前视红外目标的自动识别与跟踪的流程如图 8－7 所示。导引头开机以后，首先采用自动目标识别算法对获取的红外实时图进行处理，获取目标信息。在实现对目标稳定识别的基础上，可以根据自动目标识别结果建立目标模型，采用自动目标跟踪算法实现目标的持续捕获。在跟踪阶段如果出现目标丢失的情况，会再次转入识别，进行目标的重新定位。整个流程在实时图像序列的多数帧上进行跟踪，而在少数关键帧上进行识别，因此实质上是识别和跟踪的交替。

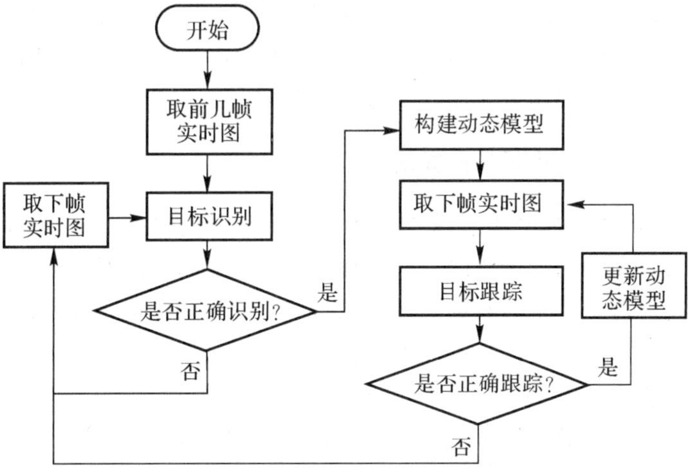

图 8－7　目标的自动识别与跟踪

前视红外目标识别主要采用基于模板匹配的目标识别算法，该类算法属于由下而上的数据驱动型，对目标类型没有限制，因此具有较广泛的使用范围，通过对实时图与基准图（即模板)的匹配处理,找出实时图中与基准图匹配的区域,获取目标位置与实时图中心的偏移量。归一化积相关算法是比较经典常用的模板匹配算法,模板匹配所得的相关矩阵主峰所在位置即为理论上的匹配位置。实际情况下,由于基准图和实时图存在较大差异,真实匹配点往往落在相关矩阵的次峰上,从而导致匹配失败。因此选取鲁棒的模板匹配方法和根据模板匹配结果确定最佳匹配位置是该类算法的关键所在。

红外成像制导的工作原理和工作环境决定了前视红外目标跟踪存在以下特点:

(1)实时图像为运动平台对固定目标或慢速移动目标成像所得,即在跟踪过程中目标所处背景几乎不发生变化或变化很小。运动平台可能导致相邻帧间目标位置偏差较大,弹目距离的变化可能导致相邻帧间目标尺度变化较大,上一波次的打击可能对目标造成局部遮挡,这些问题的存在对目标跟踪提出了严峻的挑战。

(2)红外图像是灰度图像,缺乏颜色信息,并且信噪比和对比度通常较低,形状和纹理等信息匮乏,并且目标可能位于复杂场景中,伪装目标和相似目标的存在可能对跟踪造成干扰,这些客观情况对目标模型的可鉴别性和跟踪算法的可靠性提出了更高的要求。

(3)载体运动速度较快,为保证制导信息的有效性,减小时延影响,前视红外目标跟踪算法要求具有较高的实时性,这对算法的复杂性进行了一定程度的限制。

8.4 景象匹配算法

归一化积相关算法是比较经典常用的模板匹配算法。在归一化积相关算法的框架下,有多种特征可供选择。可以直接采用原始图像的灰度进行模板匹配,该类方法称为灰度相关匹配;也可以分别对实时图和基准图进行特征提取,用梯度特征、边缘特征和形状特征等进行模板匹配,该类方法称为特征相关匹配。当实时图和基准图为异源图像时,由于异源图像之间存在较大的灰度差异,基于灰度的相关匹配算法很难实现可靠和精确的匹配,而两幅图像之间的共性特征能为匹配提供新的途径。近年来,学者们针对景象匹配问题,提出了许多性能优异的基于特征的模板匹配算法,该类方法的共同点在于,首先对实时图和基准图进行特征提取,得到相应的特征图像,然后采用相关匹配的方法实现匹配。

8.4.1 基于边缘特征的模板匹配算法

边缘是图像基本形状的抽象描述,能够凸显图像中的典型地物目标。对实时图和基准图分别提取边缘,能够保留两幅图像之间的共性部分,消除因能见度、对比度、异源图像等因素导致的差异部分,无疑对匹配是十分有利的。图像边缘是由其灰度的不连续性所反映的,在这些地方局部灰度以一定方式迅速改变,由此人们很自然地想起用灰度差分可以提取出图像的边缘,常用的边缘检测算子均是基于这种思想,例如 Roberts、Sobel、Laplacian 及 LoG 等梯度算子,上述算子均可在空间域通过模板对图像作卷积来得到边缘图像。对于边缘图像的模板匹配,距离变换是一种常用的方法。

1.边缘检测

(1)Roberts 算子。Roberts 是最简单的梯度算子,可用一阶差分计算如下:

$$G(x,y)=|f(x,y)-f(x+1,y+1)|+|f(x+1,y)-f(x,y+1)| \tag{8-1}$$

对应的模板分别为

$$\boldsymbol{H}_x=\begin{bmatrix}1 & 0\\0 & -1\end{bmatrix},\quad \boldsymbol{H}_y=\begin{bmatrix}0 & -1\\1 & 0\end{bmatrix} \tag{8-2}$$

该算子检测水平和垂直方向边缘的性能好于斜线方向的边缘，检测精度较高，但对噪声比较敏感。

(2)Sobel 算子。Sobel 算子的模板如下所示：

$$\boldsymbol{H}_x=\begin{bmatrix}-1 & 0 & 1\\-2 & 0 & 2\\-1 & 0 & 1\end{bmatrix},\quad \boldsymbol{H}_y=\begin{bmatrix}-1 & -2 & -1\\0 & 0 & 0\\1 & 2 & 1\end{bmatrix} \tag{8-3}$$

Sobel 算子在较好地获得边缘效果的同时，对噪声具有一定的平滑作用，减少了对噪声的敏感性，但检测得到的边缘比较粗，容易出现伪边缘。

(3)Laplacian 算子。Laplacian 算子是一种二阶导数算子，其模板如下所示：

$$\boldsymbol{H}_1=\begin{bmatrix}0 & -1 & 0\\-1 & 4 & -1\\0 & -1 & 0\end{bmatrix},\quad \boldsymbol{H}_2=\begin{bmatrix}-1 & -1 & -1\\-1 & 8 & -1\\-1 & -1 & -1\end{bmatrix} \tag{8-4}$$

Laplacian 算子对图像中的噪声比较敏感，通常容易产生 2 个像素宽的边缘。

(4)LoG 算子。LoG 算子是一种二阶导数算子，相当于用一个二维高斯平滑模板与源图像卷积，然后计算卷积后图像的拉普拉斯值，平滑处理的作用是减少了噪声的影响。

其模板如下所示：

$$\boldsymbol{H}=\begin{bmatrix}0 & 0 & -1 & 0 & 0\\0 & -1 & -2 & -1 & 0\\-1 & -2 & 16 & -2 & -1\\0 & -1 & -2 & -1 & 0\\0 & 0 & -1 & 0 & 0\end{bmatrix} \tag{8-5}$$

(5)Canny 边缘算子。Canny 边缘检测算法是一种性能优异、适应性广的算法，其目标是找到一个最优的边缘。最优边缘满足以下条件：

1)好的检测：算法能够尽可能地标记出图像中的实际边缘；

2)好的定位：标记出的边缘要与实际图像中的边缘尽可能地接近；

3)最小响应：图像中的边缘只能标记一次。

因此，Canny 边缘检测算法的步骤如下：

1)用高斯滤波器对图像进行平滑处理。

2)利用一阶偏导算子(如 Sobel 算子)找到图像灰度沿着水平方向和垂直方向的偏导数，并求出梯度的幅值和方位。

3)根据梯度方向对梯度幅值进行非极大值抑制，得到一幅由梯度局部极大值(离散的点)构成的图像。

4)用双阈值算法检测和连接边缘。大于高阈值为强边缘，小于低阈值不是边缘，介于中间为弱边缘，如果该像素的邻接像素中有强边缘，则标记为强边缘。阈值取决于输入图像的内容。

2. 距离变换

二值图像距离变换的概念由 Rosenfeld 和 Pfaltz 提出，主要思想是通过表示空间点(目标点与背景点)距离的过程，最终将二值图像转换为灰度图像。其实质是对二值边缘图像进行的一种运算，变换矩阵中各点的值表示该点到距它最近的一个边缘点的欧氏距离，如下式表示：

$$\boldsymbol{M}_{\mathrm{DT}}(\boldsymbol{x},\boldsymbol{E})=\min_{e\in E}\{d(\boldsymbol{x},\boldsymbol{e})\} \tag{8-6}$$

其中 $\boldsymbol{E}=\{\boldsymbol{e}\}$ 表示实时边缘图像上所有边缘点的集合，d 表示距离，通常有欧氏距离、街区距离(D4 距离)、棋盘距离(D8 距离)等，分别定义如下：

欧氏距离：$\mathrm{dist}(p(x_1,y_1),q(x_2,y_2))=\sqrt{(x_1-x_2)^2+(y_1-y_2)^2}$

街区距离：$\mathrm{dist}(p(x_1,y_1),q(x_2,y_2))=|x_1-x_2|+|y_1-y_2|$

棋盘距离：$\mathrm{dist}(p(x_1,y_1),q(x_2,y_2))=\max(|x_1-x_2|,|y_1-y_2|)$

距离变换的主要过程如下：

1)将图像中的目标像素点分类，分为内部点集 S_1，外部点集 S_2 和孤立点。对于孤立点保持不变。

2)对于 S_1 中的每一个内部点(x,y)，使用距离公式计算其在 S_2 中的最小距离 $S_3(x,y)$，这些最小距离构成集合 S_3，计算 S_3 中的最大值 Max 和最小值 Min。

3)对于每一个内部点，转换后的灰度值 $G(x,y)$ 为

$$G(x,y)=255\times|S_3(x,y)-\mathrm{Min}|/|\mathrm{Max}-\mathrm{Min}|$$

下面介绍一种速度较快的倒角距离变换算法，可以近似欧氏距离变换的效果。具体过程如下：

(1)按照从上到下，从左到右的顺序，使用前向模板(图 8-8 中左边第一个 3×3 模板)，依次循环遍历图像 I，此过程称为前向循环。模板中心点如果为背景点，则直接赋 0；如果为前景点，则计算模板中每个元素与其对应的像素值的和，分别为 sum1、sum2、sum3、sum4 和 sum5，中心像素值则为这五个值中的最小值。使用上述算法得到图像 I'。

(2)按照从下到上，从右到左的顺序，使用后向模板(图 8-8 中左边第二个 3×3 模板)，依次循环遍历图像 I'，此过程称为后向循环。最后所得图像即为所求的倒角距离变换图像。

一般使用的倒角距离变换模板为 3×3 和 5×5，分别如图 8-8 所示。

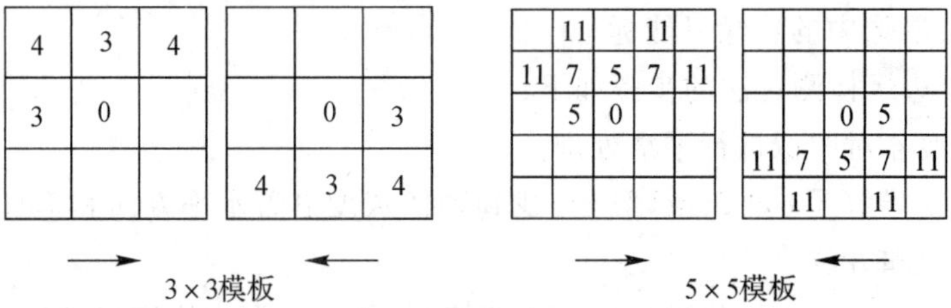

图 8-8 倒角距离变换模板

图 8-9 给出了一个边缘图像与其对应的距离变换图像的例子，其中在边缘图像上的灰色像素表示边缘点，在相对应的距离变换图像中，这些边缘点位置上的像素灰度值为 0，值越大的像素点和边缘点的距离越远。

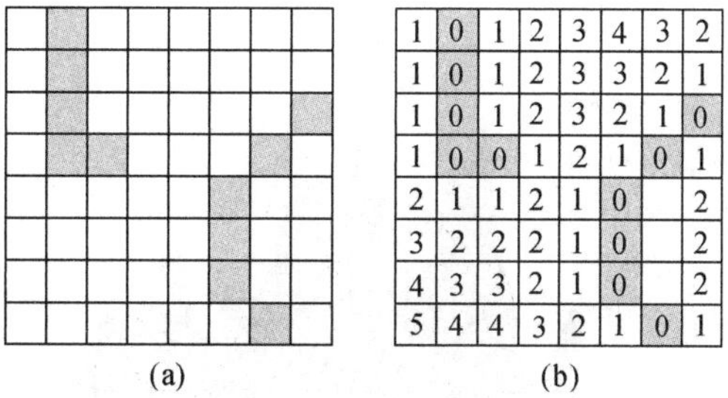

图 8-9　距离变换

(a)边缘图;(b)距离变换图像

3. 匹配代价

在距离变换的基础上对两幅图像进行匹配,其基本思想为:其中一幅图像计算距离变换,然后将另一幅的边缘特征点叠加在距离变换上,计算特征点对应的距离变换值的均值。该匹配代价定义为模板边缘图与待匹配的参考图像边缘图上的边缘点之间的平均最近距离。

由于基准边缘图为二值图像,匹配过程相当于将基准边缘图作为二维滤波器对实时边缘图的距离变换矩阵进行滤波,并按照基准图的尺寸求平均值。在这个二维滤波器中,对应边缘点位置的值为 1,而对应非边缘点位置的值为 0。因此基于距离变换的匹配代价定义为

$$C_{\mathrm{DT}}(\boldsymbol{x},\boldsymbol{E},\boldsymbol{T})=\frac{1}{M\times N}\sum_{t\in \boldsymbol{T}}\boldsymbol{M}_{\mathrm{DT}}(\boldsymbol{t}+\boldsymbol{x},\boldsymbol{E}) \tag{8-7}$$

式中 $\boldsymbol{T}=\{\boldsymbol{t}\}$ 表示基准边缘图上所有边缘点的集合;$M\times N$ 表示基准边缘图的尺寸;$\boldsymbol{x}$ 表示基准边缘图在距离变换矩阵上移动的位移向量。

图 8-10 给出了一对待匹配的基准图与实时图。对于预设基准图,采用上述算法在实时图中逐像素匹配时,在不同位置都可以得到一个匹配代价,所有位置的匹配代价的集合便构成匹配代价矩阵,可用图 8-11 所示的匹配代价曲面表示,代价值越小表示对应的位置和基准图越匹配。

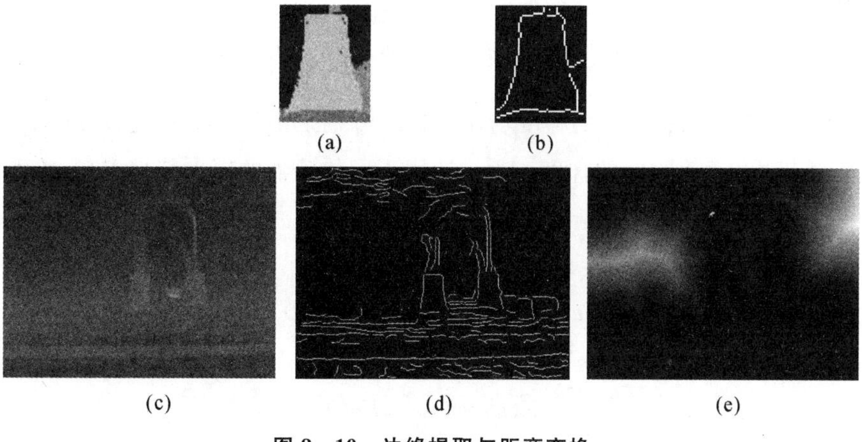

图 8-10　边缘提取与距离变换

(a)基准图;(b)基准图边缘图;

(c)实时图;(d)实时图边缘图;(e)实时图边缘图的距离变换

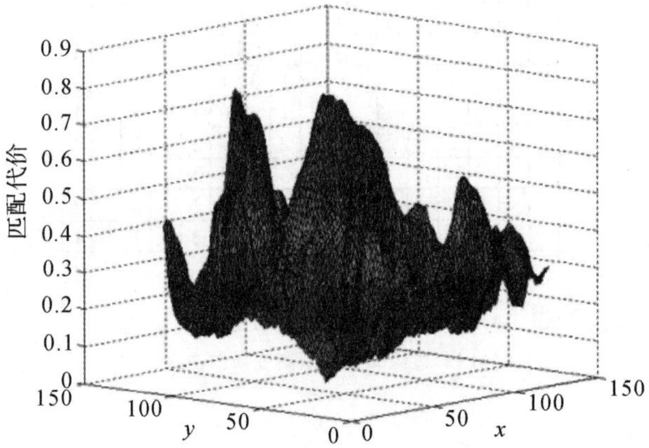

图 8－11　匹配代价曲面

8.4.2　基于梯度矢量的模板匹配算法

图像的梯度包括水平和垂直两个方向的梯度矩阵(见图 8－12),它包括各个像素点的梯度强度信息和方向信息,传统的梯度强度相关系数计算方法只利用了梯度的强度信息,梯度的方向信息被忽略了。在图像匹配中,梯度的方向也是非常重要的信息。针对梯度强度相关系数的这一缺点,将图像的梯度场作为二维矢量矩阵来求相关系数,可以避免方向信息的丢失。

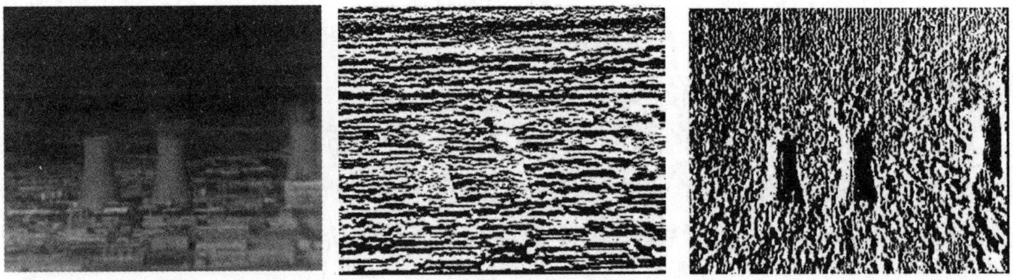

(a)　(b)　(c)

图 8－12　梯度图像

(a)原始图像;(b)水平方向梯度;(c)垂直方向梯度

假设 $\boldsymbol{a}$ 和 $\boldsymbol{b}$ 分别为两幅图像的梯度场,a_x 和 a_y 分别是 $\boldsymbol{a}$ 的水平和垂直方向的梯度,b_x 和 b_y 分别是 $\boldsymbol{b}$ 的水平和垂直方向的梯度。为了适用不同传感器的辐射特性差异,将两个方向的梯度都取绝对值。

将图像梯度矢量场表示为

$$\boldsymbol{a}=(a_x,a_y),\quad \boldsymbol{b}=(b_x,b_y) \tag{8-8}$$

图像的梯度矢量矩阵 $\boldsymbol{a}=(a_x,a_y)$的数学期望为

$$E(\boldsymbol{a})=(Ea_x,Ea_y) \tag{8-9}$$

梯度矢量矩阵 $\boldsymbol{a}=(a_x,a_y)$的方差为

$$D(\boldsymbol{a})=\frac{1}{N+1}\sum_{i=0}^{N}\left[(a_{ix}-Ea_x)^2+(a_{iy}-Ea_y)^2\right] \tag{8-10}$$

即

$$D(\boldsymbol{a})=Da_x+Da_y \tag{8-11}$$

根据相关系数的公式

$$\rho_{ab}=\frac{E\{[(\boldsymbol{a}-E(\boldsymbol{a}))(\boldsymbol{b}-E(\boldsymbol{b})]\}}{\sqrt{D(\boldsymbol{a})}\sqrt{D(\boldsymbol{b})}} \tag{8-12}$$

二维矢量矩阵 $\boldsymbol{a}$ 和 $\boldsymbol{b}$ 的相关系数为

$$\rho_{ab}=\frac{E\{[a_x-E(a_x)][b_x-E(b_x)]+[a_y-E(a_y)][b_y-E(b_y)]\}}{\sqrt{D(a_x)+D(a_y)}\sqrt{D(b_x)+D(b_y)}} \tag{8-13}$$

基于梯度矢量的归一化互相关算法主要流程如图 8－13 所示。

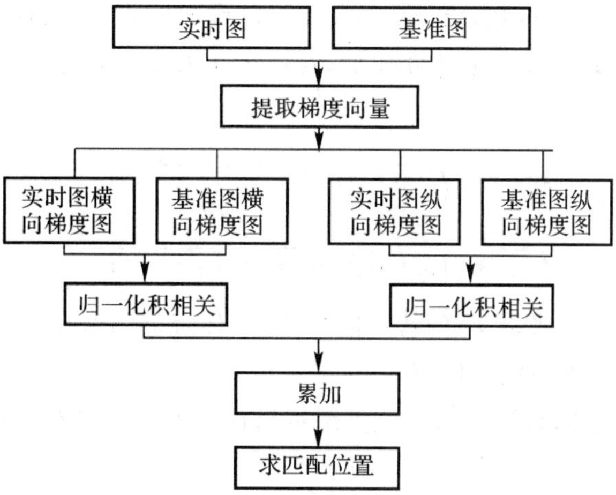

图 8－13　梯度矢量匹配流程图

在大样本数据集上的实验表明，该方法在多数情况下均能取得较好的匹配结果，但对于目标侧面纹理在基准图和实时图上具有较大差异(如城区高大建筑物)，或者目标被部分遮挡的情况不能取得理想的匹配效果。原因在于，基于梯度矢量的目标识别算法是基于目标的梯度信息，而梯度信息是基于灰度计算的，因此当目标在基准图和实时图之间存在较大的灰度差异、视角差异和尺度差异时，必然会影响梯度特征的鲁棒性。

8.4.3　基于结构张量的模板匹配算法

结构张量理论由 Forstner 等提出，用于描述图像的几何结构及方向信息。结构张量又称二阶矩阵(Second-Moment Matrices)或者梯度相关矩阵，是对曲线偏导数的矩阵描述。作为图像的一阶偏微分信息的另一种表示方式，它提供了矩阵场信息，使图像中的每个点都对应一个 2×2 的对称半正定矩阵。通过计算它的特征值及对应的特征向量，可以对图像进行结构分析和方向估计。

自 1987 年 Forstner 和 Bigun 引入结构张量矩阵进行方向检测和估计以来，结构张量已成为图像处理和计算机视觉中一个被广泛使用的工具，在过去近 20 年里已成功地应用在图像方向场计算、特征检测、图像去噪与增强及光流场计算、运动跟踪等图像处理与计算机视觉领域。

结构张量的定义及推导如下：

对于二维图像 I，设图像中的某点像素的梯度向量为 $\nabla I=(Ix,Iy)^{\mathrm{T}}$，则该点的张量可表示为

$$\boldsymbol{T}=\nabla I\ \nabla I^{\mathrm{T}}=\begin{bmatrix} I_x^2 & I_xI_y \\ I_xI_y & I_y^2 \end{bmatrix} \tag{8-14}$$

将经过滤波平滑后的张量定义为结构张量，经典的结构张量采用高斯函数进行平滑，其表达式为

$$\boldsymbol{T}_S=g_\sigma*\boldsymbol{T}=\begin{bmatrix} g_\sigma*I_x^2 & g_\sigma*I_xI_y \\ g_\sigma*I_xI_y & g_\sigma*I_y^2 \end{bmatrix}=\begin{bmatrix} I_{11} & I_{12} \\ I_{21} & I_{22} \end{bmatrix} \tag{8-15}$$

式中：g_σ 是方差为 σ^2 的高斯函数；由于卷积是线性操作，$\boldsymbol{T}_S$ 被称为线性结构张量。

式(8-15)中矩阵 $\boldsymbol{T}_S$ 是对称且半正定的，存在正交单位特征向量 $\boldsymbol{v}_1$ 和 $\boldsymbol{v}_2$，相应的特征值 λ_1 和 λ_2（$\lambda_1>\lambda_2$）可由下式计算得到：

$$\lambda_1=\frac{1}{2}\left[I_{11}+I_{22}+\sqrt{(I_{11}-I_{22})^2+4I_{12}^2}\right]$$

$$\lambda_2=\frac{1}{2}\left[I_{11}+I_{22}-\sqrt{(I_{11}-I_{22})^2+4I_{12}^2}\right] \tag{8-16}$$

以灰度图像为例，结构张量 $\boldsymbol{T}_S$ 的特征值 λ_1 和 λ_2 体现了图像在其特征向量 $\boldsymbol{v}_1$ 和 $\boldsymbol{v}_2$ 方向上灰度变化程度，体现了图像的结构信息：

(1)若 λ_1 和 λ_2 都很小，说明图像在该点附近沿任何方向都只有微小的变化，对应图像的平滑区域；

(2)若 λ_1 较大，λ_2 较小，说明图像沿某一方向的变化率远大于垂直于此方向的变化率，对应图像的边缘区域；

(3)若 λ_1 和 λ_2 都很大，说明图像在两个相互垂直的方向上灰度变化很大，对应图像的角点区域。

因此，可以利用结构张量矩阵的两个特征值之间的关系来描述图像的局部几何结构信息，对边缘、角点等局部特征进行识别，经典的 Harris 角点检测算法就是以此性质为基础的。景象匹配中，对实时图和基准图进行特征提取和匹配时，需要提取以边缘为基础的特征，因此可以在计算结构张量矩阵特征值的基础上，定义如下特征：

$$\mathrm{coh}\boldsymbol{T}_S=|\lambda_1-\lambda_2|=\sqrt{(I_{11}-I_{22})^2+4I_{12}^2} \tag{8-17}$$

$$\mathrm{coh}\boldsymbol{T}_S=(\lambda_1-\lambda_2)^2=(I_{11}-I_{22})^2+4I_{12}^2 \tag{8-18}$$

显然，上述两种特征均能检测和凸显图像的边缘结构，$\mathrm{coh}\boldsymbol{T}_S$ 的值在各向异性的区域会变大，在各向同性区域趋近于 0。通过高斯滤波之后，各个分量进行扩散，结构张量的各个分量受周围的影响，可以更为准确地表示边缘特征。因此，用结构张量替代梯度信息来描述图像，具有较好的结构表达能力。

基于结构张量的模板匹配算法流程如图 8-14 所示。基于结构张量的模板匹配算法对提取得到的特征图像进行匹配，更多利用了目标的轮廓信息和结构信息，因此对基准图和实时图之间存在的差异具有一定的鲁棒性和适应性，在匹配前对结构张量图像进行对比度增强处理

能够有效地提高匹配效果。

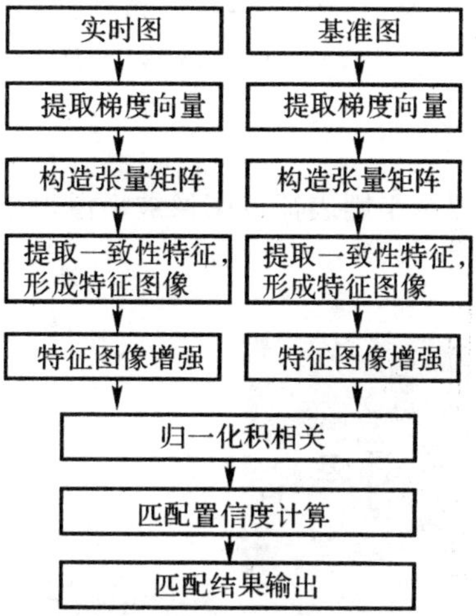

图 8-14　结构张量匹配

8.4.4　快速景象匹配算法

归一化积相关算法的运算量较大，在实际工程应用中，通常采用金字塔分层匹配和相位相关法等快速景象匹配算法提高匹配的实时性。

1. 金字塔分层匹配

图像金字塔最初用于机器视觉和图像压缩。一幅图像的金字塔是一系列以金字塔形状排列的分辨率逐步降低的图像集合。金字塔的底部是待处理图像的高分辨率表示，顶部是低分辨率的近似，当向金字塔的上层移动时，尺寸和分辨率就降低。通常金字塔的低分辨率图像对应着图像的概貌特征，而高分辨率图像对应着图像的细节特征。

采用图像金字塔提高匹配效率的原理如图 8-15 所示。首先在金字塔的最高层即最低分辨率图像层进行粗匹配，将其结果作为预测值，在逐渐变小的搜索区域内进行下一级图像的匹配，最终利用原始图像得到精确的匹配结果。

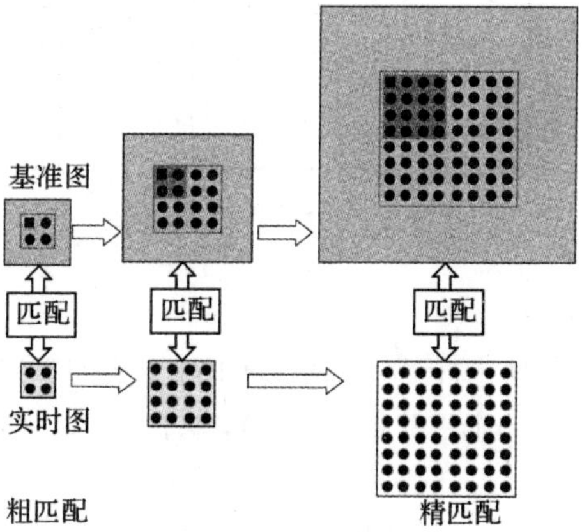

图 8-15　金字塔匹配

常用的图像金字塔包括高斯金字塔和小波金字塔。高斯金字塔就是用一簇局部化的对称加权函数对原始图像进行滤波，得到一系列分辨率由粗到精的子图像，如：

$$\left.\begin{aligned} L(x,y,\sigma) &= G(x,y,\sigma) * I(x,y) \\ G(x,y,\sigma) &= \frac{1}{2\pi\sigma^2} e^{-(x^2+y^2)/2\sigma^2} \end{aligned}\right\} \tag{8-19}$$

式中：σ^2 为高斯函数的方差，其值越小则表征该图像被平滑得越少。图 8－16 给出了一组高斯金字塔图像的实例。

图 8－16　高斯金字塔图像

小波金字塔通过采用小波变换对图像进行分解实现。如图 8－17 所示，在小波分解的每一层，从原图像生成 4 幅新图像，这些图像的大小为原图像的 1/4。这些新图像由作用于原图像的水平或垂直的高通和低通滤波命名，例如，LH 图像为水平方向进行低通滤波和垂直方向进行高通滤波的结果。因此，每个分解层产生的图像分别为 LL、LH、HL 和 HH。LL 图像是原始图像保留低频信息的版本，HH 图像仅包含高频信息和典型的噪声，HL 图像和 LH 图像分别包含水平边缘特征和垂直边缘特征。在小波分解中，仅 LL 图像被用来产生下一级分解。图 8－18 给出了小波分解的每一层每张图像的生成过程。

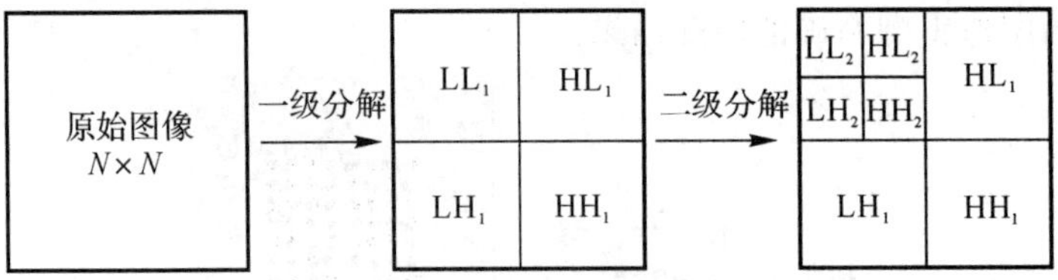

图 8－17　图像的小波分解

2. 基于 FFT 的相位相关法

相位相关法是利用图像的傅里叶变换，根据傅里叶变换的平移性质，计算图像之间的平移量。若图像 f_1 和 f_2 之间相差一个平移量 (x_0,y_0)，即 $f_1(x,y)=f_2(x-x_0,y-y_0)$

$$f_1(x,y)=f_2(x-x_0,y-y_0) \tag{8-20}$$

根据傅里叶变换的位移性质，上式的傅里叶变换为

$$F_1(u,v)=\mathrm{e}^{-j2\pi(ux_0+vy_0)}F_2(u,v)\ F_2(u,v) \tag{8-21}$$

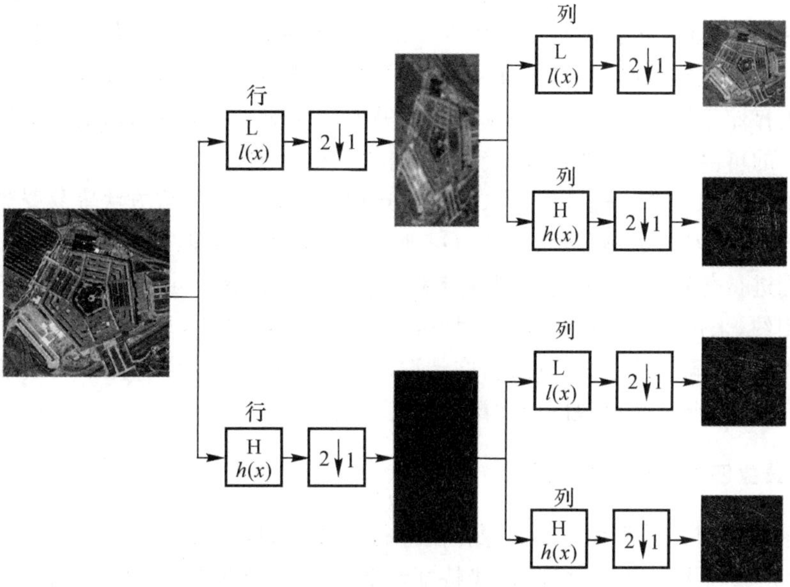

图8-18　小波分解产生四张图像的过程

可以看出，f_1 和 f_2 之间的差异由 $e^{-j2\pi(ux_0+vy_0)}$ 给出，通过计算两幅图像的互功率谱可得：

$$\frac{F_1(u,v)F_2^*(u,v)}{|F_1(u,v)F_2^*(u,v)|}=e^{-j2\pi(ux_0+vy_0)} \tag{8-22}$$

其中 $F_2^*(u,v)$ 为 $F_2(u,v)$ 的共轭复函数。空域中的平移在频域中只反映在相位变化，对互功率谱进行傅里叶反变换可得到相关表面 $\delta(\Delta x,\Delta y)$，其最大峰值超过某一阈值时表示两图像相关，对应峰值的位置偏移量 $(\Delta x,\Delta y)$ 反映了图像在空域的二维平移量。对模板和图像进行傅里叶变换可以通过 FFT 实现，使得相关匹配的实时性大大提高。

相位相关法的算法流程如图8-19所示。由于模板的尺寸通常比测试图像的尺寸小，因此需要通过延拓的方法将模板扩展成与测试图像同样大小的尺寸，然后才能按照上述方法进行相关匹配处理。至于延拓，可以对模板进行补零，或者补上原始模板的平均灰度值。

由于傅里叶变换有成熟的快速算法和专用硬件实现，算法的实现比较简单快速，但与灰度相关法一样，该方法适用于比较简单的纯平移运动，无法处理复杂的图像变换情况。

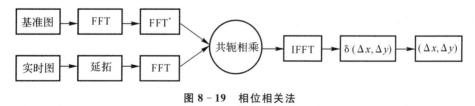

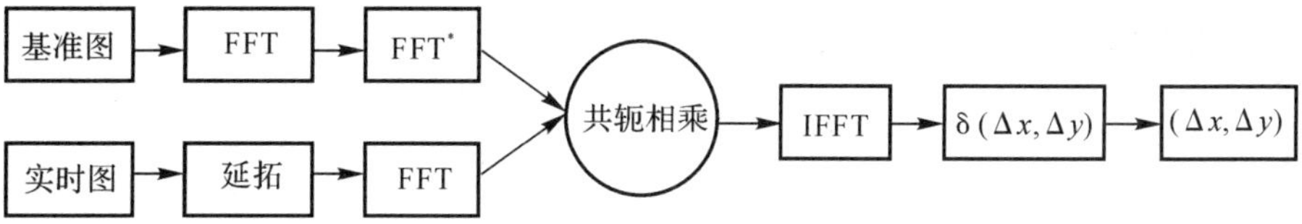

图8-19　相位相关法

8.5　景象匹配适配区选取

在景象匹配辅助导航系统中，影响景象匹配系统性能的主要因素包括匹配区的地物特征、基准图与实时图间的成像差异以及匹配算法性能等。为了能够通过景象匹配实现飞行器的精确定位，为修正惯导偏差提供参考，在制备基准图时，需要选择特征明显且容易匹配的区域作为最佳匹配区，以保证匹配精度与匹配概率。景象匹配区选取就是按照一定的要求或者准则，选取景象信息量大、稳定性好且具有唯一性的图像作为制导基准图，以保证飞行过程中获得的实时图与预先存储于制导计算机中的基准图能够成功匹配。匹配区选取的有效性对景象匹配导航系统工作的可靠性、鲁棒性以及精确性具有很大的影响。

景象匹配区选取主要通过人工选取或自动选取进行。人工选取方法容易受到操作人员的经验、专业素质等因素的影响，难以客观快速地找出满足要求的匹配区，自动选取方法通过对图像特征指标进行分析，按照一定准则确定满足要求的匹配区。由于图像特征指标之间相互依存和互相制约，采用单一特征指标作为依据选取匹配区的方法，只能反映图像某一方面的适配性，不能得到令人满意的结果。因此，在选取匹配区时，应该综合多种影响因素恰当选取某些特征指标，构建能够全面反映图像适配性的综合特征量。

8.5.1 景象匹配适配区特征参数

本节对基准图制备时所采用的图像特征进行简要介绍，主要包括图像方差、信息熵、边缘密度、独立像元数和主次峰值比等，这些特征参数对可见光图像、红外图像和 SAR 图像均适用。下面均设基准图尺寸为 $m \times n$。

1. 图像方差

图像方差指图像中各个像素点的灰度值相对于图像灰度均值的偏离程度，反映了图像中各像元灰度值的离散程度和整个图像区域总的灰度起伏程度。方差可以直观地反映图像的信息含量，方差越小，说明图像信息量越少，即图像中地物特征差异不明显，图像的可匹配性差。

2. 信息熵

根据香农信息论的定义，信息熵是影像不确定性的一种度量，具有复杂景观的影像比均值影像具有更高的不确定性。信息熵可用于表征图像所包含的平均信息量大小，其值越大，表示图像中景物内容越丰富，可匹配性越好。

3. Frieden 灰度熵

Frieden 灰度熵描述图像灰度值的分布信息，它可以表示图像的清晰连续程度。当图像清晰连续时，图像所包含的信息量多，Frieden 灰度熵小；当图像模糊不连续时，图像所包含的信息量小，Frieden 灰度熵大。

Frieden 灰度熵的计算公式如下：

$$H = -\sum_{i=1}^{m}\sum_{j=1}^{n} p_{ij}\,\mathrm{e}^{1-p_{ij}} \tag{8-23}$$

4. 边缘密度

边缘密度是度量图像特征分布密集程度的一个参数。边缘密度大说明图像特征多，匹配基准点多，那么即使在实时图和基准图有较大的灰度误差的条件下，也可以获得比较高的匹配概率。边缘密度的计算公式如下：

$$EDV = \frac{1}{m \times n}\sum_{i=1}^{m}\sum_{j=1}^{n} edge \tag{8-24}$$

式中：$edge$ 指图像中边缘点的值，若采用二值边缘时，边缘点的值为 1，非边缘点的值为 0。若采用边缘强度时，$edge$ 为某个像素点的边缘强度，由此可以消除二值化门限对边缘数量的影响。

在实际应用中，通常从标识的边缘线段中保留曲率稳定的边缘线段，去除大量杂乱散碎的边缘线段，以提高边缘密度特征的可靠性和鲁棒性。

5. 独立像元数

独立像元数是灰度独立信息源的一种度量，是在相关长度的基础上定义的。当对图像在横向与纵向求自相关系数时，当自相关系数下降到 $1/e=0.368$ 时，图像在横向与纵向的位移值即为该方向上的相关长度，行距或列距超过该方向的相关长度的两个像元是不相关的。相关长度越短，说明数据之间独立性越强，图像特征也就越丰富；反之，图像数据相关性强，匹配时容易导致错误。独立像元数定义为

$$IPN=\left(\frac{m}{L_{\mathrm{h}}}\right)\times\left(\frac{n}{L_{\mathrm{v}}}\right) \tag{8-25}$$

式中，L_{h} 和 L_{v} 分别表示横向和纵向方向上的相关长度。独立像元数从统计角度反映了图像内包含的独立景物的多少，如果图像内包含较多的能够明显分辨的景物，则说明该图的可匹配性好，匹配概率一般都较高。

6. 主次峰值比

将实时图在基准图中遍历，计算相关系数，可得到一系列相似度值，将其按照实时图在基准图中的扫描方式进行排列，即得到相关面。相关面主次峰值比的定义为相关面上最高峰与次高峰的比值，它刻画了次高峰对应的图像区域与实时图的相似程度。令 $V_{\max}$ 表示相关面上最高峰处的最大值，V_{sub} 表示相关面上次高峰处的最大值，则主次峰值比定义为

$$MSR=\frac{V_{\max}}{V_{\mathrm{sub}}} \tag{8-26}$$

主次峰值比值越大表示次高峰对最高峰的误导影响较小，即相似度越低，越有利于匹配；反之，主次峰值比越小表示次高峰与最高峰越接近，越容易导致误匹配。

7. 最高峰尖锐度

以最高峰所在的位置为圆心，分别以 R_1 和 R_2 为半径作两个圆，其中 $R_1<R_2$，则最高峰尖锐度定义为

$$E_{\mathrm{pc}}=\frac{V_{\mathrm{circle}}}{V_{\mathrm{loop}}} \tag{8-27}$$

式中：V_{circle} 为以 R_1 为圆心的圆形区域内所有点的相关系数的平均值，V_{loop} 为 R_1 和 R_2 所围成的环形区域内所有点的相关系数的平均值。

最高峰尖锐度表示最高峰所在区域与其周围相关系数值的相对大小，其值越大，最高峰所在区域的相关系数值就越大，极值点就越不容易发生漂移。

8. 高程标准差

地形起伏会导致 SAR 图像的几何畸变，从而影响 SAR 景象匹配的准确性。因此，选择 SAR 景象匹配区时，要综合考虑该区域的基准影像和地形高程图。设地形高程图 T 的大小是 $m\times n$，其高程标准差为

$$\sigma_T=\sqrt{\frac{1}{mn-1}\sum_{i=1}^{m}\sum_{j=1}^{n}\left[T(i,j)-\bar{T}\right]^2} \tag{8-28}$$

式中：$\bar{T}$ 为该区域的高程平均值。

地形高程标准差是平均地形起伏程度的度量。地形标准差越大，地形的平均起伏程度越大，越不利于 SAR 景象匹配。

9. 高程极差

设地形高程图 T 的大小是 $m\times n$，其极差为

$$r_T=\max_{1\leqslant i\leqslant m,1\leqslant j\leqslant n}\{T(i,j)\}-\min_{1\leqslant i\leqslant m,1\leqslant j\leqslant n}\{T(i,j)\} \tag{8-29}$$

式中：$\max\limits_{1\leqslant i\leqslant m,1\leqslant j\leqslant n}\{T(i,j)\}$ 表示最大地形高程值；$\min\limits_{1\leqslant i\leqslant m,1\leqslant j\leqslant n}\{T(i,j)\}$ 表示最小地形高程值。

地形高程极差是地形最大起伏程度的度量。地形极差越大，越不利于 SAR 景象匹配。

10. 分形维数

无论分形的构造方法相差多少，都可以通过一个特征量来测定其不规则度、复杂度和卷积度，这个特征量就是分形维数。分形维数与图像纹理粗糙度有密切关系，图像纹理粗糙度越大，分形维数也越大，因此可将图像的分形维数作为景象匹配区选取的一个指标。

盒子维是一种常用的分形维数，使用盒子覆盖图像表面，把所需最小盒子数作为该图像分形特征的度量。设 I 为一幅大小为 $M\times N$ 的图像，将其划分为 $\delta\times\delta$ 的子块，δ 是当前度量图像的尺度。引入三维空间 (x,y,z)，其中 (x,y) 为图像的平面坐标。在每一网格中堆放一些边长为 δ 的立方体盒子。小盒子堆积成一个个盒子柱，假设在第 (i,j) 网格中，图像像素的最小值和最大值分别落在第 k 和第 l 个盒子中，则 $n_r(i,j)=l-k+1$ 为此网格中对应的图像灰度值所落入的盒子数，则对整个图像有：

$$N_r=\sum_{i,j}n_r(i,j)$$

则分形维数定义为

$$D=\lim\frac{\log_2(N_r)}{\log_2\left(\frac{1}{r}\right)} \tag{8-30}$$

将一系列的盒子数与边长取对数，利用最小二乘法进行拟合，所得直线的斜率绝对值即为图像的分形维数。

8.5.2 面向成像差异的 SAR 匹配区层次选取法

近年来，多颗高分辨率 SAR 卫星的发射为 SAR 成像制导基准图制备提供了数据基础。但是，由于 SAR 实时图与 SAR 基准图来自不同载体的 SAR 传感器，不同的载体运动特性、不同的雷达波段、不同的入射角和成像时间等会导致实时图与基准图之间存在较大差异，直接表现为同一地物在基准图和实时图中具有不同的灰度特性。因此，在进行 SAR 景象匹配区选取时，除了要考虑 SAR 图像特征的稳定性和易匹配性外，还需要考虑不同 SAR 传感器之间地物特征的差异性，设计适应 SAR 成像制导的匹配区选取准则。

本节以 SAR 图像为例，介绍景象匹配适配区的选取方法。在进行景象匹配区选取时，区域的稳定性、信息量、唯一性是需要重点考虑的因素，同时，由于地形起伏会导致 SAR 图像存

在较大的几何畸变，因此，景象匹配区选取时应尽量避开地形起伏较大的区域。因此，可以采用如图 8-20 所示的层次选取法，逐层筛选出合适的匹配区，使得匹配区具有较强的稳定性和较大的信息量，并排除匹配区存在地形起伏和重复模式的情况。

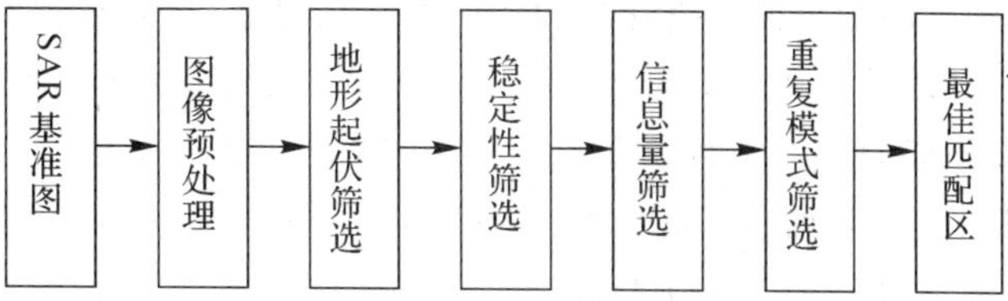

图 8-20　层次选取法

1. 地形起伏筛选

描述地形起伏的特征参数包括图像的高程标准差、高程极差和分形维数等。

SAR 图像的成像原理导致了地形起伏对 SAR 图像具有顶部位移、透视收缩、阴影等影响，上述影响导致地形起伏较大区域里的 SAR 图像存在着严重的几何变形。无论对基准图还是实时图，这种几何变形都不可避免，并且由于基准图与实时图是由不同传感器在不同成像条件下获得的图像，这种几何变形程度也随之存在差异，这种几何变形与微波入射角密切相关，如图 8-21 所示。如果基准图与实时图的成像入射角接近，那么两图的几何变形也相似，图像中的结构信息比较接近，这种情况下基准图中地形起伏区域可以选取作为景象匹配区域；如果两次成像的入射角相差较大，那么两图的几何变形程度也会相差较大，图像中的结构特征差异较大，这种情况下基准图中地形起伏区域应当尽量避免被选取为景象匹配区域。

因此，在进行地形起伏筛选时，可以结合微波入射角与地形起伏特征参数进行。首先根据基准图和实时图成像的先验信息获取入射角参数，如果两者入射角比较接近，则该区域可以进入下一步的筛选；如果两者入射角差别很大，则根据该区域的地形图计算地形起伏特征，如果特征表明该区域的地形起伏较大，则该区域被放弃作为匹配区的候选区域。

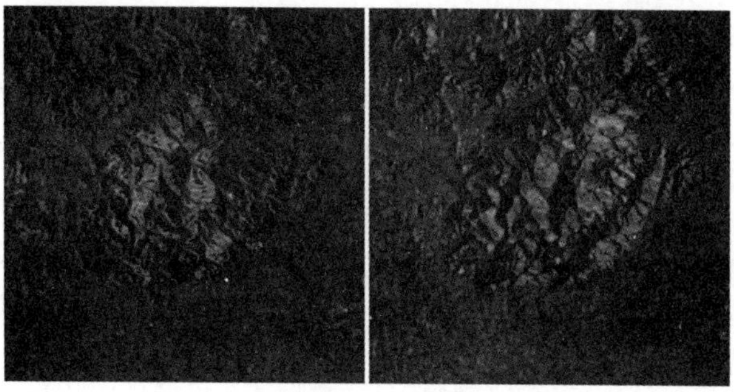

图 8-21　地形起伏导致的图像差异

2. 稳定性筛选

进行景象匹配时，匹配区内的地物应尽可能地不随时间而变化，以保证当成像于不同时间不同条件的基准图和实时图进行匹配时，两图中不包含因地物变化而导致的图像差异。根据经验可知，农田、草地等植被会随着季节变化而变化，因此属于不稳定地物；居民区、工厂等建筑物区域不会随着时间而变化，结构纹理特征比较明显，属于基本稳定地物；桥梁、机场跑道、水体等地物目标则因为具有特殊的几何结构，与背景存在显著差异，因此属于稳定地物。在一幅基准图中进行匹配区选取时，应按照稳定地物—基本稳定地物—不稳定地物的顺序来进行。

下面从成像差异的角度对上述地物进行稳定性分析。

(1)植被区域。雷达图像是根据雷达接收到的回波信号形成的，故回波信号的强弱程度决定了图像的灰度大小。回波信号强，反映在图像上的灰度值就大；回波信号弱，灰度值就小。地物的回波信号强度与后向散射系数 σ 有关。图 8 - 22 给出了一个植被地面的后向散射系数 σ 与雷达频率和入射角的关系曲线，可以看出，对于同一植被，雷达频率不同，σ 也随之不同。例如，X 波段的频率范围为 8～12.5 GHz，Ku 波段的频率范围为 12.5～18 GHz，当入射角 β 一定时，Ku 波段对应的 σ 均大于 X 波段对应的 σ。

一般情况下，基准图与实时图不会由同一传感器使用同样波束频率以同样的入射角度进行成像，因此两幅图像对应的植被的后向散射系数不同，即使是同一地区，在两次成像间没有明显的特征地物变化，最终的图像在灰度上也会存在差异。

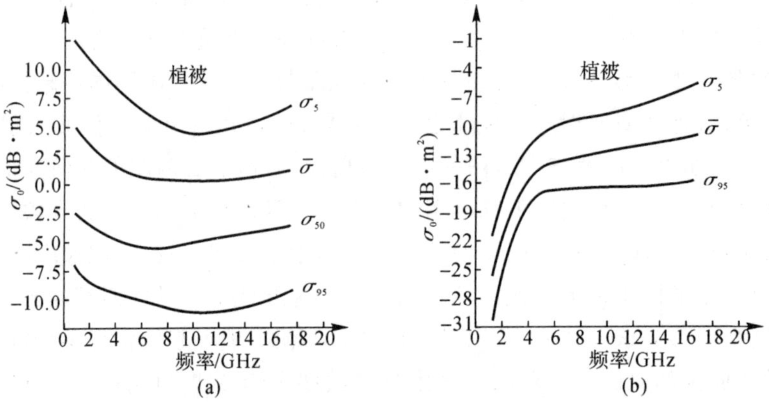

图 8 - 22　σ 与雷达频率、入射角的关系曲线

(a)$\beta=0°$；(b)$\beta=60°$

因此，在进行地物稳定性筛选时，植被这类典型地物不具备季节稳定性，也不具备波段稳定性，导致成像于不同波段、不同入射角、不同时间的基准图和实时图具有较大的特征差异性，容易出现误匹配或匹配精度不高的情况，因此不适宜作为 SAR 景象匹配区，实际应用时应当尽量避免。

(2)建筑物区域。居民区、工厂等人造目标区域主要由具有一定高度的立体建筑物组成，其 SAR 图像特性与山区相似，受成像入射角的影响较大。当基准图与实时图以不同的入射角成像时，图像中上述特征也会随之不同，给图像匹配带来困难。然而，与自然形成、有一定坡度的山区不同，居民区、工厂等建筑物为人工建筑，墙壁与地面的夹角近乎垂直，故在墙地线处，主要受二面角反射的影响，其反射强度更大。此外，建筑物对入射雷达波信号的遮挡导致被遮挡区域在 SAR 图像中表现为黑色阴影区域，建筑物屋顶的平整程度与材质导致了屋顶区域在 SAR 图像中以亮区域或暗区域出现。因此，建筑物区域在 SAR 图像上主要由高亮线条、阴影区域与亮斑区域构成，灰度变化比较剧烈，结构特征清晰明显。此外，建筑物通常排列比较整齐，形成具有一定规律的明暗相间的纹理。但是，当建筑物区域由低矮密集的建筑物聚集而成时，SAR 图像中建筑物特征受斑点噪声和二面角影响，出现杂乱无序的亮斑，结构特征和纹理特征表现不够明显，难以对单个建筑物进行区分。因此，从这个意义上说，建筑物区域属于基本稳定区域。

(3)机场道路区域。对于机场、道路等大型平面人造目标，材质主要为沥青或水泥，表面光滑，主要发生镜面反射，因此在 SAR 图像中体现为较暗的条状弱散射体，具有稳定的成像特性。类似的，河流、池塘、湖泊等流速平稳的水体，其表面也容易发生镜面反射，在 SAR 图像中表现为暗色调，与周围地物存在较大的反差。这类地物由于灰度特征和结构特征均非常明显，在基准图和实时图两次成像间具有较好的稳定性，并且受成像波段差异的影响较小，因此通常被视为稳定地物，是进行 SAR 景象匹配区选取时的首选区域类型。

3. 信息量筛选

在景象匹配过程中，匹配区要有足够多的信息才能够进行准确的匹配定位，这是景象匹配区选取的基本要求。如果信息量很少，如沙漠、戈壁等开阔平坦的大面积区域，显然无法完成景象匹配定位的要求。描述信息量的特征参数包括图像方差、信息熵、边缘密度、独立像元数等。理论分析和实践表明，匹配概率与图像的相关长度或独立像元数有着显著的关联。例如，对于沙漠或戈壁而言，其独立像元数为零，将其作为匹配区时，子区域之间的灰度纹理特性非常相似，很容易导致误匹配，因此是匹配区选取时应当尽量避免的区域。

相关长度或独立像元数易受 SAR 图像相干斑噪声的影响，不能准确反映 SAR 图像实际包含的信息量的大小，因此实际运用中常常将独立像元数和边缘密度综合使用，全面衡量 SAR 图像信息量。

边缘密度受边缘提取的影响较大，采用不同的边缘提取算子对 SAR 图像进行边缘检测，提取得到的边缘是有差异的，并且，边缘图像中细节信息非常丰富，无意义的杂乱边缘点太多，不能清晰反映目标的主要轮廓信息和几何结构特征。因此，需要对边缘图像进行处理，保留稳定的、具有一定长度的、在景象匹配中发挥作用明显的边缘线段，用以生成最终的边缘特征图像。

4. 重复模式筛选

基准图中可能重复存在一些灰度特性、几何特性或纹理特性比较相似的子区域，这些子区域通常造成误匹配，降低匹配概率和匹配精度。理想的基准图中的地物应具有唯一性，即重复模式应尽可能少。因此，重复模式的多少成为衡量匹配区适配性的重要指标，也是匹配区选取时需要考虑的重要步骤。描述匹配区重复模式的特征参数主要是基于相关面的主次峰值比和最高峰尖锐度等。

在预选基准图中任一位置截取与实时图相同尺寸的基准子图，对其进行畸变处理作为匹配运算中的实时图，然后利用匹配算法对实时图和基准图进行匹配运算，得到对应的相关面。计算基于相关面的主次峰值比等指标，如果相关面存在多个与最高峰比较接近的次高峰，则说明基准图中存在多个与该基准子图相似的子区域，如果将该基准子图所在区域作为匹配区，则该匹配区不具有匹配的唯一性，容易发生误匹配。

8.5.3 基于机器学习的景象匹配适配区选取

SAR 景象匹配适配区选取是指利用输入的星载 SAR 参考图，以及给定的成像参数等条件，结合目标背景及成像传感器特性，选取适合匹配定位的子区。子区适配性可归结为模式识别中的两类分类问题，即输入子区的多维统计特征向量，输出为该子区是否适合匹配的二值问题。因此，SAR 基准图适配子区选取准则的建立，可以运用模式识别理论，采用有监督学习方法，通过计算各子区特征，建立特征与子区适配性之间的映射关系。

基于机器学习的景象匹配适配区选取流程图 8-23 所示。

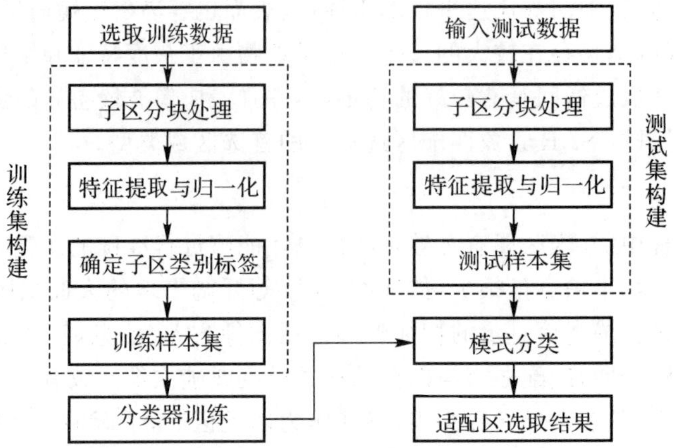

图 8-23 基于机器学习的景象匹配适配区选取流程

可以看出，基于机器学习的景象匹配适配区选取流程与其他类型的模式分类问题(如第 7.4.3 节的变化检测问题)基本一致，差别在于各个具体问题中的训练样本集构建和分类器选取不同。下面对这两个步骤详细介绍。

1. 训练样本集构建

(1)子区分块处理。输入的训练数据包括大幅面星载 SAR 图像和对应同一场景的 DEM 数据，将 DEM 数据进行数据重采样，与 SAR 图像对齐。从图像左上角开始，从左到右，自上而下，截取一定尺寸的子图作为参考图子区。

(2)特征提取与归一化。特征参数应准确而简洁地表征景象区域的适配性能且具备良好的区分能力，遵循能够反映景象中的信息丰富程度、稳定特征、地物独特性和显著特征的选取原则。可选取表 8-1 中基于灰度、特征和 DEM 数据的多维特征参数等。

表 8-1 景象特征参数统计表

基于灰度	基于特征	基于地形起伏
方差 散度 Otsu 前景密度 自相关面主次峰值比	稳定边缘密度 角点响应值 结构特征	DEM 标准差 DEM 高程极差

计算每个子区的多维特征参数，并对其归一化构成综合特征向量，作为分类器的输入数据。其中，对各维特征进行归一化处理的目的是消除特征之间的数值差异对分类结果的影响，使各维特征信息对分类判决平等地发挥作用，可以借助某种函数把这些特征值归一化至某个无量纲区间，使每个维度的特征值都分布在特定区域内。

(3)确定子区类别标签。以每个子区作为基准图，并采用模拟实时图，利用去均值归一化积相关算法对子区与对应的子图进行匹配，匹配精度满足预设阈值即被视为匹配成功，否则被视为失败。当某子区内的若干个子图均匹配成功，则认为该子区适配，否则认为不适配。把判定为适配区的子区标记成“＋1”，非适配区的子区标记成“－1”，进而得到每个子区的类别标签。

模拟实时图可以用以下方法产生：

方法一，每张子区中随机截取若干个子图，并添加各种畸变和噪声，作为模拟的实时图。

方法二，采用同一场景、不同时间拍摄的 SAR 图像，从相应位置截取若干个比子区尺寸小的子图，作为模拟的实时图。

2. 分类器选取

根据构建的训练样本库，选用合适的分类器，对分类器进行训练，并利用训练得到的分类器对测试样本进行分类，最后根据分类结果对候选参考图适配区进行预测。

如前所述，SVM 适用于训练样本数量较少情况下的有监督模式分类。当构建的训练样本库样本数量较少时，可以采用 SVM 分类器。

当训练样本库样本数量较多时，可以采用卷积神经网络作为分类器。当选用卷积神经网络时，无须对图像子区进行特征提取与归一化处理，直接将图像和 DEM 数据作为网络的输入，对网络进行训练。

思　考　题

1. 简述景象匹配的基本原理和实现过程，解释下视景象匹配和前视景象匹配的区别和联系。

2. 简述红外成像制导的工作流程。

3. 简述 SAR 成像制导的工作流程。

4. 介绍灰度相关法的基本原理和实现过程。

5. 采用灰度相关法进行图像匹配时，为什么要对图像进行归一化和去均值的处理？

6. 简述相位相关法的实现过程，说明相位相关法为什么能提高匹配速度？

7. 为什么金字塔分层匹配能提高匹配速度？简述高斯金字塔和小波金字塔的生成过程。

8. 简述基于梯度矢量的模板匹配算法的基本原理和实现步骤。

9. 景象匹配适配区选取常用的特征参数有哪些？

10. 基于机器学习的适配区选择算法在研究和使用中的瓶颈问题是什么？

第9章 遥感图像的目视判读

目视判读是通过人眼对遥感图像的观察和研究，识别或推断相应地面目标性质和意义的工作，通常也称为图像判读、像片解释或像片判译。与自动目标识别不同，目视判读是一种人工提取目标信息的方法，使用眼睛目视观察，凭借丰富的判读经验、扎实的专业知识和手头的相关资料，通过人脑的分析、推理和判断，对遥感图像上的各种特征进行综合分析，提取有用的信息。

9.1 目视判读特征

遥感图像是对地面物体电磁波辐射的记录，所以地面目标的各种特征必然在图像上有所反映，并且不同地物在图像上反映出不同的影像特征，这些影像特征是判读的语言，能够帮助人们解释目标性质，是人们区分不同地物的标志。经过长期的判读实践，人们发现图像与相应目标在形状、大小、色调、阴影、纹理、位置布局和目标活动等七个方面有密切的联系，并且可以用这七个特征概括地物所有的影像标志。

9.1.1 形状特征

如图9-1所示，形状特征是指地物的外部轮廓在图像上所反映的影像形状。地物的外部轮廓不同，对应的影像形状也不相同。例如，公路、铁路、河渠等在图像上为带状，运动场则为明显的椭圆形。遥感影像相当于把人眼提高到空中一定的高度上鸟瞰地物，观察到的主要是地物的顶部形状。一般来说，遥感图像的影像形状和地物的顶部形状保持着一定的相似关系。

由于遥感对象和遥感条件的多样性，影像形状和地物形状可能出现较大的差别，使形状特征发生变形。不同类型的遥感图像有不同的投影方式和成像方式，同时也具有不同的影像变形规律，具体的变形情况可参考第3.2节。

当遥感成像，遥感平台出现侧滚或俯仰现象时，得到的图像称为倾斜图像。图像倾斜使地物发生仿射变形，且变形的程度随着倾斜角的增大而增大，它破坏了影像形状和地物形状的相似性。由于航空、航天遥感图像一般是在近似垂直姿态下取得的，图像倾斜比较小，它引起的形状变形对目视判读的影响较小，在判读时一般可不予考虑。

投影误差是由地形起伏或地物高差引起的影像移位。移位的大小不仅与地物的高差有关，而且还与其在图像上的位置和成像方式有关。高于地面的目标，在侧视雷达图像上向底点方向移位，在其他图像上都是背离底点方向移位。显然影像移位将引起影像形状的变化。当高于地面的目标位于像片底点时，图像上只有目标的顶部影像，当其离开底点时，影像形状将由目标的顶部和侧面影像联合构成。

图 9－1　形状特征

9.1.2　大小特征

目标的大小对判读有着重要的作用，它是确定目标类型和判明目标性质的重要依据之一。确定物体的实际大小不仅是目视判读的任务之一，而且也是判定目标性质的有效辅助手段。图 9－2 为一幅机场图像，图中有许多大小不一的飞机，飞机大小不同，其功能和种类也完全不同。

图 9－2　大小特征

地物的大小特征主要取决于图像比例尺。对同一地物来说，图像比例尺大，影像尺寸也大，反之就小。有了图像的比例尺，就能够建立物体和影像的大小联系。在实际的判读中，判读员应该比较准确地测定像片的比例尺，以尽可能精确地确定地物尺寸。地形起伏使图像比例尺处处不一致，对影像的大小有较大的影响。处于高处的地物，相对航高较低，影像比例尺大；处于低处的物体，相对航高较高，影像比例尺小。所以对于同样大小的地物来说，当其分别位于山顶和山脚时，其影像大小是不同的。

地物和背景的反差有时也影响大小特征。当景物很亮而背景较暗时，由于光晕现象，影像尺寸往往大于实际应有的尺寸。与背景反差较大的小路、河流、沟渠、电力线等影像往往超过依比例尺计算出的宽度，特别是在雷达图像中，这些目标因此显得特别明显。

9.1.3 色调特征

地物在灰度图像上表现出的不同灰度层次叫色调特征。在判读中为了描述图像色调，将图像上的色调范围概略分为亮白、白色、浅灰、灰色、深灰、浅黑和黑色七个等级。在全色图像上，影像色调主要取决于地物的表面亮度，而地物的表面亮度与地物的表面照度、地物的亮度系数有关，如图 9-3 所示。

图 9-3 色调特征

物体表面的照度取决于太阳的照射强度及物体表面与照射方向的夹角。地物受太阳光直接照射和天空光照射，地平面上接收的照度大小和光谱成分随太阳高度角而变化。在照度相同的情况下，物体的表面亮度取决于物体的亮度系数。亮度系数是对全色波段来讲的，它是指在照度相同的情况下，物体表面的亮度与理想的绝白表面的亮度的比值。显然，亮度系数越大的物体在图像上的色调就越浅，反之则越深。不同性质的地物具有不同的亮度系数，同一种地物，由于表面形状不同，含杂质和水分数量不同，其亮度系数也有较大的区别。

地物在彩色图像上反映出的不同颜色叫色彩特征。目前获取彩色图像的方法主要是彩色合成，彩色合成的颜色组合非常灵活，既可以生成真彩色，也可以根据判读目的生成特殊组合的假彩色图像。同一物体在两种图像上的色彩特征会明显不同，例如植被在假彩色图像上会以红色显示，在对植被进行判读的应用场合非常适用。因此，在对彩色图像进行判读时，一定要明确判读彩色图像的种类及颜色组合的方法。

9.1.4 阴影特征

图像上的阴影是由于高出地面物体的遮挡，电磁波不能直接照射的地段或使地面热辐射不能到达传感器的地段在图像上形成的深色调影像。阴影有形状、大小、色调和方向等特性，这些特性对确定物体的性质十分有利。

物体遮挡电磁波的有效部分是其侧面，所以阴影反映了地物的侧面形状。阴影的这一特性对判读十分有利。根据地物的侧面形状可以确定地物的性质，特别是高出地面的细长目标，如烟囱、水塔、古塔、电线杆等，它们的顶部影像很小，区分很困难，但根据其阴影的形状就较容易识别或区分这类地物，如图 9-4 所示。

图 9-4　阴影特征

太阳照射产生的阴影长度 L 与地物的高度 h、太阳高度 θ 有关，当地面平坦时，地物高度、阴影长度和太阳高度角有如下关系：

$$L=\frac{h}{\tan\theta} \tag{9-1}$$

因此，当已知成像时间时，可以根据阴影的长度确定地物的高度。

地面起伏对阴影的长度有拉长或压缩效果。当下坡方向与光照方向相同时，阴影被拉长，反之被压缩，如图 9-5 所示。同样高度的物体在太阳高度角相同的情况下，在不同坡度的地段，阴影的长短是不同的。因此在山区不能用阴影的长短来判别地物的高低。

在全色图像和多光谱图像上，阴影方向和太阳光照射方向是一致的。在同幅图像中，由于摄影时间相同，各地物的阴影方向都是相同的。一般情况下，高于地面目标的阴影和它的影像(影像方向在不同图像上是不同的)是不会重合的，除非目标在像片上恰好处于阴影和影像重合的地方。阴影和影像的交点是地物在图像上的准确位置，如图 9-6 所示。另外，在地物和其背景的反差很小的情况下，地物影像难以分辨，这时可以用阴影底部来判定物体位置。微波图像上阴影的方向始终平行于探测方向，且阴影方向和影像方向正好相反。

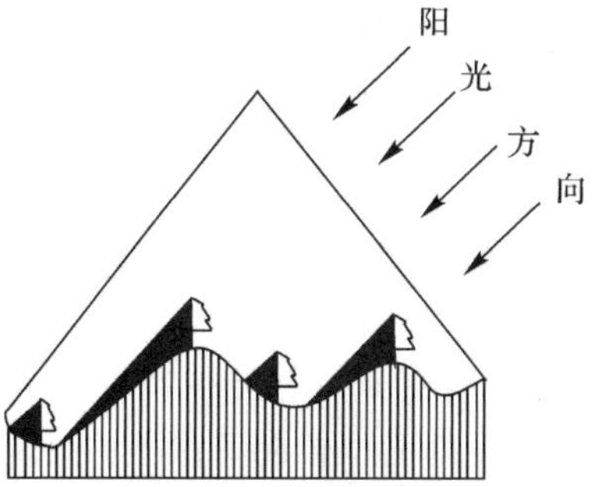

图 9-5　阴影的变形

图 9-6　框幅式图像上树的阴影与影像

阴影在全色图像上的影像为深色调。由于大气散射的影响，阴影的色调也会随着散射的强弱发生变化，特别是对多光谱图像，各波段上阴影的色调是不同的。地物阴影地段虽然没有太阳光的直接照射，但受天空光的照射，而天空光主要是大气散射的蓝光，所以在蓝色波段的图像上阴影的色调与影像的反差最小，在阴影内还可以识别其他地物的影像。随着摄影波长的增大，阴影的色调将变深。近红外波段受大气散射的影响很小，在这个波段，阴影和影像的反差很大。在微波图像上，阴影总是黑色调影像。

从以上讨论可以看出，阴影特征对确定图像方位、地物性质、地物高低及地物位置等方面是很有利的。但是，阴影也会遮挡其他较小物体，容易造成漏判。

9.1.5 纹理特征

细小物体在图像上有规律地重复出现所形成的花纹图案叫纹理特征。纹理特征以点状、粒状、线状、斑状的细部结构和不同的色调呈一定的频率出现。如图 9－7 所示，一些典型地物目标具有特定的纹理特征，根据这种纹理特征可以对其进行判读识别。例如，针叶树和阔叶树的纹理分别为点状和粒子状；根据沙漠地区影像的纹理图案可以区别沙漠的类型（波状沙丘、新月形沙丘、多垄沙丘、窝状沙丘等）；盐碱地呈浮云状的纹理等。

纹理特征受图像比例尺的影响较大。在大比例尺图像上，集团目标中的每个单元都清晰地成像，纹理特征不明显或不能形成。在小比例尺图像上，大多数集团目标都出现了明显的纹理图案。所以纹理特征在小比例尺图像的判读中更有意义。

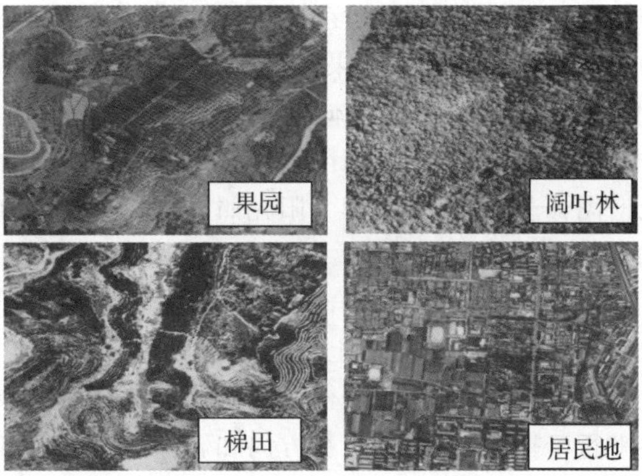

图 9－7 典型地物的纹理特征

9.1.6 位置布局特征

位置布局特征是指地物的环境位置以及地物间的空间位置配置关系在图像上的反映，也称为相关特征，它是重要的间接判读特征。

自然界中的物体之间往往存在着一定的联系，有时甚至是相互依存的，如桥梁与水系、居民地与道路、土质与植被、地貌与地质等。因此物体所处的位置在图像上的反映也是帮助判读人员确定物体属性的重要标志之一。

对于大型的组合目标而言，它们的每一个组成单元都是按照一定的位置关系配置的。以图 9－8 所示的机场为例，它由跑道、滑行道、停机坪、油库等目标组成，这些目标根据不同的作用，相互之间有一定的位置关系，例如滑行道、停机坪要靠近跑道，油库、弹药库则要远离跑道。

图 9-8　机场目标

9.1.7　活动特征

活动特征主要用于实时判读，特指目标活动所引起的征候在图像上的反映。例如，飞机起飞后，由于飞机的余热，在热红外图像上会留下飞机的影像；坦克在地面运动后的履带痕迹也会在图像上有所反映，舰船行驶后在水面留下的尾迹等(见图 9-9)。这些活动特征对认识目标的状态和发展趋势有很重要的意义。当其他特征不明显时，活动特征成为主要的识别特征。

图 9-9　舰船尾迹

9.2　目视判读方法

9.2.1　目视判读前的准备

目视判读前需进行以下准备工作。

1. 资料选择与收集

遥感图像记录的仅仅是某一成像时刻某一波段区间的地物信息，而不是地物目标的全部信息。因此目视判读资料选择得正确与否，直接影响到判读效果。不同的资料是具有不同用途的，研究不同的问题需要选择合适的判读资料。

由于不同的成像方式对地物的表现能力不同，图像的特征也相应不同，所以在目视判读时，需要选择收集合适的遥感图像类型，例如全色影像、多光谱图像、热红外影像或雷达影像等。

由于各类地物的电磁辐射特性各不相同，因此应根据地物波谱特性曲线选择最有利的波段进行判读，例如对植物进行判读可以采用绿色波段和近红外波段，对水体进行判读则可以采用近红外波段。

由于判读目标不同，要求不同，采用最佳的影像比例尺也相应不同，不是比例尺越大越好。不适当地扩大影像比例尺不仅造成浪费，而且不一定有好的判读效果。

由于季节不同，环境变化因素较大，所获得的图像也相应不同，因此需要根据判读目的选择合适的成像时间。例如对于地质地貌判读最好选择冬季图像，此时植物枯谢，岩石地表裸露；对于植被类型的判读一般要用春秋季图像，此时季相变化明显。

对于变化缓慢的地物目标或自然现象，有时只需选择特定波段、特定时间、特定比例尺的影像即可实现判读。对于动态变化的地物目标或自然现象，则需要多波段、多时相、多比例尺的影像进行对比分析才能完全掌握它的动态变化。

此外，在判读前应尽可能搜集判读地区的原有的各种资料，包括历史资料、统计资料、各种地图及专题图，以及实况测定资料和其他辅助资料等，以提高判读效率和判读精度。

2. 判读设备的选择与准备

目视判读的目的一般为影像观察、影像量测和影像转绘，相应地，影像判读设备也分为这三类。因此，目视判读中应根据判读目的选择准备判读设备。影像观察设备比较简单，一般可用放大镜和各种立体镜。影像量测中的坐标和高程量测可使用各种摄影测量仪器或软件，面积量算可用求积仪、格网，或直接用计算机判读后的栅格专题图或矢量分类图统计。影像转绘是判读中的一个重要环节，在像片上勾绘出判读类别后，应转绘到地图上，经整饰后，作为最后的成果输出。转绘可以用专门的转绘仪进行。

此外，为了提高目视判读的视觉效果，还需使用各种图像增强处理设备。由于计算机图像处理系统的发展，现在目视判读大多在计算机屏幕上进行，用图像合成、叠加、融合及增强等各种手段，使图像上的信息显示得特别清楚，在与地图叠加时可比较和分析，进行修测和更新，也可直接在屏幕上绘图。目前大多软件中可以建立注记层、矢量层或专题层，将影像放在背景上，直接利用工具箱中的各种功能将判读结果绘在透明的注记层、矢量层或专题层上。

9.2.2 目视判读的一般过程

目视判读是人对影像的视觉感知过程，它运用判读人员的经验和思维，把对影像的感性认识，通过分析、比较、推理、判断，转变为定性和定量的结论。所谓定性，就是确定目标的性质和意义，定量则是确定目标的大小、长宽、高低、位置等，只有二者的完美统一，才真正达到判读的目的。

因此，目视判读包括图像识别和图像量测两部分工作，图像识别通过观察图像，综合运用判读特征，确定判读对象的性质。图像量测是以遥感图像为基础，测量和计算目标的大小、形状、数量等特征。遥感图像目视判读是以图像识别和图像量测为基础，通过演绎和归纳，从影像中提取目标的信息的过程。

既然判读是一个认识过程，那么判读时应该遵循人对事物的认识规律，既要抓住主要判读特征，又要综合运用其他判读特征进行分析和判断。例如，河流、道路等线状地物的判读特征主要是形状；对工厂的识别主要是位置和布局特征；森林树种的区分主要是纹形图案特征；土壤含水量的识别则主要是土壤色调。但是只靠单一的识别特征是不可靠的，还要运用其他特征进行综合分析和验证。如同为线状地物的公路和铁路，还要根据色调区别；形状、色调相同的水渠和道路，则根据位置特征及同其他地物的联系来区分。

总之，判读时应根据图上显示的各种特征和地物的判读标志，先大后小，由易入难，由已知到未知，先反差大的目标后反差小的目标，先宏观观察后微观分析等，并结合专业判读的目的去发现目标。在判读时还应注意除了应用直接判读标志外，有些地物或现象应通过使用间接判读标志的方法来识别。当目标间的差别很微小，难于判读时，可使用图像增强的方法来提高目标的视觉效果，最终达到发现目标的目的。如果是多光谱图像，可以利用彩色合成等方法对其进行彩色增强处理，这样在增强以后的图像上进行判读比在单波段图像上进行判读要容易得多。

综合利用判读特征确定图像上目标的性质和大小、形状等数量特征以后，按照技术要求将其用专门的符号在像片或图纸上表示出来。如果目视判读是在计算机屏幕上进行的，则可以在遥感图像处理软件的支持下，利用鼠标将判读结果采集下来。如果在判读以前已经将图像规划到了某个地理坐标系中，则采集到的数据可以直接进入地理信息系统（Geographic Information System，GIS）等信息系统。

9.2.3　目视判读的观察方法

从单幅遥感图像上只能获得目标在二维平面中尺寸、数量多少等信息，通过立体观察才能获得目标的三维信息。立体观察需要借助一些专门的设备才能进行。立体观察是根据生理视差可以产生立体视觉的原理，利用在空间两个摄站对同一地区进行摄影而得到的具有一定重叠度的两张图像（称之为立体像对，如图 9－10 所示的左像与右像），采用立体观察设备，实现左眼看左影像、右眼看右影像的目的，从而获得目标的立体信息。

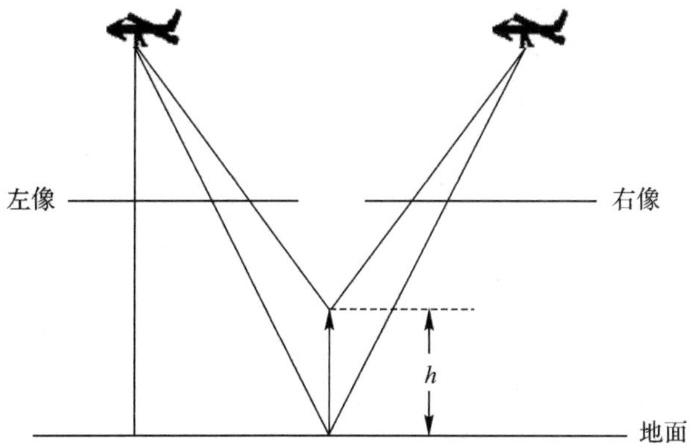

图 9－10　立体像对的获取

1. 立体视觉原理

视力是视觉器官完成视觉任务的能力。通常以在一定距离和一定的光照条件下能辨别的最小目标作为视力的指标。在目视判读中，视力一般以辨别的最小目标对眼睛所张的角度大小来表示。正常人的人眼分辨率为 $1'$，如果目标相对于眼睛的张角小于 $1'$，则人眼不能对其分辨。因为线状目标在视网膜上构像为一线段，落在一系列的感光细胞上，所以人眼对线状目标的视力比对点状目标要高。并且，视力受照度和目标与背景的反差的影响很大，照度越强，反差越大，则视力越高。

双眼观察时，同一景物在左、右眼中分别构像，经视觉神经和大脑皮层的视觉中心作用后凝合成单一印象，而感觉到被观察物体的立体形态，产生立体感。这种观察叫作天然立体观察。如图 9-11 所示，双眼观察时，双眼的视轴要交会于景物区的某一点，这个点叫凝视点，同时眼睛自动调节视网膜到水晶体的距离，使影像清晰。这与摄影时的调焦过程有点相似，凝视点相当于调焦的参考点。凝视点成像在视网膜中心，在凝视点附近的物体在左右视网膜上的成像位置离网膜窝的距离不同，它们对于网膜窝弧长之差称为生理视差。在图 9-11 中，A 点、B 点的生理视差分别为

$$\left.\begin{aligned} P_A &= \overline{f_1 a_1} - \overline{f_2 a_2} \\ P_B &= \overline{f_1 b_1} - \overline{f_2 b_2} \end{aligned}\right\} \tag{9-2}$$

当弧长位于网膜窝左方时，生理视差为正，位于右方时为负，在网膜窝中心时为零。不同远近的目标具有不同的生理视差，图 9-11 中 A 点比 F 点远，生理视差小于 0，B 点比 F 点近，生理视差大于 0。如果 A 点、B 点与 F 点没有远近差别，则生理视差都等于 0。因此生理视差是产生立体视觉的根本原因。

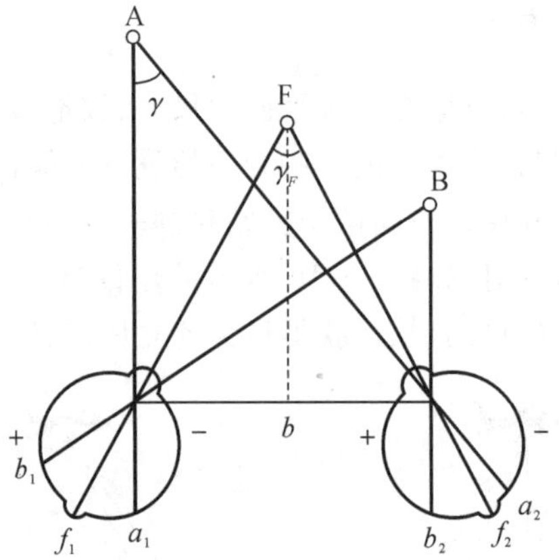

图 9-11 立体视觉

2. 立体观察

在不同的摄影位置对同一景物拍摄的两张图像称为立体像对。在一定条件下观察立体像对能产生立体效果。目前立体观察主要用于从航摄影像和具有立体观测方式的卫星影像上测量地面目标的三维几何信息。

由于立体像对是在不同位置获取的两张图像，所以不同高低的物体在立体像对上的左右视差是不同的。在对自然景物进行双眼观察时，产生立体感的原因是景物远近所形成的生理视差的不同。当双眼对立体像对的左、右片分别同时观察时，立体像对的左右视差就转换成了人眼的生理视差，因此同样可以产生立体感觉。但是，为了获得较好的立体效果，在对像对进行立体观察时，必须满足以下几个条件：

(1)两幅图像必须在不同方位对同一景物遥感获得；

(2)两眼必须分别观看左、右图像上的同名地物影像(即分像)；

(3)像对安置时，同名像点的连线(或像片基线)必须和眼睛基线平行；

(4)两幅图像上同名像点的距离必须和眼睛基线相当；

(5)两幅图像的比例尺相对误差不超过 16%，如果超过这个数值，则超出了人眼的调节范围，大脑无法将其合成立体形态，这时只能用变焦判读仪进行观察才能看到立体。

像对立体观察一般借助立体观察仪器进行，数字图像的屏幕立体观察设备以双色/偏光镜为代表。双色/偏光镜的工作原理是，对于两张立体图像对，通过光学滤光或光学偏光等手段强制性地将左图像输入到左眼、右图像输入到右眼，从而获取立体感觉。

对双色镜来说，就是将左、右图像分别用两种互补色(如红色与蓝绿色)同时显示在计算机屏幕的同一位置上，然后用相应的互补色眼镜进行分光，使左眼只能看到左图，右眼只能看到右图。

偏光镜是利用液晶的旋光作用和偏振片的选光作用来实现立体观察的。首先左、右图像交替显示在屏幕的同一位置，在屏幕前面放置一块液晶偏振调制板，在同步控制信号的作用下，将左、右图像的光线分别调制为相互正交的偏振光。当观察者戴上特制的偏振镜时，左眼只能看到左图像，右眼只能看到右图像，从而达到分光和立体观察的目的。

这两种立体观察方式都是将立体像对中的左右影像显示在计算机屏幕的同一位置上，为了获得较大视场范围内的立体视觉效果，一般需要利用立体像对中左右影像之间的相对方位元素对左右影像进行重采样处理，得到核线影像对(核线影像对是指左右影像上所有同名点之间只存在左右平移关系，而没有上下错位的立体像对)，使整个视场范围内的影像只存在左右视差，而没有上下视差。在计算机立体观察条件下，可以利用摄影测量软件包提供的工具将目视判读的结果(包括几何数据和属性信息)采集下来，供 GIS 等使用。

9.3　典型图像的判读

9.3.1　热红外图像的判读

在第 1 章曾介绍过，实际地物的热辐射功率与温度 T 和发射率 ε 成正比，其中温度对热辐射的影响更大。在热红外图像上，灰度与辐射功率呈函数关系，因此，地物与背景的温度差异直接导致热红外图像上地物与背景的灰度差异。所以热红外图像适合用于判读热辐射较强的地物目标，如热电厂、导弹尾焰等。

色调特征是热红外图像判读时主要使用的特征。热红外图像中，目标温度越高，灰度值越大，因此比背景温度高的地物都以亮色目标出现，色调越暗表示辐射温度越低。例如，一般情况下，热红外图像中人工热源色调呈白色，土壤色调呈浅灰色，水的色调较浅，水泥、沥青路面色调较浅，农作物色调较深。

热红外图像中，目标形状可能发生变形。因为目标温度越高，向周围辐射的热量越大，导致图像中目标周围灰度值升高，目标轮廓不规则地扩大。并且，实际情况下，受周围物体的热辐射、目标表面纹理、场景中其他地物的干扰等因素的影响，还可能出现目标内部辐射不均匀、目标与背景界限不明显等情况，增加了目标判读的难度。

图 9－12 是一张比较典型的热红外图像，显示来自一家火力发电厂加热过的冷却水排放到了密歇根湖。这幅白天的热图像表明了该厂制冷系统循环使用加热过的水。开始时，加热过的水流向右边，右上方的风导致了热水流倒流，最终流回到了进水的通道。加热过的水温比湖泊周围的环境温度高，因此在热红外图像中色调较亮。

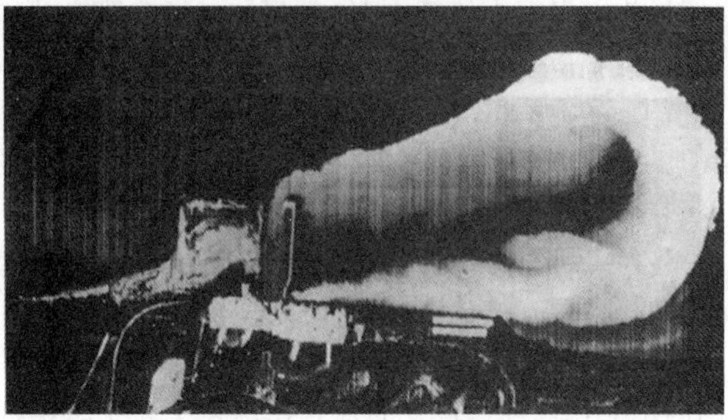

图 9－12　美国威斯康星州 Oak Creek 发电厂白天热图像

图 9－13 为一幅热电厂冷却塔的热红外图像。冷却塔的主要功能是将携带废热的冷却水在塔内与空气进行热交换，使废热从塔筒出口排入大气，冷却过的水由水泵再送回锅炉循环使用。因此，与背景相比，冷却塔内具有较高的温度，在根据温差成像的红外图像中表现为高亮目标，并且塔身灰度比较均匀，其形状一般具有双曲线特征。

图 9－13　热电厂冷却塔

由于一切军事目标（如海洋中的舰船、地面部队行动及各种装备、空中的飞机导弹等）都散发热量，发出大量的红外辐射，而红外成像具有全天时的优势，可以不分昼夜地对敏感目标进行侦察监视，因此热红外图像在侦察判读方面具有非常广阔的用途，例如美国导弹预警卫星上装载的热红外成像仪可以探测到导弹尾焰，监视导弹的飞行方向，提供来袭导弹预警信息；海洋监视卫星上装载的热红外成像仪可以用来探测和跟踪海洋上的舰船，并能通过水面航迹与周围海水的温差探测海水下的潜艇。

9.3.2　多光谱图像的判读

如前所述，多光谱图像能表示出地物目标在不同光谱段的反射率变化，因此，将多光谱图像与各种地物的光谱反射特性数据联系起来，可以正确判读地物的属性和类型。例如，某些典型地物在某些波段上具有特殊的光谱反射特性，易于与其他地物区别开来，所以多光谱图像适合用于判读这些具有特殊光谱反射特性的地物目标，如植被和水体等。

多光谱图像的常用判读方法是，基于对待判读对象的光谱反射特性知识的了解，选择合适的光谱波段图像，在此基础上进行以下判读：

1. 单波段图像判读

植被在可见光波段只反射部分绿光，近红外强烈反射，因此，植被在绿色波段和近红外波段图像上光谱反射特征明显，色调较高，易于判读。

水体在各波段反射都较弱，绿色波段反射稍强，近红外波段吸收严重，因此水体的总体色调为偏蓝黑，在近红外波段呈深色调，与周围的植被和土壤有明显的反差，很容易识别和判读。因此在遥感中常用近红外波段确定水体的位置和轮廓。

2. 假彩色合成图像判读

假彩色合成显示是多光谱图像判读的一种有效方法。假彩色合成图像上的颜色表示了各波段亮度值在合成图像上所占的比例，这样可以直接在一张假彩色图像上对地物进行判读。如前所述，如果对包含植被的多光谱图像进行假彩色合成，以近红外波段图像作为红色分量，则在合成图像中植被以红色显示，具有非常明显的判读特征。

3. 光谱特征图像判读

从原始多光谱图像出发，通过各种图像变换（如比值处理等）提取出颜色、灰度或者波段间的亮度比等目标物的光谱特征，如 NDVI 特征，生成特征图像，对特征图像进行判读。例如，植被在 NDVI 特征图像上具有较高色调，非常易于判读。

另一种判读方法是对多光谱图像进行变换增强，然后对变换后的图像进行判读。例如，对 TM 图像进行缨帽变换，可以获得亮度、绿度和湿度图像，每张图像均具有明确的意义，其中亮度信息、植被信息和水体信息分别得到了明显增强，对其进行判读可以获得植被和水体的相关信息。对多光谱图像进行 PCA 或 MNF 变换，通过保留包含主要地物信息的前几个分量，省略代表噪声信息的最后的分量，可以在突出主要信息的同时抑制噪声。在此基础上进行彩色合成显示，可使地物信息得到增强，更加有利于目视判读。

9.3.3　雷达图像的判读

由于雷达图像独特的成像机理，它不像可见光图像那样，地物目标形状与人眼观察情况具有高度的吻合性，并且由于斑点噪声等因素的影响，雷达图像的可解译性较差。但雷达图像所具有的独特优势使其成为了可见光图像判读最有效的补充，其优势主要体现在以下几方面。

(1)雷达具有全天时、全天候、大范围远距离的成像特点。在对图像获取实时性要求较高的情况下，如自然灾害时，出于天气的原因，往往不能及时得到其他图像，只能用雷达图像进行判读，以获取最新的灾情信息。

(2)微波有一定的穿透能力，且波长越长其穿透能力越强，对于地下目标探测十分有利，如埋于地下的古建筑、古河道、地下水资源及地下岩层结构的识别等；

(3)可对动目标进行跟踪和指示。在对雷达图像进行判读时，同样可依据前述的七大判读特征，但雷达成像特点决定了这些特征有其独特性，其中色调特征最为突出。雷达图像记录的是地物目标对雷达发射信号的后向散射强度。地物的微波后向散射特性主要依赖于微波入射角、地物的介电常数和表面粗糙度，这三个参数共同决定了雷达图像的色调。

如图 9-14 所示，入射角指入射雷达束与地面法线间的夹角，入射角越小，后向散射越强，入射角的变化会引起雷达图像上地物目标色调的变化。图中入射波束 C 所得到的雷达图像色调较亮，入射波束 A 所得到的雷达图像色调较暗。

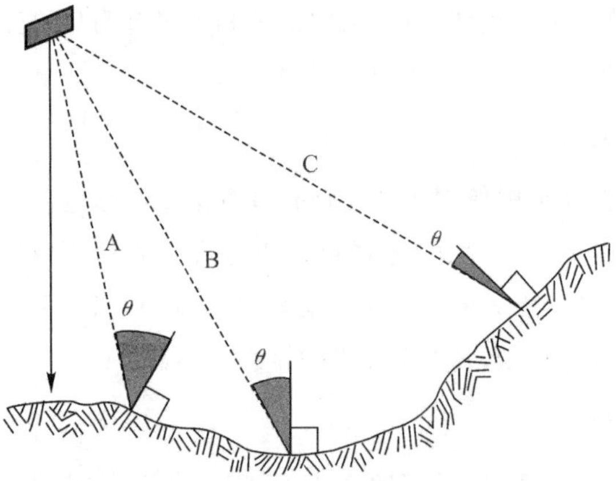

图 9-14　入射角

介电常数是不同材料的反射率和传导率的一种指标。一般金属物体介电常数很高，反射雷达波很强，如金属桥梁、铁轨、铝金属飞机、坦克等，因此在雷达图像上能非常容易地获得车辆、战船、飞机等重要目标的位置和数量。如果已建立了这些目标的后向散射模型，则可进一步对其型号进行识别。介电常数高的地物目标在雷达图像上以亮色调出现，如图 9-15 所示的坦克目标。

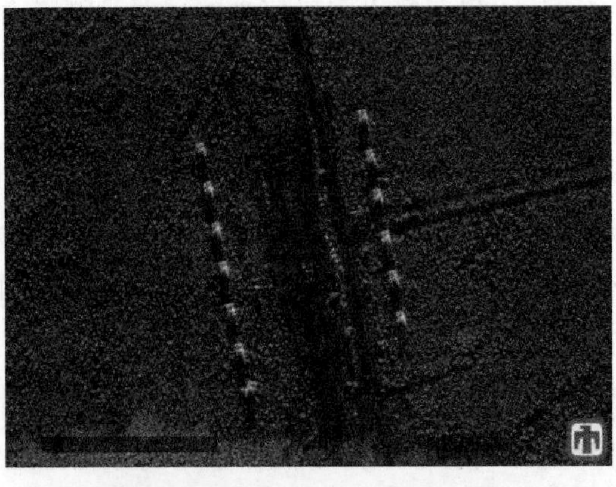

图 9-15　SAR 图像中的坦克目标

表面粗糙度与入射波长一起决定散射类型,如图 9－16 所示。地面地物微小起伏如果小于雷达波波长,则可看成“镜面”,镜面反射雷达波很少返回到雷达接收机中,因此显得很暗;当地面微小起伏大于或等于发射波长时会产生漫反射,雷达接收机接收的信号比镜面反射强。另外一种称为“二面角反射”,其反射波强度更大,通常发生在建筑物的墙地线处,因此雷达图像上建筑物墙地线通常以亮色调出现,而光滑屋顶则以暗色调出现。图 9－17 给出了一组建筑物目标的 SAR 与可见光图像。

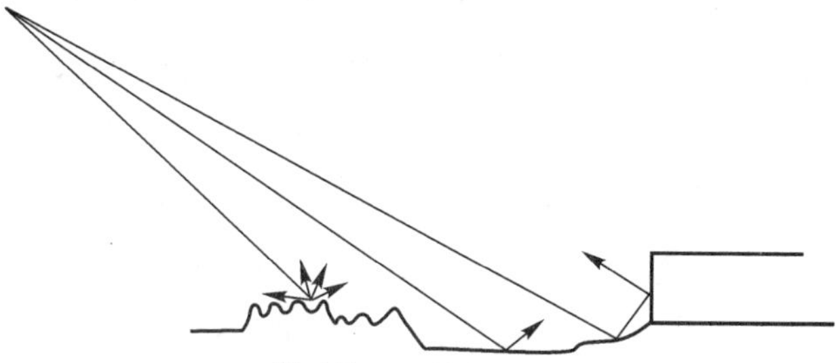

图 9－16　微波表面反射

图 9－17　建筑物的 SAR 图像与可见光图像

雷达图像的几何变形对地物的形状特征和阴影特征有影响。如第 2.2.2 节所述,地形起伏对雷达图像的影响主要包括顶部位移、透视收缩、阴影等。此外,雷达图像是斜距投影,因此其几何变形与其他图像不同,主要体现以下方面:①地形起伏引起的像点位移与中心投影图像的位移方向相反,是向原点方向变动的。如果获取立体像对,按常规方法观察立体,将是一个反立体;②比例尺失真,离天线远的影像比例尺大,反之比例尺小,即近距离压缩,远距离拉伸,这与全景影像正好相反。

目标在图像上的影像尺寸应该是实物大小按图像比例尺的缩小,但是目标在雷达图像上的影像尺寸往往不符合这个规律。对于我们感兴趣的目标,如道路、居民地、飞机、坦克和舰船等,其大小不仅取决于图像比例尺,而且和它们的后向散射特性有较大的关系。公路、铁路影像往往比实际的宽,飞机、坦克、舰船往往比实际的要大。

9.4　典型目标的判读

9.4.1　工业设施的判读

工厂的种类很多，建筑形式也很复杂。在遥感图像上正确识别出工厂的性质和相应的建筑特征，是图像判读课程的基本要求。要正确识别和表示各类工厂，必须了解其特征以及不同工厂的生产流程和建筑特点。工厂与一般居民地的差别主要表现在设置位置、基本组成、建筑设施和设施分布等方面。这些差异也就是各类工厂所具有的共同特征。

由于各类工厂均需要大量的生产资料，如原材料、燃料和水等。因此，工厂通常位于生产资料丰富的地方，如水泥厂一般建在石灰石产地。还有一些工厂对位置有特殊要求，例如造船厂应位于江、河、湖、海边。为方便运输、避免不合理的周转，多数工厂位于铁路、公路、以及航运河流附近。

不同的工厂具有不同的建筑设施，但归纳起来主要有主厂房、仓库、烟囱、水塔，以及水池、管道、罐、塔型建筑物等，其规模和数量与工厂的性质、规模相匹配。各类工厂的建筑设施的布局以利于生产和管理的原则进行各种设施的布设，通常的分布规律如图 9－18 所示。

图 9－18　工厂的建筑设施的布局

1. 火力发电厂

火力发电厂是以煤、石油或天然气为燃料的发电厂，它是利用锅炉产生蒸汽，利用蒸汽的压力冲动汽轮机而带动发电机发电，有铁路、公路专用线，或靠近码头，主要由燃料场(库)、主厂房、供水设备和变电所等部分组成。主厂房呈长方形房屋结构，高大明显，一侧有高大的烟囱。储煤场呈深黑色调，占地范围较大，多有皮带走廊与锅炉间相连接。

根据电厂所处位置的不同采取不同的供水方式和散热形式。位于江、河、湖、海边等水源丰富的电厂多采取直流供水设备散热，即从水源直接汲取冷却水，使用后排放至取水口下游。当发电厂地区的水源不能满足直流供水要求时，则采用循环供水系统，即将使用过的热水在冷却设备中冷却后再次使用。冷却设备有冷却塔、喷水池和冷却池。循环供水发电厂的冷却塔有自然通风和机力通风冷却塔两种，自然通风冷却塔的塔身高大，上小下大，呈双曲线形，起通风筒作用。

图 9－19 为一个典型的火力发电厂。

2. 核电站

核电站利用核原料聚变释放高能量进行发电。由于辐射、核电站多远离居民地，位于地质结构坚硬的海边，主要由一个或多个核反应堆、主控机房、烟囱、电力线、数个油罐及其他附属设施组成。核反应堆安置在圆顶塔形建筑物内，高大明显，影像上容易识别，一侧有高大的烟囱用于抽换空气以保持空气清洁。反应堆一侧呈长方形的主控机房，影像明显。

图 9－20 为一个典型的核电站。

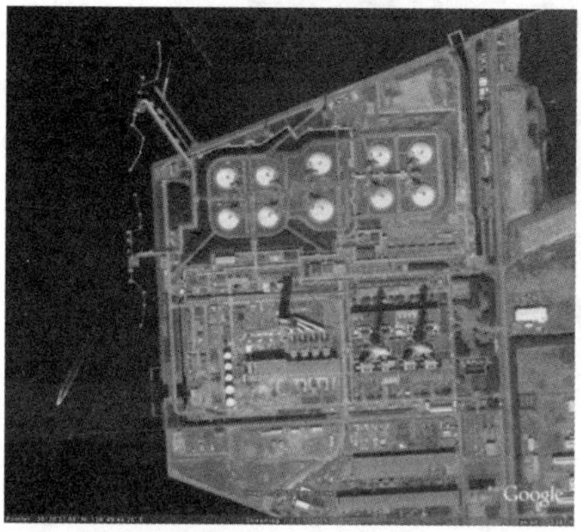

图 9－19　火力发电厂

图 9－20　核电站

3. 石油化工厂

石油化工企业占地面积大、管线纵横交错、各种储罐遍布、塔架林立、火炬通明，地物复杂。储油（气）罐多为圆柱形和球形，有多个成群分布，也有单个分布，在图像上呈圆点状影像。圆筒状塔器装置较多，有催化裂化装置、沉降塔、蒸发塔、提浓塔、吸收塔、解吸塔、脱硫塔、洗碱塔等，大小、高低、分布特点各不相同。火炬、气筒用来燃烧或排放气体，是工厂的最高建筑。

图 9－21 为一个典型的石油化工厂。

图 9－21　石油化工厂

4. 造船厂

造船厂由船坞、码头、厂房、起吊设备、铁路专用线、助航标志以及外围的防波堤等组成。船坞是建造和检修舰船的水工建筑，为长条池形，坞底低于水面，三面是坚固的坞壁，靠水的一面是活动的坞门，影像明显。

图 9－22 为一个典型的造船厂。

图 9－22　造船厂

5. 自来水厂

自来水厂是生产净水的工厂，是将江、河、湖水或地下水经沉淀、过滤、消毒等步骤完成。水厂的识别特征是靠近水源，或有水渠、管道相连接，有多个水池。水厂中的沉淀池呈长方形或方形，池中有隔墙以提高沉淀效率。过滤池、消毒池、净水池多为地下或半地下水池，顶部用土覆盖，有的净水池地面为房屋结构，呈长方形、方形或圆形。

图 9－23 为一个典型的自来水厂。

图 9－23　自来水厂

9.4.2　交通运输设施

交通运输设施是地面上的道路及其附属建筑、电力线、通信线、输送管道和飞机场的总称，电力线、通信线、输送管道可以概括为管线。

1. 铁路

铁路线路的判读特征主要是平（坡度 6‰～25‰）、直（最小曲线半径 350～2 000 m），与城镇居民地相连接，在全色图像上呈灰色调条带影像。

铁路车站按其作业的分工和权限，可分为会让站、越行站、中间站、区段站和铁路枢纽。区段站是规模很大的车站，都位于市级以上城市内或附近。站内站线较多，除客货运输业务外，还有机务、车辆、调车等业务。客运设备中的站房较大，有站前广场，站台较多，站台上多设有防雨棚，有天桥和地道。货物设备主要有各种仓库、货物堆放场、货物站台和装卸机械等。

在几条铁路干线交叉处，一般都修有铁路枢纽或枢纽站。铁路枢纽由旅客站、货物站、编组站以及连接它们的联络线组成。仅有一个联合车站的铁路枢纽叫作枢纽站。

图 9－24 为一个典型的铁路枢纽。

图 9－24　铁路枢纽

2. 公路

公路判读时将公路分为高速公路、普通公路和简易公路。高速公路为专供汽车分向、分车道行驶并全部控制出入的干线公路。普通公路即国家交通部门定义的一、二、三、四级公路。简易公路是指经过简易修筑或由汽车、拖拉机长期碾压而成，全年或除雨季外均可通行载重汽车，且比较固定的道路。

公路在形状上为线性地物，在图像上可形成比较明显的条带影像。决定公路在可见光图像上色调的因素主要是公路的材料，沥青路面的色调较暗，而水泥路面的色调较亮。

图 9－25 为一个典型的公路交通网。

图 9－25　公路交通网

3. 桥梁

桥梁是重要的人造目标和交通要道，图像中的水上桥梁目标两端和陆地相连接，桥梁和陆域形成弱对比关系，与水域形成强对比关系，桥梁是横跨于河流之上的具有一定宽度的长条状目标，将河流分割成两个平均灰度相近的均质区，其边缘线表现为两条近乎平行的直线段，与河流边缘相交，但不一定垂直。

在雷达图像中，由于桥梁的后向散射系数较高，桥梁的灰度值较高，色调较亮，且与陆地区域的灰度十分接近；由于水体的后向散射系数较低，河流的灰度值较低，色调较暗，与桥梁的灰度有较大的反差。

图 9-26 为一幅典型桥梁的 SAR 图像与可见光图像。

图 9-26　桥梁的 SAR 图像与可见光图像

4. 机场

由机场的布局特性分析可知，机场由跑道和其他建筑构成，而两条平行跑道是机场中最主要的结构，机场的跑道一般是由水泥混凝土或沥青混凝土筑成。跑道有主副之分，主跑道专供飞机的升降之用，副跑道长度与主跑道相同，当主跑道不能正常发挥作用时，可借助副跑道实现飞机的正常升降。跑道两端为保险道，主要是为了确保冲出跑道的飞机仍可安全滑跑。

在跑道一侧 100 m 或更远的地方是停机坪，供停放飞机使用。根据不同的用途，停机坪分为个体停机坪、集体停机坪、警戒停机坪等。个体停机坪也叫作机窝，尺寸较小，最多能停放两架飞机。集体停机坪有长方形和环形两种，前者称为整片式停机坪，后者称为环形式停机坪，其作用都是供成批飞机停用。警戒停机坪主要停放担任警戒值班的飞机。

各个停机坪和跑道之间相联的通道称为滑行道，与跑道平行的滑行道，称为主滑行道，其作用是非常情况下供飞机升降。主滑行道与跑道之间还有一些通道，称为联络道，主要供联络使用，与跑道互相垂直。

此外，机场建筑还包括候机楼、指挥通信设备、飞行管制室、气象台、飞机修理设备、油库、生活区等。军用机场没有候机楼，但一般有弹药库等。

在机场设施中，跑道的直线状特征最明显，最具有规则，最能反映机场目标的性质。跑道一般由混凝土或沥青铺装而成，在可见光图像上分别表现为灰白色或黑色，但在雷达图像上，由于跑道比较光滑平整，对雷达入射波构成镜面反射，因此后向散射较弱，呈现出较暗的色调，如图 9－27 所示。

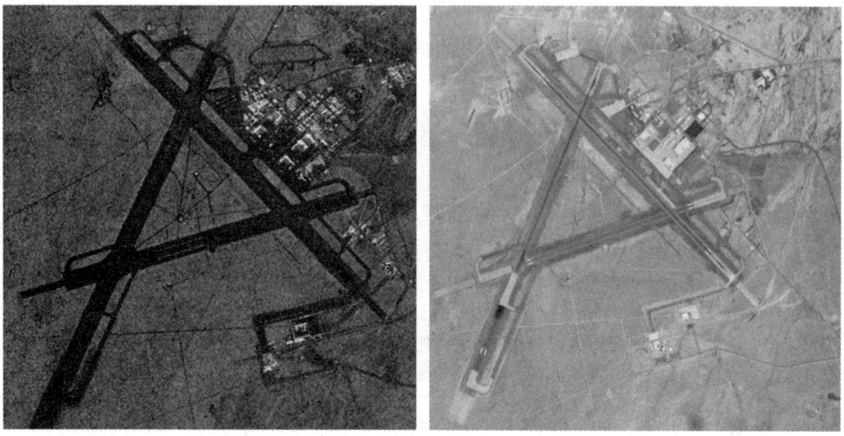

图 9－27　机场的 SAR 图像与可见光图像

5. 港口与船舶

港口都位于海边或河边，位置特征明显。港口有深入海岸内部的港池，而港池边沿及内部有停船码头，外部多有防波堤、突堤等防护设施，港池内外有进出和停靠的船只。

商港有货物仓库和露天堆放场，占地面积较大，并有各种装卸起吊设备。特别是吞吐量较大的商港，港外不远会有集结船只的锚地，在高分辨率图像上，船只的平面形态和大小，船面的建筑及布局都可观察和计算出来，进而可判断船只的类型及吨位。

军港没有大量的货物仓库、堆场及装卸起吊等大型设备，占地面积远远小于商港，军港港池内部停靠和进出的军用舰船在形状上比商船细长。以上是区别军港与商港的主要依据。

在雷达图像上，由于水面的雷达回波很弱，所以水面在雷达图像上呈深黑色调。码头空堤、防波堤、舰船等目标的雷达回波较强，与水面对比强烈，尤其是船只具有角反射效应，并且材质的介电常数较大，在雷达图像上以高亮的点目标或面目标出现。

图 9－28 为一个商用港口的 SAR 图像和可见光图像。

图 9－28　港口的 SAR 图像与可见光图像

9.4.3 居民地

居民地分为街区式居民地和散列式居民地等。街区式居民地是指城市、集镇及农村中房屋毗连成片，按一定街道形式排列的居住区，其特点是有明显的外轮廓和主次街道。在大比例尺图像上，街道和房屋影像清晰。在小比例尺图像上，主要根据街道和房屋所组成的粗糙纹理特征以及与道路相连接的相关位置特征识别。

街道在图像上为线状影像。在全色图像上，路面为混凝土或黄土时为浅白色；路面为沥青时则为灰色调，被树木压盖时为深色调。在小比例尺图像上可以根据所连接的道路等级或者参考上一代地形图和其他资料判读。房屋的色调与其结构、建筑材料、太阳照射方向（或雷达波束发射方向）以及在图像上的位置有关。单幢房屋根据其顶部、侧面影像以及阴影影像判读。在小比例尺图像上，单幢房屋的判读比较困难，一般可根据有关参考资料判断。街区是居民地内房屋毗邻成片或间距较小的密集分布地段，在大比例尺图像上容易识别。在小比例尺图像上主要根据规则的呈马赛克图案的纹理特征和相关特征进行识别。

散列式居民地是指未形成街区的房屋式居民地。房屋依天然地势沿山坡、河流、沟渠、道路、堤岸等散列构筑。房屋间距一般较大，大多零散不规则分布，也有的经规划整齐排列；没有形成明显的街区、街道和外轮廓；一个居民地与另一居民地之间没有明显的分界线。散列式居民地在我国分布较广，主要分布在各地山区、南方丘陵地区、江浙沿海水网地区以及成渝平原等地。

散列式居民地周围一般有树丛或竹林，房前有空地，而植被和空地与房屋有明显的反差，依据贯穿居民地的道路，有助于房屋的发现和判读。在较大比例尺图像上，房屋的形状、色调和阴影特征明显，易于识别；在小比例尺的图像上，除房屋整齐排列的可以识别外，零星分布的房屋不容易识别。

在雷达图像上，由于居民地的主要组成部分（房屋、街道及居民地内或外围的树木）都具有强烈的体散射特征，例如地表与房屋的墙能组成角反射器，不同高度的房屋也是强反射体，房顶也有较强的后向散射能力，居民地内的树木的体散射能力显著，因此，居民地在雷达图像上一般呈现亮色调。

在高分辨率 SAR 图像上，建筑物的色调特征和形状特征非常明显。

(1)从色调上看，由于叠掩效应、二面角反射等原因，建筑物总体上具有强回波特性，表现在图像上最显著的特征就是灰度值较高，易与暗背景区分；而建筑物背离传感器的一侧会出现明显的阴影，有利于突出其轮廓。对于平顶建筑物，由于其屋顶主要发生镜面反射，回波很弱，这一部分在图像上表现为低灰度值，有时会和阴影连在一起，没有明显的界线。对于更复杂的建筑物，其屋顶表面并不平坦，而且屋顶结构往往会形成诸如小的角反射器等结构，此时屋顶存在明显回波，常常表现为亮斑。

(2)从形状上看，随雷达观测方向与建筑物走向的关系不同，典型的平顶长条形建筑物呈直线形或 L 形。当建筑物很矮或入射角较大时，叠掩区宽度很窄，因此建筑物就会表现为细线状;当建筑物较高或入射角较小时,叠掩区较宽,则建筑物也表现为具有一定宽度。

图 9-29 给出了一组建筑物目标的 SAR 与可见光图像。

图 9-29　建筑物的 SAR 与可见光图像

思　考　题

1. 分析典型目标在热红外图像中的判读特点。

2. 总结典型地物在多光谱彩色合成图像中的判读特点。

3. 地物在影像上的形状与大小取决于哪些因素?

4. 选择遥感数据进行目标判读有哪些注意事项?

5. 总结高分辨率 SAR 图像上建筑物的判读特征。

6. 总结高分辨率 SAR 图像上机场和飞机的判读特征。

7. 收集同一区域的星载遥感和机载遥感的可见光影像,对高大建筑物进行判读,并总结该类目标在两种影像上的判读特征。

8. 收集某震区在地震前后的多时相影像,对人工目标(道路、建筑等)进行目视判读,并进行毁伤评估。

9. 收集某震区在地震前后的多时相影像,对自然地物(山体、植被、土地等)进行目视判读,并进行毁伤评估。

10. 总结目标判读在军事和民用领域的主要用途。

参考文献

[1] JENSEN J R. 遥感数字影像处理导论[M]. 陈晓玲,龚威,李平湘,等译. 北京:机械工业出版社,2007.

[2] LILLESAND T M,KIEFER R W. 遥感与图像解译:第 4 版[M]. 彭望琭,余先川,周涛,等译. 北京:电子工业出版社,2003.

[3] 孙家抦. 遥感原理与应用[M]. 2 版. 武汉:武汉大学出版社,2009.

[4] 日本遥感研究会. 遥感精解[M]. 刘勇卫,译. 北京:测绘出版社,2011.

[5] 韦玉春,汤国安,汪闽,等. 遥感数字图像处理教程[M]. 北京:科学出版社,2015.

[6] 苏娟. 遥感图像获取与处理[M]. 北京:清华大学出版社,2014.

[7] 冯学智,肖鹏峰,赵书河,等. 遥感数字图像处理与应用[M]. 北京:商务印书馆,2011.

[8] 童庆禧,张兵,郑兰芬. 高光谱遥感:原理、技术与应用[M]. 北京:高等教育出版社,2011.

[9] 彭望琭. 遥感概论[M]. 北京:高等教育出版社,2002.

[10] 常庆瑞,蒋平安,周勇,等. 遥感技术导论[M]. 北京:科学出版社,2004.

[11] 赵英时,等. 遥感应用分析原理与方法[M]. 北京:科学出版社,2003.

[12] 皮亦鸣,杨建宇,付毓生,等. 合成孔径雷达成像原理[M]. 成都:电子科技大学出版社,2007.

[13] 宋建社,郑永安,袁礼海. 合成孔径雷达图像理解与应用[M]. 北京:科学出版社,2008.

[14] 张永生. 遥感图像信息系统[M]. 北京:科学出版社,2000.

[15] 赵文吉,段福州,刘晓萌,等. ENVI 遥感影像处理专题与实践[M]. 北京:中国环境科学出版社,2007.

[16] 尤红建,付琨. 合成孔径雷达图像精准处理[M]. 北京:科学出版社,2011.

[17] 雷厉. 侦察与监视[M]. 北京:国防工业出版社,2008.

[18] 李德仁,王树根,周月琴. 摄影测量与遥感概论[M]. 北京:测绘出版社,2008.

[19] 关泽群,刘继琳. 遥感图像解译[M]. 武汉:武汉大学出版社,2006.

[20] 赵文吉,徐忠林. 目标识别理论与方法[M]. 北京:海潮出版社,2004.

[21] SONKA M,HLAVAC V, BOYLE R. 图像处理、分析与机器视觉:第 3 版[M]. 艾海舟,苏延超,等译. 北京:清华大学出版社,2011.

[22] DUDAR O, HART P E, STORK D G. 模式分类:第 2 版[M]. 李宏东,姚天翔,等译. 北京:机械工业出版社,2003.

[23] GONZALEZR C,WOODS R E. 数字图像处理[M]. 阮秋琦,阮宇智,译. 北京:电子工业出版社,2005.

[24] 王永明,王贵锦. 图像局部不变性特征与描述[M]. 北京:国防工业出版社,2010.

[25] 赵凌君. 高分辨率 SAR 图像建筑物提取方法研究[D]. 北京:国防科技大学,2006.

[26] 孙继刚. 序列图像红外小目标检测与跟踪算法研究[D]. 北京:中国科学院大学,2014.

[27] 王建宇. 高光谱遥感成像技术的发展与展望[J]. 空间科学学报,2021,41(1):22-33.

[28] 王警予. 基于视觉显著性的红外弱小目标检测[D]. 成都:电子科技大学,2017.

[29] 郝璐璐. 基于视觉显著性的红外小目标检测算法研究[D]. 西安:西安电子科技大学,2017.

[30] 张丽丽. 基于空谱联合特性的高光谱图像异常目标检测算法研究[D]. 哈尔滨:哈尔滨工程大学,2018.

[31] 崔一. 基于SAR图像的目标检测研究[D]. 北京:清华大学,2011.

[32] 焦李成,谭山. 图像的多尺度几何分析:回顾和展望[J]. 电子学报,2003,31(12A):1975-1981.

[33] 宋克臣,颜云辉,陈文辉,等. 局部二值模式方法研究与展望[J]. 自动化学报,2013,39(6):730-744.

[34] 董晶. 模板图像快速可靠匹配技术研究[D]. 北京:国防科技大学,2014.

[35] 梅建新. 基于支持向量机的高分辨率遥感影像的目标检测研究[D]. 武汉:武汉大学,2004.

[36] 曾山. 模糊聚类算法研究[D]. 武汉:华中科技大学,2012.

[37] 马兰. 热红外遥感图像典型目标识别技术研究[D]. 郑州:解放军战略支援部队信息工程大学,2017.

[38] 苏娟. 前视红外目标识别与跟踪关键技术研究[R]. 西安:火箭军工程大学,2012.

[39] 叶韵. 深度学习与计算机视觉[M]. 北京:机械工业出版社,2018.

[40] 魏溪含,涂铭,张修鹏. 深度学习与图像识别原理与实践[M]. 北京:机械工业出版社,2020.

[41] 言有三. 深度学习之图像识别[M]. 北京:机械工业出版社,2020.

[42] 杜鹏,谌明,苏统华. 深度学习与目标检测[M]. 北京:电子工业出版社,2020.

[43] 李旭冬. 基于卷积神经网络的目标检测若干问题研究[D]. 成都:电子科技大学,2017.

[44] KRIZHEVSKY A, SUTSKEVER I, HINTON G E. ImageNet classification with deep convolutional neural networks [C]//The 25th International Conference on Neural Information Processing Systems. New York: Association for Computing Machinery, 2012: 1097-1105.

[45] GIRSHICK R, DONAHUE J, DARRELLAND T, et al. Rich feature hierarchies for object detection and semantic segmentation[C]//2014 IEEE Conference on Computer Vision and Pattern Recognition. Piscataway: IEEE Press, 2014: 580-587.

[46] GIRSHICK R. Fast R-CNN[C]// 2015 IEEE International Conference on Computer Vision. Piscataway: IEEE Press, 2015: 1440-1448.

[47] REN S, HE K, GIRSHICK R, et al. Faster R-CNN: towards real-time object detection with region proposal networks[C]//International Conference on Neural Information Processing Systems. Massachusetts: MIT Press, 2015: 91-99.

[48] REDMON J, DIVVALA S, GIRSHICK R, et al. You only look once: unified, real-time object detection[C]//2016 IEEE Conference on Computer Vision and Pattern Recognition. Piscataway: IEEE Press, 2016:779-788.

[49] LIU W, ANGUELOV D, ERHAN D, et al. SSD: single shot multibox detector [C]// European Conference on Computer Vision. Switzerland: Springer International

Publishing, 2016: 21 - 37.

[50] REDMON J, FARHADI A. YOLO9000: better, faster, stronger[C]//IEEE Conference on Computer Vision and Pattern Recognition. Piscataway: IEEE Press, 2017: 6517 - 6525.

[51] REDMON J, FARHADI A. YOLO v3: an incremental improvement[EB/OL]. [2018 - 04 - 08]. https://arxiv.org/abs/1804.02767.

[52] BOCHKOVSKIY A, WANG C Y, LIAO H. YOLO v4: optimal speed and accuracy of object detection [EB/OL]. [2020 - 04 - 28]. http://arxiv.org/abs/ 2004.10934.

[53] 李响. SAR 图像建筑物检测算法研究[D]. 西安:火箭军工程大学,2019.

[54] 杨龙. 基于深度学习的 SAR 图像舰船目标检测技术研究[D]. 西安:火箭军工程大学,2019.

[55] 李广帅. 基于深度学习的 SAR 图像飞机目标检测算法研究[D]. 西安:火箭军工程大学,2020

[56] 严继伟. 基于深度学习的 SAR 图像建筑物检测算法研究[D]. 西安:火箭军工程大学,2021.

[57] LOWE D G. Distinctive image features from scale-invariant key points [J]. International Journal of Computer Vision, 2004, 60: 91 - 110.

[58] 孙向东,雎海刚. 卫星遥感毁伤效果评估[M]. 北京:国防工业出版社,2012.

[59] 钟家强. 基于多时相遥感图像的变化检测[D]. 长沙:国防科技大学,2005.

[60] 苏娟. 基于多时相遥感图像的人造目标变化检测技术研究[D]. 西安:火箭军工程大学,2008.

[61] 熊博莅. SAR 图像配准及变化检测技术研究[D]. 长沙: 国防科技大学,2012.

[62] 张海涛. 基于高分影像的滑坡提取关键技术研究[D]. 北京:中国地质大学,2017.

[63] 任三孩. 弹载 SAR 景象匹配制导关键技术研究[D]. 长沙:国防科技大学,2011.

[64] 秦玉亮. 弹载 SAR 制导技术研究[D]. 长沙:国防科技大学,2008.

[65] 明德烈,田金文. 红外前视对一类特殊建筑目标识别技术研究[J]. 宇航学报,2010,31(4):1190 - 1194.

[66] 杨兵,于秋则,刘永才,等. 基于新的加权互相关的图像匹配[J]. 弹箭与制导学报,2008,28(4):199 - 202.

[67] 黄伟麟. SAR 成像目标识别子区选取与匹配方法研究[D]. 武汉: 华中科技大学,2011.

[68] 王延钊. SAR 景象适配区选取及匹配算法研究[D]. 西安:火箭军工程大学,2017.

[69] 刘扬,赵锋伟,金善良. 景象匹配区选择方法研究[J]. 红外与激光工程,2001,30(3):168 - 170.

[70] 杜菁,张天序. 景象匹配区的选择方法[J]. 红外与激光工程,2003,32(4):368 - 371.

[71] 保铮,邢孟道,王彤. 雷达成像技术[M]. 北京:电子工业出版社,2004.

[72] 王双亭,朱宝山. 遥感图像判绘[M]. 北京: 解放军出版社,2001.